国家科学技术学术著作出版基金资助出版
广州市科学技术协会
广州市南山自然科学学术交流基金会 资助出版
广州市合力科普基金会

微生物胞外呼吸：原理与应用

周顺桂 等 编著

科学出版社

北 京

内 容 简 介

本书由国家科学技术学术著作出版基金与广州市南山自然科学学术交流基金会资助出版。本书图文并茂，内容详实，共 11 章，涵盖内容广泛而自成体系，前三章主要介绍微生物胞外呼吸概论、胞外呼吸菌及其胞外电子传递机制；第四章至第六章分别介绍铁呼吸、腐殖质呼吸以及产电呼吸；第七章至第十章着重介绍利用微生物胞外呼吸原理发展的各项应用技术；第十一章为大家呈现自然界中存在的天然生物地球电池效应。

本书可作为高等院校的微生物电化学教材，也可供微生物学科各领域的研究人员和科技工作者参考使用。

图书在版编目（CIP）数据

微生物胞外呼吸：原理与应用/周顺桂等编著. —北京：科学出版社，2016.10
ISBN 978-7-03-050053-3

Ⅰ. ①微… Ⅱ. ①周… Ⅲ. ①微生物–呼吸–研究 Ⅳ. ①Q939

中国版本图书馆 CIP 数据核字(2016)第 235426 号

责任编辑：李秀伟 / 责任校对：张怡君
责任印制：徐晓晨 / 封面设计：北京图阅盛世文化传媒有限公司

科 学 出 版 社 出版
北京东黄城根北街 16 号
邮政编码：100717
http://www.sciencep.com

北京虎彩文化传播有限公司 印刷
科学出版社发行 各地新华书店经销
*
2016 年 10 月第 一 版 开本：787×1092 1/16
2018 年 1 月第三次印刷 印张：19 1/4
字数：450 000

定价：168.00 元
(如有印装质量问题，我社负责调换)

前　言

微生物胞外呼吸（extracellular respiration）是近年来发现的新型微生物能量代谢形式，是指厌氧条件下，微生物在胞内氧化有机物释放电子，产生的电子经胞内呼吸链传递到胞外电子受体使其还原，并产生能量维持微生物自身生长的过程。胞外呼吸与传统胞内厌氧呼吸存在两点显著差异：①电子最终必须传递至胞外。与 NO_3^-、SO_4^{2-} 等可溶性电子受体不同，胞外呼吸的电子受体为固体（如铁/锰氧化物、固体电极）或大分子有机物（如腐殖质），无法进入细胞，因此氧化过程产生的电子必须设法"穿过"非导电的细胞膜/壁传递至胞外受体。②电子传递途径不同。与常规电子传递链相比，胞外呼吸产生的电子必须经过周质组分的传递到达细胞外膜，然后通过外膜上的多血红素细胞色素 c、"纳米导线"（nanowires）或电子穿梭体等方式传递到胞外。根据胞外电子受体的不同，胞外呼吸主要分为铁呼吸、腐殖质呼吸和产电呼吸三种形式。

胞外呼吸的发现拓宽了人们对微生物呼吸多样性的认识，其本质问题是微生物与胞外电子受体的相互作用，即微生物如何将电子从胞内转移至胞外受体，并获取生命活动的能量。在理论方面，胞外呼吸的发现为呼吸链电子传递、胞外电子转移、能量产生途径等科学问题提供了新的视角。例如，当胞外呼吸菌的电子受体是其他微生物时，两种微生物之间形成一种新的种间电子传递方式——"电子"互营，这种不同于传统"种间氢转移"或"种间甲酸转移"的互营方式，为理解自然界中微生物之间的相互作用提供了全新的思路。在应用方面，胞外呼吸在碳、氮、硫、铁等元素生物地球化学循环、污染物的转化脱毒及生物能源利用等方面均具有重要意义。例如，伴随微生物铁/腐殖质还原过程的进行不仅可以使高价金属元素还原，还可以改变其金属元素在环境中的移动性、毒性及放射性，已有成功案例是美国科罗拉多州来复镇一个废弃的铀矿处理厂，利用地杆菌原位修复铀污染地下水。

近年来，胞外呼吸的生态学和环境学意义受到越来越多的关注，但目前还没有较为全面系统的总结。本书以微生物胞外呼吸为核心，从原理到应用，结合国内外研究进展，旨在为感兴趣的研究人员提供相关的知识背景，以便他们更好地理解和应用微生物胞外呼吸作用。

本书共 11 章：第一章简述微生物胞外呼吸的发现、产能代谢、电子传递及其主要形式。第二章介绍关于胞外呼吸菌分离纯化、纯菌胞外呼吸属性验证、生理生化特性鉴定、胞外呼吸菌种保藏、胞外呼吸菌遗传改造的相关方法。第三章从呼吸作用的本质入手，解析电子在胞内传递、胞内到胞外、细胞至细胞这几个过程中的传递机制及重要功能组分。第四章至第六章分别详述最主要的胞外呼吸类型：铁呼吸、腐殖质呼吸和产电呼吸，包括其原理、电子转移机制及其环境效应，研究案例大部分来自本课题组近几年的研究成果。第七章介绍胞外呼吸应用的研究热点——微生物燃料电池技术，包括电池原理、电池构型、电池材料、应用案例及前景。第八章 MXC 技术总结了微生物电解池产氢技术、微生物电合成系统、微生物脱盐燃料电池、生物电芬顿系统、微生物太阳能电池及其相关应用案例。第九章介绍基于微生物胞外呼吸过程的原位生物修复技术的原理、应用领域及应用案例。第十章详述基于微生物产电呼吸的各种生物电化学器件，以及其在环境监测、生物计算和生物能源等领域的应用案例。第十一章综述最新概念"天然微生物燃料电池"的效应、形成机制、研究方法、效应模型及其生态学意义。

  微生物胞外呼吸是一个非常前沿的研究方向，涉及多个学科领域，发展日新月异，由于编著者水平有限，书中难免存在一些不足之处，敬请读者批评指正。

周顺桂

2016 年 4 月

术 语 表

英文名称	缩写	中文名称
2,4-dichlorophenoxyacetic acid	2,4-D	2,4-二氯苯氧乙酸
2-amino-3-carboxy-1,4-naphtoquinone	ACNQ	2-氨基-3-羧基-1,4-萘醌
2-hydroxy-1,4-naphthoquinone	2-HNQ	2-羟基-1,4-萘醌
454 pyrosequencing		454 焦磷酸测序
5,5′,7,7′-indigo tetrasulfonate	I4S	靛蓝四磺酸
5,5′,7-indigo trisulfonate	I3S	靛蓝三磺酸
5,5′-indigo disulfonate	I2S	靛蓝二磺酸
5,8-dihydroxy-1,4-naphthoquinone	5,8-DHNQ	5,8-二羟基-1,4-萘醌
5-hydroxy-1,4-naphthoquinone	5-HNQ	5-羟基-1,4-萘醌
9,10-anthraquinone-2-carboxylic acid	AQC	9,10-蒽醌-2-羧酸
9,10-anthraquinone-2-sulfonic acid	AQS	9,10-蒽醌-2-磺酸
Abiotic cathode		非生物型阴极
Acetate	Ac	乙酸
Acetyl-coenzyme A	CoA	乙酰辅酶 A
Acid volatile sulfide	AVS	酸挥发性硫化物
Adenosine triphosphate	ATP	腺苷三磷酸
Aerobic respiration		有氧呼吸
Akaganeite	β-FeOOH	四方纤铁矿
Algae-based microbial fuel cell	AMFC	蓝藻微生物燃料电池
Alizarin	Ali	茜素
Anabolism		合成代谢
Anaerobic methanotrophic archaea	ANME	厌氧甲烷氧化古菌
Anaerobic oxidation of methane	AOM	厌氧甲烷氧化
Anaerobic respiration		无氧呼吸
Anion-exchange membrane	AEM	阴离子交换膜
Anthraquinone-2,6-disulfonate	AQDS	蒽醌-2,6-二磺酸
Aromaticity		芳香环
Benzaldehyde		苯甲醛

续表

英文名称	缩写	中文名称
Benzene		苯
Benzoate	Bzo	安息香酸，苯酸盐
Benzylalcohol		苄醇
Biocapacitor		生物电容器
Biocathode		生物型阴极
Biochemical oxygen demand	BOD	生化需氧量
Bioelectrochemical system	BES	微生物电化学系统
Biofilm		生物膜
Biogeobattery		生物地球电池
Biological computer		生物计算机
Bioventing		生物通风
Butanol	BtOH	丁醇
Butyrate	Buty	丁酸
Capacitance	C	电容
Carbon felt	CF	碳毡
Carbon tetrachloride	CT	四氯化碳
Carminic acid	Car	胭脂红酸
Catabolism		分解代谢
Cation exchange membrane	CEM	阳离子交换膜
Chemical activated bar		化学活性栅
Chemical oxygen demand	COD	化学需氧量
Chronoamperometry		计时电流法
cis-Dichloroethene		顺式二氯乙烯
cis-1,2-Dichloroethene	*cis*-DCE	二氯乙烯
Co-metabolism		共代谢
Conducting probe atomic force microscopy		导电探针原子力显微镜
Counter electrode	CE	对电极
c-type cytochromes	Cyt *c*	细胞色素 *c*
Cyclic voltammetry	CV	循环伏安法
Cysteine	Cys	半胱氨酸
Cytoplasmic membrane	CM	细胞质膜
Deep sequencing		深度测序

续表

英文名称	缩写	中文名称
Delocalization		离域
Denaturing gradient gel electrophoresis	DGGE	变性梯度凝胶电泳
Dichloro diphenyl trichloroethane	DDT	滴滴涕
Dichlorophenol	DCP	二氯苯酚
Dimethyl sulfoxide	DMSO	二甲基亚砜
Direct interspecies electron transfer	DIET	直接种间电子传递
Dissimilatory iron(III) reduction bacteria	DIRB	异化铁还原菌
Dissimilatory metal reduction	DMR	异化金属还原
DNA nanoball sequencing		DNA 纳米球测序
Electrical charge		电量
Electricigenic respiration		产电呼吸
Electroactive biofilm	EAB	电活性生物膜
Electrobiocommodities		电化学生物商品
Electrochemical impedance spectroscopy	EIS	电化学阻抗谱
Electrochemical snorkel		电化学通气管
Electrochemistry and time-resolved surface-enhanced resonance raman	ETR-SERR	结合电化学和时间分辨的表面增强拉曼光谱
Electron accepting capacity	EAC	电子接受能力
Electron donating capacity	EDC	电子供给能力
Electron shuffle		电子拖曳
Electron shuttle		电子穿梭体
Electron transfer	ET	电子传递
Electron transfer capacity	ETC	电子转移容量
Electron transport chain	ETC	电子传递链
Energy taxis		能量趋向性
Enhanced-bioremediation		生物强化
Ethanol	EtOH	乙醇
Ethylenediamine-tetraacetic acid	EDTA	乙二胺四乙酸
Exoelectricigens		产电微生物
Extracellular electron transport	EET	胞外电子传递
Extracellular polymer substances	EPS	胞外聚合物
Extracellular respiration	ER	胞外呼吸
Fermentation		发酵
Ferric citrate	Fe(III)-cit	柠檬酸铁

续表

英文名称	缩写	中文名称
Ferric hydroxide	Fe(III)-H	羟基氧化铁
Ferric nitriloacetic acid	Fe(III)-NTA	氨三乙酸铁
Ferric pyrophosphate	Fe(III)-P	焦磷酸铁
Ferrihydrite	$Fe_5HO_8 \cdot 4H_2O$	水铁矿
Ferrozine		菲洛嗪
Flavin		黄素
Flavin adenine dinucleotide	FAD	黄素腺嘌呤二核苷酸
Flavin mononucleotide	FMN	黄素单核苷酸
Flow cytometry		流式细胞仪
Formal potential		条件电位
Formate	For	甲酸
Fulvic acid	FA	富里酸
Gallocyanine		花菁
Geothite	α-FeOOH	针铁矿
German collection of microorganisms and cell cultures	DSMZ	德国菌种保藏中心
Glucose	Glu	葡萄糖
Glycerol	Glyc	丙三醇
Gram negative	G^-	革兰氏阴性
Gram positive	G^+	革兰氏阳性
Hematite	α-Fe_2O_3	赤铁矿
High potential		高电位
High-throughput sequencing		高通量测序技术
Humin		胡敏素
Hopping		跳跃
Humic acid	HA	腐殖酸
Humic substances	HS	腐殖质
Humus-respiration		腐殖质呼吸
Hydroquinone		氢醌
Hydroxyphenylacetate	HPE	羟基苯乙酸
Illumina (Solexa) sequencing		Solexa 基因测序
Indigo		靛蓝
Inductance		电感
Initial potential		初始电位

续表

英文名称	缩写	中文名称
In-situ bioremediation		原位生物修复
Integrated photobioelectrochemical system	IPBS	生物光电化学系统
Interspecies electron transfer	IET	种间电子传递
Ion semiconductor sequencing		离子半导体测序
Ion-selective microelectrode	ISE	离子选择性微电极
Iron/manganese respiration		铁（锰）呼吸
Isoalloxazine		异咯嗪
Lactate	Lac	乳酸
Land farming		土地耕作
Lepidocrocite	γ-FeOOH	纤铁矿
Linear sweep cycle voltammetry		线性扫描伏安法
Low potential		低电位
Mackinawite		四方硫铁矿
Magnetite	Fe_3O_4	磁铁矿
Maltol		麦芽糖醇
Mannose	Man	甘露糖
Massively parallel signature sequencing	MPSS	大规模平行签名测序
Menaquinone	MQ	甲基萘醌
Methanol	MeOH	甲醇
Metabolism		代谢
Methyl tert-butyl ether	MTBE	甲基叔丁基醚
Microbial desalination cell	MDC	微生物脱盐燃料电池
Microbial electrolysis and desalination cell	MEDC	微生物电解脱盐电池
Microbial electrolysis cell	MEC	微生物电解池
Microbial electrosynthesis	MES	微生物电合成
Microbial fuel cell	MFC	微生物燃料电池
Microbial nanowire		微生物纳米导线
Microbial solar cell	MSC	微生物太阳能电池
Microelectrode		微电极
Mineralization		矿化
Methyl tertiary butyl ether	MTBE	甲基叔丁基醚
Nanowire		纳米导线

续表

英文名称	缩写	中文名称
Neutral red		中性红
New methylene blue		新亚甲基蓝
Nicotinamide adenine dinucleotide	NADH	烟酰胺腺嘌呤二核苷酸（还原型）
Non-aqueous phase liquids	NAPLs	非水相流体
Octogen	HMX	奥克托金
o-phenanthroline		邻菲罗啉
Ortho-substituted halophenols	OHP	邻卤代苯酚
Outer membrane	OM	细胞外膜
Outer membrane cytochromes	OMCs	外膜细胞色素
Outer membrane protein	OMP	外膜蛋白
Oxidation-reduction potential	ORP	氧化还原电位
Oxidation-reduction reactions		氧化还原反应
Para-benzoquinone		1,4-苯醌
p-Cresol		对甲酚
Peak current		峰电流
Peak potential		峰电位
Pentachlorophenol	PCP	五氯苯酚
Peptone	Pep	蛋白胨
Phenanthrene		菲
Phenazine ethosulfate		吩嗪硫酸乙酯
Phenazine-1-carboxamide		吩嗪-1-甲酰胺
Phenol		苯酚
Photosynthetic bacteria	PSB	光合细菌
Photosynthetic bacteria microbial fuel cell	PBMFC	光合细菌微生物燃料电池
p-Hydroxybenzaldehyde		羟基苯甲醛
p-Hydroxybenzoate		羟基安息香酸盐
p-Hydroxybenzylalcohol		对羟基苯甲醇
Plant microbial fuel cell	PMFC	植物微生物燃料电池
Polony sequencing		聚合酶克隆测序
Polycyclic aromatic hydrocarbon	PAHs	多环芳烃
Polypyrrole	Ppy	聚吡咯

续表

英文名称	缩写	中文名称
Propanol	PrOH	丙醇
Propionate	Prop	丙酸
Pyocyanine		绿脓菌素
Pyrite		黄铁矿
Pyrrhotine		磁黄铁矿
Pyruvate	Pyr	丙酮酸
Readily oxidizable organic matter	ROOM	易氧化有机质
Reduced flavin adenine dinucleotide	$FADH_2$	黄素腺嘌呤二核苷酸（还原型）
Reduction potential		还原势
Reference electrode	RE	参比电极
Resistance	R	电阻
Resorufin		试卤灵
Rhamnose	Rha	鼠李糖
Rhein	Rhe	莱茵
Rhodamine B	RhB	罗丹明 B
Riboflavin		核黄素
Scanning electron microscope	SEM	扫瞄式电子显微镜
Scanning tunneling microscopy	STM	隧道扫描电镜
Schwertmannite	$Fe_8O_8(OH)_6SO_4$	施氏矿物
Secretion systems		分泌系统
Sediment microbial fuel cells	SMFC	沉积物微生物燃料电池
Self-potential	SP	自然电位
Semiquinone		半醌
Siderite	$FeCO_3$	菱铁矿
Stack microbial desalination cell	SMDC	堆叠型微生物脱盐电池
Substrate level phosphorylation	SLP	底物水平磷酸化
Sucrose	Suc	蔗糖
Sulfate reducing bacteria	SRB	硫还原细菌
Syntrophy		互营
Terminal restriction fragment length polymorphism	T-RFLP	末端限制性片段长度多态性
Tetrachloroethene	PCE	四氯乙烯
Tetrachlorophenol	TTCP	四氯苯酚

续表

英文名称	缩写	中文名称
Thermophilic anaerobic oxidation of methane	TAOM	嗜热厌氧甲烷氧化
Thionine		硫堇
Toluene		甲苯
Toluidine blue		甲苯胺蓝
Tricarboxylic acid cycle	TCA	三羧酸循环
Trichloroacetic acid	TCA	三氯乙酸
Trichloroethylene	TCE	三氯乙烯
Trichlorophenol	TCP	三氯苯酚
Tunneling		隧穿
Tunneling spectroscopy		隧道光谱
Type II secretion system	T2S	二型分泌系统
Upflow anaerobic sludge blanket	UASB	升流式厌氧污泥床反应器
Vinyl chloride		氯乙烯
Viologen		甲基紫精
Working electrode	WE	工作电极

目 录

前言
术语表
第一章 微生物胞外呼吸概论 ··· 1
第一节 微生物胞外呼吸的发现 ··· 1
第二节 微生物的产能代谢 ··· 1
一、呼吸 ·· 3
二、发酵 ·· 7
第三节 微生物胞外呼吸 ·· 7
一、铁/锰呼吸 ··· 9
二、腐殖质呼吸 ··· 9
三、产电呼吸 ·· 10
四、胞外呼吸的应用 ··· 10
参考文献 ·· 12
第二章 胞外呼吸菌的分离纯化及遗传改造 ·· 14
第一节 胞外呼吸菌的分离纯化 ··· 14
一、样品采集 ·· 14
二、Fe(III)/腐殖质还原菌的分离筛选 ·· 14
三、产电菌的分离筛选 ·· 21
第二节 纯菌的胞外呼吸属性验证 ·· 22
一、腐殖质还原 ··· 22
二、Fe(III)还原 ··· 22
三、电极还原 ·· 22
第三节 生理生化特性的鉴定 ··· 23
一、生理指标鉴定 ·· 23
二、生化特性的鉴定 ··· 26
三、分子生物学特性的鉴定 ·· 27
第四节 胞外呼吸菌种保藏 ··· 28
一、厌氧菌甘油保藏 ··· 28
二、厌氧菌冷冻干燥保藏 ··· 28
第五节 胞外呼吸菌的遗传改造 ··· 29
一、对胞外呼吸菌自身的遗传改造 ··· 29
二、胞外呼吸菌基因的外源表达 ·· 31
三、设计"超级细菌"的构想 ··· 35

　　　　四、胞外呼吸菌遗传改造面临的挑战 ································· 38
　第六节　研究案例 ··· 38
　　　　一、案例 1：利用 U 形微生物燃料电池分离胞外产电菌 *Ochrobactrum anthropi* YZ-1（Zuo et al., 2008） ····· 38
　　　　二、案例 2：*Thermincola ferriacetica* sp. nov.，一株具有异化 Fe(Ⅲ) 还原能力的厌氧、嗜热、兼性化能自养菌（Zavarzina et al., 2007） ······· 42
　　　　三、案例 3：*Thauera humireducens* sp. nov.，一株分离自微生物燃料电池的腐殖质还原菌（Yang et al., 2013） ······· 45
　　　　四、小结 ··· 47
　参考文献 ··· 47

第三章　微生物胞外呼吸的电子传递机制 ································· 52
　第一节　电子从细胞内膜传递到细胞外膜：胞内电子传递链 ··········· 52
　第二节　电子从细胞外膜传递到电子受体：从胞内到胞外 ············· 53
　　　　一、细胞色素 c（*c*-type cytochromes, Cyt *c*） ················· 55
　　　　二、纳米导线（nanowire） ··· 58
　　　　三、电子穿梭体（中介体） ··· 64
　第三节　微生物直接种间电子传递：从细胞至细胞 ······················ 73
　　　　一、*Geobacter* 属至 *Geobacter* 属 ································· 74
　　　　二、*Geobacter* 属至 Methanogens ···································· 76
　　　　三、*Geobacter sulfurreducens* 至 *Thiobacillus denitrificans* ····· 78
　　　　四、厌氧甲烷氧化古菌至硫还原细菌 ································· 79
　参考文献 ··· 80

第四章　铁呼吸 ··· 86
　第一节　环境中的铁元素 ··· 86
　　　　一、土壤中的铁氧化物 ··· 86
　　　　二、铁在生物代谢中的重要性 ··· 88
　第二节　土壤中的铁循环 ··· 88
　　　　一、微生物 Fe(Ⅱ)氧化 ··· 89
　　　　二、Fe(Ⅲ)还原 ··· 92
　第三节　铁呼吸 ··· 94
　　　　一、铁呼吸原理 ·· 94
　　　　二、铁还原菌 ··· 98
　第四节　铁呼吸的环境效应 ·· 102
　　　　一、有机污染物降解 ··· 103
　　　　二、无机污染物防治 ··· 104
　　　　三、生物成矿 ··· 105
　第五节　研究案例 ·· 105
　　　　一、案例 1：有机氯的生物还原脱氯（李晓敏等，2009） ······· 105
　　　　二、案例 2：铁还原菌驱动的偶氮染料脱色降解（武春媛等，2013） ·· 107

三、案例3：水铁矿-腐殖酸共沉淀物的异化还原与形态转化
（Shimizu et al., 2013） 109
四、小结 112
参考文献 112

第五章 腐殖质呼吸 119
第一节 环境中的腐殖质 119
一、腐殖质的定义及形成 119
二、腐殖质的组成及基本性质 120
三、腐殖质的吸附特性 121
四、腐殖质的电化学性质 123
五、腐殖质的环境修复属性 124
第二节 腐殖质呼吸的原理及影响因素 125
一、腐殖质呼吸的电子接受位点 125
二、腐殖质电子转移容量表征 126
三、腐殖质呼吸的影响因素 127
四、增强腐殖质电子转移能力的措施 129
第三节 腐殖质呼吸与铁呼吸的异同及关系 129
一、电子受体的特点 129
二、腐殖质呼吸菌与铁呼吸菌 130
三、腐殖质呼吸与铁呼吸 130
第四节 腐殖质呼吸的生态学意义 131
一、作为电子受体加速有机碳厌氧矿化及难降解污染物的降解 131
二、作为电子穿梭体介导金属脱毒及有机污染物厌氧降解 131
三、作为电子供体促进高氧化态电子受体的还原及减少温室气体的排放 133
第五节 研究案例 134
一、案例1：有机污染物甲基叔丁基醚（MTBE）的生物降解
（Finneran and Lovley, 2001） 134
二、案例2：固态胡敏素介导五氯苯酚（PCP）的生物还原脱氯
（Zhang and Katayama, 2012） 135
三、案例3：腐殖质介导2,4-二氯苯氧乙酸（2,4-D）的还原脱氯
（王弋博等，2011） 137
四、小结 138
参考文献 139

第六章 产电呼吸 143
第一节 产电细菌与电极相互作用 143
第二节 电活性生物膜 144
第三节 EAB研究方法 145
一、EAB培养成膜 145
二、EAB三维结构表征 146

三、EAB 电化学表征 ················· 147
第四节　研究案例 ······················· 160
　　一、案例一：电化学方法研究 EAB 活性对 pH 的响应机制
　　　　（Yuan et al., 2011） ··············· 160
　　二、案例二：表面增强拉曼光谱表征 EAB 界面电子转移动力学过程
　　　　（Ly et al., 2013） ················ 163
　　三、案例三：接种物影响 EAB 形成和性能的微生物机制研究
　　　　（Miceli et al., 2012） ·············· 165
　　四、小结 ······················ 167
参考文献 ························· 168

第七章　微生物燃料电池技术 ···················· 170
第一节　微生物燃料电池原理 ··················· 170
　　一、阳极底物生物氧化 ················· 171
　　二、阳极还原 ····················· 176
　　三、外电路电子传输 ·················· 176
　　四、质子迁移 ····················· 176
　　五、阴极反应 ····················· 177
第二节　微生物燃料电池（MFC）构型 ··············· 179
　　一、双室 MFC ···················· 179
　　二、单室 MFC ···················· 180
第三节　微生物燃料电池（MFC）材料 ··············· 182
　　一、隔膜 ······················ 182
　　二、阳极材料 ····················· 182
　　三、阴极催化剂 ···················· 184
第四节　MFC 放大及应用中试 ··················· 186
　　一、MFC 的放大 ···················· 186
　　二、MFC 技术应用的瓶颈问题 ·············· 188
　　三、应用案例 ····················· 189
参考文献 ························· 192

第八章　MXC 技术 ························ 196
第一节　微生物电解池产氢技术 ·················· 196
　　一、基本原理 ····················· 196
　　二、MEC 产氢系统设计与运行 ·············· 197
第二节　微生物电合成系统 ···················· 200
　　一、基本原理 ····················· 200
　　二、微生物 ······················ 200
　　三、电能来源 ····················· 201
　　四、电子传递方式 ··················· 202
第三节　微生物脱盐燃料电池 ··················· 203

一、基本原理·····203
　　二、研究进展·····204
　第四节　生物电芬顿系统·····207
　　一、生物电芬顿系统工作原理·····207
　　二、生物电芬顿系统的发展状况·····208
　第五节　微生物太阳能电池·····209
　　一、植物-MFC·····209
　　二、蓝藻-MFC·····211
　　三、光合细菌 MFC·····213
　第六节　应用案例·····214
　　一、案例一：以乙酸钠为底物的电化学辅助微生物产氢
　　　（Liu and Logan, 2005）·····214
　　二、案例二：一种新的脱盐微生物脱盐电池（Cao et al., 2009）·····215
　　三、案例三：阳极 COD 去除耦合阴极染料脱色的新型生物电芬顿
　　　系统研究·····216
　参考文献·····218
第九章　原位生物修复技术·····222
　第一节　原位生物修复技术简介·····222
　　一、定义·····222
　　二、微生物代谢·····222
　　三、有机物转化·····223
　　四、污染物反应机制·····224
　第二节　基于胞外呼吸的生物修复原理·····224
　　一、污染物作为电子供体·····225
　　二、污染物作为电子受体·····226
　　三、电子中介体强化修复过程·····228
　第三节　应用领域·····229
　　一、石油烃类污染土壤的原位修复·····229
　　二、重金属原位修复·····230
　　三、微生物脱氯·····232
　第四节　应用案例·····233
　　一、插入式微生物燃料电池原位修复河道底泥（Yuan et al., 2010）·····233
　　二、极化电极作为电子供体进行生物还原脱氯（Aulenta et al., 2009）·····236
　　三、利用地杆菌原位修复铀污染地下水（Anderson et al., 2003）·····237
　参考文献·····239
第十章　生物电化学器件·····243
　第一节　BOD 传感器·····243
　　一、基本原理·····243
　　二、具体实现形式·····244

第二节　毒性传感器 246
一、基本原理 247
二、具体实现形式 248

第三节　生物计算器件 249
一、基本原理 250
二、具体实现形式 250

第四节　电容器件 252
一、基本原理 253
二、具体实现形式 253

第五节　植入式医用电池 254
一、基本原理 255
二、具体实现形式 256

第六节　应用案例 256
一、污水 BOD 检测 256
二、镉离子毒性检测 258

参考文献 260

第十一章　天然生物地球电池效应：形成机制与生态学意义 262

第一节　天然生物地球电池效应 263
一、"人工"生物地球电池 263
二、天然生物地球电池 263

第二节　天然生物地球电池形成机制 266

第三节　天然生物地球电池研究方法 267
一、自然电位 267
二、复电阻 270
三、微电极 271
四、超声波 273

第四节　天然生物地球电池效应模型 274

第五节　天然生物地球电池效应生态学意义 276
一、有机碳矿化 277
二、温室气体排放 277
三、元素地球化学循环 277
四、污染土壤生物自净 278

第六节　展望 279

参考文献 279

索引 283
后记 287

第一章 微生物胞外呼吸概论

第一节 微生物胞外呼吸的发现

微生物胞外呼吸（extracellular respiration）是近年来发现的新型微生物能量代谢形式，是指厌氧条件下，微生物在胞内彻底氧化有机物释放电子，产生的电子经胞内呼吸链传递到胞外电子受体使其还原，并产生能量维持微生物自身生长的过程。在胞外电子传递（extracellular electron transport）被发现之前，科学家普遍认为电子传递只是在细胞内进行，对真核生物而言，电子传递链存在于线粒体膜上，原核生物没有线粒体，其电子传递链存在于细胞质膜上。直到科学家发现革兰氏阴性菌 *Shewanella oneidensis* MR-1 和 *Geobacter metallireducens*（Lovley and Phillips, 1988；Myers and Nealson, 1988）能利用胞外的铁氧化物或锰氧化物作为末端电子受体，产生能量和维持细胞生长（dissimilatory metal reduction，异化金属还原），才使人们意识到细菌能够将电子传递给胞外的固体基质（如铁、锰的氧化物）。此后，不仅在革兰氏阴性菌，也在革兰氏阳性菌和古菌中发现异化金属还原活性（Lovley, 2006；Weber et al., 2006）。铁呼吸[Fe(III) respiration]是最早被确认的微生物胞外呼吸，又被称为异化铁还原，是指微生物以胞外不溶性铁氧化物为末端电子受体，通过氧化电子供体偶联 Fe(III)还原，并产生生命活动所需能量的过程。尽管在 20 世纪初，Fe(III)还原就已被认知，但长期以来，铁呼吸被误认为只是化学反应，微生物作用被忽视，直到 1987 年第一个具有 Fe(III)还原活性的金属还原地杆菌（*Geobacter metallireducens*）被分离出来后，这个微生物群才被详细研究。随着研究的深入发展，越来越多的胞外呼吸基质被发现，包括不可溶的金属矿物（铁锰呼吸）、电极（产电呼吸）、可溶的腐殖质及其他有机组分（腐殖质呼吸）。

微生物胞外呼吸的发现具有重要的科学意义及应用价值：它的发现拓宽了人们对微生物呼吸多样性的认识，可为微生物呼吸方式的进化和微生物多样性的研究提供科学依据；胞外呼吸在污染物原位修复、污水处理与生物质能的回收（如微生物产电技术）等方面表现出重要的应用前景。随着生物化学和遗传学方面的研究进一步深入，我们对微生物胞外呼吸的机制将会有更深入更全面的认识。

第二节 微生物的产能代谢

任何生物体的生命活动都必须有能量驱动，产能代谢为生命活动提供能量保障，生物产能代谢的基础是氧化还原反应（图 1-1）。物质失去电子称为氧化，含有氢的物质在失去电子的同时伴随着脱氢或加氧；物质获得电子称为还原，在获得电子的同时可能伴随着加氢或脱氧。氧化和还原是两个相反而且偶联的反应，二者不能分开独立完成，即一物质的氧化必然伴随着另一物质的还原，称为氧化还原反应。实际上，生物体内发生的许多反应都是氧化还原反应,在氧化还原反应中,凡是失去电子的物质称为电子供体,得到电子的物质称为电子受体。各种基质给出电子而被氧化和接受电子而被还原的趋势是不同的,这种趋势称为基质的还原势(reduction potential)。生物体进行的氧化还原反应中,电子从最初供体转移到最终受体,一般都需要经由中间载体(电子传递体),全反应过程的净能量变化决定于最初供体和最终受体之间的还原势之差。

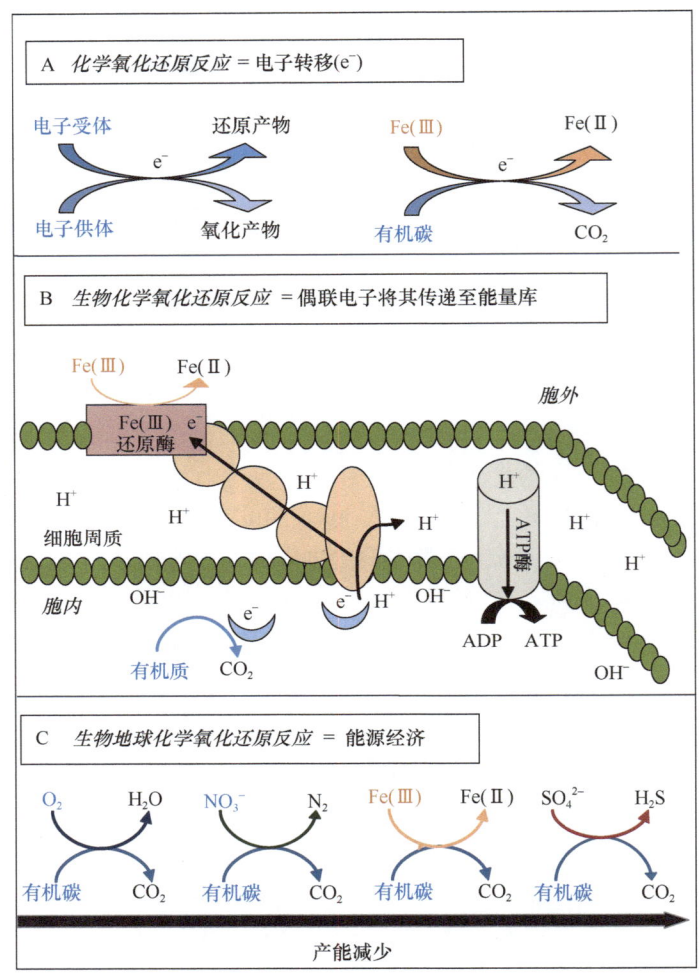

图 1-1 生物产能代谢的基础——氧化还原反应

Fig. 1-1 Redox reaction is the basis of biological metabolism and energy production

生物体产能代谢主要途径包括呼吸(respiration)和发酵(fermentation)。代谢(metabolism)即发生在生物体细胞内的所有生物化学反应的总称,包括分解代谢(catabolism)和合成代谢(anabolism)。在分解代谢过程中较大和较复杂的分子被分解成较小、较简单的分子,并伴随能量的产生和释放。分解代谢一般可分为三个阶段:第一阶段是将蛋白质、多糖及脂类等大分子营养物质降解成氨基酸、单糖及脂肪酸等小分子物质;第二阶段是将第一阶段的产物进一步降解为较简单的乙酰CoA、丙酮酸及能进入三羧酸循环的中间产物,在第二阶段产生一些ATP、NADH及$FADH_2$;第三阶段通过三羧酸循环将第二阶段的产物完全降解成 CO_2，并产生 ATP、NADH 及 $FADH_2$。NADH 及 $FADH_2$ 等电子载体通过细胞膜上的电子传递链即呼吸链被氧化并产生大量 ATP 的过程即为呼吸（respiration）。在分解代谢过程中，底物如只是部分氧化而未完全氧化，并且不需其他外源电子受体，而是通过底物水平磷酸化产生少量能量的过程称为发酵（fermentation）。底物水平磷酸化（substrate level phosphorylation, SLP）是指代谢中间产物上的高能磷酸基团直接转移到 ADP 分子上形成 ATP 的作用，是发酵途径中自由能获取的主要方式。呼吸与发酵作用的根本区别在于：呼吸作用中，电子载体不是将电子直接传递给被部分降解的中间产物，而是与呼吸链的电子传递系统偶联，是电子沿呼吸链传递并到达电子传递系统末端交给最终电子受体，在电子传递过程中逐步释放出能量并合成 ATP。

一、呼吸

产能代谢中底物降解释放出的电子，通过呼吸链即电子传递链最终传递给外源电子受体 O_2 或氧化型化合物，从而生成 H_2O 或还原性产物并释放能量的过程称为呼吸或呼吸作用。呼吸又可根据在呼吸链末端接受电子的是氧还是氧以外的氧化型物质，将其分为有氧呼吸和无氧呼吸两种类型。以分子氧作为最终电子受体的称为有氧呼吸（aerobic respiration），而以氧以外的外源氧化型化合物作为最终电子受体的称为无氧呼吸（anaerobic respiration）。

对生物体来说，呼吸作用具有非常重要的生理意义，这主要表现在以下两个方面：①呼吸作用能为生物体的生命活动提供能量。呼吸作用释放出来的能量，一部分转变为热能而散失，另一部分贮存在 ATP 中。当 ATP 在酶的作用下分解时，就把贮存的能量释放出来用于各项生命活动，如细胞分裂、矿质元素的吸收等。②呼吸过程能为体内其他化合物的合成提供原料。在呼吸过程中所产生的一些中间产物，可以作为合成体内一些重要化合物的原料，如葡萄糖分解时的中间产物丙酮酸是合成氨基酸的原料。

（一）有氧呼吸

有氧呼吸也称好氧呼吸，是最为普遍的生物氧化产能方式。微生物能量代谢中的有氧呼吸可根据呼吸基质即能源物质的性质分为两种类型：一是主要以有机能源物质为呼吸基质的化能异养型微生物中存在的有氧呼吸；二是以无机能源物质为呼吸基质的化能自养型微生物中存在的有氧呼吸。这两种类型的呼吸作用的共同特点是它们的最终电子受体均为氧。

1. 以有机物为呼吸基质的有氧呼吸

葡萄糖是异养微生物最易利用的能源和碳源。葡萄糖经过分解代谢的第二阶段后形成的丙酮酸在有氧条件下先转变为乙酰 CoA（acetyl-coenzyme A），随即进入三羧酸循环（tricarboxylic acid cycle，TCA 循环），被彻底氧化成 CO_2 和水，同时释放出大量能量（图 1-2）。

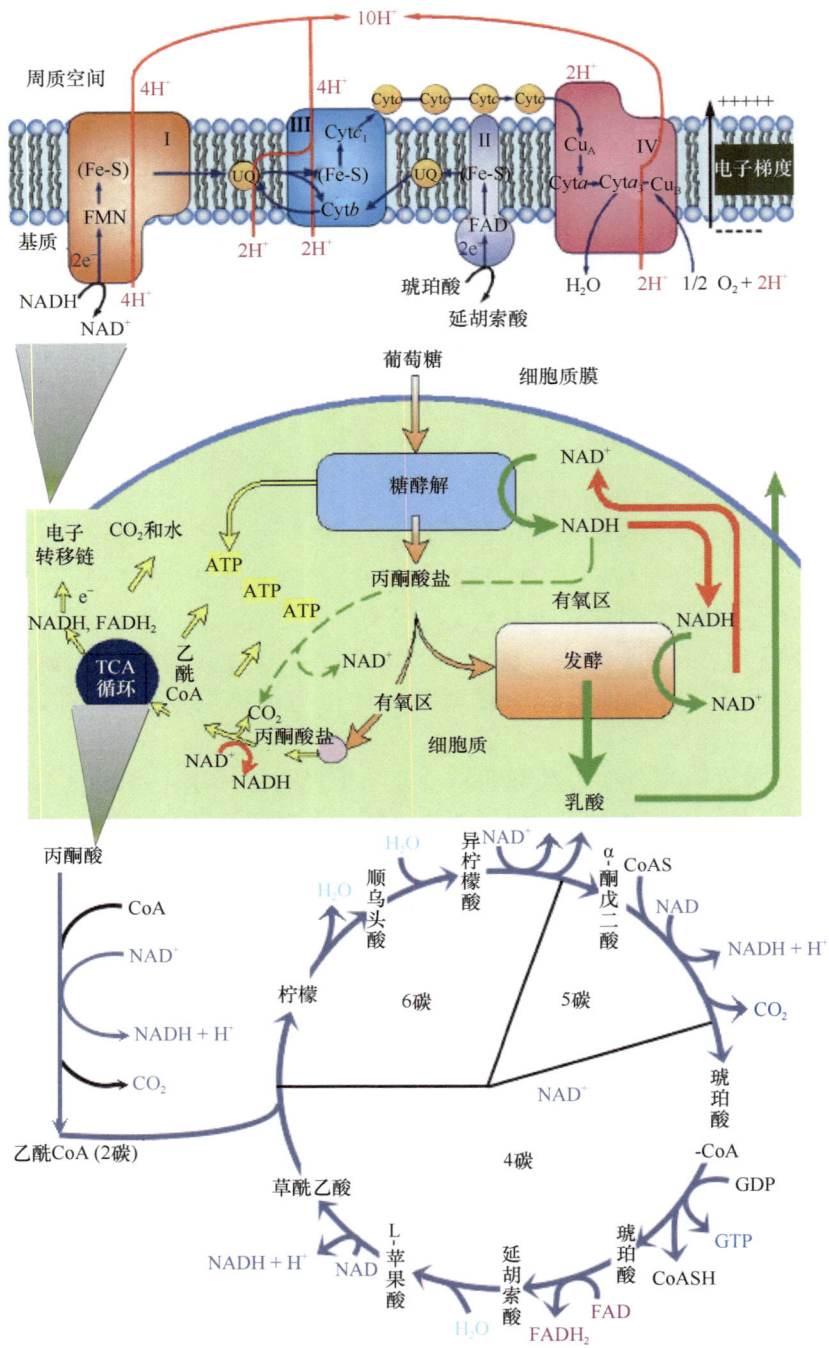

图 1-2 原核微生物碳代谢概况（以葡萄糖为例）

Fig. 1-2　Carbon metabolism of prokaryote (glucose as example)

2. 以无机物为呼吸基质的有氧呼吸

好氧或兼性的化能无机自养型微生物能从无机化合物的氧化过程中获取能量。它们能以无机物如 NH_4^+、NO_2^-、H_2S、S^0、H_2 和 Fe^{2+} 等为呼吸基质，把它们作为电子供体，氧为最终电子受体，电子供体被氧化后释放的电子经过呼吸链和氧化磷酸化合成ATP，为还原同化CO_2提供能量。因此化能自养菌一般是好氧菌。这类好氧型的化能无机自养型微生物分别属于氢细菌、硫化细菌、硝化细菌和铁细菌等。这些细菌广泛分布于土壤和水域，对自然界的生物地球化学循环起着重要的作用。化能自养微生物对底物的要求具有严格的专一性，即用作能源的无机物及其代谢途径缺乏统一性。如硝化细菌不能氧化无机硫化物，同样，硫化细菌也不能氧化亚硝酸盐。

（1）氨的氧化

NH_3与亚硝酸（NO_2^-）是可以用作能源的最普通的无机氮化合物，能被硝化细菌所氧化。硝化细菌可分为两个亚群：亚硝化细菌和硝化细菌。氨氧化为硝酸的过程可分为两个阶段，先由亚硝化细菌将氨氧化为亚硝酸，再由硝化细菌将亚硝酸氧化为硝酸，即由氨氧化为硝酸是通过这两类细菌依次进行的。硝化细菌都是一些专性好氧的革兰氏阳性菌，以分子氧为最终电子受体，且大多数是专性无机营养型。它们的细胞都具有复杂的膜内褶结构，这有利于增加细胞的代谢能力。硝化细菌无芽胞，多数为二分裂殖，生长缓慢，平均代时在10 h以上，分布非常广泛。

（2）硫的氧化

硫杆菌能够利用一种或多种还原态或部分还原态的硫化合物（包括硫化物、元素硫、硫代硫酸盐、多硫酸盐和亚硫酸盐）作为能源。H_2S首先被氧化成元素硫，随之被硫氧化酶和细胞色素系统氧化成亚硫酸盐，放出的电子在传递过程中可以偶联产生4个ATP。亚硫酸盐的氧化可分为两条途径，一是直接氧化成SO_4^{2-}的途径，由亚硫酸盐-细胞色素c还原酶和末端细胞色素系统催化，产生一个ATP；二是经磷酸腺苷硫酸的氧化途径，每氧化一分子SO_4^{2-}产生5个ATP。

（3）铁的氧化

从亚铁到高价态铁的氧化，对于少数细菌来说也是一种产能反应，但从这种氧化中只有少量的能量可以被利用。在低pH环境中，亚铁氧化菌能利用亚铁氧化时放出的能量生长。在该菌的呼吸链中发现了一种含铜蛋白质，它与几种细胞色素c和一种细胞色素$a1$氧化酶构成电子传递链。在电子传递到氧的过程中细胞质内有质子消耗，从而驱动用ATP的合成。

（4）氢的氧化

氢细菌都是一些呈革兰氏阴性的兼性化能自养菌。它们能利用分子氢氧化产生的能量同化CO_2，也能利用其他有机物生长。氢细菌的细胞膜上有泛醌、维生素K_2及细胞色素等呼吸链组分。在该菌中，电子直接从氢传递给电子传递系统，电子在呼吸链传递过程中产生了ATP。在多数氢细菌中有两种与氢的氧化有关的酶。一种是位于壁膜间隙或结合在细胞质膜上的不需NAD^+的颗粒状氧化酶，它能够催化以下反应：

$$H_2 \longrightarrow 2H^+ + 2e^-$$

该酶在氧化氢并通过电子传递系统传递电子的过程中，可驱动质子的跨膜运输，形成跨膜质子梯度，为ATP的合成提供动力。另一种是可溶性氢化酶，它能催化氢的氧化，

而使 NAD^+ 还原,所生成的 NADH 主要用于 CO_2 的还原。

与异养微生物比较,化能自养微生物的能量代谢有 3 个主要特点:

1)无机底物的氧化直接与呼吸链偶联,即无机底物有脱氢酶或氧化还原酶催化脱氢或脱电子后,随即进入呼吸链传递;

2)呼吸链更具多样性,不同的化能自养型微生物呼吸链组成成分与长短不一;

3)产能效率一般低于化能异养型微生物,各种无机底物的氧化与呼吸链偶联的具体位点,取决于被氧化底物的氧化还原电位,其氧化后释放的电子进入呼吸链的位置也不一样。

(二)无氧呼吸

无氧呼吸亦称厌氧呼吸。某些厌氧和兼性厌氧微生物在无氧条件下能进行无氧呼吸。在无氧呼吸中,作为最终电子受体的物质不是分子氧,而是 NH_4^+、NO_2^-、SO_4^{2-}、$S_2O_3^{2-}$、CO_2 等外源含氧无机化合物,一些氧化态金属和少数有机分子也能作为最终电子受体(表 1-1)。与发酵不同,无氧呼吸需要细胞色素等电子传递体,并在能量分级释放过程中伴随有氧化磷酸化作用而生成 ATP,也能产生较多能量。但由于部分能量在没有充分释放之前就随电子传递给了最终电子受体,故产生的能量比有氧呼吸少。在无氧呼吸中,作为能源和碳源的呼吸基质一般是有机物(如葡萄糖、乙酸等),通过无氧呼吸也可被彻底氧化成 CO_2,并伴随 ATP 的生成。

表 1-1 参与呼吸过程的电子受体
Tab. 1-1 The electron acceptor in respiration

	电子受体	还原性产物	微生物例子
有氧呼吸	O_2	H_2O	所有的好氧细菌、真菌、原生动物、藻类
厌氧呼吸	NO_3^-	NO_2^-	肠道细菌
	NO_3^-	NO_2^-、N_2O、N_2	假单胞菌属、芽胞杆菌属和副球菌属
	SO_4^-	H_2S	脱硫弧菌属、脱硫肠状菌属
	CO_2	CH_4	所有产甲烷菌
	S^0	H_2S	脱硫单胞菌属和热变形菌属
	Fe^{3+}	Fe^{2+}	假单胞菌属、芽胞杆菌属和土杆菌属
	$HAsO_4^{2-}$	$HAsO_2$	芽胞杆菌属、脱硫肠状菌属、硫螺旋体属
	SeO_4^{2-}	Se、$HSeO_3^-$	气单胞菌属、芽胞杆菌属、索氏菌属
	延胡索酸	琥珀酸	沃林氏菌属

有些细菌能用硝酸盐作为电子传递链终端的电子受体,并产生 ATP,这个过程通常称为硝酸盐异化还原。硝酸盐还原酶取代细胞色素氧化酶将硝酸盐还原成亚硝酸盐。

$$NO_3^- + 2e^- + 2H^+ \longrightarrow NO_2^- + H_2O$$

但是,硝酸盐还原成亚硝酸盐并不是产生 ATP 的有效方式,且形成的亚硝酸盐也是致癌物质。因此硝酸盐通常进一步还原成氮气,即反硝化作用。

$$2NO_3^- + 10e^- + 12H^+ \longrightarrow N_2 + 6H_2O$$

假单胞菌属、副球菌属和芽胞杆菌属中的一些种可进行反硝化作用,它们选择性地利用反硝化作用或好氧呼吸作用，是兼性厌氧菌。土壤的厌氧环境中发生的反硝化作用导致土壤中氮素的流失，从而影响土壤肥力。进行厌氧呼吸的其他两个主要类群是专性厌氧菌，利用 CO_2 或碳酸盐作末端电子受体的厌氧菌称为产甲烷菌。某些细菌如脱硫弧菌，硫酸盐作为最终电子受体被还原成硫化物（S^{2-}或H_2S）。

在有多种电子受体存在于一种环境时，会有一系列微生物生长其中。例如，当 O_2、硝酸盐、锰离子、铁离子、硫酸盐和 CO_2 存在于一种特定的环境时，底物被氧化过程中就会有一个氧化剂利用顺序。氧首先被用来作为电子受体，且能抑制硫酸盐还原菌和产甲烷菌等绝对厌氧菌的生长。一旦氧和硝酸盐被耗尽，包括氢在内的发酵产物就会积累，微生物就开始竞争性地利用其他氧化剂。锰和铁首先被利用，接着是硫酸盐还原菌和产甲烷菌之间的竞争，这种竞争受到利用硫酸盐作为电子受体能够得到较多能量的影响。氢是硫酸盐还原菌和产甲烷菌的重要底物。硫酸盐还原菌脱硫弧菌迅速生长并且比产甲烷菌更快速地利用氢。当硫酸盐被耗尽时，脱硫弧菌不再氧化氢，而使氢的浓度上升，产甲烷菌最终成为主要微生物群落，使 CO_2 还原成甲烷。

二、发酵

发酵（fermentation）是指微生物细胞在分解代谢过程中，不需其他外源电子受体，通过底物水平磷酸化产生少量能量并产生代谢产物的过程。在发酵条件下有机化合物只是部分被氧化，因此，只释放出一小部分的能量。发酵过程的氧化是与有机物的还原偶联在一起的。被还原的有机物来自初始发酵的分解代谢，即发酵不需要外界提供电子受体。在发酵途径中，通过底物水平磷酸化合成 ATP，是营养物质中释放的化学能转换成细胞可利用的自由能的主要方式。

在上述发酵过程中，形成的富能中间产物如磷酸烯醇式丙酮酸、乙酰 CoA 等酰基类物质，通过底物水平磷酸化形成 ATP。发酵产能是厌氧菌和兼性好氧菌获取能量的主要方式。发酵的种类有很多，可发酵的底物有糖类、有机酸、氨基酸等，其中，以微生物发酵葡萄糖最为重要。乙醇发酵和乳酸发酵就是这类作用的典型代表。发酵产生 ATP 的机制主要是底物水平的磷酸化，即由底物氧化而产生的高能磷酸键被转移到 ADP 分子上形成 ATP。微生物的发酵作用最常见于糖类的厌氧降解作用中，特别是葡萄糖的代谢。而一般工业发酵的含义则较广泛，凡是利用微生物进行生产的过程，无论是在有氧条件下还是在无氧条件下，统称为发酵。发酵是厌氧微生物在生长过程中获能的一种主要方式。但这种氧化不彻底，只释放出一部分能量，大部分能量仍贮存在有机物中。例如，酵母菌利用葡萄糖进行乙醇发酵时，一分子葡萄糖仅释放出 225.7 kJ 的能量，其中约有 62.7 kJ 贮存在 ATP 中，其余能量（225.7 kJ–62.7 kJ =163 kJ）以热散失，而大部分能量仍贮存在产物乙醇中。

第三节　微生物胞外呼吸

微生物能够通过多种代谢方式产生能量以供自身生长繁殖，而胞外呼吸是近年来发现的一种新型微生物能量代谢方式。它是指厌氧条件下，微生物在胞内彻底氧化有机物释放电子,产生的电子经胞内呼吸链传递到胞外电子受体使其还原,并产生能量维持微生物自身生长的过程。它与传统胞内厌氧呼吸存在两点显著差异:①电子最终必须传递至胞外。与 NO_3^-、SO_4^{2-} 等可溶性电子受体不同,胞外呼吸的电子受体为固体(如铁/锰氧化物、石墨电极)或大分子有机物(如腐殖质),无法进入细胞,因此氧化过程产生的电子必须设法"穿过"非导电的细胞壁,传递至胞外受体。②电子传递途径不同。与常规电子传递链相比,胞外呼吸产生的电子必须经过周质组分的传递到达细胞外膜,然后通过外膜上的多血红素细胞色素 c、"纳米导线"(nanowire)或电子穿梭体等方式传递到胞外,因而传递难度也显著加大。

为了完成胞外电子传递,微生物必须把传递链延伸到外膜,所以周质中也进化出了电子传递体协助电子的传递。以 *Shewanella oneidensis* MR-1 和 *Geobacter sulfurreducens* 异化还原固态金属氧化物为例(为了简单起见,呼吸链中醌还原部分、肽聚糖层及二型分泌系统和四型分泌系统未显示),在 *S. oneidensis* MR-1 中,醌将电子传递到 CymA(位于内膜多血红素细胞色素 c,是电子通过醌向周质传递的切入点),经 MtrA(位于周质,是可溶性的细胞色素 c,含有 10 个血红素)和 MtrB(非细胞色素,预测为跨膜蛋白)传至外膜的 MtrC 和 OmcA(位于外膜表面,均为脂蛋白,每个多肽包含 10 个血红素),MtrC 和 OmcA 作为末端氧化还原酶最终完成胞外铁/锰氧化物的异化还原(图 1-3A)。与 *S. oneidensis* MR-1 不同,在 *G. sulfurreducens* 中,外膜细胞色素 c OmcE 和 OmcS 将电子传递到导电菌毛,由导电菌毛直接将电子传递到铁氧化物(图 1-3B)。

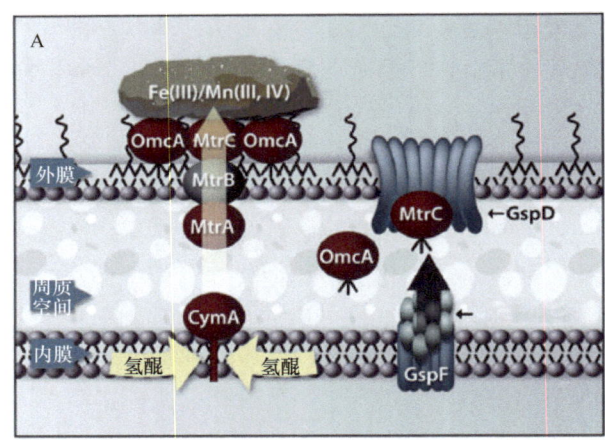 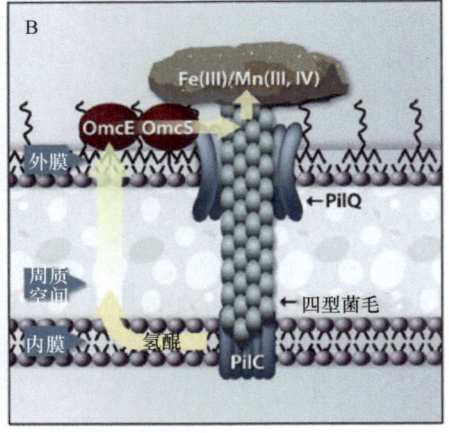

图 1-3　*S. oneidensis* MR-1（A）和 *G. sulfurreducens*（B）胞外电子传递示意图（Shi et al., 2007）
红色代表已识别的多血红素细胞色素 c,黄色箭头指出电子传递路径

Fig. 1-3　Proposed models depicting electron transfer pathways for *S. oneidensis* MR-1 (A) and *G. sulfurreducens* (B)during dissimilatory reduction of solid metal (hydr) oxides (Shi et al., 2007). Identified multihaem *c*-type cytochromes (*c*-Cyts) are in red. Yellow arrows indicate the proposed electron transfer (ET) path

根据胞外电子受体的不同,胞外呼吸主要分为铁呼吸、腐殖质呼吸和产电呼吸 3 种形式。具有胞外呼吸特性的微生物统称胞外呼吸菌。胞外呼吸菌的分离鉴定是当前研究的热点问题。已发现的胞外呼吸菌多为革兰氏阴性菌（G^-）,只有少数几株阳性菌（G^+）,主要集中在变形菌门（Proteobacteria）的不同亚门（α-、β-、γ-及 δ- Proteobacteria）。地

杆菌科（Geobacteraceae）是胞外呼吸的优势菌群。表 1-2 列出了胞外呼吸的部分代表菌。

表 1-2 部分胞外呼吸代表菌
Tab. 1-2 Representative strains of extracellular respiratory

代表微生物	所属科	革兰氏染色	胞外电子受体	说明
Geobacter metallireducens	Geobacteraceae	G$^-$	铁氧化物/AQDS/HS/电极	利用乙酸
Geobacter sulfurreducens	Geobacteraceae	G$^-$	AQDS/HS/柠檬酸铁/电极	利用乙酸
Desulfuromonas cetoxidans	Geobacteraceae	G$^-$	铁氧化物/电极	利用乙酸
Geopsychrobacter electrodiphilus	Geobacteraceae	G$^-$	铁氧化物/电极	4℃可生长
Desulfobulbus propionicus	Desulfobulbaceae	G$^-$	铁氧化物/HS/电极	利用单质硫
Rhodoferax ferrireducens T118	Comamonadaceae	G$^-$	铁氧化物/HS/电极	可利用多种糖
Rhodopseudomonas palustris	Bradyrhizobiaceae	G$^-$	电极	不知是否完全氧化底物
Enterobacter cloacae 13047^T	Enterobacteriaceae	G$^-$	电极	利用纤维素，不还原水铁矿
Klebsiella pneumoniae L17	Enterobacteriaceae	G$^-$	铁氧化物/电极	利用乙酸，不依赖铁还原生长
Pelobacter carbinolicus	Geobacteraceae	G$^-$	铁氧化物	不具产电能力，不知是否完全氧化底物
Ochrobactrum anthropi YZ-1	Brucellaceae	G$^-$	电极	不可利用铁氧化物
Corynebacterium sp. MFC03	Mycobacteriaceae	G$^+$	HS/电极	嗜碱菌，非完全利用底物
Acidiphilium cryptum	Acetobacteraceae	G$^-$	铁氧化物/电极	嗜酸菌
Thermincola ferriacetica	Peptococcaceae	G$^+$	电极	嗜热菌，不知是否完全氧化底物

注：G$^-$. gram negative，革兰氏阴性；G$^+$. gram positive，革兰氏阳性；HS. humic substances，腐殖质；AQDS. anthraquinone-2,6-disulfonate，蒽醌-2,6-二磺酸

一、铁/锰呼吸

铁/锰呼吸（iron/manganese respiration），也称异化铁/锰还原，是进化最早且研究最深入的胞外呼吸形式。它是指微生物以细胞外不溶性的铁/锰氧化物［如针铁矿（α-FeOOH）、赤铁矿（α-Fe$_2$O$_3$）或 MnO$_2$］为末端电子受体，彻底氧化电子供体产能的过程（许伟等，2008）。早在 20 世纪初，人们就发现：某些微生物可以还原铁/锰氧化物，但多数菌株不能从底物氧化过程获得生命活动的能量，且底物氧化不彻底。直到 1988 年才首次分离出可以完全氧化有机物产能的菌株 *Geobacter metallireducens* GS-15（Lovley et al., 2004）。随后的研究发现，铁还原菌广泛分布在土壤、海洋/淡水沉积物、活性污泥和废水等环境中，并可偶联污染物的原位降解和重金属还原。地杆菌属（*Geobacter*）和希瓦氏菌属（*Shewanella*）是目前研究最系统的铁呼吸菌属，常作为构建胞外呼吸电子传递链的模型。目前发现，大部分铁还原菌同时具有多种胞外呼吸能力，如表 1-2 中的 *G. metallireducens* 和 *R. ferrireducens*。因而，深入揭示铁呼吸的电子传递过程，将有助于其他胞外呼吸研究的开展。

二、腐殖质呼吸

腐殖质（humic substances，HS）是由动植物及微生物残体演化而成的高分子醌类聚合物，广泛存在于土壤、沉积物和水生环境中。它既可作为微生物胞外呼吸的电子受体，

也可充当电子穿梭体促进其他形式的胞外呼吸（Liu et al., 2010；Li et al., 2009；武春媛等，2009）。腐殖质呼吸（humus-respiration）的具体过程如下：微生物在厌氧环境下氧化有机物，将产生的电子传给细胞外氧化态的腐殖质，并产生能量维持自身生长。Lovley等（1996）首次发现腐殖质可作为铁还原菌 *G. metallireducens* 的胞外电子受体。随后，科学家在有机物含量丰富的沉积物、污染的土壤和污水处理厂的活性污泥中分离到多株腐殖质还原菌（武春媛等，2009）。腐殖质的结构复杂且成分多样，给腐殖质呼吸的直接研究造成了困难。因而常以结构简单的 AQDS 作为研究腐殖质呼吸的模型物质。腐殖质呼吸与其他胞外呼吸联系密切，多数腐殖质还原菌同时具有铁呼吸和产电能力（Van Trump et al., 2006），且在环境污染物修复等方面表现出重要应用价值。

三、产电呼吸

早在 1911 年，人们就发现微生物可以产电；近年，随着微生物燃料电池（microbial fuel cell, MFC）的突破性发展，产电呼吸的概念被明确提出。产电呼吸（electricigenic respiration）是指在 MFC 阳极室中，微生物彻底分解有机物产生 CO_2，并偶联能量产生维持自身生长；释放的电子传递到阳极，并经外电路的传递最终还原阴极电子受体（O_2 等），以此循环产生电流的过程（Lovley, 2006）。产电效率是制约 MFC 发展的重要因素，所以揭示产电微生物（exoelectricigens）的胞外电子传递过程，成为 MFC 研究的热点。目前已从有机废水、海水沉积物及运行良好的 MFC 阳极液中分离出多种产电微生物。铁呼吸与产电呼吸联系密切，然而两者的电子传递过程可能存在一定差异（Richter et al., 2007；Zuo et al., 2008；Wrighton and Coates, 2009）。

1）与铁/锰氧化物相比，产电呼吸的电子受体——阳极，是稳定的受体来源，并且不产生还原产物干扰电极的还原过程。

2）产电呼吸不参与铁/锰矿物的溶解反应，电子传递速率可量化。

3）阳极可直接作为检测电极表面"生物膜"微环境变化的工具。所以，产电呼吸是研究胞外呼吸理论的良好模型。

除上述 3 种胞外呼吸外，DMSO（dimethyl sulfoxide，二甲基亚砜）（Gralnick et al., 2006），黑色素（Gralnick and Newman, 2007），放射性元素 V(V)、U(VI)和 Se(IV)也是微生物有效的胞外电子受体。因此，微生物采取胞外呼吸可能是对生存环境的长期适应性表现。已有试验证明，在电化学人为选择压力下，*E. coli* K12 表现出对环境的"适应性"：分泌醌类衍生物介导电子从细胞到阳极的传递，而且细胞表面变粗糙、表面网孔增大、通透性增强（Qiao et al., 2008）。目前，已发现的胞外呼吸类型和微生物类群还十分有限，借助于完善的分离体系和分子生物学等方法，将会有更多的胞外呼吸类型被发现。

四、胞外呼吸的应用

胞外呼吸的本质问题是微生物与胞外电子受体的相互作用，即微生物如何将电子从胞内转移至胞外受体，并获取生命活动的能量。在理论方面，胞外呼吸的发现为呼吸链电子传递、胞外电子转移、能量产生途径等科学问题提供了新的视角；在应用方面，胞外呼吸在碳、氮、硫等元素生物地球化学循环、污染物转化消减和微生物产电等方面发挥了积极作用（Lovley et al., 2004；Van Trump et al., 2006）。研究表明，铁氧化物、腐殖质和电极的还原过程，常偶联各种含氮染料的降解、有机氯农药（R-Cl，如 DDT 等）的脱卤还原，以及重金属和放射性元素 Mn(Ⅳ)、Cr(Ⅵ)和 U(Ⅵ)的还原（Lovley et al., 2004；Van Trump et al., 2006）；此外，胞外呼吸菌（如 *G. metallireducens*）可以利用甲苯等芳烃类物质为电子供体，将其厌氧氧化降解（Lovley et al., 2004）（图 1-4）。

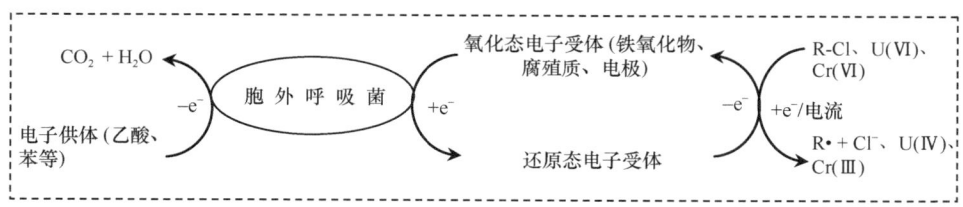

图 1-4　胞外呼吸介导的污染物转化机制（Lovley et al., 2004）

Fig. 1-4　Mechanisms of extracellular respiratory stimulating organic pollutants transformation (Lovley et al., 2004)

微生物产电技术是胞外呼吸应用研究的热点，其最基本的应用载体就是微生物燃料电池（microbial fuel cell，MFC）装置。MFC 利用胞外产电呼吸原理，以胞外呼吸菌为阳极催化剂，直接将有机物中的化学能转化为清洁电能，同时达到去除污染物的功效。目前，MFC 的应用已经拓展到以下几方面。

1）应用于废水处理。MFC 可以有效降低废水的 COD、氨氮等污染物，同时产生清洁电能。

2）将 MFC 改造为功能性装置，利用阳极微生物的产电呼吸促进阴极污染物的降解、重金属的去除（Wrighton and Coates, 2009；Torres et al., 2010）和生产有价值的工业产品。例如，在阴极室富集氢气、过氧化氢、甲烷、烧碱、丁醇等化学工业产品。

3）应用于海水淡化处理。2009 年，Cao 等改进了 MFC 的分隔膜组分，设计出新型的脱盐装置，进一步扩大了 MFC 的应用范围。

4）MFC 也是良好的实验工具，可用于研究胞外呼吸菌的生理生态特性、模拟复杂微生物系统的电子流动和验证生态学理论（Wrighton and Coates, 2009）。

目前，胞外呼吸的研究还处于起步阶段，有许多问题尚未解决。今后的研究重点应着眼于以下几点。

1）揭示更多胞外呼吸的电子受体形式。将现有的研究范围扩展到极端环境，以期发现微生物新型底物利用方式和电子受体形式。

2）分离高效胞外呼吸菌。目前报道的胞外呼吸菌的数量只占自然界的极小部分，且电子传递效率普遍不高，限制了其在微生物产电等方面的应用。借助于更完善的微生物分离系统和分子生物学方法，将进一步发现和丰富胞外呼吸的微生物资源。

3）完善胞外电子传递过程的分子学机制，将成为今后研究的热点。目前建立的胞外电子传递链只局限在 *Shewanella* 属和 *Geobacter* 属的铁呼吸过程，完整传递链的组成和细胞色素 *c* 的功能和定位还不完全清楚。运用生物化学、分子生物学和电化学等多学科交叉技术，进一步确定电子传递链必需组分的分子学性质，并将电子传递链的研究扩展到其他胞外呼吸菌和胞外呼吸形式。

4）研究复杂条件下胞外电子的传递过程。不同自然环境下，同种微生物电子传递链的组成和传递机制是否相同、哪种方式是主导机制，不同菌群如何协同完成胞外电子传递，都是有待解决的问题。

5）拓展胞外呼吸的应用范围，并研究其在污染物修复和微生物产电等方面的深层机制。目前，微生物燃料电池的产电效率不高，离实际应用还有很大差距。因而提高MFC 的输出功率是胞外呼吸的研究热点和难点。

参 考 文 献

邓丽芳, 李芳柏, 周顺桂, 等. 2009. 克雷伯氏菌燃料电池的电子穿梭机制研究. 科学通报, **54**: 2983-2987.

沈萍. 2000. 微生物学. 北京: 高等教育出版社.

武春媛, 李芳柏, 周顺桂. 2009. 腐殖质呼吸作用及其生态学意义. 生态学报, **29**: 1535-1542.

许伟, 胡佩, 李艳红, 等. 2008. 微生物铁呼吸机制研究进展. 生态学杂志, **2**: 1037-1042.

Cao X, Huang X, Liang P, et al. 2009. A new method for water desalination using microbial desalination cells. Environ Sci Technol, **43**: 7148-7152.

Gralnick J A, Newman D K. 2007. Extracellular respiration. Mol Microbiol, **65**: 1-11.

Gralnick J A, Vali H, Lies D P, et al. 2006. Extracellular respiration of dimethyl sulfoxide by *Shewanella oneidensis* strain MR-1. Proc Nat Acad Sci, **103**: 4669-4674.

Li X M, Zhou S G, Li F B, et al. 2009. Fe(III) oxide reduction and carbon tetrachloride dechlorination by a newly isolated *Klebsiella pneumoniae* strain L17. J Appl Microbiol, **106**: 130-139.

Liu M, Yuan Y, Zhang L X, et al. 2010. Bioelectricity generation by a Gram-positive *Corynebacterium* sp. strain MFC03 under alkaline condition in microbial fuel cells. Bioresour Technol, **101**: 1807-1811.

Lovley D R. 2006. Bug juice: harvesting electricity with microorganisms. Nat Rev Microbiol, **4**: 497-508.

Lovley D R, Phillips E J P. 1988. Novel mode of microbial energy metabolism: organic carbon oxidation coupled to dissimilatory reduction of iron or manganese. Appl Environ Microbiol, **54**: 1472-1480.

Lovley D R, Coates J, Blunt-harris E L, et al. 1996. Humic substance as electron acceptors for microbial respiration. Nature, **382**: 445-448.

Lovley D R, Holmes D E, Nevin K P. 2004. Dissimilatory Fe(III) and Mn(IV) reduction. Adv Microb Physiol, **49**: 219-286.

Myers C R, and Nealson K H. 1988. Microbial reduction of manganese oxides: Interactions with iron and sulfur. Geochim. Cosmochim Acta, **52**: 2727-2732.

Qiao Y, Li C M, Bao S J, et al. 2008. Direct electrochemistry and electrocatalytic mechanism of evolved *Escherichia coli* cells in microbial fuel cells. Chem Commun, **21**: 1290-1292.

Richter H, Lanthier M, Nevin K P, et al. 2007. Lack of electricity production by *Pelobacter carbinolicus* indicates that the capacity for Fe(III) oxide reduction does not necessarily confer electron transfer ability to fuel cell anodes. Appl Environ Microb, **73**: 5347-5353.

Shi L, Squier T C, Zachara J M, et al. 2007. Respiration of metal (hydr) oxides by *Shewanella* and *Geobacter*: a key role for multihaem *c*-type cytochromes. Mol Microbiol, **65**: 12-20.

Stams A J, de Bok F A, Plugge C M, et al. 2006. Extracellular electron transfer in anaerobic microbial communities. Environ Microbiol, **8**: 371-382.

Torres C I, Marcus A K, Lee H S, et al. 2010. A kinetic perspective on extracellular electron transfer by anode-respiring bacteria. FEMS Microbiol Rev, **34**: 3-17.

Van Trump J I, Sun Y, Coates J D. 2006. Microbial interactions with humic substances. Adv Appl Microbiol, **60**: 55-96.

Weber K A, Achenbach L A, Coates J D. 2006. Microorganisms pumping iron: anaerobic microbial iron oxidation and reduction. Nat Rev Microbiol, **4**: 752-764.

Wrighton K C, Coates J D. 2009. Microbial Fuel Cells: Plug-in and Power-on Microbiology-These devices already prove valuable for characterizing physiology, modeling electron flow, and framing and testing hypotheses. Microbe, **4(6)**: 281-287.

Zhang L X, Zhou S G, Zhuang L, et al. 2008. Microbial fuel cell based on *Klebsiella pneumoniae* biofilm. Electrochem Commun, **10**: 1641-1643.

Zuo Y, Xing D, Regan J M, et al. 2008. Isolation of the exoelectrogenic bacterium *Ochrobactrum anthropi* YZ-1 by using a U-tube microbial fuel cell. Appl Environ Microbiol, **74**: 3130-3137.

第二章 胞外呼吸菌的分离纯化及遗传改造

胞外呼吸菌的分离鉴定是当前胞外呼吸研究的热点。根据胞外电子受体的不同,胞外呼吸菌主要分为 Fe(III)还原菌、腐殖质还原菌和产电菌三种。目前发现的胞外呼吸菌多为革兰氏阴性菌（G^-）,主要集中于变形菌门（Proteobacteria）的不同亚门（α-、β-、γ-及 δ- Proteobacteria）,只有少数几株属于革兰氏阳性菌（G^+）。地杆菌属（*Geobacter*）和希瓦氏菌属（*Shewanella*）是目前已发现的两种主要优势菌群,也是胞外呼吸研究的主要模式菌属。已分离纯化的胞外呼吸菌数量只占自然界的极小部分,且电子传递效率普遍不高,限制了其在微生物产电等领域的应用。因此,需要借助更完善的微生物分离系统和分子生物学遗传改造方法,进一步发现和丰富胞外呼吸的微生物资源。

第一节 胞外呼吸菌的分离纯化

一、样品采集

菌种采集遵循的原则是材料来源越广泛,就越有可能获得新的菌种。然而,当有目的地分离某种或某类微生物时,则需要根据其在自然环境中的分布情况采集样品。自然界中发生的异养代谢方式随可获得氧化剂的种类不同而不同。在土壤、沉积物等表层或靠近表层的地方,微生物主要以活性较强的氧化剂（如 O_2、NO_3^- 等）作为电子受体;在深层土壤/沉积物中,微生物则主要以低活性的氧化剂[如腐殖质、Mn(IV)、Fe(III)、SO_4^{2-} 等]作为电子受体。胞外呼吸菌主要分布于淡水/地下水/湖泊沉积物、植物根际/森林底层土壤、地芯、热泉、金矿矿井深处的地下水、酸性废水、活性污泥及微生物燃料电池等缺氧环境（Lovley et al., 2004; Field and Cervantes, 2005）。因此,在筛选胞外呼吸菌时,可从以上自然坏境中取样。

此外,具体采样点及样本类型还要依据目的菌种特性决定,如筛选耐酸性菌株,样本一般采集于山川、沟壑等地的黑色腐殖质土或酸性废水;筛选耐碱性菌株,则一般选择出自盐碱地区呈白、黄浅色的碱性土壤样品;筛选耐高温菌株,在温泉沉积物或高温厌氧堆肥等样品中则比较容易获得。由于胞外呼吸菌多为严格厌氧菌,样品采集后应尽可能避免长时间暴露于空气中（可采用厌氧管或厌氧袋存放,并在采集完后尽快带回实验室）。

二、Fe(III)/腐殖质还原菌的分离筛选

(一) 富集培养

富集培养指从混合微生物群开始,利用不同微生物间生命活动的差异,在适于目的微生物而不适于其他微生物生长的条件下培养,使目的微生物在菌群中的比例增加,成为优势菌种。富集某一类型微生物之前,首先要选择好适合目的微生物生长的培养基。

富集分离胞外呼吸菌的培养基一般由基础厌氧培养基、电子供体及电子受体组成。原则上，用于Fe(III)还原菌富集分离的培养基均可用于腐殖质还原菌的富集和培养。

1. 基础厌氧培养基

参考德国微生物菌种保藏中心（German Collection of Microorganisms and Cell Cultures, DSMZ）关于 *Geobacter* 属13株标准菌种的液体培养基配方，以及武春媛等（2009）总结的Fe(III)/腐殖质还原菌常用培养基配方，胞外呼吸菌富集常用基础厌氧培养基配方总结于表2-1。

表2-1 常用基础厌氧培养基配方
Tab. 2-1 Compositions of the common basic anaerobic media

名称	DSMZ培养基 No. 579	DSMZ培养基 No. 826	DSMZ培养基 No. 838	培养基（武春媛等，2009）
$NaHCO_3$	2.50 g/L	2.50 g/L	3.50 g/L	2.0~5.0 g/L
NH_4Cl	1.50 g/L	1.50 g/L	0.30 g/L	0.1~0.5 g/L
KCl	0.10 g/L	0.10 g/L	—	0.1~0.2 g/L
NaH_2PO_4	0.60 g/L	—	0.60 g/L	—
Na_2HPO_4	—	0.60 g/L	—	—
K_2HPO_4	—	—	—	0.02~0.6 g/L
Na_2WO_4	0.25 mg/L	—	—	—
$MgSO_4·7H_2O$	—	—	0.50 g/L	0.025~0.2 g/L
$MgCl_2·6H_2O$	—	—	—	0.012~0.4 g/L
$CaCl_2·2H_2O$	—	—	0.10 g/L	0.05~0.1 g/L
维生素 No. 141[†]	10.00 mL/L	10.00 mL/L	—	变量
微量元素 No. 141[†]	10.00 mL/L	10.00 mL/L	—	变量
微量元素 SL-10[†]	—	—	1.00 mL/L	变量
亚硒酸-钨酸盐溶液[††]	—	1.00 mL/L	1.00 mL/L	变量

注：—，不含此物质；[†]维生素及微量元素母液具体成分详见表2-4；[††]亚硒酸-钨酸盐溶液由 0.5 g/L NaOH、3 mg/L $Na_2SeO_3·5H_2O$ 和 4 mg/L $Na_2WO_4·2H_2O$ 组成

此外，样品不同，培养基成分也需做出相应调整。例如，Straub等（2005）针对淡水和海洋来源样品的不同特点，在样品富集筛选和菌株分离纯化时所选用基础培养基见表2-2，以 30 mmol/L 重碳酸盐/CO_2 作为缓冲液，额外添加硒酸盐、钨酸盐、7种维生素和8种微量元素（Widdel and Bak, 1992）。

表2-2 淡水培养基和人工海水基础培养基配方（g/L）
Tab. 2-2 Compositions of freshwater medium and artificial seawater medium (g/L)

名称	淡水培养基	人工海水培养基
KH_2PO_4	0.6	0.4[†]
NH_4Cl	0.3	0.25[†]
$MgSO_4·7H_2O$	0.025	0.025
$MgCl_2·6H_2O$	0.4	11
$CaCl_2·2H_2O$	0.1	1.5
KBr	—	0.09
KCl	—	0.7
NaCl	—	26.4

注：—，不含此物质；[†]先配制成500×母液，单独灭菌后再加入培养基内

Fe(Ⅲ)还原菌群对盐碱环境物质代谢起到重要作用,但2004年前,分离得到的Fe(Ⅲ)还原菌生长的最高pH未超过9.0(Pollock et al., 2007)。直到Ye等(2004)筛选到 *Alkaliphilus metalliredigens* QYME,以及Pollock等(2007)筛选到 *Bacillus* sp. SFB,才将Fe(Ⅲ)还原菌在碱性条件下的生长范围扩展到pH 11.0。他们用于富集分离嗜碱性Fe(Ⅲ)还原菌及其他金属还原菌的培养基配方总结于表2-3。

表2-3 富集分离嗜盐碱Fe(Ⅲ)还原菌的基础培养基配方
Tab. 2-3 Compositions of basic media for enrichment of alkaliphilic ferric-reducing bacteria

基础培养基(Pollock et al., 2007)		基础培养基(Ye et al., 2004)	
名称	浓度	名称	浓度
NaCl	125 g/L	K_2HPO_4	0.75 g/L
$NaH_2PO_4 \cdot 2H_2O$	0.5 g/L	$(NH_4)_2SO_4$	1.25 g/L
NH_4Cl	1.0 g/L	Tris	6.0 g/L
$Na_2B_4O_7$	4.0 g/L	Na_2SeO_4	1.2 mg/L
酵母提取物	2.0 g/L	$NaHCO_3$	0.35 g/L
维生素母液†	10 mL/L	酵母提取物	0.025 g/L
微量元素母液†	10 mL/L	微量元素母液††	10 mL/L

注:† 维生素母液配方见表2-4维生素No. 141,微量元素母液的配方与表2-4微量元素No. 141基本相同,只是以0.025 g/L的$Na_2WO_4 \cdot 2H_2O$代替了0.03 g/L的$Na_2SeO_3 \cdot 5H_2O$;†† 具体配方见表2-4中微量元素MS

通常在基础培养基中还要添加维生素及微量元素的混合液,且微量元素不含EDTA、NTA等螯合剂,以免它们与Fe(Ⅲ)螯合形成复合物促进Fe(Ⅲ)的还原。现将上述培养基中所添加维生素与微量元素的配方列于表2-4中。另外,为了保证氧气敏感型Fe(Ⅲ)还原菌的生长,还可在培养基中添加还原剂。由于有机还原剂加入富集培养基中会额外添加培养基中的有机物来源,因此并不推荐使用半胱氨酸、抗坏血酸等还原性因子。建议在富集培养基中选择Fe^{2+}(1~2 mmol/L)作为中性还原剂,同时为了避免额外增加硫含量,以添加$FeCl_2$为佳(Straub et al., 2005; Shelobolina et al., 2007)。

表2-4 维生素与微量元素母液配方
Tab. 2-4 Compositions of vitamin and mineral stock solutions

维生素No. 141		微量元素No. 141		微量元素SL-10		微量元素MS	
名称	浓度	名称	浓度	名称	浓度	名称	浓度
生物素	2.00 mg/L	$MnSO_4 \cdot H_2O$	0.50 g/L	HCl(25%)	10.00 mL/L	$MnSO_4$	0.5 g/L
叶酸	2.00 mg/L	$MgSO_4 \cdot 7H_2O$	3.00 g/L	$FeCl_2 \cdot 4H_2O$	1.50 g/L	$MgSO_4$	3.0 g/L
盐酸吡哆醇	10.00 mg/L	氨三乙酸三钠	1.50 g/L	$ZnCl_2$	70.00 mg/L	次氮基三乙酸	1.5 g/L
核黄素	5.00 mg/L	NaCl	1.00 g/L	$MnCl_2 \cdot 4H_2O$	100.00 mg/L	NaCl	1.0 g/L
硫胺素	5.00 mg/L	$FeSO_4 \cdot 7H_2O$	0.10 g/L	H_3BO_3	6.00 mg/L	$FeSO_4$	0.1 g/L
烟酸	5.00 mg/L	$CaCl_2 \cdot 2H_2O$	0.10 g/L	$CoCl_2 \cdot 6H_2O$	190.00 mg/L	$CaCl_2$	0.1 g/L
泛酸	5.00 mg/L	$CoSO_4 \cdot 7H_2O$	0.18 g/L	$CuCl_2 \cdot 2H_2O$	2.00 mg/L	$CoCl_2$	0.1 g/L
V_{B12}	0.10 mg/L	$ZnSO_4 \cdot 7H_2O$	0.18 g/L	$NiCl_2 \cdot 6H_2O$	24.00 mg/L	ZnCl	0.13 g/L
对氨基苯甲酸	5.00 mg/L	$AlK(SO_4)_2 \cdot 12H_2O$	0.02 g/L	$Na_2MoO_4 \cdot 2H_2O$	36.00 mg/L	$NiCl_2 \cdot 6H_2O$	0.02 g/L
硫辛酸	5.00 mg/L	$CuSO_4 \cdot 5H_2O$	0.01 g/L			$AlK(SO_4)_2$	0.01 g/L
		H_3BO_3	0.01 g/L			H_3BO_3	0.01 g/L
		$Na_2MoO_4 \cdot 2H_2O$	0.01 g/L			Na_2MoO_4	0.03 g/L
		$NiCl_2 \cdot 6H_2O$	0.03 g/L			$CuSO_4$	0.01 g/L
		$Na_2SeO_3 \cdot 5H_2O$	0.03 g/L			Na_2WO_4	0.03 g/L

2. 电子供体/受体

厌氧环境下，胞外呼吸菌可以与其他兼性厌氧或厌氧菌株共存，为了抑制兼性厌氧菌和其他厌氧菌通过发酵作用生长，培养基中应避免使用易被发酵的电子供体（如乙醇、脂肪酸等）或复杂的营养物质（如酵母浸提物、蛋白胨等）。如表 2-5 所示，常用的胞外呼吸菌电子供体种类繁多，包括苯甲酸钠、乙酸钠、乳酸钠、甘油等。

表 2-5　常用电子供体和电子受体浓度
Tab. 2-5　The concentrations of the common electron donors and acceptors

	腐殖质还原菌		Fe(III)还原菌	
电子供体	乙酸钠	2~5 mmol/L	乙酸钠	2~20 mmol/L
	乳酸钠	2~5 mmol/L	乳酸钠	10~20 mmol/L
			甘油	3.0 mL/L
			苯甲酸钠	2 mmol/L
电子受体	腐殖质	2 g/L	柠檬酸铁	50 mmol/L
	腐殖酸	5~20 g/L	水铁矿	20~100 mmol/L
	AQDS	0.1~5 mmol/L	Fe(III)-焦磷酸	4~10 mmol/L
			Fe(III)-NTA	10 mmol/L

分离腐殖质还原菌时，常用电子受体包括腐殖质（HS）、腐殖酸（HA）和 AQDS 三种，所用浓度见表 2-5。HS 作为电子受体时，可以通过高压蒸汽灭菌或滤膜过滤除菌（0.2 μm 孔径）。在中性 pH 条件下，HS 溶解度不高，高浓度的 HS 也会形成沉淀和（或）胶体，可通过过滤除菌减少 HS 的损失。一般并不直接选用 HS 作为电子受体进行腐殖质还原菌的富集和分离，具体原因如下：①HS 在中性条件下溶解度相对较低，接受电子能力也相对较弱；②较高 HS 浓度下，检测蛋白含量或细胞计数相对比较困难；③需要大量高纯度的 HS，成本较高。

HA 作为电子受体时，浓度一般为 50 mg/mL，其悬浮于水中或缓冲液中（如 30 mmol/L 除氧的重碳酸盐或磷酸盐缓冲液，pH 7.0），可高压蒸汽灭菌（Kappler et al., 2004）。HA 较易大量制备，在中性 pH 条件下溶解度较高，可达到 1 mg/mL，醌含量也相对较高，易被微生物还原（Chen et al., 2003；武春媛等, 2009）。因此，与 HS 相比，实验室研究更倾向于使用 HA。

AQDS 是富集和分离腐殖质还原菌时最常选择的电子受体（Straub et al., 2005）。主要原因有：①富集周期短，AQDS 相对于 HS，更易被微生物还原；②还原产物易被检测，AQDS 的还原产物在中性条件下呈橙黄色，容易辨别，也可用可见-紫外分光光度计测吸光值（λ = 450 nm）来定量。尽管研究中多使用 AQDS，由于 AQDS 的氧化还原电位为 –184 mV，接近 HS 氧化还原电位的下限，当高于此电位时，将电子传递给 HS 的还原过程就被忽略。另外，高浓度 AQDS 对纯菌和土著微生物具有潜在毒性（Hofrichter and Steinbüchel, 2004；Cervantes et al., 2000），因此，在以 AQDS 为电子受体时，使用浓度一般不超过表 2-5 所列范围。

不溶性 Fe(III) 氧化物是 Fe(III) 还原菌富集培养时的理想电子受体（Kaser and Coates, 2010）。目前已知有 16 种不同的 Fe(III) 氧化物，针铁矿（geothite）、纤铁矿（lepidocrocite）、

赤铁矿（hematite）和水铁矿（ferrihydrite）是土壤和沉积物中含量最高的几种，常被应用于实验室研究。水铁矿因其结晶度最低而最常用于Fe(III)还原研究，是Fe(III)还原菌富集培养的理想电子受体。针铁矿、纤铁矿和赤铁矿可以通过购买或实验室制备获得（Schwertmann and Cornell, 1991）。相比之下，水铁矿则不能通过购买获得，只能在实验室合成，其合成、灭菌及保存方法在Straub等（2005）的著作中有详细介绍。

中性pH条件下，Fe(III)氧化物的溶解度低，不利于实验研究，因而许多实验室采用可溶性的络合态铁[如柠檬酸铁、Fe(III)-NTA]作为电子受体，其常用浓度范围见表2-5。应用这类复合物确实可以达到一定目的（如得到更多的细胞生长量）。然而，这类Fe(III)复合物可以进入细胞内，使得微生物可能采取一种不同于不溶性Fe(III)的方式代谢。因此，利用可溶性Fe(III)富集得到的菌种未必能以不溶性Fe(III)为电子受体进行培养（Straub and Schink, 2004），所得菌株还需重新接回不溶性Fe(III)为电子受体的培养基中进行验证。实际操作中，在富集阶段可选择水铁矿作为电子受体，到纯化阶段再利用较易操作且对菌落没有明显遮蔽效果的可溶性Fe(III)复合物或其他Fe(III)替代品培养。

另外，可采用不同电子供体/受体浓度富集分离不同属的Fe(III)还原菌，例如，同样以水铁矿为电子受体，*Geobacter*属和*Desulfuromonas*属的富集分别以2 mmol/L和10 mmol/L的乙酸钠为电子供体，而*Shewanella*属富集的电子供体则为乳酸钠（20 mmol/L）或H_2（101 kPa）。

3. 富集培养条件及过程

由于胞外呼吸发生在厌氧环境中，多数胞外呼吸菌严格厌氧，兼性厌氧菌（如发酵细菌）只有在O_2耗尽时才会以Fe(III)/HS或电极作为电子受体维持生长，因此，培养基的配制和菌的富集培养需要在严格厌氧的条件下进行。胞外呼吸菌富集时的具体培养条件及过程如下所述。

将基础培养基、电子供体母液和电子受体母液分别分装于厌氧瓶，充N_2约1 h，然后115℃高温灭菌30 min；冷却后将电子供体和电子受体加入基础培养基中，接种5 mL水体样品或5 g土壤样品，充N_2/CO_2（80/20）混合气30 min排氧，盖橡胶塞，并迅速压铝盖密封，静置于厌氧工作站中培养。

观察体系颜色变化（图2-1）：培养5~15天后，以AQDS为电子受体的培养基由无色逐渐变为橙黄色（图2-1A）；以柠檬酸铁为电子受体的培养基颜色由深橙黄色（浓度高时为深褐色）逐渐变暗变黑，最后生成沉淀，培养液变澄清（图2-1B）；以水铁矿作为电子受体时培养液的颜色变化比较复杂：培养液中水铁矿的浓度一般为50~100 mmol/L，此浓度下水铁矿为深褐色，被还原后的终产物为代表性的磁铁矿，还原过程中水铁矿颜色由开始的深褐色变为最终的黑色，颜色上会掩盖其他还原产物（图2-1C）。磁铁矿并不是水铁矿还原的唯一产物：在较低水铁矿浓度下（5~10 mmol/L），水铁矿可以被*Geobacter*属多个种的菌完全还原为Fe(II)（Straub and Schimk, 2004），含有5~10 mmol/L水铁矿的培养液呈黄褐色，随着水铁矿被还原为$FeCO_3$和$Fe_3(PO_4)_2$，颜色逐渐由黄褐色变为白色，出现以上颜色变化并趋于稳定后，以10%的接种量转接到另一新鲜的富集培养基中，如此转接3次。

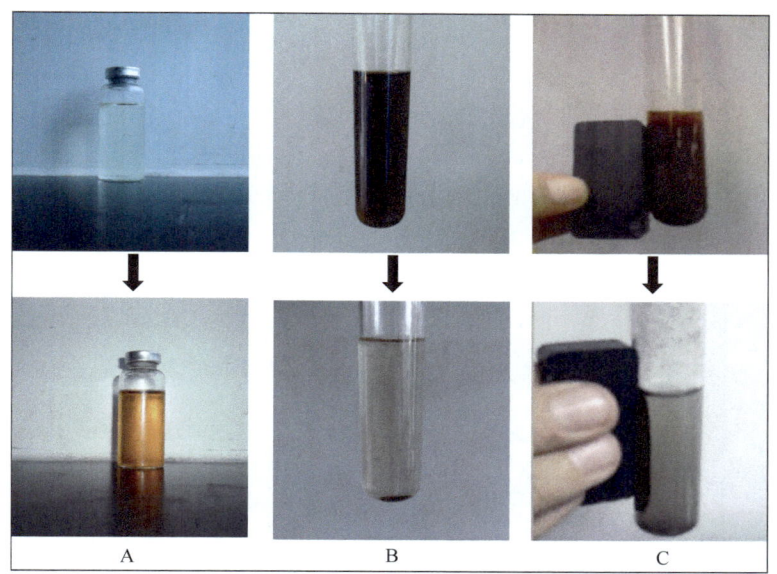

图 2-1　AQDS（A）、柠檬酸铁（B）、水铁矿（C）为电子受体进行富集时的变化
Fig. 2-1　The change of enrichment cultures using AQDS (A), Fe(III)-citrate (B) and ferrihydrite (C)

（二）分离纯化

1. 稀释平板法

一般而言，在固体培养基上分离单菌比液体培养基中更好，传统的平板梯度稀释法是进行菌落分离纯化最常用的手段。

理论上，Fe(III)/腐殖质还原菌的分离纯化，可以通过在含有 Fe(III)氧化物/HS 的固体平板上划线并在厌氧培养箱中培养来实现。然而实际情况下，不溶性 Fe(III)氧化物和 HS 溶解度低、颜色深，使得固体培养基浑浊，很难在这种培养基上通过平板梯度稀释法来纯化 Fe(III)/腐殖质还原菌。虽然在 Fe(III)的固体平板上可以看到具有 Fe(III)还原能力的菌所在区域，却无法将具有 Fe(III)还原能力的菌落与周围没有还原能力的杂菌区分。即使用可溶性的 Fe(III)［如柠檬酸铁或 Fe(III)-EDTA］进行 Fe(III)还原菌筛选也有难度，因为培养基虽然是透明的但是却有颜色。

为了解决上述问题，在平板梯度稀释中常选择一些可溶性、无色的电子受体（如延胡索酸、硝酸盐或二甲亚砜）作为 Fe(III)的替代品；同样将 AQDS 作为 HS 的替代品。例如，*G. bremensis* 和 *G. pelophilus* 便是以延胡索酸作为电子受体纯化所得，*G. bemidjiensis* 和 *G. Psychrophilus* 则是以 AQDS 为电子受体纯化所得。

需要注意的是，所有工作要在厌氧工作站内进行，这样不至于对氧气敏感的菌株因暴露于空气而死亡。

2. 固体/液体稀释摇管技术

并非所有菌都能在固体培养基表面生长，而且平板稀释法不适用于高温或低温菌的分离，因此，固体/液体培养基的稀释摇管技术对于菌株分离而言也是必需的，*G. luticola* 便是利用此分离方法获得（Viulu et al., 2013）。摇管技术可在含基础培养基、相应电子供体和可溶性 Fe(III)（如柠檬酸铁）、Fe(III)替代物（如延胡索酸）或 AQDS 的培养基中进行。

将一系列装有无菌琼脂培养基的试管加热，使培养基熔化并保持在 50℃左右，然后将待分离的材料用这些试管进行梯度稀释，试管迅速摇动均匀，冷凝后，在琼脂柱表面倾倒一层灭菌液体石蜡和固体石蜡的混合物，将培养基和空气隔开。培养后，菌落形成在琼脂柱内（图 2-2）。

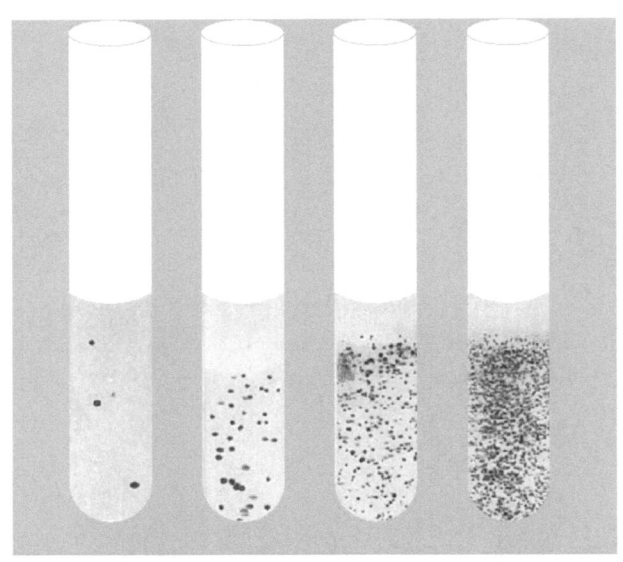

图 2-2　固体稀释摇管法
Fig. 2-2　Dilution method for bacterial separation in solid medium

进行单菌落挑取和移植时，需先用一只灭菌针将液体石蜡和固体石蜡盖取出，再用一只毛细管插入琼脂和管壁之间，通入无菌无氧气体，将琼脂柱吸出，置于培养皿中，用无菌刀将琼脂柱切成薄片进行观察和菌落移植。

稀释法是液体培养分离纯化常用的方法。接种物在液体培养基中顺序稀释，最终使一支试管中分配不到一个微生物。如果经稀释后的大多数试管中没有微生物生长，那么有微生物生长的试管得到的菌株可能就是纯培养菌株。如果经稀释后的试管中有的微生物所占比例提高，得到纯培养物的概率就会下降。因此，采用稀释法进行液体分离，必须在同一个稀释度的许多平行试管中，大多数（一般应超过 95%）表现为不生长为宜。

3. 厌氧滚管技术

厌氧滚管技术是在厌氧工作站出现以前常用的厌氧分离技术，直到现在也是常用技术之一，*G. pickeringii* 和 *G. argillaceus*（Shelobolina et al., 2007）便是利用厌氧滚管技术分离得到的。厌氧滚管技术的详细操作步骤如下所述。

1）制作滚管：在底部不断通入氮气的条件下，将已融化的无氧培养基（约 7 mL）在无菌条件下用注射器注入 30 mL 滚管中，密封灭菌。将已灭菌的厌氧管放入沸水浴中待用。同时，在平底水槽内加入冷水和冰块（液面高度以 2~3 mm 为宜）。取出滚管，并排放平后浸入冷水浴中,迅速滚动厌氧管,使培养基完全冷却、均匀地凝固于内管壁上。

2)接种菌液:用无菌注射器(1 mL)将 1 mL 富集培养液迅速注入加有 9 mL 无氧灭菌液态培养基中,立即混合均匀,依次稀释。选择适宜稀释梯度的富集培养基接入滚管。接种后的滚管放入适宜温度的培养箱中,培养 1~2 周。

3)挑取单菌落:培养结束后,管壁上长出一些小菌落,如图 2-3 所示。根据滚管内菌体的生长情况,从接种适宜稀释梯度的滚管中挑取单菌落。打开滚管,将接种针小心深入其中,挑取所选菌落至已灭菌的培养液中培养。

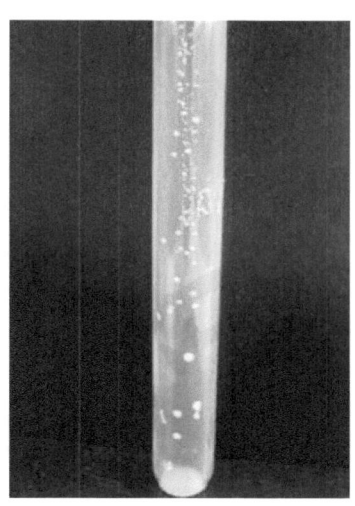

图 2-3 用于分离纯菌落的厌氧滚管及附着菌落模式图
Fig. 2-3 Anaerobic tube used for bacterial separation and colonies attachment diagram

三、产电菌的分离筛选

(一)富集培养

目前已分离的产电菌大多数为异化金属还原菌,很少从微生物燃料电池(MFC)中直接分离。然而,MFC 可以作为产电菌富集的一种培养方式:在混合接种的 MFC 中,最初往往存在各种各样的微生物;MFC 长期运行的过程中,在电池的阳极反应液($NaH_2PO_4·2H_2O$ 0.678 g/L、NH_4Cl 0.25 g/L、KCl 0.1 g/L、$NaHCO_3$ 2.5 g/L、维生素储液 10 mL、微量元素储液 10 mL)(Yuan et al., 2010)中添加合适的电子供体却不添加外源电子受体,只有电极可以作为胞外电子受体,在这样一种选择压力下,具有胞外电子转移能力的产电菌或者间接依赖产电过程的微生物,在 MFC 运行过程中逐渐得到富集,成为该体系中的优势微生物,并在阳极电极上形成生物膜;与此同时,一些在自然环境中存在但并不适合 MFC 产电条件的微生物则逐渐在 MFC 微生物群落结构中减少甚至消失。Kim 等(2004)通过 MFC 使得污泥样品的产电性能大幅度提高,同时产电菌得到成功富集。产电菌富集的过程需要通过电化学的方法监测电流、电压等指标的变化,并不像 Fe(III)/腐殖质还原菌一样通过培养液的颜色变化来反映。

（二）分离纯化

有研究利用含可溶性柠檬酸铁的平板分离 MFC 阳极产电菌[具体见 Fe(III)还原菌的平板分离]，虽然分离得到的菌株在 MFC 验证中具有产电能力，但是这种方法对于非产电菌没有选择压力，限制了不能在平板上利用 Fe(III)进行呼吸的产电菌分离。

Zuo 等（2008）首次采用了一种 U 形 MFC 分离产电菌的方法，并成功分离到了产电菌 *Ochrobactrum anthropi* YZ-1。其实这种方法是液体摇管法的改进，是以小型 MFC 代替厌氧管对富集培养基（阳极生物膜）梯度稀释进行产电菌纯化的技术，在本章第六节的研究案例分析中将对这一方法做详细阐述。

第二节　纯菌的胞外呼吸属性验证

分离筛选得到的纯培养菌株，还需进一步验证其胞外呼吸属性、最适宜的电子供体、最佳电子受体/供体的浓度、电子受体的还原潜力和速率等。本节主要介绍菌株胞外呼吸属性的检测方法。

一、腐殖质还原

AQDS 是腐殖质的代表物质，菌株对 AQDS 的还原能力可通过检测培养基中还原性 AQDS（AHQDS）的产量所反映。AHQDS 的检测方法为：在厌氧工作站中，用 0.22 μm 聚醚砜微孔过滤器过滤培养液，去除菌体，采用分光光度法（λ = 450 nm）测定 AHQDS 浓度。

腐殖质还原菌对 HS 的降解能力可以通过测定 HS 的氧化还原状态或测定放射性标记底物的氧化量来鉴定。例如，当腐殖质还原菌在含有 0.2 mmol/L ^{14}C 标记的乙酸钠和 2 g/L HA 的培养基中培养时，可以定时检测生成的 $^{14}CO_2$ 含量（Lovley et al., 1996, 1998），结果显示，在此培养条件下，至少 0.025 mmol/L 的乙酸盐被氧化为 CO_2。

二、Fe(III)还原

Fe(III)还原菌的生长状况可以通过检测其还原生成的 Fe(II)含量来进行监测。取样之前，先将培养基用力摇动以保证 Fe(II)和 Fe(III)在培养液中混匀。样品取出后，立即用 HCl（终浓度 1 mol/L）酸化以稳定 Fe(II)，并将吸附在矿物相中的 Fe(II)分离出来。Fe(II)测定采用菲洛嗪（ferrozine）分光光度法或邻菲啰啉（*o*-phenanthroline）法。两种方法都可检测到微摩尔级，但是菲洛嗪分光光度法更为常用。菲洛嗪储存液是用蒸馏水配制的含 50%（w/V）酸铵和 0.1%（w/V）菲洛嗪的溶液。菲洛嗪储存液具有光活性，只能在 4℃避光保存两周。邻菲啰啉分光光度法的灵敏度很高，测定前样品通常都要先用 1 mol/L 的 HCl 溶液稀释。

三、电极还原

分离纯化得到的菌株，可以利用 Cubic 反应器进行产电性能验证。Cubic 反应器具有接种量少、启动快、周期短、维护方便等优点（刘尧兰，2008）。具体操作如下。

1）反应器无菌处理：Cubic 反应器分为阴极、阳极、橡胶垫圈、结构主体及连接固定螺栓 5 个部分。阴极紫外灭菌后装入灭菌袋中备用。其他部分用 75%乙醇清洗灭菌后立刻组装。

2）无菌进水液制备：反应器进水液为加有电子供体的阳极反应液，121℃高压灭菌后备用。

3）菌液接种：在无菌操作台上，用注射器将 2 mL 菌液从培养管中迅速接入 Cubic 反应器。接种后加入无菌进水液，塞紧胶塞并用酒精棉擦洗反应器外表面。

4）产电性能在线观测：将 Cubic 反应器与 1000 Ω 电阻和实时监控电脑终端连接，即可实时显示并记录反应器的电压值。反应器置于恒温室中。

5）反应器维护：Cubic 反应器的电压周期约为两天，故每两天换无菌进水液一次。一般在反应器电压下降到电压峰值 25%左右时进行换水。换水过程在无菌操作台中进行，换水后用酒精棉擦洗反应器外表面。应注意胶塞打开时间不宜过长，以避免染菌，且换出的进水液需及时处理，避免污染。

纯菌产电验证，即将纯菌菌液接入无菌处理的反应器中，保持反应器在纯菌状态下观测电压数据。根据电压稳定后的电压高低、极化曲线、内阻测定、功率密度等确定其产电性能优劣。

第三节　生理生化特性的鉴定

细菌的生理特性种类具有多样性，能直接影响细菌的实际应用，细菌的生理生化特性是细菌所有特性中最值得研究的特征。本节重点介绍胞外呼吸菌在分类学上生理生化特性的研究方法，借以比较不同种属胞外呼吸菌间生理特性差异，鉴定所分离的胞外呼吸菌是否是还未被发现的新菌。

一、生理指标鉴定

测定菌株生理特性的主要指标如下：生长温度、盐浓度耐受、生长 pH、运动性、麦康凯琼脂平板生长、氧化酶、接触酶、脱氧核糖核酸酶、水解卵磷脂、水解酪蛋白、水解吐温 80、水解吐温 20、水解纤维素、水解淀粉。碳源利用、产酸和其他实验均使用 API ID 32GN、API 20E 和 API 20NE 微生物鉴定试剂盒测试。

1. 生长温度测定

根据不同的细菌，配制其生长所需最适宜的液体营养培养基。将活化好的新菌接入到灭菌过的培养基内（实验组），用不接种细菌的培养基作为对照（对照组），将培养基放入不同温度下培养，每天用可见-紫外分光光度计测定培养基在波长 $\lambda = 600$ nm 处的吸光值，最后得出新菌可生长温度和最适生长温度范围。

2. 生长 pH 测定

配制新菌生长所需要的最适液体营养培养基，用如下缓冲体系调节培养液的 pH：

pH 4.0~5.0，0.1 mol/L 柠檬酸钠和 0.1 mol/L 柠檬酸；pH 6.0~8.0，0.1 mol/L NaOH 和 0.1 mol/L KH_2PO_4；pH 9.0~10.0，0.1 mol/L $NaHCO_3$ 和 0.1 mol/L Na_2CO_3；pH 11.0，0.1 mol/L NaOH 和 0.05 mol/L Na_2HPO_4（Zhang, 2009）。将细菌接入到培养基内，每个 pH 做 3 个重复，用不接种细菌的培养基作为对照，将培养基放入新菌生长最适温度下培养，每天用可见-紫外分光光度计测定培养基在波长 λ = 600 nm 处的吸光值，最后得出新菌可生长 pH 范围和最适生长 pH。

3. 盐浓度耐受

配制新菌生长所需要的最适液体营养培养基，调节培养基的盐浓度。将活化好的新菌接入到已灭菌的培养基内，每个盐浓度做 3 个重复，用不接菌的培养基作为对照，将培养基放置在新菌生长最适条件下培养，每天用可见-紫外分光光度计测定培养基在波长 λ = 600 nm 处的吸光值，最后得出新菌所能耐受的盐浓度范围。

4. 麦康凯琼脂平板生长

按照配方配制麦康凯琼脂培养基，灭菌后倒平板，在冷却凝固的平板上接种细菌，每种细菌做 3 个重复，以不接菌的平板作为对照，将培养基放置在新菌生长最适条件下培养，观察细菌在琼脂平板上是否生长。麦康凯琼脂培养基的配方见表 2-6。

表 2-6 麦康凯琼脂培养基配方
Tab. 2-6 The components of the MacConkey agar medium

试剂名称	浓度
蛋白胨	20 g/L
乳糖	10 g/L
NaCl	5 g/L
牛胆盐	5 g/L
琼脂	15 g/L
结晶紫	0.001 g/L
中性红	0.025 g/L
pH	7.2

5. 运动性

配制新菌生长所需要的最适液体营养培养基，向培养基中加入 2 g/L 的琼脂粉制成半固体培养基，分装至试管中灭菌，以穿刺接种的方法接种细菌至已冷却凝固的培养基中，每种细菌做 3 个重复，以不接细菌的试管作为对照，将培养基放置在新菌生长最适条件下培养，观察细菌的生长情况，若细菌仅在穿刺线上生长，则说明细菌无运动性，若向穿刺线旁边扩散生长，则说明细菌有运动性。

6. 氧化酶和接触酶

将新鲜的细菌接种于琼脂平板上培养 24 h，用接种环挑取一定量的菌体到氧化酶试纸（生物梅里埃公司），观察试纸颜色变化，若变成红色，则说明细菌具有氧化酶活性。

在细菌菌落上滴数滴 3% H_2O_2，观察菌落上是否产生小气泡，若产生了小气泡，则说明细菌具有接触酶活性。

7. 脱氧核糖核酸酶

根据配方配制用于验证脱氧核糖核酸酶活性的培养基，倒平板，将细菌点接入培养基上，用不接菌的平板作为对照，将培养基放置在新菌生长最适条件下培养，观察培养基是否出现红色的晕圈，若有晕圈出现，则说明细菌具有脱氧核糖核酸酶活性（东秀珠和蔡妙英，2001）。培养基配方见表 2-7。

表 2-7 DNA 酶测试培养基配方
Tab. 2-7 The components of DNA enzyme test medium

试剂名称	浓度
酪蛋白水解物	15 g/L
大豆蛋白胨	5 g/L
NaCl	5 g/L
Na_2HPO_4	2 g/L
琼脂	15 g/L
0.4%溴麝香草酚蓝	12.5 mL
pH	7.4

8. 吐温 20、吐温 80 水解

配制母培养基，将培养基灭菌，在母培养基还未完全冷却时，向其中一半培养基中加入已灭菌的吐温 20，另一半加入灭过菌的吐温 80，并使得两种吐温的终浓度均为 1%，倒平板。将细菌分别点接到两种平板上，以不接菌的两种平板作为对照，将培养基放置在新菌生长最适条件下培养，观察长出的菌落周围是否出现模糊的晕圈，若有晕圈，则说明结果为阳性（东秀珠和蔡妙英，2001）。母培养基的配方见表 2-8。

表 2-8 母培养基配方
Tab. 2-8 The components of the mother culture medium

试剂名称	浓度
蛋白胨	10 g/L
NaCl	5 g/L
$CaCl_2 \cdot 7H_2O$	0.1 g/L
琼脂	9 g/L
pH	7.4

9. 酪蛋白水解

根据配方配制酪蛋白琼脂培养基，灭菌后制成平板，在平板上点接入新鲜菌体，用不接菌的平板作为对照，将培养基放置在新菌生长最适条件下培养，观察长出的单菌落周围是否出现透明圈。若发现透明圈，则说明该细菌可以水解酪蛋白。酪蛋白琼脂培养基的配方见表 2-9。

表 2-9 酪蛋白琼脂培养基配方
Tab. 2-9 The components of the casein agar medium

试剂名称	浓度
酪蛋白	10 g/L
牛肉膏	3 g/L
NaCl	5 g/L
DNA	2 g/L
琼脂	15 g/L
甲苯胺蓝	0.1 g/L
pH	7.2

10. 纤维素水解

根据配方配制纤维素刚果红琼脂培养基，待灭菌后制成平板，在平板上点接新鲜的菌体，用不接菌的平板作为对照，将培养基放置在新菌生长最适条件下培养，观察长出的细菌周围是否形成透明圈。若发现有透明圈，则说明该细菌具有纤维素分解能力。纤维素刚果红平板的配方见表 2-10。

表 2-10 纤维素刚果红琼脂培养基配方
Tab. 2-10 The components of the cellulose and Congo red agar medium

试剂名称	浓度
羧甲基纤维素钠	20 g/L
$(NH_4)_2SO_4$	2 g/L
$MgSO_4$	0.5 g/L
NaCl	0.5 g/L
KH_2PO_4	1 g/L
琼脂	20 g/L
刚果红	0.2 g/L
pH	7.0

11. 淀粉水解

配制固体营养培养基，且在培养基中加入 0.2%的可溶性淀粉，高温高压灭菌后制成平板，在平板上点接入新鲜菌体，用不接菌的平板作为对照，将培养基放置在新菌生长最适条件下培养，然后在平板上滴数滴碘液，观察长出的单菌落周围是否形成透明圈。若有透明圈形成，则说明该细菌可以水解淀粉（东秀珠和蔡妙英，2001）。

碳源利用、产酸和其他指标使用 API ID 32GN、API 20E、API 50CH 和 API 20NE 微生物鉴定试剂盒来测定，实验步骤参照试剂盒附带说明书进行。

二、生化特性的鉴定

将需要鉴定的细菌在其最适的液体培养基及最适温度、pH、盐浓度等条件下培养到对数生长期，然后将培养基在 5000 r/min 条件下离心 10 min，弃去上清液，保留沉淀下来的细菌菌体，离心管里加入已灭菌的生理盐水，用振荡器使细胞重悬于液体中，再离心去除上清液，以相同的方法清洗菌体 2~3 次，以除去菌中残留的培养基成分，将离心所得到的沉淀菌体冷冻干燥，检测所得到的菌体粉末以获得细菌相应的生化特性指标结果。所测的主要指标有呼吸醌、脂肪酸和极性脂三种，同一个属的细菌这三个指标在结果上一般是相近的，能在某种程度上肯定 16S rRNA 基因初步鉴定的结果，同时相同属不同种之间的结果也存在着一定的差异，利用这些指标能够将两者加以区分。因此，这三个指标是细菌分类学上常用的鉴定细菌种类的生化指标。

呼吸醌的提取及纯化借鉴 Collins 等（1977）所提供的方法，呼吸醌的种类鉴定则采用高效液相色谱法，检测的具体步骤参考 Tamaoka 等（1983）的描述。极性脂的提取、分离和鉴定采用二维薄层色谱法，具体步骤参考 Minnikin 等（1984）的描述。因为细胞内脂肪酸的含量与细菌生长条件的关系较为密切，所以脂肪酸的测定需要将所分离新菌和根据分子生物学分析而挑选出来的模式菌在相同的条件下一起测定，保证其结果的可比性。脂肪酸的皂化、甲基化和提取使用 MIDI 公司 Sherlock 微生物鉴定系统，该系统的版本号为 6.0B，利用气相色谱仪（安捷伦科技有限公司，6850）测定并使用 MIDI 公司 TSBA6.0 数据库对所得数据进行分析和鉴定（Sasser, 1990）。

三、分子生物学特性的鉴定

分子生物学特性鉴定主要包括三方面的研究：DNA G+C 含量的测定、所分离的新菌与模式菌间的 DNA-DNA 杂交实验、测序及系统发育树的构建。这些实验都能为新菌在分类学上的定位提供科学依据。DNA G+C 含量的测定主要运用到高效液相色谱法，具体步骤参考 Mesbah 等（1989）的报道。DNA-DNA 杂交是在模式菌和新菌的 16S rRNA 比对相似度高于 97%才进行的，它是证明两者在分子生物学层面上属于两个不同种，而不是同一个种不同的变异体。DNA-DNA 杂交实验的测定使用了光敏生物素标记探针法，每组 DNA-DNA 杂交实验需进行 3 个重复，以保证实验数据的准确性，相互杂交的每对细菌需进行正交和反交两组实验，具体步骤参照 Ezaki 等（1989）的描述进行。

在进行测序和构建系统发育树之前，首先需要提取细菌的 DNA。为了对细菌的分类学进行研究，通常需要扩增 16S rRNA 基因及构建系统发育树，扩增的基因为原核生物中编码 rRNA 所组成部分中的一段 DNA，因其具有高度的保守性、特异性和较合适的序列长度，通常被用于检测和鉴定细菌。另外，根据不同属细菌的某些特有的性质，也有另一些基因被选择为细菌分类学研究对象。

聚合酶链反应（PCR）主要是用来扩增不同的基因片段，PCR 需要不同的引物（27F 和 1492R），PCR 扩增反应的体系：10×buffer 2.5 μL、Mg^{2+}（25 mmol/L）1.5 μL、dNTP（25 mmol/L）0.3 μL、正向引物（10 mmol/L）0.5 μL、反向引物（10 mmol/L）0.5 μL、Taq 酶 0.25 μL、DNA 组模板 1.0 μL、去离子水 18.45 μL。扩增所需基因后用 0.75%~1%的琼脂糖并加入核酸染色剂 GelRed 配制成凝胶块，在凝胶块中加入 PCR 产物和包含各种长度片段的 DNA 标记物（maker）并放置于电泳仪内，电泳仪内装入 TBE（Tris-硼酸）缓冲液，使电泳仪在一定的电压下工作 20 min 后取出，放置于 300 nm 的紫外灯下进行观察。

扩增 16S rRNA 基因，然后将扩增成功的 PCR 产物送往测序公司进行测序，测序引物与扩增引物相同。将测序所得的细菌 16S rRNA 序列上传到 EzTaxon-e（http://eztaxon-e.ezbiocloud.net/；Kim et al., 2012）上，此网站会将提交的序列与已被公认的典型菌株的 16S rRNA 基因进行比对，得到序列间的相似度信息。根据序列比对的结果分析即可选取相应的典型菌株作为本实验分离菌株的模式菌，同时还可以获得模式菌的 16S rRNA 基因序列，构建系统发育树以证明实验分离菌株与模式菌具有差异，从而来鉴定分离的菌株。构建系统发育树利用 MEGA 5.05 程序，通常采用邻接法、最小进化法和最大简约法构建进化树，其中最常用的为邻接法，自展值常设定为重复 1000 次计算。

第四节 胞外呼吸菌种保藏

菌种保存时，必须保存在以不可溶 Fe(III) 作为电子受体的培养基中，这样是为了保持菌种利用不可溶电子受体的选择压力。本节仅对严格厌氧菌菌种保藏方法做一些介绍。

一、厌氧菌甘油保藏

厌氧甘油的制备：厌氧瓶或厌氧管中放置一定量的甘油。加入终浓度为 0.04% 的 L-半胱氨酸和 1% 的 Na_2S 母液（5%）。在配制过程中保持厌氧瓶或厌氧管通 N_2，配制完成后盖上胶塞和盖子，在 121℃ 灭菌 20 min，备用。厌氧甘油制备好后不能反复灭菌。

取新鲜菌液（对数期），在保持通 N_2 的情况下，用针筒和针头往有菌液的厌氧管中加入终浓度为 15%~20% 的厌氧甘油，再通一会 N_2，目的是赶走在转移甘油过程中带进去的 O_2。盖上塞子和盖子，混匀，冻于 –80℃。

检验保藏菌活性：用针头吸取一定甘油保藏的菌液，加到新鲜培养基中，加的量一般要多于 1%，因为厌氧菌的生物量比较小，一般为 2%~5%。但是加入的菌液不宜太多，会造成一开始培养基就变得比较浑浊，干扰对菌生长情况的判断，而且甘油太多也会抑制菌的生长。

二、厌氧菌冷冻干燥保藏

1. 厌氧牛奶的制备

按照厌氧甘油的制备方法配制 10% Difco Skim Milk（BD）母液并转移到厌氧瓶中，加入终浓度为 0.04% 的 L-半胱氨酸和 1% 的 Na_2S 母液（5%）。配制过程中厌氧瓶保持通 N_2，配制完成后盖上塞子和盖子。在 113℃ 灭菌 15 min 后放置过夜，于 4℃ 放置备用。放置过夜后牛奶不结块、溶液均匀、不沉淀才可以用，否则牛奶变性，需要重新配制。同样，厌氧牛奶只能灭菌一次，反复灭菌牛奶会变性。

准备冷冻干燥用的安瓿管，管口要用棉花封住，棉花缠在牙签上，这样拔出比较方便，灭菌并烘干后备用。

新鲜菌液离心，尽量除去上清，根据菌量加入 10% 的厌氧牛奶，一般大拇指盖大小的菌体能做 15~20 支安瓿管。将菌体打散后，迅速分装到安瓿管中，每支安瓿管 0.2 mL，并用棉花封住管口，防止杂菌污染。

将分装好菌液的安瓿管竖直放置，可以用橡皮筋扎成捆，4℃冰箱预冷 30 min；然后–20℃预冷 1 h；–80℃预冷 2 h；最后放入真空干燥机，–40℃冷冻干燥过夜。冻干后菌体和牛奶混在一起，呈粉末状。安瓿管抽真空，封口，做标记。封口后的安瓿管内呈真空状态，可在 4℃保存。

2. 检验保藏菌的活性

用镊子夹住安瓿管底部，另一端用酒精灯外焰灼烧 30 s，在灼烧部位滴几滴水，玻璃会因突然受冷而出现裂痕。用另一支镊子敲打裂痕部位至玻璃破裂。迅速向安瓿管中通入 N_2，吸取 0.5 mL 的培养基注入管中，轻轻搅动几下并放置 1~2 min，待粉末溶解后，以 2%~5% 接种量接入到新鲜培养基中。

第五节 胞外呼吸菌的遗传改造

迄今为止，胞外呼吸研究的主要模式菌株有两种——*S. oneidensis* 和 *G. sulfurreducens*，它们具有多重胞外呼吸能力，有完整的基因测序图谱和较明确的代谢途径，是理想的胞外呼吸研究模式菌株（Weber et al., 2006）。胞外呼吸菌具有广阔的应用前景，其中用于产电以获取清洁能源就是科学家重点关注的方向。然而微生物的胞外呼吸（如产电）不是与其生存直接相关的自然压力选择的结果，只是厌氧呼吸过程的延伸，所以在自然条件下微生物胞外呼吸效率很低。因此，对现有产电微生物进行驯化改良是提高产电微生物产电效率的重要一步。目前，最主要途径之一是对微生物进行基因工程改造，如通过提高与电极直接接触膜蛋白的表达量，提高电子传递效率。另外，还可以在 *E. coli* 工作细胞系中建立进行胞外呼吸的蛋白系统，并对此系统进行优化使其达到最大的金属还原率或产电效率。

一、对胞外呼吸菌自身的遗传改造

（一）自身遗传改造的依据及方法

以基因工程为核心的现代生物技术正越来越显示出其在菌种改良方面的魅力，并将最终成为微生物育种的主导技术。对于胞外呼吸微生物进行基因工程改造，无外乎两点：一是直接增加某个功能基因的表达或与胞外电子受体直接接触的膜蛋白量；二是提高对胞外呼吸蛋白起调控作用的蛋白的活性。

胞外呼吸研究复杂的另一个原因是，这些基因的缺失突变并不能引起突变株的功能全部丧失，因为其他的基因（如 *cyt*）会代替缺失基因的功能而使得反应继续进行。另外，越来越多的研究结果表明，从 Fe(III)/锰氧化物还原实验中得到的结论并不完全适用于电子从微生物传递到阳极的过程。例如，Bretschger 等（2007）的实验证明，菌株 *S. oneidensis* 敲除编码外膜还原蛋白 OmcA/MtrC 的基因后，突变菌株仅降低还原 Fe(III) 氧化物的能力和把电子转移到电极的速率，而对锰氧化物的还原却没有影响。敲除编码周质蛋白 MtrA 和 MtrB 的基因则完全限制了 Fe(III)/锰氧化物还原的能力和把电子转移到电极的能力。显而易见，一些蛋白在上述酶反应过程中均起作用，而另一些蛋白则只在特定的反应中起作用。

基因敲除研究还表明，全部功能的表达必须结合其他并不直接参与胞外呼吸的蛋白。例如，*G. sulfurreducens* 中的 Cyt *c* 蛋白 OmcG 和 OmcH 在翻译后会影响到 OmcB 的表达。OmcB 已被证明在 *G. sulfurreducens* Fe(Ⅲ)还原中是必需的，因此敲除 *omcG* 和 *omcH* 会间接影响到 Fe(Ⅲ)还原反应速率（Kim et al.，2006）。另外，*G. sulfurreducens* 中的外膜细胞色素 OmcF 会影响到 Fe(Ⅲ)还原必需的细胞色素蛋白表达：在 OmcF 缺失菌株中检测不到 OmcB 的翻译，但是对 OmcS 的翻译则起到正向调控作用（Kim et al.，2005）。最近，对 *G. sulfurreducens* 中另一个蛋白 MacA 的研究表明，它可以控制 OmcB 的表达，进而间接影响到 Fe(Ⅲ)还原反应，成为电子传递链中的重要参与者（Kim and Lovley，2008）。最新的研究结果表明，细胞色素 OmcS 定位在 *G. sulfurreducens* 菌毛上，并沿菌毛排布；OmcS 分子间明显的空隙表明，OmcS 参与电子从菌毛传递给 Fe(Ⅲ)氧化物而不是帮助电子在菌毛上传导（Leang et al.，2010）。另外，OmcZ 是 *G. sulfurreducens* 胞外电子转移过程所必需的一个新的外膜 Cyt *c* 蛋白（Nevin et al.，2009）。

参与胞外呼吸的蛋白在翻译后修饰折叠并且定位到细胞膜上而成为最终还原酶的过程还需要大量非特异性蛋白的协助。首先，参与胞外呼吸的蛋白要通过在进化上保守的 Sec 途径（大部分蛋白都通过这一传输途径离开细胞质）实现跨膜转运；其次，胞外呼吸蛋白要成为成熟蛋白的过程需要细胞色素 *c* 成熟复合体的协助，这个复合体的作用是帮助血红素分子正确地与周质空间的蛋白结合（Feissner et al.，2006）。最后，胞外呼吸蛋白如果要转运出细胞外膜，还可能需要蛋白分泌系统 T2S（type Ⅱ secretion system）的参与（Shi et al.，2008）。

（二）对 *S. oneidensis* 和 *G. sulfurreducens* 的遗传改造

S. oneidensis MR-1 和 *G. sulfurreducens* PCA 作为代表菌株已完成全基因组测序，通过对基因组序列分析和基因功能预测可知，两者分别包含 42 个和 111 个膜定位的细胞色素 *c*（*cyt c*）基因（Methe et al.，2003；Meyer et al.，2004）。这些基因的功能尚不完全清楚，究竟哪些是胞外呼吸的必需组分，还有待进一步研究确定。除 Cyt *c* 外，一些调控蛋白和分泌蛋白在胞外电子传递中也发挥了重要作用。例如，直接作用于 OmcA 的 *fur*（ferric uptake regulator）基因；参与周质蛋白分泌的双精氨酸转运系统；参与胞外受体感应的 RpoS 系统和外膜上的多铜蛋白等（Bretschger et al.，2007；Lovley，2008）这两株代表菌的胞外呼吸过程涉及如此多的蛋白，使得其功能研究异常复杂。

S. oneidensis MR-1 属于兼性厌氧微生物，因而进行胞外呼吸时需要 Mtr 呼吸途径的参与，Coursolle 和 Gralnick（2012）在 *S. oneidensis* MR-1 中重新组建了可进行 Fe(Ⅲ)还原的 Mtr 胞外呼吸途径。Mtr 呼吸途径包括细胞色素 MtrA、MtrB 和 MtrC，它们相互作用帮助电子从细胞质膜上的 CymA 传递到外膜上或胞外电子受体。对基因组序列进行分析时发现，*S. oneidensis* MR-1 基因组中含有 *mtr* 同源序列（paralogs）（*mtrA* 和 *mtrB* 各含有 4 个，*mtrC* 含有 3 个）。在 *mtrB* 的同源序列中，只有 MtrE 可以代替 MtrB 参与具有胞外呼吸功能的途径，从而对柠檬酸铁进行还原。此外，研究者还对 12 种 MtrC/MtrA 同源序列与 MtrE 进行组合表达，构建出了所有能在 *S. oneidensis* 突变菌株（敲除基因

组中所有同源序列）中形成有胞外呼吸功能并可以降解柠檬酸铁的 Mtr 复合体（MtrA/MtrE/OmcA）。这项研究对于今后在污水治理、生物修复及产电中提高底物还原效率具有重要意义。此外，Bouhenni 等（2010）构造了Ⅳ型菌毛或鞭毛缺失株（Δflg 和 $\Delta pilM$-Q），结果显示，此缺失突变体比野生型菌株的产电性能提高了 2 倍。

在 G. sulfurreducens 中，通过菌株选择或者基因工程改造以增加菌毛蛋白的表达，可以提高生物膜的导电性和电流的产生（Malvankar et al., 2011）。对细胞色素 c 的翻译调控基因进行改造可以提高 G. sulfurreducens 的胞外电子传递效率。Tremblay 等（2011）在驯化 G. sulfurreducens 快速还原 Fe(Ⅲ)氧化物的过程中得到了两株突变体菌株，它们对 Fe(Ⅲ)氧化物的还原效率比驯化前提高了近 10 倍。对这两株突变体进行基因组测序可知，这两株菌的细胞色素 c PgcA 的调控序列 GSU1761 和 GSU1771 均发生了突变。把这两个突变的调控序列其中之一转入野生型菌株 pgcA 的上游，都可以导致 pgcA 表达量增大，其中一个处理中对 Fe(Ⅲ)氧化物的还原率提高了一倍。

二、胞外呼吸菌基因的外源表达

（一）外源表达的依据及方法

研究胞外呼吸作用中最低限度蛋白需求的一个有效方法是：在本身没有还原胞外电子受体能力的宿主菌中，对可能参与胞外呼吸的蛋白进行外源表达。基因工程学中经常用到的宿主菌 E. coli 本身没有还原胞外电子受体的能力，而且不具有外膜细胞色素 c 蛋白，更重要的是，分子生物学手段在 E.coil 细胞系中的操作和检测趋于成熟，因而非常适合作为胞外呼吸蛋白进行外源表达的受体细胞。将可能参与胞外呼吸的酶蛋白基因克隆转化到 E. coli 中，然后在 E. coli 中研究其表达、折叠、定位及功能。

胞外呼吸基因的表达首要就是实现细胞色素 c 功能的成功表达，这就要求血红素分子必须在细胞色素 c 成熟复合体的协助下正确地结合在周质膜上。在微生物系统中，这个过程主要由系统Ⅰ（α-变形菌纲、γ-变形菌纲和古菌）或系统Ⅱ（革兰氏阳性菌、ε-变形菌纲、β-变形菌纲和蓝藻）来实现（Thony-Meyer, 1997；Kranz et al., 1998）。E. coli 自身具有的细胞色素 c 成熟复合体系统Ⅰ（由基因簇 ccmABDCEFGH 编码）在有氧条件及常规表达速率下得不到表达，很可能也不具备帮助一些多血红素细胞色素蛋白（单个细胞色素蛋白最多有 12 个血红素）成为成熟蛋白的功能。在 Arslan 等（1998）和 Feissner 等（2006）的研究中均已实现了系统Ⅰ和系统Ⅱ在 E. coli 中的超量表达。此外，Herbaud 等（2000）还成功完成了目标细胞色素 c 与细胞色素 c 成熟复合体在 E. coli 中的共同表达。

在 E. coli 系统改造基础上，进一步添加可能用于胞外呼吸的蛋白基因，便有可能在 E. coli 中建立一套最简单的蛋白链，使自身不具备胞外呼吸功能的 E. coli 也可以利用胞外末端电子受体进行呼吸作用。一旦在 E. coli 工作细胞系中确定了可以进行胞外呼吸最简单的蛋白系统，便可以对此系统进行优化使其达到最大的金属还原率或产电效率。还可以将此基因组合转化到更多经过改造的 E. coli 细胞中以实现一些特殊的功能，如特定底物的降解或产物的生成，如此便可拓宽这种新型高效菌种的应用范围。

尽管应用到 E. coli 中的基因工程手段很多，但是现有的技术在基因翻译后的修饰方面还远不够成熟，这使得对于以上设想的研究尝试仍存在困难。此外，利用 E. coli 表达不同的外源基因时，目的基因所表达的蛋白（胞质定位蛋白、膜定位蛋白、分泌蛋白）在宿主菌内的不同定位对接下来的操作也会产生不同影响（图2-4）。

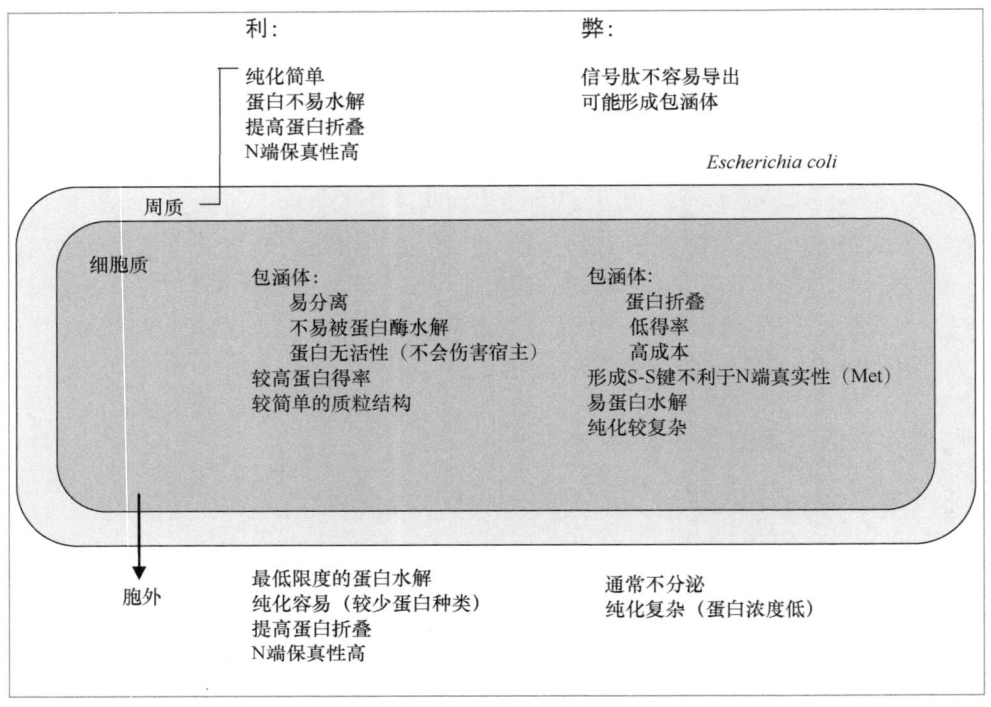

图2-4　*E. coli* 中表达不同类型的蛋白时的利与弊总结（Hannig and Makrides，1998）

Fig. 2-4　Summary of the advantages and disadvantages of each compartment of *E. coli* for protein production (Hannig and Makrides, 1998)

无论是膜定位蛋白还是分泌蛋白，一般都要进行翻译后修饰成为成熟蛋白后才能行使生物学功能。要在外源宿主菌中表达一个膜蛋白，并且要保证所表达的膜蛋白在翻译后能够正确地加工修饰和定位且具有功能，这是一个伟大的科学挑战。而要在外源宿主细胞中表达一系列的蛋白，并且要求所有表达的蛋白都能够被正确加工修饰和定位且具有功能，同时要求所表达的这些蛋白之间可以相互联系发挥作用，这是一项更为巨大的工程。

（二）已实现外源表达的胞外呼吸相关基因

1. *S. oneidensis* 的胞外呼吸基因

如表2-11所示，在 *E. coli* 中已成功表达了 *S. oneidensis* 中与胞外呼吸相关基因的表达。MtrA 是 *Shewanella* 属中首个在 *E. coli* 实现表达的细胞色素 c 蛋白（Pitts et al., 2003）。MtrA 与 pEC86 载体上的细胞色素 c 成熟复合体系统Ⅰ（Arslan et al., 1998）实现了共表达，而且 MtrA 正确定位在了周质膜上并在系统Ⅰ的帮助下成为成熟蛋白。磁圆二色性分析结果表明，MtrA 所含的10个血红素分子全都共价结合在一起。原位功能分析显示，MtrA 可以从细胞内膜上接受代谢产生的电子并在周质还原溶解性的电子受体

Fe(Ⅲ)-NTA 或将电子传递给宿主细胞上的其他氧化还原酶（如亚硝酸盐还原酶 NafA）。MtrABC 复合体是 *S. oneidensis* 异化 Fe(Ⅲ)还原所必需的蛋白复合体，通过在 *E. coli* 中的外源表达及突变研究表明，MtrB 的翻译并不依赖 MtrA，而 MtrA 则需要 MtrB 在周质中的稳定存在（Schicklberger et al., 2011）。

表 2-11 在 *E. coli* 实现外源表达的 *S. oneidensis* 中的胞外呼吸相关基因
Tab. 2-11 The summary of genes of strain *S. oneidensis* related to extracellular respiration which successfully expressed in *E. coli*

细胞色素 c	表达载体	宿主细胞（*E. coli*）	参考文献
MtrA	AccepTor Vector	JM109（DE3）	Pitts et al., 2003
MtrA/MtrB	pRSFDuet-1	BL21（DE3）	Schicklberger et al., 2011
CymA/MtrA/MtrB	pASKIBA44/pEXPR-IBA105/pBAD202	DH5αZI	Schuetz et al., 2009
CymA	pBAD202	Top10/ DH5αZI	Gescher et al., 2008
OmcA	pUNI-PROM	K-12/BL21	Donald et al., 2008
MtrA/MtrCAB	pET30a+	BL21（DE3）	Jensen et al., 2010

Gescher 等（2008）的研究中，将 *CymA* 连接到 pBAD202 载体上，然后转化到 *E. coli*，和质粒 pEC86 上的细胞色素 c 成熟复合体系统Ⅰ同时表达。因为 NapC 与 CymA 的功能相似，因此 CymA 外源蛋白功能的表达是在一个 Δ*napCDEF* 突变子中实现的。表达 CymA 蛋白的菌株可以以不可发酵的甘油为底物、以次氮基三乙酸 Fe(Ⅲ)［Fe(Ⅲ)-NTA］为可溶性电子受体进行生长，这表明 CymA 本身不仅可以作为电子介导的酶，而且还具有还原电子受体的活性。然而，这种呼吸作用只有在以 Fe(Ⅲ)-NTA 作为电子受体时能观察到，而以其他可以被 *S. oneidensis* 还原的可溶性电子受体（如 AQDS）进行实验时则观察不到。

omcA 与质粒 pEC86 在两个 *E. coli* 细胞系 K12 和 B-型菌株中实现共同表达（Donald et al., 2008）。两种菌可产生数量相当的 OmcA，且 OmcA 定位在内膜和外膜上而没有在胞质或周质中。在两种宿主菌中，表达产生的 OmcA 都对可溶性 Fe(Ⅲ)氧化物的还原起作用，然而，B-型细胞 BL21 中表达的 OmcA 还可以还原不溶性的无定形 Fe(Ⅲ)氧化物。这些发现表明，只有在 B-型细胞 BL21 中表达的 OmcA 是暴露在细胞外面的，而在 K12 细胞中表达的 OmcA 则位于细胞外膜的内侧。曾有报道说在 *E. coli* K12 细胞中，虽然存在编码使分泌蛋白跨过外膜转运的Ⅱ型蛋白分泌途径（typeⅡprotein secretion pathway）的基因，但是这个基因在实验条件下并不能表达，属于隐蔽基因（Francetic and Pugsley，1996）。B-型细胞中使分泌途径Ⅱ缺失突变后，菌株中表达蛋白的性质便与 K12 细菌中有了相似的表型特征，更加证实了Ⅱ型蛋白分泌途径是外膜血红素蛋白成功表达的关键因素。目前，只有很少可成功利用宿主细胞的分泌系统将重组蛋白分泌到细胞外的研究，究其原因主要是分泌系统只能特异性地运输所起作用的分泌型蛋白（Filloux, 2004）。因此，在 B-型菌株中不需要合成可以简化分泌系统识别特异性的融合蛋白（D'Enfert and Pugsley, 1987）便完成所要表达蛋白的成功跨膜转运，这是对于胞外呼吸起到重要作用的其他外膜血红素蛋白实现功能表达的重要参考。

除了这些单一蛋白的表达方法研究外，Londer 等（2008）报道了可以使细胞色素 c

高效同步表达的 6 个新的表达载体。作者将 30 个 *S. oneidensis* 来源的、含有 4 个或少于 4 个血红素分子的细胞色素 *c*（通过基因组序列信息分析预测），利用这些新表达载体进行表达以检测这些载体的潜能。这些新表达载体进行细胞色素 *c* 的表达时达到了很高的成功率，30 个细胞色素蛋白中有 26 个被成功表达。然而，新载体只能表达可溶性蛋白的部分，以实现蛋白的高度纯化，并没有针对正确的膜定位展开研究。

在 *S. oneidensis* MR-1 中，Mtr 是核心的呼吸途径，包括内膜的 MtrB、周质的 MtrA 和外膜的 MtrC。Jensen 等（2010）在报道中阐述了其在构建可进行性胞外呼吸工程菌中的重大突破。研究者成功构建了存在于 *S. oneidensis* MR-1 的部分胞外电子传递链，并将其转移到模式微生物 *E. coli* ［BL21（DE3），WT 菌株］中，构建的模式菌如图 2-5 所示，这是首次将胞外呼吸的多个细胞色素蛋白转移到同一株宿主菌中进行表达，且能使得宿主菌产生还原活性的研究。如此构建的含有 *mtrCAB* 基因组合的 *E. coli* 工程菌可以还原柠檬酸铁和不溶性 Fe(Ⅲ)氧化物的速率比 WT 菌株分别快了 6 倍和 4 倍；然而其速率只是 *S. oneidensis* MR-1 的 1/30 和 1/10。当然，工程菌株的还原效率还有很高的提升空间，还需在 *E. coli* 中再加入增强目的基因表达的调控基因，提高工程菌的还原效率。

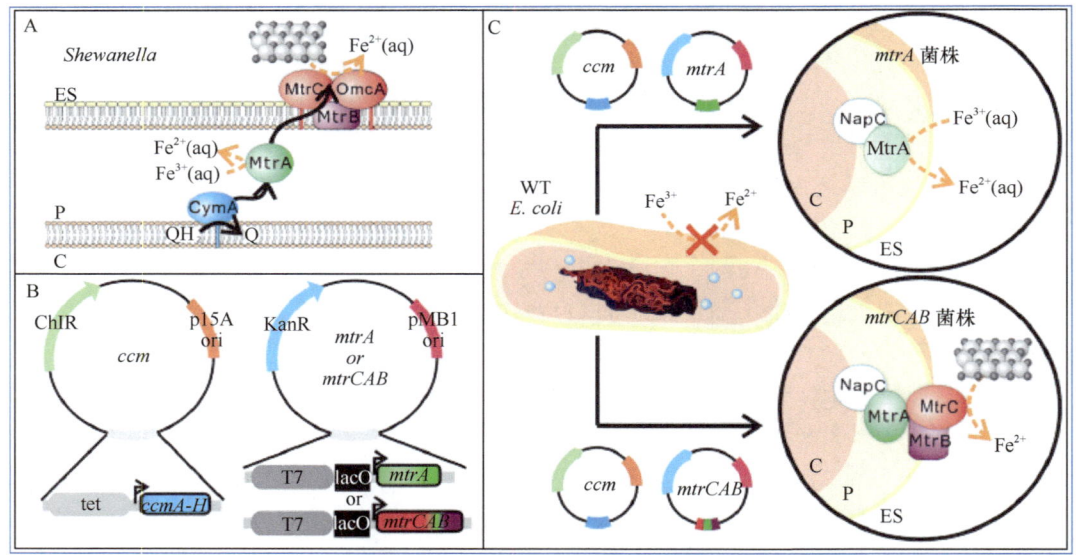

图 2-5　*Shewanella oneidensis* MR-1 中胞外电子传递途径的推测图（A），ES 代表胞外空间，P 代表周质，C 代表细胞质；用于将 *ccm*、*mtrA* 和 *mtrCAB* 转入 *E. coli* 的质粒构造图（B）；工程菌 *mtrA* 和 *mtrCAB* 用于还原可溶性和不溶性金属（C）（Jensen et al., 2010）。

Fig. 2-5　Schematic of proposed extracellular electron transfer pathway in *Shewanella oneidensis* MR-1 where ES denotes the extracellular space, P, denotes the periplasm，and C denotes the cytoplasm. The silver and black spheres represent extracellular iron oxide (A); Schematic of plasmids used to create the *ccm*, *mtrA*, and *mtrCAB* strains in *E. coli* (B); Schematic of the engineered *mtrA* and *mtrCAB* strains for soluble and extracellular metal reduction (C) (Jensen et al., 2010)

2. *G. sulfurreducens* 的胞外呼吸基因

如表 2-12 所示，在 *E. coli* 中已成功表达了 *G. sulfurreducens* 中以下与胞外呼吸相关的基因。

表 2-12　在 *E. coli* 实现外源表达的 *G. sulfurreducens* 中的细胞色素
Tab. 2-12　The summary of genes of strain *G. sulfurreducens* related to extracellular respiration which successfully expressed in *E. coli*

细胞色素 c	表达载体	宿主细胞（*E. coli*）	参考文献
PpcA	pCK32	BL21（DE3）	Londer et al., 2002；Fernandes et al., 2008
PpcB	pVA203	JCB7123	Morgado et al., 2008
GSU1996、GSU0592	pLBM4	DH5α、JCB7123	Londer et al., 2006
GSU1996	pVA203	DH5α、JCB7123、BL21（DE3）	Londer et al., 2005
MacA	pETSN22/pET22b（+）	BL21（DE3）	Seidel et al., 2012

PpcA 于 2002 年由 Londer 等首次克隆并成功外源表达。这项研究得到了一个成熟的（与系统 I 的基因同时表达）且在离体实验中具有功能活性的酶。此后，PpcA 蛋白便在 *E. coli* 和 *G. sulfurreducens* 中得到了广泛的研究。2004 年，Pokkuluri 等通过 X 射线衍射技术明确了 PpcA 的结构。2008 年，Morgado 等又通过核磁共振技术对其结构进行了研究。这两次的研究表明，PpcA 与每个单体的 3 个血红素分子线性聚合在聚合物中形成一条链，导致在周质形成一条电子传递的"纳米导线"。近期，又发展出一套新的表达系统，可以对细胞色素蛋白进行同位素标记并进一步揭示其结构功能（Fernandes et al., 2008）。由于 PpcA 是推测的 *G. sulfurreducens* 电子传递链中心的重要蛋白，有关 PpcA 胞外功能的研究具有很高的科学价值。

此外，一类新的细胞色素蛋白，即两个 dodecaheme 细胞色素（GSU1996 和 GSU0592）已经成功在 *E. coli* 中获得表达（与 pEC86 载体上的系统 I 基因同时表达），并得到纯化（Londer et al., 2006）。质谱分析结果显示，12 个血红素分子全都结合在蛋白分子上。迄今为止，这些细胞色素蛋白的真实功能尚不可知。随后，Pokkuluri 等（2011）观察到了 GSU1996 的晶体结构。GSU1996 序列含 4 个 c_7 型结构域，每个结构域含有 3 个血红素分子，形成全长 12 nm 的新月形结构。因此，这些 dodecaheme 血红素蛋白如同预测的 PpcA 聚合链一样，是"一个蛋白（one protein）"的形式，并形成由血红素分子排列而成的、穿过细胞膜的生物"纳米导线"。

三、设计"超级细菌"的构想

（一）"超级细菌"的构建方案

S. oneidensis 和 *G. sulfurreducens* 作为 BES 中的生物催化剂受到极大关注和广泛研究，但为了最大限度地提高 BES 的效率，需要设计出更多的具有高效率、多功能的生物催化剂，因此 *S. oneidensis* 和 *G. sulfurreducens* 中跨膜细胞色素 c 组合重组及外源表达的研究正在逐渐兴起。

从细胞色素 c 蛋白开始：在生物技术的应用中，最好是可以选择在一个容易生长、容易保持并且便于管理的宿主菌中实现胞外呼吸。在成功表达了可以进行胞外呼吸的最简单的蛋白系统后，科学家便希望可以提高向 BES 电极的直接电子转移量。既然 S. oneidensis 的胞外呼吸主要以乳酸氧化为基础（氧化成乙酸和 CO_2 并释放 4 个电子）；G. sulfurreducens 胞外呼吸以乙酸氧化为基础（可以传送的理论最大电子数为 8 个），推测基因工程改造的 E. coli 以氧化葡萄糖为基础时可以完全氧化葡萄糖并产生 24 个电子。因此，更多复杂高效的"燃料"可以直接转化成电能，燃料转化效率的提高也将导致 BES 工作性能的提高。因此可以根据 BES 的燃料流设计生物催化剂以达到更高的催化效率。此外，如果可以特异性地改造生物催化剂使之高效转化某种特定燃料（或某种化学物质），BES 也将能应用于新的领域（如应用与环境或工业生物传感器）。如此一来，BES 电流的产生也可以用于某一特定化学底物（可被基因改造过的生物催化剂利用）的定性或定量测定。

需要注意的是，尽管具有其他理想底物降解能力的其他种类细胞也可以考虑作为胞外蛋白重组表达的宿主细胞。E. coli 依然是最适宜于在此领域进行研究并最有希望获得突破性进展的模式菌株，原因在于在其他微生物种类中还缺乏一套完整的可用于外源蛋白表达的分子生物学工具。

胞外呼吸蛋白系统的成功表达使得 E. coli 在直接的细胞-电极接触中可以利用电极作为最终电子受体，而在细胞没有直接与电极接触时，如何使 E.coli 将电子传到电极需进一步研究。目前已知一些细菌可以产生可溶性电子穿梭物质（中介体）传递代谢产生的电子至没有与细胞接触的电子受体。例如，Pseudomonas aeruginosa 可以产生吩嗪类氧化还原穿梭体传递电子（Rabaey et al., 2004，2005；Pham et al., 2008）。S. oneidensis 除了含有细胞壁外的细胞色素蛋白外，还可以产生将电子传递给最终电子受体的可溶性核黄素分子（Marsili et al., 2008；von Canstein et al., 2008）。

最近，已有学者针对 S. oneidensis 中对核黄素分子介导胞外电子传递起到调节作用的 ushA 基因进行了研究（Covington et al., 2010）。结果表明，UshA 可以将 FAD 水解成 FMN，在核黄素介导胞外电子传递中起到重要作用（图 2-6），同时，UshA 是 S. oneidensis 以单核苷酸（AMP、GMP 或 CMP）进行生长时必需的功能蛋白。序列分析发现，S. oneidensis ushA 基因的可读框 SO2001 与 E. coli 中的 ushA 编码序列有 50%的相似性，然而 E. coli 的 UshA 不具备将 FAD 水解为 FMN 的功能。将 E. coli 的 ushA 在 S. oneidensis 突变菌株（缺失 S. oneidensis 的 UshA 活性）中表达时，S. oneidensis 可以在单核苷酸 AMP 的条件下生长，却基本不能水解 FAD；将 S. oneidensis 的 ushA 在 E. coli 突变菌株（缺失 E. coli 的 UshA 活性）中表达时，E. coli 具有水解 FAD 的功能。因此，进一步改造 E. coli 使之产生自己特有的中介物质也有可能实现，改造之后的 E. coli 可以不必直接接触电极也能将其作为最终电子受体。

另一个完全不同的目标是，通过基因工程改造出一个可以从电极接受电子（而不是贡献电子给电极）的宿主微生物。这样的一种微生物将可以利用阴极作为电子（能量）供体实现生物化学反应。在传统的 BES 中，这一步相当于氧气的还原或其他电子受体（包括污染物）的还原（He and Angenent, 2006；Rabaey and Keller, 2008）。在微生物电解池（MEC）中这种反应可以用来生成有价值的化学物质，如利用 MEC 产氢。然而，

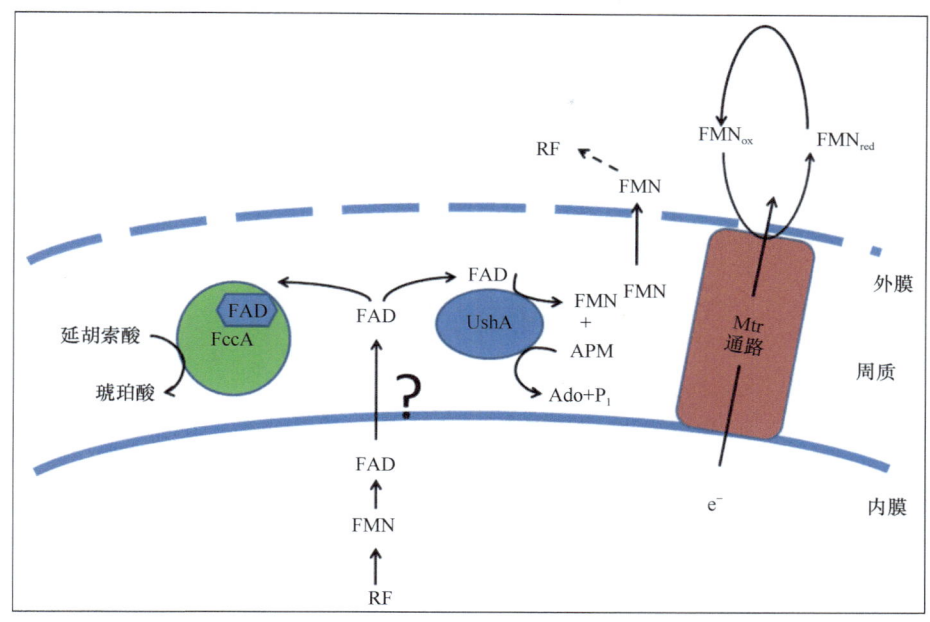

图 2-6 UshA 在 *S. oneidensis* 中核黄素介导的胞外电子传递中的作用（Covington et al., 2010）
Fig. 2-6 Working hypothesis/model for the role of UshA in periplasmic processing of flavin electron shuttles by *S. Oneidensis* (Covington et al., 2010)

微生物电解反应的速率往往被阴极上的生物电化学反应过程限制。因此，利用基因工程改造微生物，使其作为生物电化学系统（包括 MFC 和 MEC）的生物催化剂，用以生产高价值产品（如脂肪酸或维生素），具有经济可行性。可以接受阴极电子的一个很好的微生物的代表便是 *G. sulfurreducens*（Gregory et al., 2004）。可见，在 *G. sulfurreducensde* 经过工程改造以实现高效率接受阴极电子之后，基因工程可以再次尝试将来源于 *G. sulfurreducensde* 的基因转入其他可以产生一些有价值化合物的宿主细胞，并在宿主细胞中实现这些基因的克隆表达。当这些途径成功实现之后，BES 便可以从单纯的能量生成装置转变成一个生物化学合成器。

（二）"超级细菌"的研究意义

早在 *S. oneidensis* 和 *G. sulfurreducens* 成为研究直接电子传递的模式菌株之前，它们便由于在生物修复过程中的潜在作用而得到极大关注。例如，它们能够将大量有毒、有放射性的重金属化合物还原为对环境低危害的不溶态物质，或者还原有机卤化物，这些能力在被污染的环境中具有很大的应用价值（Hau and Gralnick, 2007）。然而，在自然环境中它们的活性往往仅限于水环境等厌氧环境中，而生物修复的应用则主要在土壤环境中。此外，由于体系中生物催化剂的数量相对较低，即使在水环境中，生物修复的速率也是很低的。因此通过基因改造提高其生物修复速率成为必要。

基因改造过的菌株可以完全以还原污染物为生。这些微生物可以被应用到高浓度的被污染环境，如矿区、军事用地、火山或浸水地，并在相对较短的时间内，将有毒物质脱毒或转化为低毒性的形态[如 U(Ⅵ)被还原为不溶态的 U(Ⅳ); Cr(Ⅵ)被还原为 Cr(Ⅲ)]。如果基因改造能够使这些微生物专一性地以某种污染物为生，那么一旦被污染环境中的污染物质被降解完，这种微生物也就随之因缺乏底物而死掉，如此一来就不用担心基因工程菌在自然环境中的扩散。

这些设想除了对于科学技术是极大挑战外，也挑战了当今社会的法律和伦理。然而，在更多的工业环境（如封闭体系中）应用如此清洁的生物催化剂还是可行的。如重金属或放射性工业污水可以利用专一性的微生物来降解或沉淀，使可溶性的重金属以一种新型、有效和低成本的方式得到处理。

四、胞外呼吸菌遗传改造面临的挑战

目前胞外呼吸菌基因工程改造还面临如下难题。

细胞色素 c 生物遗传系统的共同表达是在外源宿主细胞中成功表达多血红素蛋白的重要技术。目前，只有单独的重组细胞色素 c 蛋白在 *E. coli* 中表达的报道，可想而知，要将多个细胞色素 c 的基因组合在 *E. coli* 中实现表达有多么的复杂和困难。此外，还需要实现定位在细胞内膜或周质的细胞色素 c 蛋白能够在外源宿主细胞内实现表达并正确定位。

B-型 *E. coli* 细胞不需要构造融合蛋白而是利用自身 II 型蛋白分泌系统实现外膜蛋白的成功定位，是外膜蛋白表达上的一个重大突破。现在面临的难题是将这些技术应用于在同一宿主细胞中同时表达多个细胞色素 c 蛋白，使它们都具有功能并可相互协作。

另一个关键问题是，多个外源细胞色素 c 蛋白及其附属基因（虽然还未探明，但是却在表达其他大型酶复合体时不可或缺）在同一个宿主细胞内的重组表达会对宿主造成巨大的负担。对于小分子而言，在细胞内的扩散速度会放慢或者降低至原来的 1/3~1/4，而对于大分子而言扩散速度会更慢（Conrado et al., 2008）。因此，科学家不得不考虑，如果表达多个蛋白会不会造成胞质内的过度拥挤，又应该采取什么措施来解决这个问题。

第六节 研 究 案 例

一、案例 1：利用 U 形微生物燃料电池分离胞外产电菌 *Ochrobactrum anthropi* YZ-1（Zuo et al., 2008）

产电菌可以将电子传递给胞外不溶性的电子受体，如金属氧化物或电极，因而在多种生物科技中具有巨大的应用潜能。目前大部分产电菌都是通过传统的平板技术间接分离而得，而平板技术在产电菌的分离中存在诸多缺陷：普通的营养琼脂平板对于非产电菌没有选择性，而 Fe(III)平板无法分离可进行 Fe(III)呼吸但不能在平板上生长的菌种。因此，采用直接的方法从 MFC 分离产电菌是极具意义的一项研究。

（一）研究目的

利用直接分离方法从 MFC 中筛选产电菌并对该菌进行鉴定和产电性能研究。

（二）材料与方法

1）菌种筛选：取 1 cm² 的阳极生物膜放入 10 mL 的 PBS（50 mmol/L）中振荡得到菌悬液，将菌悬液按照 10 倍梯度稀释至 10^8 的最大稀释倍数；将 1 mL 稀释液转移至装有 9 mL PBS 和乙酸钠的 U 形 MFC（图 2-7）中，监测其产电性能；将可进行产电的最高稀释倍数的培养液转移至新的 U 形 MFC 中；重复以上步骤，直至 DGGE 技术检测出只含有单个条带为止。

2）利用透射电镜和扫描电镜观察细胞形态；利用 Biolog 及传统方法进行生理生化鉴定；16S rRNA 进行系统发育鉴定。

3）对所得菌种进行产电性能研究。

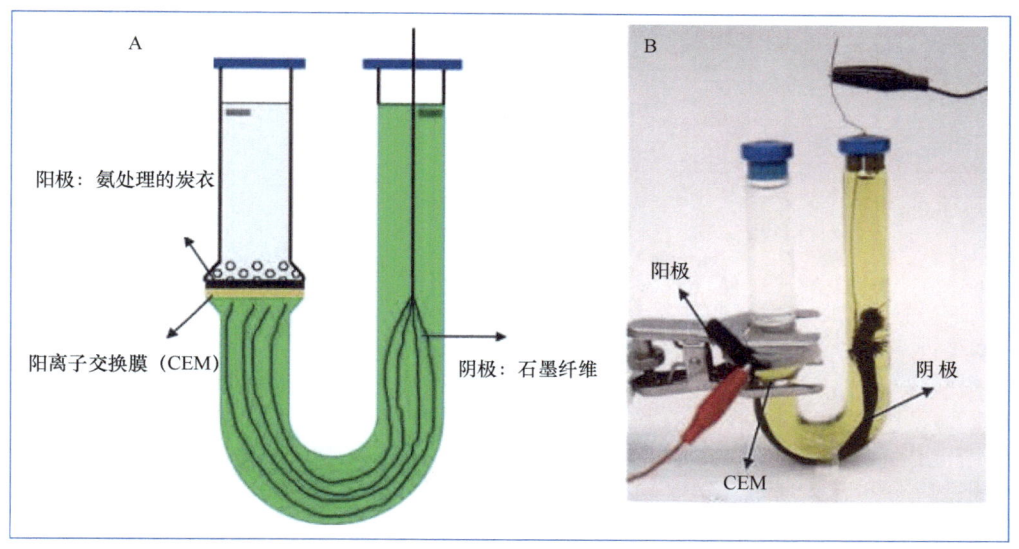

图 2-7 菌种直接分离所用的 U 形 MFC 装置

Fig. 2-7 Schematic diagram (A) and photograph (B) of a U-tube MFC used for isolation of an exoelectrogenic bacterium

（三）研究结果

利用 U 形 MFC 进行菌种纯化的过程中，每转接一次都要检测其产电性能（如图 2-8 所示），并利用 DGGE 技术对培养液的微生物多样性进行检测，直到出现单一条带为止（图 2-9），表明获得了纯培养菌种，将其命名为 YZ-1。通过 16S rRNA 基因的系统发育分析（图 2-10）、细胞形态观察（图 2-11）及生理生化检测（表 2-13），将该菌鉴定为 *Ochrobactrum anthropi*。接下来对菌株 YZ-1 进行了产电性能的鉴定，包括功率密度（图 2-12）、CE 及不同电子供体时的电流密度（图 2-13）。

（四）结论

利用培养液在 U 形 MFC 中梯度稀释的方法可以直接有效地分离筛选出性能较好的产电呼吸菌。

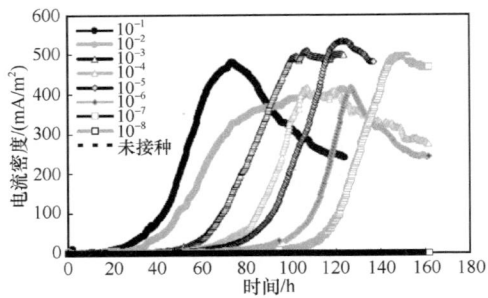

图 2-8　8 个 10 倍梯度稀释培养液在 U 形 MFC 反应器中的产电性能检测
Fig. 2-8　Current generation as a function of time for eight sequential 10-fold dilutions in eight U-tube MFC reactors

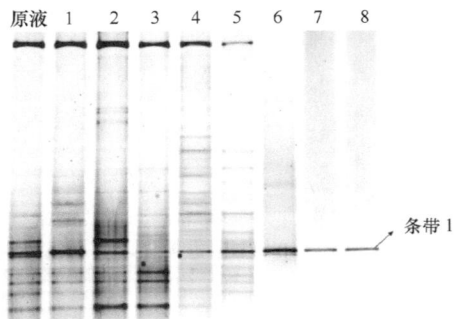

图 2-9　原始混合菌液以及经不同产电周期（周期 1 到 8 分别对应通道 1 至 8）的最高稀释菌液基于 16S rRNA 基因的 DGGE 图谱。细菌群落动态变化暗示菌株 YZ-1（条带 1）经连续产电周期得到分离
Fig. 2-9　DGGE profiles based on the 16S rRNA gene from the initial mixed culture and each of the highest cell dilutions capable of electricity production at the end of each cycle (cycles 1 to 8 [lanes 1 to 8, respectively]). The bacterial community dynamics indicated that strain YZ-1 (band 1) was isolated through successive cycles

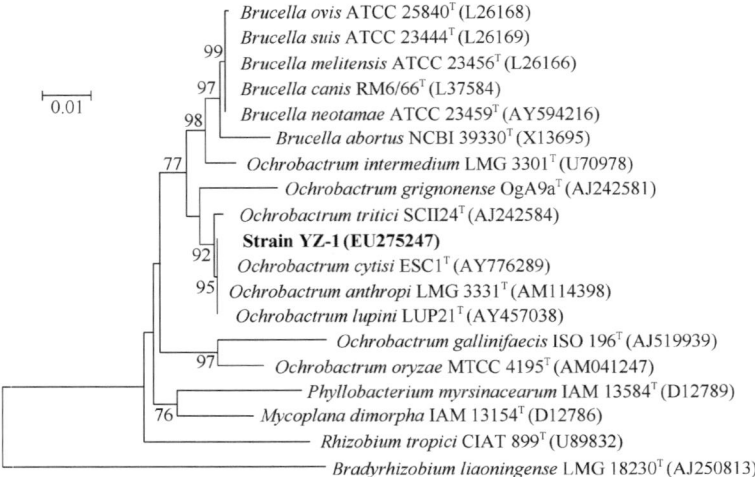

图 2-10　基于 16S rRNA 基因序列的系统发育分析（利用 NJ 法构建系统发育树）
Fig. 2-10　Phylogenetic tree of strain YZ-1 and closely related species based on 16S rRNA gene sequences. The tree was constructed using the neighbor-joining method

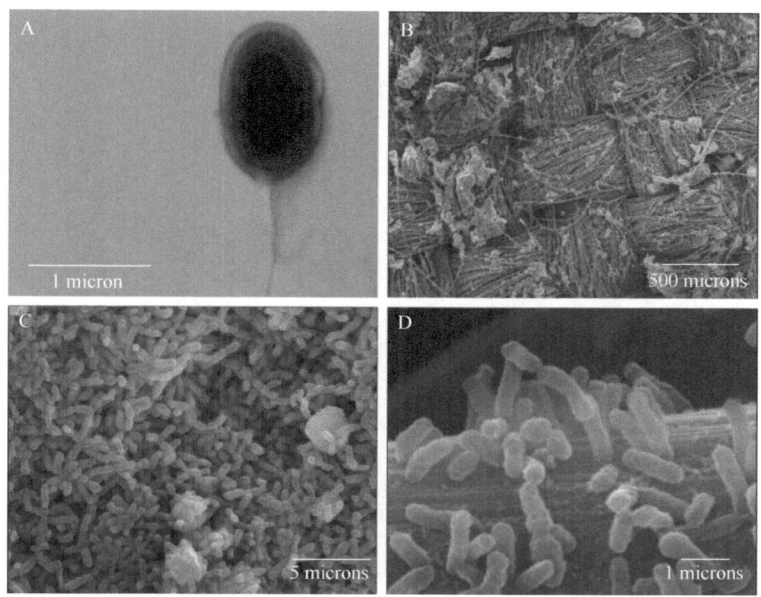

图 2-11　菌株 YZ-1 的投射电子显微镜照片
Fig. 2-11　Transmission electron micrograph of strain YZ-1

表 2-13　菌株 YZ-1 及其亲缘种的生理生化特性
Tab. 2-13　Physiological and morphological characteristics of strain YZ-1 and the most closely phylogenetically related species of the genus *Ochrobactrum*

生理生化特性	YZ-1	O. anthropi	O. cytisi	O. lupini
细胞长度/μm	1~1.5	ND	ND	1.4~1.5
细胞形状	杆状	杆状	杆状	杆状
运动性	+	+	+	−
硝酸盐还原	+	+	+	−
利用的碳源和电子供体				
葡糖酸盐	+	+	−	+
柠檬酸盐（24 h）	−	−	+	+
乳糖	−	−	w	+
蜜二糖	−	−	w	+
半乳糖	+	+	w	+
D-果糖	+	+	w	+
L-阿拉伯糖	+	+	+	+
松二糖	+	+	+	+
N-乙酰氨基葡萄糖	−	−[b]	+	+
D-阿糖醇	+	+	+	−
乙酸	+	+	ND	ND
丙酸	+	+	ND	ND
丁酸	+	+	ND	ND
乳酸	+	+	ND	ND
乙醇	+	+	ND	ND
甘油	+	+	w	−
葡萄糖	+	+	+	+
纤维二糖	+	+	w	−
蔗糖	+	+	+	ND

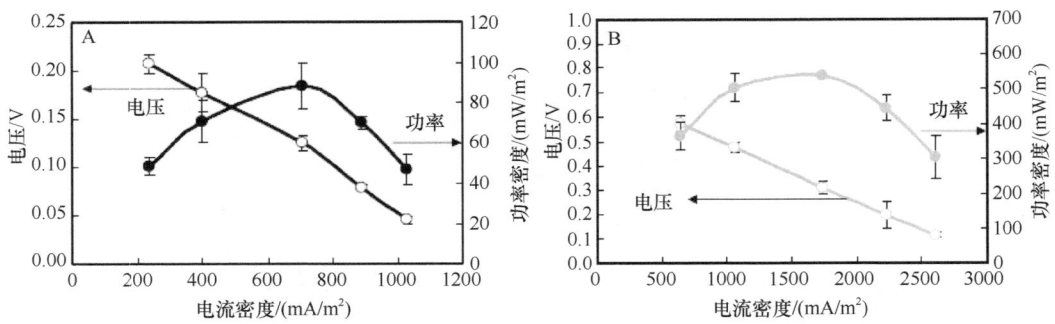

图 2-12　菌株 YZ-1 的功率密度和电压图

Fig. 2-12　Power density and voltage as a function of current density obtained by varying the external circuit resistance for strain YZ-1

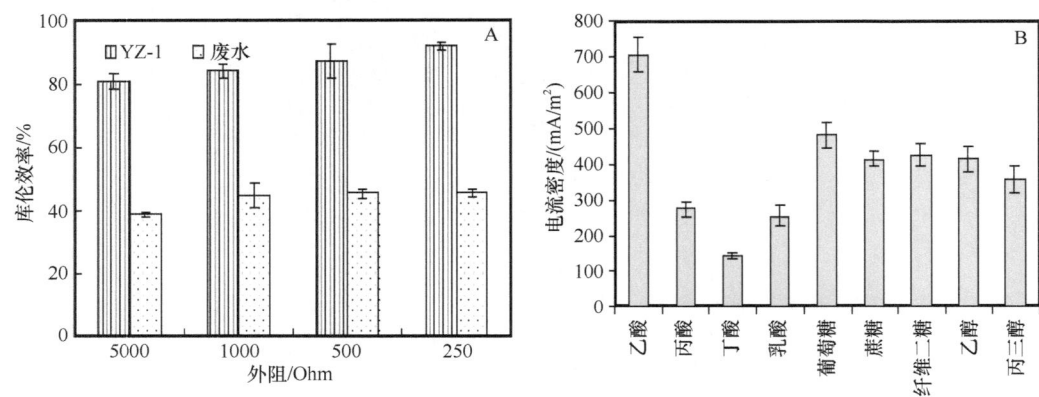

图 2-13　菌株 YZ-1 的 CE 图及不同电子供体下的电流产生

Fig. 2-13　CE obtained by varying the external circuit resistance for strain YZ-1 and electricity generation by strain YZ-1 using different carbon sources

二、案例 2：*Thermincola ferriacetica* sp. nov.，一株具有异化 Fe(Ⅲ)还原能力的厌氧、嗜热、兼性化能自养菌（Zavarzina et al., 2007）

革兰氏阴性异化 Fe(Ⅲ)还原菌占已发现的 Fe(Ⅲ)还原菌的绝大多数，其作用机制也得到了比较充分的研究。近年来，革兰氏阳性 Fe(Ⅲ)还原菌也逐渐被研究，并且其在某些环境中为主要的金属还原菌。然而，与革兰氏阴性 Fe(Ⅲ)还原菌相比，革兰氏阳性 Fe(Ⅲ)还原菌无论是从数量上还是从电子传递机制的研究上都处于初级阶段。

（一）研究目的

分离一株革兰氏阳性、嗜热异化 Fe(Ⅲ)还原菌并研究其 Fe(Ⅲ)还原特性。

（二）材料与方法

将温泉取得的样品放入含有 90 mmol/L 无定形 Fe(Ⅲ)氧化物的基础培养基中，在厌氧、60℃的条件下富集培养；成功富集几代之后，将富集培养液在含有 20 mmol/L 的 AQDS 培养基中进行梯度稀释；以能够还原 AQDS 的最高稀释梯度的培养液为接种液，利用滚管分离技术进行进一步的纯化,获得单菌落。将纯化所得的菌株从形态、生理生化和系统发育分析等方面进行鉴定,并进一步研究其细胞生长和 Fe(III)还原规律。

(三)结果与讨论

通过透射电子显微镜(TEM)观察显示细胞为链杆状或单杆状、端生鞭毛(图 2-14),结合生理生化指标(表 2-14)、G+C、DNA 杂交及基于 16S rRNA 基因的系统发育分析(图 2-15),将新分离的 Fe(III)还原菌鉴定为 *Thermincola* 属的新种,并命名为 *Thermincola ferriacetica* Z-0001。该菌可以利用 Fe(III)还原获得能量供细胞的生长(图 2-16)。

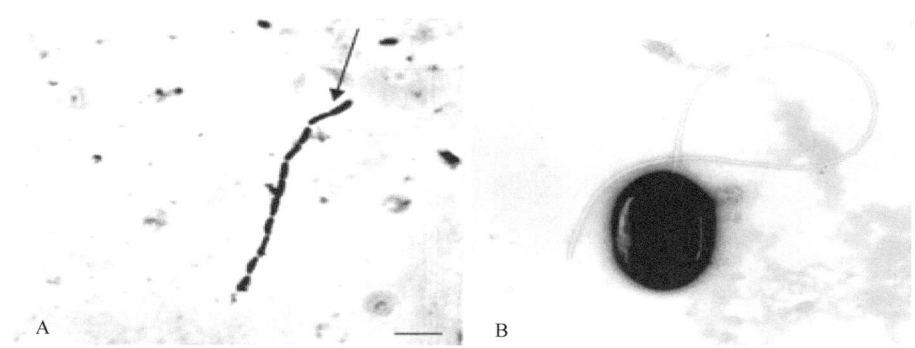

图 2-14 菌株 Z-0001 的相差显微镜(A)和透射电子显微镜(B)图片
Fig. 2-14 Morphology of strain Z-0001 under phase-contrast microscope(A)and TEM(B)

表 2-14 菌株 Z-0001 与 *Thermincola carboxydophila* 形态和生理生化特性比较
Tab. 2-14 Characteristics that differentiate strain Z-0001 from *Thermincola carboxydophila*

特性	*T. carboxydophila*(Sokolova et al., 2005)	菌株 Z-0001^T
细胞形态	末端圆形的粗棒状	直线或略微弯曲的棒状
细胞大小/μm	0.5×(0.6~3.0)	(0.4~0.5)×(1.0~3.0)
孢子形成	−	+
温度范围/℃	37~68	45~67
最适温度/℃	55	57~60
pH 范围	6.7~9.5	5.9~8.0
最适 pH	8.0	7.0~7.1
氯化钠浓度范围/%	ND	0~3.5
DNA GC 含量	45.4%±1%	47.8%±1%
以 Fe(III)作为电子受体氧化乙酸	−	+
氢气	−	+

(四)结论

本研究分离得到了一株新的高温、革兰氏阳性 Fe(III)还原菌种,为革兰氏阳性 Fe(III)还原菌的研究提供了良好素材。

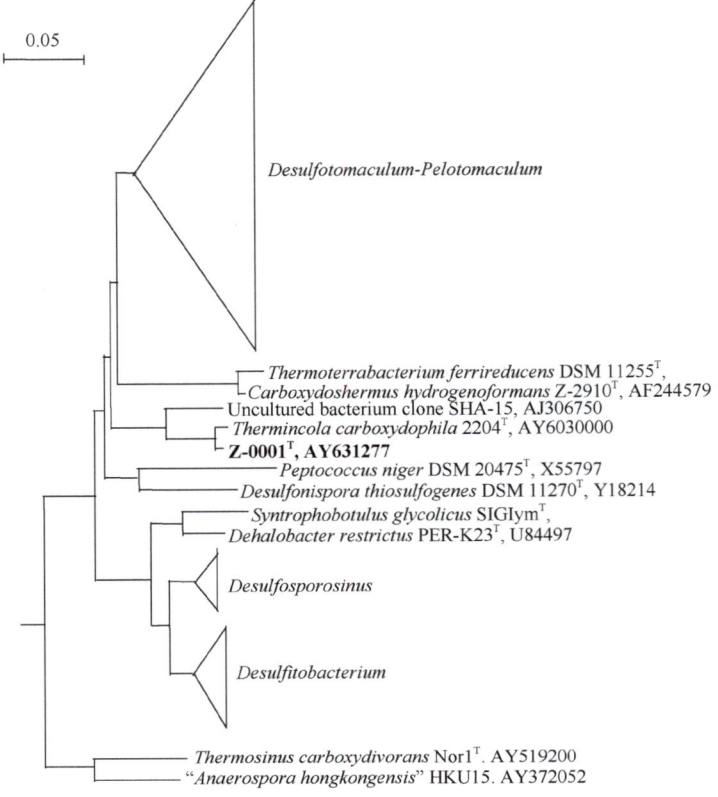

图 2-15　基于 16S rRNA 基因序列的系统发育分析

Fig. 2-15　Phylogenetic position of strain Z-0001 in the tree of the family *Peptococcaceae*

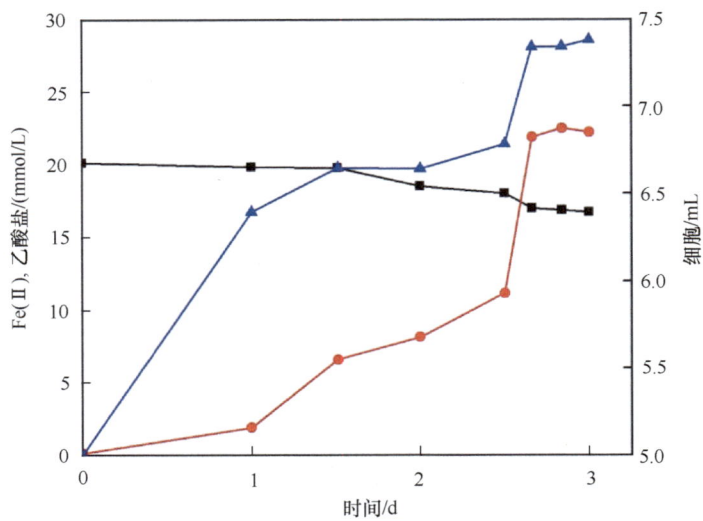

图 2-16　以乙酸作为电子供体，无定型 Fe(Ⅲ) 氧化物作为电子受体时，菌株 Z-0001 的生长及 Fe(Ⅱ) 的产生（菌株 Z-0001 生长以实心三角表示，Fe(Ⅱ) 产生以实心圆表示，乙酸的降解以实心方框表示）

Fig. 2-16　Growth and Fe(Ⅱ) production by strain Z-0001 with acetate as an electron donor and amorphous Fe(Ⅲ) oxide as an electron acceptor. Growth of strain Z-0001 (filled triangle), Fe(Ⅱ) production (filled circle) and acetate degradation (filled square)

三、案例3：*Thauera humireducens* sp. nov.，一株分离自微生物燃料电池的腐殖质还原菌（Yang et al., 2013）

微生物介导的腐殖质还原作用在厌氧环境中有机质和无机质的生物转化过程，以及多种污染物的降解过程中发挥着巨大作用，因此，从环境中分离更多的可应用的腐殖质还原菌新种具有重要的科研和实际应用价值。

（一）研究目的

分离一株可以进行腐殖质还原的新菌种。

（二）材料和方法

剪取微生物燃料电池的阳极生物膜，在含有 0.5 mmol/L AQDS 和 5 mmol/L 葡萄糖的基础培养基中进行厌氧富集培养；成功富集转接三代后，将富集培养液进行梯度稀释并涂布在含有 1 mmol/L AQDS 和 5 mmol/L 葡萄糖的基础培养基平板上；挑取单菌落进行进一步的平板划线纯化，直到获得纯培养的菌株。对所得到的菌种进行细胞形态、生理生化、化学指标、系统发育等一系列的分析，确定其种属，并进一步研究其 AQDS 还原特性。

（三）结果与讨论

菌株的细胞形态（图 2-17）、生理生化（表 2-15）、G+C、脂肪酸和系统发育分析（图 2-18）结果表明，该菌为 *Thauera* 属的新种，并命名为 *T. humirecudens* SgZ-1。AQDS 还原实验（图 2-19）表明，菌株 SgZ-1 可以利用 AQDS 为电子受体提供能量供细胞生长。

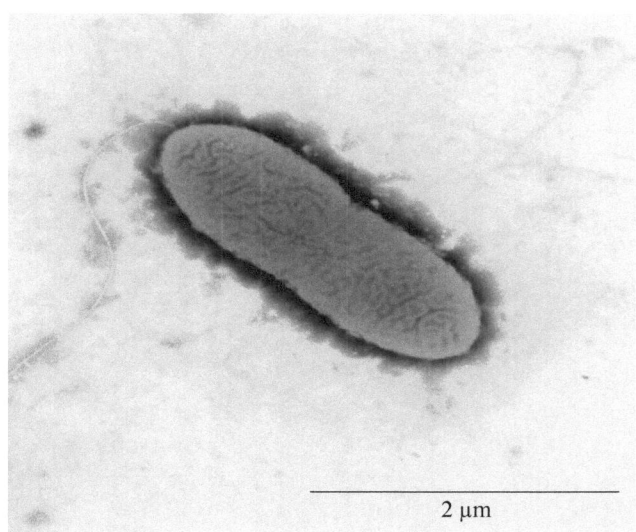

图 2-17　菌株 SgZ-1 细胞负染色透射电子显微照片

Fig. 2-17　Transmission electron micrograph of a negatively stained cell of strain SgZ-1

表 2-15 菌株 SgZ-1 与 *Thauera* 属相近种的基础生理生化比较

Tab. 2-15 Differential characteristics of strain SgZ-1 and related species of genus *Thauera*

特性	SgZ-1^T	T. aminoaromatica	T. selenati	T. chlorobenzoica
细胞大小/μm	(0.6~0.8)×(1.8~2.5)	(0.5~0.75)×(2~3)	1.4×0.56	3.0~3.7
鞭毛	单鞭毛	ND	单鞭毛	周生鞭毛
生长最适 pH	8.0~8.5	7.5~8.6	8.0（以 NO_3^- 为电子受体），7.0（以 Se(Ⅵ)、Se(Ⅳ)为电子受体）	7.5~8.0
最适生长温度/℃	25~37	28	25~30	30
是否需要生长因子	−	+	−	−
是否能在营养琼脂生长	+	−	−	−
电子受体	O_2、NO_3^-、AQDS	O_2、NO_3^-	O_2、NO_3^-、Se(Ⅵ)、Se(Ⅳ)	O_2、NO_3^-
G+C 含量（mol%）	65.8	68.4	66	68.6

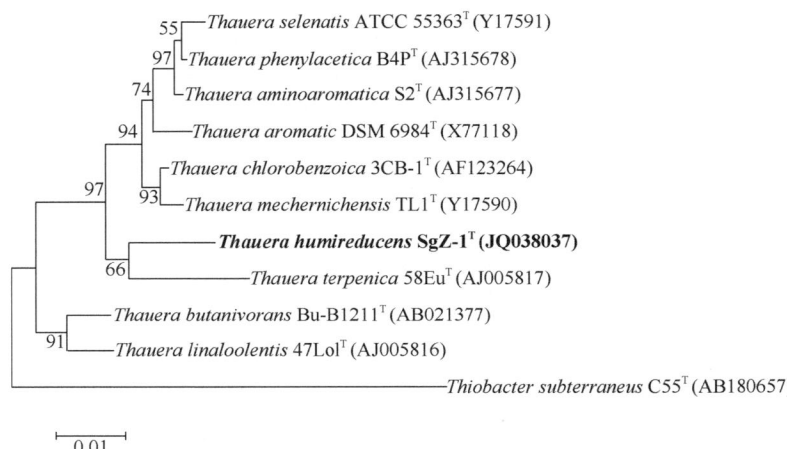

图 2-18 菌株 SgZ-1 基于 16S rRNA 基因序列的系统发育分析（NJ 方法）

Fig. 2-18 Phylogenetic tree constructed using the neighbour-joining method based on 16S rRNA gene sequences of strain SgZ-1

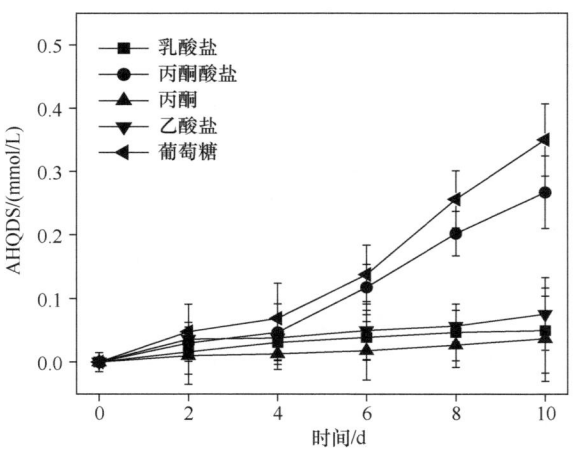

图 2-19 菌株 SgZ-1 以不同底物为电子供体时的 AQDS 还原

Fig. 2-19 Characteristics of AQDS reduction by strain SgZ-1 with various electron donors

（四）结论

本文分离的菌株 SgZ-1 为 *Thauera* 属新种，为本属唯一一株具有腐殖质还原能力的菌株。

四、小结

本章主要介绍了 Fe(III)/腐殖质还原菌和产电菌的富集培养、分离纯化方法及对胞外呼吸属性的检测方法，希望有助于研究者从自然环境中更有效地分离筛选到高效率的胞外呼吸菌，以丰富胞外呼吸的微生物资源库。此外，探讨了利用基因工程手段实现对胞外呼吸菌的科学研究的机会和可行性，重点介绍了来源于 *S. oneidensis* 和 *G. sulfurreducens* 的细胞色素 *c* 在 *E. coli* 中的重组表达，以期使 *E. coli* 也具有胞外呼吸的能力。由于多蛋白同时表达、翻译后修饰和定位等过程的复杂性，这个设想的实现将是一项极大的科学挑战。

相对于胞内呼吸而言，胞外呼吸的代谢方式还是一个新的研究领域，存在诸多未研究到的地方，另外，利用生物工程的手段研究或提高菌株在生物电化学系统中的应用更是一个新的尝试，还有许多基因工程的工具或手段有待发展。因此，对于胞外呼吸菌的分离筛选和研究，以及对于胞外呼吸菌进行遗传改造的科学设想的实现还需要许多科学研究者的不懈努力。

参 考 文 献

东秀珠, 蔡妙英. 2001. 常见细菌系统鉴定手册. 北京: 科学出版社: 239-470.

刘尧兰. 2008. 产电菌的分离及不同温度下 MFC 产电特性的研究. 哈尔滨: 哈尔滨工业大学硕士学位论文.

武春媛, 李芳柏, 周顺桂. 2009. 腐殖质呼吸作用及其生态学意义. 生态学报, **29**: 1535-1542.

Arslan E, Schulz H, Zufferey R, et al. 1998. Overproduction of the *Bradyrhizobium japonicum* *c*-type cytochrome subunits of the *cbb3* oxidase in *Escherichia coli*. Biochem Biophys Res Commun, **251**: 744-747.

Baker G C, Smith J J, Cowan D A. 2003. Review and reanalysis of domain-specific 16S primers. J Microbiol Methods, **55**: 541-555.

Bouhenni R A, Vora G J, Biffinger J C, et al. 2010. The role of *Shewanella oneidensis* MR-1 outer surface structures in extracellular electron transfer. Electroanalysis, **22**: 856-864.

Bretschger O, Obraztsova A, Sturm C A, et al. 2007. Current production and metal oxide reduction by *Shewanella oneidensis* MR-1 wild type and mutants. Appl Environ Microbiol, **73**: 7003-7012.

Cervantes F J, van der Velde S, Lettinga G, et al. 2000. Competition between methanogenesis and quinone respiration for ecologically important substrates in anaerobic consortia. FEMS Microbiol Ecol, **34**: 161-167.

Chen J, Gu B H, Royerb R A. 2003. The roles of natural organic matter in chemical and microbial reduction of ferric iron. Sci Total Environ, **307**: 167-178.

Collins M D, Pirouz T, Goodfellow M, et al. 1977. Distribution of menaquinones in actinomycetes and corynebacteria. J Gen Microbiol, **100**: 221-230.

Conrado R J, Varner J D, DeLisa M P. 2008. Engineering the spatial organization of metabolic enzymes: mimicking nature' synergy. Curr Opin Biotechnol, **19**: 492-499.

Coursolle D, Gralnick J A. 2012. Reconstruction of extracellular respiratory pathways for iron(III) reduction in *Shewanella oneidensis* strain MR-1. Front Microbiol, **3**: 56.

Covington E D, Gelbmann C B, Kotloski N J. 2010. An essential role for UshA in processing of extracellular flavin electron shuttles by *Shewanella oneidensis*. Mol Microbiol, **78**: 519-532.

D'Enfert C, Pugsley A P. 1987. A gene fusion approach to the study of pullulanase export and secretion in *Escherichia coli*. Mol Microbiol, **1**: 159-168.

Donald J W, Hicks M G, Richardson D J. 2008. The *c*-type cytochrome OmcA localizes to the outer membrane upon heterologous expression in *Escherichia coli*. J Bacteriol, **190**: 5127-5131.

Ezaki T, Hashimoto Y, Yabuuchi E. 1989. Fluorometric deoxyribonucleic acid deoxyribonucleic acid hybridization in microdilution wells as an alternative to membrane-filter hybridization in which radioisotopes are used to determine genetic relatedness among bacterial strains. Int J Syst Bacteriol, **39**: 224-229.

Feissner R E, Richard-Fogal C L, Frawley E R, et al. 2006. Recombinant cytochromes *c* biogenesis systems I and II and analysis of haem delivery pathways in *Escherichia coli*. Mol Microbiol, **60**: 563-577.

Felsenstein J. 1985. Confidence limits on phylogenies: an approach using the bootstrap. Evolution, **39**: 783-791.

Fernandes A P, Cauto I, Morgada L. 2008. Isotopic labeling of *c*-type multiheme cytochromes overexpressed in *E. coli*. Protein Expr Purif, **59**: 182-188.

Field J A, Cervantes F J. 2005. Microbial redox reactions mediated by humus and structurally related quinines. *In*: Hatfield K, Hertkorn N. Use of Humic Substances to Remediate Polluted Environments: from Theory to Practice. Perminova IV, Netherlands: Springer. 343-352.

Filloux A. 2004. The underlying mechanisms of type II protein secretion. Biochim Biophys Acta, **1694**: 163-179.

Francetic O, Pugsley A P. 1996. The cryptic general secretory pathway (gsp) operon of *Escherichia coli* K-12 encodes functional proteins. J Bacteriol, **178**: 3544-3549.

Gescher J S, Cordova C D, Spormann A M. 2008. Dissimilatory iron reduction in *Escherichia coli*: identification of CymA of *Shewanella oneidensis* and NapC of *E. coli* as ferric reductases. Mol Microbiol, **68**: 706-719.

Gregory K B, Bond D R, Lovley D R. 2004. Graphite electrode as electron donors for anaerobic respiration. Environ Microbiol, **6**: 596-604.

Hannig G, Makrides S C. 1998. Strategies for optimizing heterologous protein expression in *Escherichia coli*. Tren Biotechnol, **16**: 54-60.

Hau H H, Gralnick J A. 2007. Ecology and biotechnology of the genus *Shewanella*. Ann Rev Microbiol, **61**: 237-258.

He Z, Angenent L T. 2006. Application of bacterial biocathodes in microbial fuel cells. Electroanalysis, **18**: 2009-2015.

Herbaud M L, Aubert C, Durand M C, et al. 2000. *Escherichia coli* is able to produce heterologous tetraheme cytochrome *c*(*3*) when the *ccm* genes are co-expressed. Biochim Biophy Acta, **1481**: 18-24.

Hofrichter M, Steinbüchel A, Guo S R. 2004. Biopolymers. Beijing: Chemical Industry Press: 273-315.

Jensen H M, Albers A E, Malley K R, et al. 2010. Engineering of a synthetic electron conduit in living cells. PNAS, **107**: 19213-19218.

Kappler A, Benz M, Brune A, et al. 2004. Electron shuttling via humic acids in microbial iron(III) reduction in a freshwater sediment. FEMS Microbiol Ecol, **47**: 85-92.

Kaser F M, Coates J D. 2010. Enrichment and isolation of metal respirers and hydrocarbon oxidizers. *In*: Timmis K N. Handbook of Hydrocarbon and Lipid Microbiology. Berlin Heidelberg: Springer-Verlag.

Kim B C, Leang C, Ding Y H, et al. 2005. OmcF, a putative *c*-type monoheme outer membrane cytochrome required for the expression of other outer membrane cytochromes in *Geobacter sulfurreducens*. J Bacteriol, **187**: 4505-4513.

Kim B C, Lovley D R. 2008. Investigation of direct vs indirect involvement of the *c*-type cytochrome MacA in Fe(III) reduction by *Geobacter sulfurreducens*. FEMS Microbiol Lett, **286**: 39-44.

Kim B C, Qian X, Leang C, et al. 2006. Two putative c-type multiheme cytochromes required for the expression of OmcB, an outer membrane protein essential for optimal Fe(III) reduction in *Geobacter sulfurreducens.* J Bacteriol, **188**: 3138-3142.

Kim B H, Park H S, Kim H J, et al. 2004. Enrichment of microbial community generating electricity using a fuel-cell type electrochemical cell. Appl Microbiol Biotechnol, **63**: 672-681.

Kim O S, Cho Y J, Lee K, et al. 2012. Introducing EzTaxon-e: a prokaryotic 16S rRNA gene sequence database with phylotypes that represent uncultured species. Int J Syst Evol Microbiol, **62**: 716-721.

Kranz R, Lill R, Goldman B, et al. 1998. Molecular mechanisms of cytochrome *c* biogenesis: three distinct systems. Molec Microbiol, **29**: 383-396.

Leang C, Qian X, Mester T, et al. 2010. Alignment of the *c*-type cytochrome OmcS along pili of *Geobacter sulfurreducens.* Appl Environ Microbiol, **76**: 4080-4084.

Londer Y Y, Giuliani S E, Peppler T. 2008. Addressing *Shewanella oneidensis* "cytochromome": the first step towards high-throughput expression of cytochromes *c*. Protein Expr Purif, **62**: 128-137.

Londer Y Y, Pokkuluri P R, Erickson J, et al. 2005. Heterologous expression of hexaheme fragments of a multidomain cytochrome from *Geobacter sulfurreducens* representing a novel class of cytochromes *c*. Protein Expr Purif, **39**: 254-260.

Londer Y Y, Pokkuluri P R, Orshonsky V. 2006. Heterologous expression of dodecaheme "nanowire" cytochromes *c* from *Geobacter sulfurreducens*. Protein Expr Purif, **47**: 241-248.

Londer Y Y, Pokkuluri P R, Tiede D M. 2002. Production and preliminary characterization of a recombinant triheme cytochrome *c*(7) from *Geobacter sulfurreducens* in *Escherichia coli*. Biochim Biophys Acta, **1554**: 202-211.

Lovley D R, Coates J D, Blunt-harris E L, et al. 1996. Humic substances as electron acceptors for microbial respiration. Nature, **382**: 445-448.

Lovley D R, Fraga J L, Blunt-harris E L, et al. 1998. Humic substances as a mediator for microbially catalyzed metal reduction. Acta Hydrochimica et Hydrobiologica, **26**: 152-157.

Lovley D R, Holmes D E, Nevin K P. 2004. Dissimilatory Fe(III) and Mn(IV) reduction. Adv Microb Physiol, **49**: 219-286.

Lovley D. 2008. Extracellular electron transfer: wires, capacitors, iron lungs, and nore. Geobiology, **6**: 225-231.

Malvankar N S, Vargas M, Nevin K P, et al. 2011. Tunable metallic-like conductivity in microbial nanowires networks. Nat Nanotechnol, **6**: 573-579.

Marsili E, Baron D B, Shikhare I D. 2008. *Shewanella* secretes flavins that mediate extraclluar electron transfer. Proc Natl Acad Sci, USA, **105**: 3968-3973.

Mesbah M, Premachandran U, Whitman WB. 1989. Precise measurement of the G+C content of deoxyribonucleic-acid by high-performance liquid-chromato- graphy. Int J Syst Bacteriol, **39**: 159-167.

Methe B A, Nelson K E, Eisen J A, et al. 2003. Genome of Geobacter sulfurreducens: metal reduction in subsurface environments. Sciences, **302**: 1967-1969.

Meyer T E, Tsapin A I, Vandenberghe I, et al. 2004. Identification of 42 possible cytochrome *c* genes in the *Shewanella oneidensis* genome and characterization of six soluble cytochromes. Omics, **8**: 57-77.

Minnikin D E, O'Donnell A G, Goodfellow M, et al. 1984. An integrate procedure for the extraction of bacterial isoprenoid quinones and polar lipids. J Microbiol Methods, **2**: 233-241.

Morgado L, Bruix M, Orshonsky V. 2008. Structural insights into the modulation of the redox properties of two *Geobacter sulfurreducens* homologous triheme cytochromes. Biochim Biophys Acta Bioenerg, **1777**: 1157-1165.

Nevin K P, Kim B C, Glaven R H, et al. 2009. Differences in physiology between current-producing and fumarate-reducing biofilms of *Geobacter sulfurreducens*: identification of a novel outer-surface cytochrome essential for electron transfer to anodes at high current densities. PLoS One, **4**: e5628.

Pham T H, Boon N, De Maeyer K. 2008. Use of *Pseudomonas* species producing phenazine-based metabolites in the anodes of microbial fuel cells to improve electricity generation. Appl Microbiol Biotechnol, **80**: 985-993.

Pitts K E, Dobbin P S, Reyes-Ramirez F. 2003. Characterization of the *Shewanella oneidensis* MR-1 decaheme cytochrome MtrA: expression in *Escherichia coli* confers the ability to reduce soluble Fe(III) chelates. J Biol Chem, **278**: 27758-27765.

Pokkuluri P R, Londer Y Y, Duke N E. 2004. Family of cytochrome $c7$-type proteins from *Geobacter sulfurreducens*: structure of one cytochrome $c7$ at 1.45 A resolution. Biochemistry, **43**: 849-859.

Pokkuluri P R, Londer Y Y, Duke N E. 2011. Structure of a novel dodecaheme cytochrome c from *Geobacter sulfurreducens* reveals an extended 12 nm protein with interacting hemes. J Struct Biol, **174**: 223-233.

Pollock J, Weber K A, Lack J, et al. 2007. Alkaline iron(III) reduction by a novel alkaliphilic, halotolerant, *Bacillus* sp. Isolated from salt flat sediments of soap lake. Appl Microbiol Biotechnol, **77**: 927-934.

Rabaey K, Boon N, Hofte M. 2005. Microbial phenazine production enhances electron transfer in biofuel cells. Environ Sci Technol, **39**: 3401-3408.

Rabaey K, Boon N, Siciliano S D. 2004. Biofuel cells select for microbial consortia that self-mediate electron transfer. Appl Environ Microbiol, **70**: 5373-5382.

Rabaey K, Keller J. 2008. Microbial fuel cell cathodes: from battleneck to prime opportunity? Water Sci Technol, **57**: 655-659.

Sasser M. 1990. Identification of bacteria by gas chromatography of cellular fatty acids. Technical Note 101. Newark, Delaware: Microbial ID.

Schicklberger M, Bücking C, Schuetz B, et al. 2011. Involvement of the *Shewanella oneidensis* decaheme cytochrome MtrA in the periplasmic stability of the β-barrel protein MtrB. Appl Environ Microbiol, **77**: 1520-1523.

Schuetz B, Schicklberger M, Kuermann J, et al. 2009. Periplasmic electron transfer via the c-type cytochromes MtrA and FccA of *Shewanella oneidensis* MR-1. Am Soci Microbiol, **75**: 7789-7796.

Schwertmann U, Cornell R M. 1991. Iron Oxides in the Laboratory. Weinheim: VCH.

Seidel J, Hoffmann M, Ellis K E, et al. 2012. MacA is a second cytochrome c peroxidase of *Geobacter sulfurreducens*. Biochemistry, **51**: 2747-2756.

Shelobolina E S, Nevin K P, Blakeney-Hayward J D, et al. 2007. *Geobacter pickeringii* sp. nov., *Geobacter argillaceus* sp. nov. and *Pelosinus fermentans* gen. nov., sp. nov., isolated from subsurface kaolin lenses. Int J Syst Evol Microbiol, **57**: 126-135.

Shi L, Deng S, Marshall M J, et al. 2008. Direct involvement of type II secretion system in extracellular translocation of *Shewanella oneidensis* outer membrane cytochromes MtrC and OmcA. J Bacteriol, **190**: 5512-5516.

Sokolova T G, Kostrikina N A, Chernyh N A, et al. 2005. *Thermincola carboxydiphila* gen. nov., sp nov., a novel anaerobic, carboxydotrophic, hydrogenogenic bacterium from a hot spring of the Lake Baikal area. Int J Syst Evol Microbiol, **55**: 2069-2073.

Straub K L, Kappler A, Schhink B. 2005. Enrichment and isolation of ferric-iron-and humic-acid-reducing bacteria. Methods Enzymol, **397**: 58-77.

Straub K L, Schink B. 2004. Ferrihydrite reduction by *Geobacter* species is stimulated by secondary bacteria. Arch Microbiol, **182**: 175-181.

Tamaoka J, Katayamafujimura Y, Kuraishi H. 1983. Analysis of bacterial menaquinone mixtures by high-performance liquid-chromatography. J Appl Bacteriol, **54**: 31-36.

Tamura K, Peterson D, Peterson N, et al. 2011. MEGA5: molecular evolutionary genetics analysis using maximum likelihood, evolutionary distance, and maximum parsimony methods. Mol Biol Evo, **28**: 2731-2739.

Thony-Meyer L. 1997. Biogenesis of respiratory cytochromes in bacteria. Microbiol Mol Biol Rev, **61**: 337-376.

Tremblay P L, Summers Z M, Glaven R H, et al. 2011. A c-type cytochrome and a transcriptional regulator responsible for enhanced extracullular electron transfer in *Geobacter sulfurreducens* revealed by adaptive evolution. Environ Microbiol, **13**: 13-23.

Viulu S, Nakamura K, Okada Y, et al. 2013. *Geobacter luticola* sp. Nov., an Fe(III)-reducing bacterium isolated from lotus field mud. Int J Syst Evol Microbiol, **63**: 442-448.

von Canstein H, Ogawa J, Shimizu S. 2008. Secretion of flavins by *Shewanella* species and their role in extracellular electron transfer. Appl Environ Microbiol, **74**: 615-623.

Weber K A, Achenbach L A, Coates J D. 2006. Microorganisms pumping iron: anaerobic microbial iron oxidation and reduction. Nature, **4**: 752-764.

Weisburg W G, Barns S M, Pelletier D A, et al. 1991. 16S ribosomal DNA amplification for phylogenetic study. J Bacteriol, **173**: 697-703.

Widdel F, Bak F. 1992. Gram-negative mesophilic sulfate-reducing bacteria. *In:* Balows A, Trüper H G, Dworkin M, et al. The Prokaryotes. 2nd ed. Berlin: Springer-Verlag: 3352-3378.

Yang G Q, Zhang J, Kwon S, et al. 2013. *Thauere humireduccens* sp. nov., a humus-reducing bacterium isolated from a microbial fuel cell. Int J Syst Evol Microbiol, **63**: 873-878.

Ye Q, Roh Y, Carroll S L, et al. 2004. Alkaline anaerobic respiration: isolation and characterization of a novel alkaliphilic and metal-reducing bacterium. Appl Environ Microbiol, **70**: 5595-5602.

Yuan Y, Zhou S G, Zhuang L. 2010. A new approach to *in situ* sediment remediation based on air-cathode microbial fuel cells. J Soil Sediment, **10**: 1427-1433.

Zavarzina D G, Sokolova T G, Tourova T P, et al. 2007. *Thermincola ferriacetica* sp. nov., a new anaerobic, thermophhilic, facultatively chemolithoautotrophic bacterium capable of dissimilatory Fe(Ⅲ) reduction. Extremophiles, **11**: 1-7.

Zhang L, Wang Y, Dai J, et al. 2009. *Bacillus korlensis* sp. nov., a moderately halotolerant bacterium isolated from a sand soil sample in China. Int J Syst Evol Microbiol, **59**: 1787-1792.

Zuo Y, Xing D, Regan J M, et al. 2008. Isolation of the exoelectrogenic bacterium *Ochrobactrum anthropi* YZ-1 by using a U-tube microbial fuel cell. Appl Environ Microbiol, **74**: 3130-3137.

第三章 微生物胞外呼吸的电子传递机制

呼吸作用的本质是底物在细胞内氧化并释放能量的过程。底物氧化产生的电子沿呼吸链，经一系列电子载体传递到末端电子受体（如氧气）并偶联 H^+ 转运到质膜外，形成跨膜质子动力合成 ATP。呼吸链理论一直是生物化学领域的热点研究问题。经典呼吸链（respiration chain, RC）也称电子传递链（electron transport chain, ETC），是由一系列位于细胞质膜上，氧化还原电势从低到高排列的电子（或氢）传递体（或载体）组成。因为电子受体只能接受较其电势更低的载体传递的电子，所以末端电子受体的氧化还原电势决定电子传递链的组成。微生物拥有多样化的电子传递途径，在种之间甚至相同种内不同菌株之间电子传递途径都可能存在差异，相同的菌在不同的生长条件下，电子传递体的组成也可能不同（Arnold et al., 1986），这是微生物电子传递链研究的困难所在。近年来，一种新型的微生物能量代谢形式被发现，即微生物胞外呼吸（extracellular respiration），是指厌氧条件下，微生物在胞内彻底氧化有机物释放电子，产生的电子经胞内呼吸链传递到胞外电子受体使其还原，并产生能量维持微生物自身生长的过程。

微生物胞外呼吸与传统胞内厌氧呼吸存在两点显著差异：①电子最终必须传递至胞外。与 NO_3^-、SO_4^{2-} 等可溶性电子受体不同，胞外呼吸的电子受体为固体（如铁/锰氧化物、石墨电极）或大分子有机物（如腐殖质），无法进入细胞，因此氧化过程产生的电子必须设法"穿过"非导电的细胞壁，传递至胞外受体。②电子传递途径不同。与常规电子传递链相比，胞外呼吸产生的电子必须经过周质组分的传递到达细胞外膜，然后通过外膜上的多血红素细胞色素 c（multihaem Cyt c）、"纳米导线"（nanowire）或电子穿梭体（electron shuttle）等方式传递到胞外，因而传递难度也显著加大。

第一节 电子从细胞内膜传递到细胞外膜：胞内电子传递链

在微生物细胞质内电子供体首先被氧化，产生电子和还原力 [H] 等，电子经质膜上的电子载体，以及一系列电子传递体的传递，最终传给电子受体；产生的还原力 [H]，运到质膜外，并在 ATP 还原酶的作用下，与 ADP 和磷酸共同反应，合成 ATP。质膜上的电子载体可同时传递氢质子和电子，并偶联能量的产生；而周质和外膜上的电子载体只具有电子传递的能力，不伴随 ATP 的产生。已有的研究发现，胞外呼吸质膜部分的电子传递可能只利用部分常规电子载体（Woźnica et al., 2003），如醌和 NADH 脱氢酶等。为了完成胞外电子传递，微生物必须把传递链延伸到外膜，依靠周质中进化出的电子传递体，协助电子的传递。微生物的电子传递途径多样，包含多种脱氢酶、氧化还原酶等。电子供体可能直接从醌或细胞色素进入电子传递链，减少过程中产生的能耗，使电子传递更有效。

目前，呼吸链质膜部分的研究方法主要是呼吸抑制剂法。Kim 等考察了呼吸链抑制剂对废水中混合菌产电呼吸的影响，发现 NADH 脱氢酶、Fe/S 蛋白和辅酶 Q 是产电呼吸的必需组分，而其他经典呼吸链的重要组分 Cyt bc_1 和末端氧化酶 Cyt aa_3 不参与产电呼吸。但其实验的对象是混合菌群，结果有待实验进一步证实。此外，Woźnica 等在 2003 年提出了 *Aeromonas hydrophila* KB1 还原柠檬酸铁的电子传递链模型（葡萄糖为供体），发现甲酸盐还原酶、醌类和 Cyt bc_1 可能是必需组分，末端还原酶 Cyt aa_3 不参与此菌的铁还原呼吸。*Shewanella* 属和 *Geobacter* 属是目前研究最详细、最深入的菌属，其电子传递链模型如图 3-1B 所示。其中，脱氢酶、醌类、Cyt c 蛋白等在胞内电子传递过程中发挥了重要的作用。图 3-1A 和图 3-1B 分别显示了革兰氏阳性菌和革兰氏阴性菌的电子传递链模型。

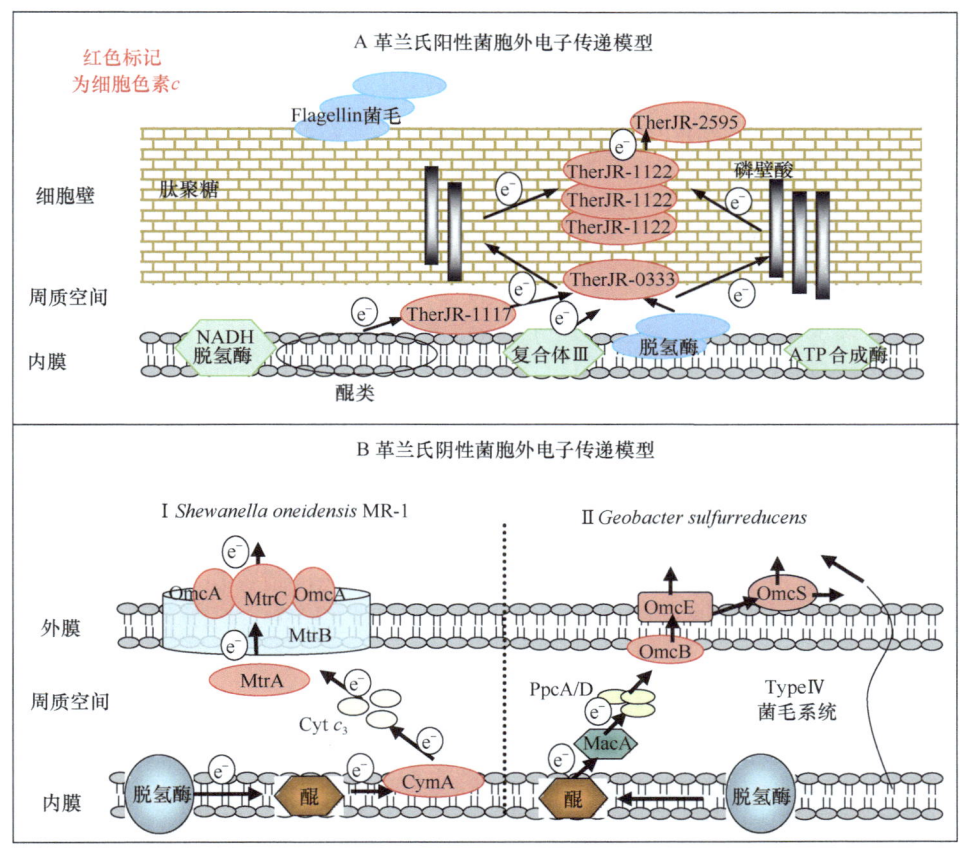

图 3-1 代表菌株胞外电子传递链模型
Fig. 3-1 Models of electron transfer chain within bacterial cell

第二节 电子从细胞外膜传递到电子受体：从胞内到胞外

目前，已经报道的微生物细胞外膜到胞外电子受体的传递方式有多种，主要包括以下几种方式（图 3-2）（Yang et al., 2012）。

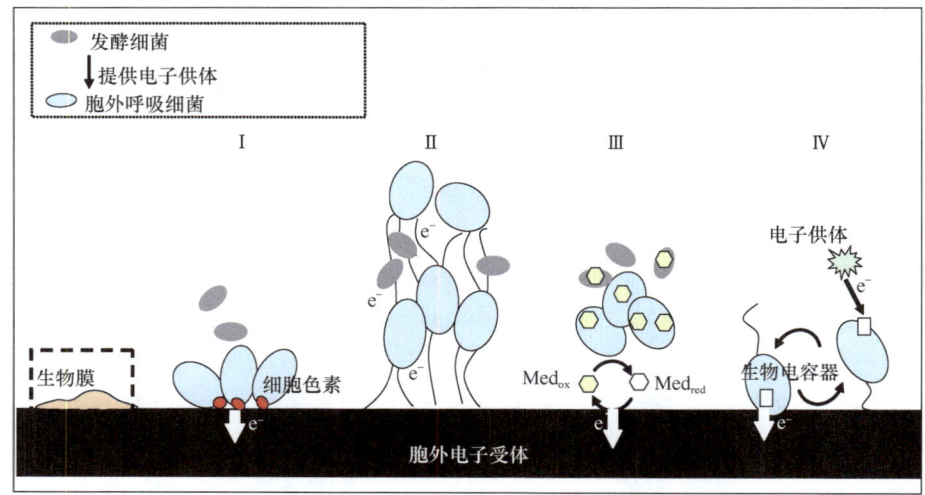

图 3-2　胞外电子传递机制（Yang et al., 2012）。（Ⅰ）Cyt c 直接传递；（Ⅱ）纳米导线网；（Ⅲ）分泌穿梭体；（Ⅳ）应电运动

Fig. 3-2　Mechanisms of extracellular electron transfer (Yang et al., 2012). (I) Multi-heme cytochrome; (Ⅱ) Electronically conducting nanowires; (Ⅲ) Self-secreted metabolites as electron mediators; (Ⅳ) Electrokinesis

1）当胞外电子受体与微生物细胞的距离很近时，微生物直接附着在受体上，通过细胞外膜 Cyt c 蛋白的酶催化，直接将电子传递给胞外电子受体。

2）细胞质或周质中电子载体传递的电子直接交给"纳米导线"，直接将电子传递到胞外电子受体；纳米导线（nanowire）是生长在细胞周围的类似纤毛且具有导电性能的长达数十微米、直径约 100 nm 的聚合蛋白微丝（Reguera et al., 2005），其可在微生物之间或者微生物与胞外电子受体之间形成导电网络，实现长距离的电子传递。

3）微生物分泌电子穿梭体，其在细胞质或周质接受底物氧化释放的电子，并且扩散到细胞外部，将电子传递给胞外电子受体，自身变为氧化态，再进入细胞接受电子，以此循环，来实现电子传递。这种机制不如直接电子传递机制有效，但它可以作为辅助性方式参与同种或异种细胞的远距离电子传递。

4）Harris 等（2010）在 *Shewanella* 属中发现一种新型的胞外电子传递机制——应电运动（electrokinesis）。如图 3-2（Ⅳ）所示，靠近胞外受体（MnO_2 或电极）的部分细胞，可以将氧化底物产生的电子储存在细胞表面，形成所谓的"生物电容器"（biocapacitor），然后细胞通过"touch-and-go"的方式将电子转移给胞外受体，即细胞利用鞭毛运动快速撞击受体表面，释放电子并还原受体，瞬间接触后，脱离受体表面，参与下个循环。这种电子拖曳（electron shuffle）机制与电子穿梭体机制有明显的区别，即电子拖曳无需通过介体，而是依赖细胞本身的"应电运动"传递电子。他们同时发现，高氧化还原电势会加快应电运动的速率；MtrA、MtrB、CymA 可能在应电运动中发挥着重要作用。

上述几种电子传递方式不是孤立存在的，在电子受体有限的自然环境中，不同微生物（如发酵细菌和胞外呼吸菌）常在胞外固态受体（如阳极或铁/锰氧化物）表面形成微生态系统——"生物膜"，运用上述 4 种机制，协同完成胞外电子传递。同种微生物为了适应不同的生长环境，会采取相应的电子传递方式或同时采取多种电子传递方式实现胞外电子传递。例如，在营养物质稀少的情况下，*Shewanella* 属和 *Geobacter* 属采用外膜蛋白直接传递电子的方式，将电子传递到胞外氧化物表面；当营养充裕或者细胞以生物膜的形式存在时，菌株可能主动向胞外分泌电子穿梭体，实现长距离的电子传递（Lies et al., 2005）。铁还原菌 *Klebsiella pneumoniae* L17（Li et al., 2009）可与胞外固态受体直接接触时会优先利用外膜 Cyt c 实现胞外电子传递（Zhang et al., 2008）；当其无法直接与阳极接触时，可分泌 2,6-二叔丁基对苯醌（2,6-DTBBQ）作为电子穿梭体介导电子传递（邓丽芳等，2009）。另外，有研究者报道 *Shewanella oneidensis* 缺少 *cyt c* 基因的菌株不能还原铁和 AQDS，但分泌的物质可以使缺少 MK（细胞质）合成基因的菌株利用 MK 依赖的电子受体 AQDS 和铁（Myers and Myers, 1997, 2004），这表明不同电子传递方式间也存在互补性。

一、细胞色素 c（*c*-type cytochromes，Cyt c）

细胞色素 c（Cyt c）广泛存在于微生物的内膜、周质和外膜上，以含有铁卟啉的血红素 c 为辅基，是唯一可溶性的细胞色素。其在电子传递中发挥着重要的作用，可以作为电子传递体或末端还原酶。胞外电子传递中 Cyt c 可能发挥了更加重要的作用，因为基因组序列分析发现，具有胞外电子传递能力的菌株基因组中编码 Cyt c 的基因比常规菌株丰富的多（Shi et al., 2007）。血红素 c 常通过半胱氨酸（Cys）的硫醚键与蛋白部分共价，形成完整的 Cyt c 蛋白（图 3-3），其他类型的细胞色素辅基都是以非共价键与蛋白结合。在好氧条件下，内膜部分的细胞色素表达量大于外膜，而在厌氧条件下，外膜部分的细胞色素分布要远远大于内膜部分（Myers and Myers, 1992）。所以，胞外电子传递中外膜 Cyt c 的作用十分重要，可能是末端受体还原酶。现有的研究可以将目标 Cyt c 蛋白纯化，并研究其还原活性、光谱学特征和氧化还原电位等性质（Lowe et al., 2010）。

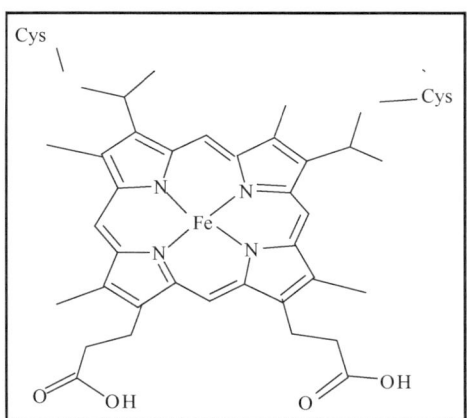

图 3-3　血红素 c 的结构及中心铁元素参与的氧化还原反应
Fig. 3-3　Structure of heme c and redox reaction of Fe (III)

(一) Shewanella 属细胞色素

Shewanella 属的胞外电子传递机制研究最全面和详细。Mtr (*mtrDEF-omcA-mtrCAB* 基因簇) 途径被认为是 Shewanella 属的胞外传递途径。Mtr 途径除了参与铁还原，还参与 DMSO 和醌类的胞外还原。编码 MtrABC 的基因在 Shewanella 属的 19 株铁还原菌株中具有很好的保守性。而 OmcA 的编码基因有时会被其他基因取代，编码一个包含 11 个血红素 c 的细胞色素（Shi et al., 2012）。前面已经提到，*Shewanella oneidensis* MR-1 基因组中存在 42 个编码 Cyt c 的基因，研究也发现某些重要的 Cyt c 基因存在同源序列 (paralogs)：*mtrA* 和 *mtrB* 分别存在 4 个同源体，*mtrC* 存在 3 个同源体。这些同源体中的表达产物可以形成 Mtr 复合体，具有胞外还原酶的活性（Coursolle and Gralnick, 2012）。Coursolle 和 Gralnick（2012）利用 *mtrABC* 基因缺失体成功构建了具有铁还原活性的相似功能系统 MtrDEF。从而证明，MtrABC 系统不是唯一的胞外电子传递途径，还存在其他的类似途径协同发挥作用。另外，Bucking 等（2012）报道了 MtrA 和 MtrB 两个外膜 Cyt c 可以直接催化 *Shewanella oneidensis* 的 Fe-cit、锰氧化物和腐殖质的还原，而不依赖于电子传递链的其他组分或 Type Ⅱ 型分泌系统。*Shewanella piezotolerans* WP3 是一株耐高压耐低温的异化铁还原菌，其基因组中包含 55 个编码 Cyt c 蛋白的可读框，是目前已测序的 Shewanella 属中包含 Cyt c 蛋白最多的菌株。有 10 个潜在的外膜蛋白参与胞外电子传递（Wang et al, 2008）。表 3-1 列出了 Shewanella 属代表的 Cyt c 的种类和功能。

表 3-1 Shewanella 属的 Cyt c 特性
Tab. 3-1 Characteristic of cytochrome c in Shewanella

代表微生物	Cyt c 类型	基本功能	参考文献
Shewanella oneidensis	CymA	醌脱氢酶，含有 4 个血红素，21 kDa，氧化还原电位 $-354 \sim -75$ mV，介导电子从醌泵到周质空间的传递；参与铁呼吸、DMSO 呼吸、产电呼吸和硝酸盐还原等	Shi et al., 2012; Bird et al., 2011
	MtrA	存在于周质中，含有 10 个血红素，32 kDa，氧化还原电位 $-250 \sim +50$ mV，介导电子从 CymA 到外膜受体或直接还原周质中可溶的 Fe(Ⅲ)；参与铁锰呼吸、DMSO 呼吸和产电呼吸	Hartshorne et al., 2009
	DmsE	DMSO 末端还原酶，含有 10 个血红素，可进行较弱的可溶性铁还原，参与可溶性铁还原和 DMSO 还原	Gralnick et al., 2006; Coursolle and Gralnick, 2010
	OmcA	末端还原酶，含有 10 个血红素，氧化还原电位 $-325 \sim -50$ mV，可能具有胞外受体识别能力；参与纳米导线的组成，可溶或不溶性铁还原	Shi et al., 2007, 2012
	MtrC	与 OmcA 形成蛋白复合体或做末端还原酶，氧化还原电位 $-275 \sim -0.5$ mV；参与纳米导线的组成，可溶或不溶性铁还原，参与铁锰呼吸、产电呼吸和腐殖质呼吸	Shi et al., 2007, 2012
	Mtr F	末端铁还原酶，与 MtrC 是同源体，含有 10 个血红素；参与铁还原和腐殖质还原	Shi et al., 2012 Clarke et al., 2011
	PEC (SO4360)	周质中蛋白，功能未发现	Coursolle and Gralnick, 2012
	MtrD	MtrA 同源体（99%相似性），存在于外膜上朝周质一侧；可能不直接与胞外受体接触，参与铁还原和腐殖质还原	Pitts et al., 2003 Shi et al., 2012

续表

代表微生物	Cyt c 类型	基本功能	参考文献
Shewanela piezotolerans	Swp4806	含 4 个血红素，功能类似于 CymA	Wang et al., 2008
	Swp2923	存在于周质中，含 4 个血红素，参与电子传递	
	Swp4555	存在于周质中，含 2 个血红素，参与电子传递	
	Swp4554	存在于周质中，含 2 个血红素，参与电子传递	
	Swp4011	存在于周质中，含 2 个血红素	
	Swp4352	接受 CymA 传来的电子，含 4 个血红素	
	Swp3279	存在于周质中，含 10 个血红素，功能类似于 MtrA，将电子传给外膜 Cyt c	
	Swp3278	锰还原酶，存在于外膜上，含 10 个血红素，功能类似于 MtrC	
	Swp3277	锰还原酶，存在于外膜上，含 10 个血红素，功能类似于 OmcA	
	Swp3273	功能类似于 MtrE	
	Swp3274	含 10 个血红素，功能类似于 OmcA	
	Swp3272	含 10 个血红素，功能类似于 MtrD	
Shewanella putrefaciens	Fer E	T2 蛋白分泌系统，可能参与不溶性锰铁还原	Dichristina et al., 2002
	91 kDa-蛋白	定位在外膜，与外膜疏松结合，含血红素	
Shewanella frigidimarina	IfcA	含 10 个血红素，含有黄素，10 kDa，具有可溶性铁还原活性	Pitts et al., 2003

（二）*Geobacter* 属细胞色素

地杆菌科是环境中主要的铁还原菌类群，通常为严格厌氧菌，对生长环境中氧气的浓度很敏感，可以利用乙酸盐（厌氧条件下有机物降解的主要中间产物）、H_2 等还原胞外受体，并且还具有还原重金属、氧化有机污染物和进行多种胞外呼吸的能力（Caccavo et al., 1994；Lovley et al., 1993）。*Geobacter* 属是最古老、分布最广泛的铁还原细菌，可以以 Fe (III) 为电子受体将有机物完全氧化为 CO_2，Cyt c 在其进行胞外呼吸的过程中扮演着重要的角色。*G. sulfurreducens* 基因组包含 100 多个编码 Cyt c 的基因（Methé et al., 2003），很多 Cyt c 暴露于细胞外膜（Mehta et al., 2005；Ding et al., 2006；Qian et al., 2007；Leang et al., 2010；Inoue et al., 2011），且大多数具有多血红素，可作为电子传递的中介体。Cyt c 的合成是一个复杂的过程，铁是其中不可或缺的金属元素，因为铁需整合到原卟啉环中形成血红素组（Stevens et al., 2004）。Estevez-Canales 等（2015）通过限制 *G. sulfurreducens* 培养基中铁的浓度使其 Cyt c 锐减并失去胞外电子传递的能力，证明 Cyt c 在其胞外电子传递中不可或缺。但是并非所有的 Cyt c 都是胞外呼吸的必需组分，因为某些 Cyt c 的基因被敲除后，*G. sulfurreducens* 仍具有胞外电子传递的能力，胞外呼吸所必需的 Cyt c 还需进一步研究确定。目前，已经报道的 *Geobacter* 属 Cyt c 蛋白见表 3-2。

表 3-2　*Geobacter* 属特有的 Cyt *c* 特性

Tab. 3-2　Characteristic of cytochrome *c* in *Geobacter*

Cyt *c* 类型	基本功能	参考文献
PpcA	存在于周质中，10 kDa，含有 3 个血红素，氧化还原电位–169 mV；不影响氢为电子供体的电子传递，参与铁呼吸、AQDS 还原和产电呼吸	Mehta et al., 2005 Lloyd et al., 2003
Ppc B	36 kDa，含有 2 个血红素；介导电子从醌到周质的传递，将电子传给 PpcA	Lloyd et al., 2003
MacA	含有 2 个血红素；介导电子从醌到外膜电子传递体，参与铁呼吸、产电呼吸，控制 OmcB 的表达	Butler et al., 2004
OmcE	推测是末端铁还原酶，存在于外膜，30 kDa，含有 6 个血红素；不参与可溶性铁还原，可能不参与产电呼吸	Mehta et al., 2005
OmcD	推测是末端铁还原酶，暴露在细胞表面，含有 4 个血红素	Mehta et al., 2005
OmcS	存在于外膜上，50 kDa，氧化还原电位–212 mV；可将电子直接传给电极而不依赖纳米导线传导，可能不参与铁呼吸或产电呼吸	Mehta et al., 2005
OmcB	推测为末端还原酶或可将电子传递到末端还原酶，定位在外膜内侧，87 kDa，含有 12 个血红素，氧化还原电位–190 mV；在产电呼吸中很重要，参与铁锰还原	Leang et al., 2003 Richter et al., 2009
OmcZ	介导生物膜中同种细胞的电子传递，参与产电呼吸	Richter et al., 2009
OmcT	与 OmcS 的表达有关，含有 6 个血红素；参与铁呼吸和产电呼吸	Mehta et al., 2005
OmcF	帮助其他 Cyt *c* 转录和定位；参与铁呼吸和产电呼吸	Kim et al., 2008

二、纳米导线（nanowire）

2005 年，Reguera 等在 *Nature* 杂志中发表了一篇开创性论文，发现胞外呼吸菌 *Geobacter sulfurreducens* DL1 的菌毛具有导电性（图 3-4），并首次将那些生长在细胞周边的类似纤毛且具有导电性能的聚合蛋白微丝命名为"微生物纳米导线"（microbial nanowire）。微生物纳米导线是指特定条件下由 *G. sulfurreducens* 等微生物形成类似菌毛的导电附属物，直径 10 nm 左右，长度可达到几十至几百微米，细长但具有非常强的柔韧性，它位于细胞的一侧，与微生物细胞周质空间和细胞外膜紧密相连，一些研究者认为这些菌毛是由独特的低聚菌毛蛋白组成，它不与金属蛋白结合却也能够高效地传递电子（Reguera et al., 2005；El-Naggar et al., 2008；Leung et al., 2011；Sanchez, 2011；Malvankar and Lovley, 2014）。

G. sulfurreducens 等微生物可以通过纳米导线直接将电子传递至胞外电子受体[电极或 Fe(III)氧化物等]，使其发生还原反应。在这一还原过程中，纳米导线起着电子传递的桥梁作用，通过这个导管将电子传递至远离细胞表面的 Fe(III)氧化物或其他胞外电子受体上。这些菌毛的存在，使得菌体摆脱了需要直接接触电子受体才能进行电子传递的空间限制，从而使电子的远距离传输成为可能，这些具有导电性能的菌毛极大地提高了电子的传递效率。

（一）*Geobacter* 属纳米导线

关于微生物纳米导线的第一次报道是 *G. sulfurreducens* DL1 和它的Ⅳ型菌毛，在缺少可溶性电子受体的情况下，*G. sulfurreducens* DL1 能够产生直径 3~5 nm 而长度几十微米的细长丝状物（Lovely, 2011），利用导电探针原子力显微镜（conducting probe atomic force microscopy）检测到该丝状物具有 5 mS/cm 的导电率，其导电性能可以与合成的金属纳米结构相媲美,同时它也具有与金属导体相似的温度依赖特性:在较高温度时,其导电率与温度成反比,而在较低温度时,其导电率与温度成正比(Lovley, 2011)。这些导电性和温度依赖特性与合成的金属纳米结构极其相似,今后可以利用基因手段增加纳米微丝的数量并通过改变外界温度来调节它的导电率,使它能应用于微型电子设备中。Richter 等(2009)也通过循环伏安法(cyclic voltammetry,CV)证明了 *G. sulfurreducens* 的菌毛(Type Ⅳ pili)在细胞间的电子传递,以及从生物膜至电极表面的电子转移过程中均起着重要的电传导作用。

(二)*Shewanella* 属纳米导线

Gorby 等(2006a)首次发现 *S. oneidensis* MR-1 在恒化培养且可溶性电子受体受限制的条件下,生长出直径 50~100 nm、长度几十微米细长的微丝——纳米导线(图3-5)。这些微丝呈现出典型的树枝状的形态学特征,如束状或纳米电缆状。*Shewanella* 属树枝状纳米导线与 *Geobacter* 属纳米导线在形态上有明显的区别,这可能是由于培养条件的差异所形成的。Gorby 采用纳米级的微电极检测纳米导线的导电性,用纳米导线将检测电极连接起来后,施加一个外源电压后,沿着纳米导线有一个很强的响应电流,在偏压为 100 mV、电阻为 386 MΩ 的条件下其电子传递效率达到了 $10^9\ s^{-1}$,当纳米导线被切断后,马上检测不到响应电流,说明了 *Shewanella* 属纳米导线具有导电性(El-Naggar et al., 2011)。同时利用隧道扫描电镜(scanning tunneling microscopy)和隧道光谱(tunneling spectroscopy)等技术对其导电性进行检测,实验结果也进一步证实了它的导电性。此外,*Shewanella* 属纳米导线还具有很强的弹性,具备聚合导电材料的特性(Sanchez, 2011)。

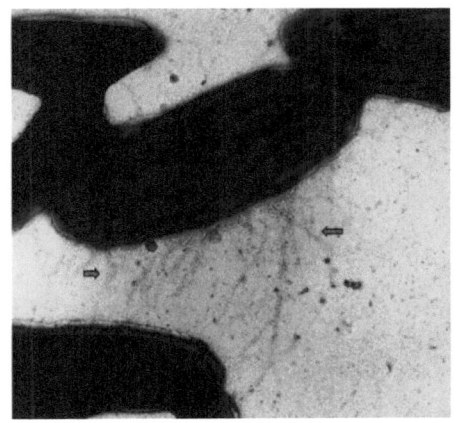

图 3-4 通过负染色法观察 *G. sulfurreducens* 形成的鞭毛。*G. sulfurreducens* 细胞在含有乙酸和延胡索酸的培养基,25℃条件下生长,诱导菌毛形成,然后用负染色法进行观察(Reguera et al., 2005)

Fig. 3-4 Cells of *G. sulfurreducens* were grown in medium with acetate and fumarate at 25℃ to induce the formation of pili, then negatively stained (Reguera et al., 2005)

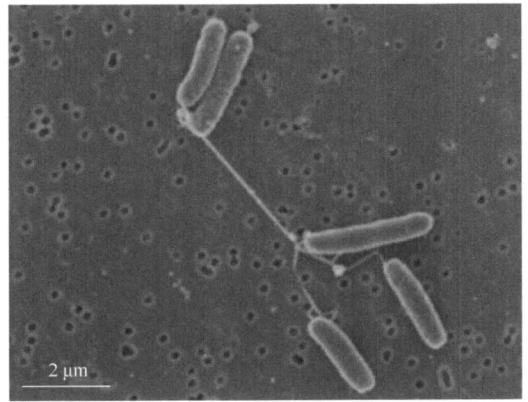

图 3-5 *Shewanella oneidensis* MR-1 在较低的搅拌速率(50 r/min)且电子受体受限恒化培养条件下产生的纳米导线(Gorby et al., 2006a)

Fig. 3-5 Bacterial nanowires produced by *Shewanella oneidensis* MR-1 from an electron-acceptor-limited chemostat operating at low agitation (50 rpm)(Gorby et al., 2006a)

(三) 其他微生物产生的纳米导线

除了金属还原菌,产氧气的光合蓝藻、喜温发酵菌 *Pelotomaculum thermopropionicum* 和产甲烷菌 *Methanothermobacter thermoautotrophicus* 等,也被证实了在缺少电子受体的情况下,能够直接响应电子受体的限制而产生纳米导线(Gorby et al., 2006a)(图 3-6,图 3-7)。总之,*Geobacter* 属和 *Shewanella* 属等很多微生物都会利用这些具有导电性的菌毛进行电子传递,这可能是微生物在不利环境中传递电子的共同策略(Gorby et al., 2006b; Sarah et al., 2011)。

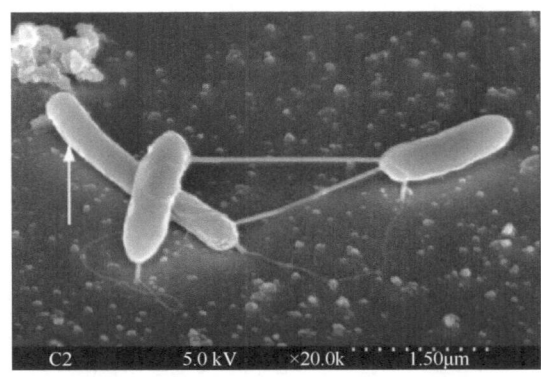

图 3-6　*Pelotomaculum thermopropionicum* 和 *Methanothermobacter thermoautotrophicus*(箭头所指)通过纳米导线连接的扫描电镜图(Gorby et al., 2006a)

Fig. 3-6　SEM image of *Pelotomaculum thermopropionicum* and *Methanothermobacter thermoautotrophicus* (arrow) in methanogenic cocultures showing nanowires connecting the two genera (Gorby et al., 2006a)

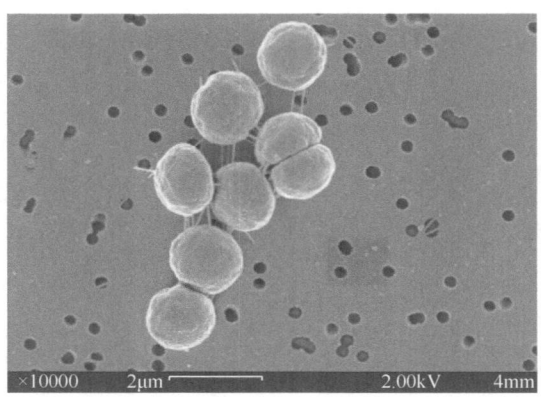

图 3-7　蓝藻 *Synechocystis* sp. PCC 6803 产生的纳米导线(Gorby et al., 2006a)

Fig. 3-7　SEM images of nanowires produced by cyanobacteria *Synechocystis* sp. PCC 6803 cultivated with CO_2 limitation and excess light (Gorby et al., 2006a)

此外,来自环境样品及不同纯培养物的生物膜和细胞聚集物中也观察到了在形态学上与 *Shewanella* 属产生的纳米导线很相似的结构。然而这些结构是否具有导电性还未得到证实。因此 Rabaey 等称这些胞外附属物为"假定性"纳米导线。例如,在硫酸盐受限制的条件下,在 *Desulfovibrio vulgaris* 菌株上也观察到"假定性"纳米导线。这些导线从细胞延伸到富含硫酸盐矿物质的网络中。总之,很多微生物都会产生具有导电性的菌毛，这可能是细菌通过进化使其在不利环境中能有效获得电子的共同策略。

（四）纳米导线的电子传递机制

尽管微生物纳米导线的导电性已经得到证实，但是目前它的电子传递机制尚未明晰。Reguera 等（2005）发现的 *G. sulfurreducens* Ⅳ型菌毛是固定在细胞内膜，贯穿细胞周质和外膜，向细胞外的空间延伸，同时发现菌毛在固态的 Fe(Ⅲ)氧化物还原过程和微生物燃料电池（MFC）产电过程中起着重要的作用。因此 Reguera 推测电子可能是由内膜、细胞周质及外膜中的相应多亚铁血红蛋白细胞色素（如 OmcE 和 OmcS 等）依次从内膜、细胞周质及外膜传递给Ⅳ型菌毛，最后通过该菌毛将细胞外膜的电子传递给胞外电子受体（Leang et al., 2010）。Richter 等（2009）通过比较 *G. sulfurreducens* 野生型菌株和敲除 *omcB*、*omcS*、*omcE*、*omcZ*、*pilA* 等基因的突变菌在 MFC 中的产电情况研究电子传递途径，研究结果表明：与接种野生型菌株的电池相比，接种敲除 *omcB*、*omcS*、*omcE* 的突变菌的电池产电量变化不大；但是接种敲除 *omcZ* 和 *pilA* 的突变菌株的电池产电量及其阳极生物膜形成都受到不同程度的抑制，此结果证明细胞色素 OmcZ 和菌毛 *pilA* 是参与 *G. sulfurreducens* 从生物膜至阳极进行远距离电子转移的关键组分结构（Tremblay et al., 2012）。Malvankar 等（2011）用巯基乙醇（细胞色素变性剂）处理 *G. sulfurreducens* 菌毛，研究发现细胞色素变性后对菌毛的电导率影响不大，说明细胞色素 OmcS 变性后并不影响电子在菌毛上的传递。但是在 *G. sulfurreducens* 还原 Fe(Ⅲ)氧化物的实验过程中，与野生型的菌株相比，敲除 *omcS* 基因后的突变株无法还原 Fe(Ⅲ)氧化物，说明 OmcS 在 Fe(Ⅲ)氧化物的还原过程中是不可或缺的（Mehta et al., 2005；Qian et al., 2011）。因此研究者推测 OmcS 可能在菌毛和 Fe(Ⅲ)氧化物之间起着桥梁作用，帮助电子从菌毛末端传递至胞外 Fe(Ⅲ)氧化物（Lovley, 2011）。最新研究发现 *G. sulfurreducens* 菌毛的电子传递方式与某些合成有机聚合导电物的导电方式很相似（Malvankar et al., 2011），这些有机聚合物由芳香族氨基酸组成，它们是通过芳香族氨基酸上的 π 键进行电子传递的。通过一系列电化学实验、导电性的温度依赖实验、导电性的 pH 依赖性实验及蛋白质分子结构分析等研究 *G. sulfurreducens* 菌毛，Lovley（2011）提出一个新的假设：*G. sulfurreducens* 先将电子从生物膜转移到菌毛，再通过组成菌毛的芳香族氨基酸上的共价 π 键来传递电子，最后再由 OmcS 将电子传递给 Fe(Ⅲ)氧化物或者由 OmcZ 将电子传递至胞外电极。

最初，*Shewanella* 属纳米导线也被认为主要是由菌毛结构蛋白组成，其上附带有 Cyt *c*。Gorby 等（2006a）用隧道扫描显微镜分析证实了 *S. oneidensis* MR-1 可以通过纳米导线进行胞外电子传递，但需要依靠 Mtr 途径才能进行 Fe(Ⅲ)氧化物还原和 MFC 生物阳极呼吸产电活动。MtrC 和 OmcA 是 Mtr 呼吸途径中的两种重要的细胞色素，敲除外膜细胞色素 MtrC 和 OmcA 的编码基因后，突变菌株生长出的菌毛就失去导电功能，因此认为在 MR-1 利用纳米导线进行胞外电子传递的过程中，MtrC 和 OmcA 是不可缺的两种细胞色素。此外，*Shewanella* 属的蛋白分泌系统是 Ⅱ 型分泌系统，在 Fe(Ⅲ)氧化物还原过程中参与 MtrC 和 OmcA 的跨膜转运和定位，研究发现，缺失 Ⅱ 型分泌途径的缺陷菌株产生的菌毛的导电性也比较差（Gorby et al., 2006a, 2006b）。因此推测

Shewanella 属纳米导线进行胞外电子传递可能有两个途径：①内膜的细胞色素 CymA 将电子传递给细胞周质中的 MtrA，MtrA 再与外膜蛋白 MtrB 进行反应（外膜蛋白 MtrB 虽然不是细胞色素，但 MtrB 在细胞周质中的细胞色素与外膜细胞色素之间的电子传递过程起着桥梁的作用），再通过 MtrB 将电子传递给 MtrC，然后将电子传递至纳米导线上的细胞色素蛋白，最后由该细胞色素蛋白沿着纳米导线将电子传递到胞外。②通过 II 型分泌系统，将电子通过细胞内膜的复合蛋白传递给细胞周质中的 MtrC 和 OmcA，再由这两个细胞色素传递至外膜的复合蛋白质，最后传递给纳米导线上的细胞色素蛋白（图 3-8）。

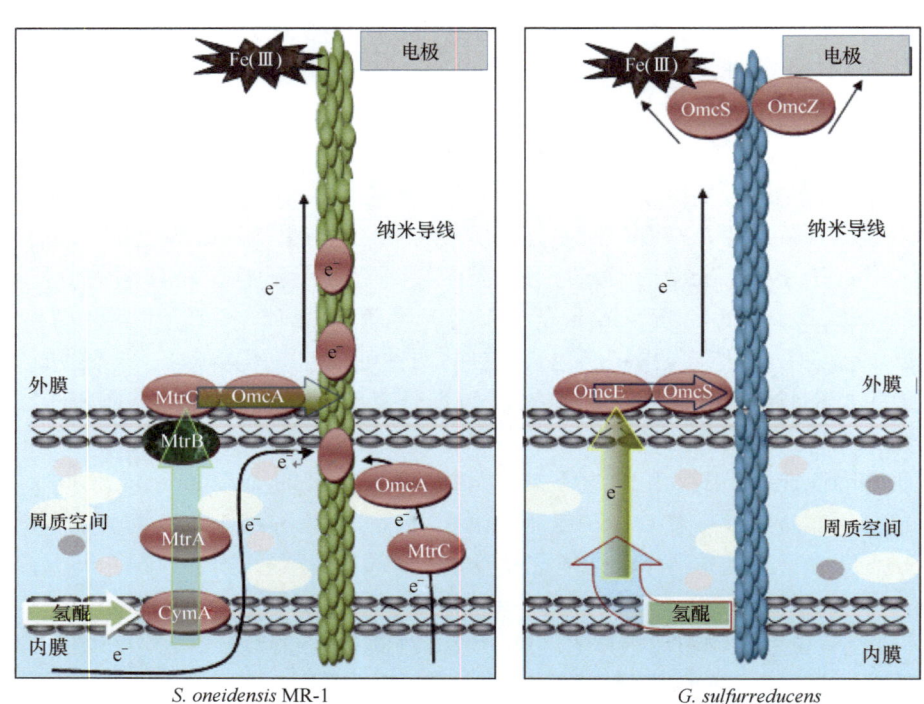

图 3-8 *Shewanella oneidensis* MR-1 和 *Geobacter sulfurreducens* 纳米导线电子传递的示意图
（Shi et al., 2007）

Fig. 3-8 Proposed models depicting electron transfer pathways for *S. oneidensis* MR-1 and *G. sulfurreducens* during nanowire respiration (Shi et al., 2007)

然而，2014 年，Pirbadian 等首次在 *Shewanella oneidensis* MR-1 中对纳米导线的形成进行活体观测，通过实时荧光检测、免疫标记及定量基因表达分析，表明其纳米导线并不是之前认为的菌毛蛋白，而是包含多细胞色素（MtrC 和 OmcA）的外膜和周质的延展结构（图 3-9），这与 *Shewanella oneidensis* 纳米导线上电子跃迁传递模型相符（图 3-10A）（Malvankar and Lovley, 2014）。这种与外膜囊泡相关联的膜的延展结构在革兰氏阴性菌中普遍存在，因此 *Shewanella oneidensis* MR-1 胞外电子传递机制也许代表了一种普遍的细菌胞外电子传递策略。

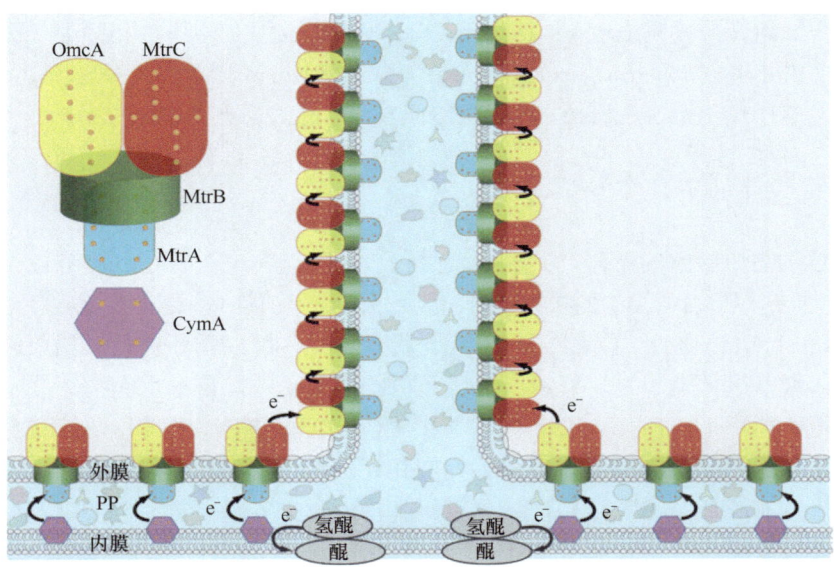

图3-9 *Shewanella oneidensis* MR-1 纳米导线结构模型（Pirbadian et al., 2014）
Fig. 3-9 Proposed structural model for *Shewanella oneidensis* nanowires（Pirbadian et al., 2014）

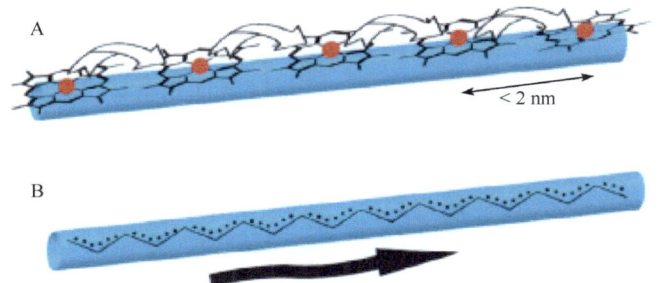

图3-10 纳米导线电子传递的两种对比模型示意图。*Shewanella oneidensis* 菌丝上的电子跃迁模型（A）；*Geobacter sulfurreducens* 类金属导电菌毛模型（B）（Malvankar and Lovley，2014）
Fig.3-10 Two contrasting models of electron flow along microbial nanowires. The electron hopping model for filaments of *Shewanella oneidensis* (A) and the metallic-like conduction for pili of *Geobacter sulfurreducens* (B)(Malvankar and Lovley, 2014)

知识贴士：

1. 导电机制：目前已知的电子流动模型有 3 种，分别是隧穿（tunneling）、跃迁（hopping）和离域（delocalization）。在隧穿和跃迁模型中，电子与离散的电子载体相关联，可以进行长距离多位点传输（图 3-10A），二者之间主要的区别在于是否有核运动的参与。隧穿是一种量子力学现象，由于电子具有波的特性，使电子可以克服导体和绝缘体界面的能量壁垒而穿透障碍，不需要核运动。而电子跃迁只有当核的热运动产生合适的分子构型，通过分子重排克服电子运动障碍才能发生电子传递（McCreery，2004）。离域即金属的导电性，与隧穿和跃迁有本质的不同，电子是离域的并且可以自由移动，金属导电性的产生是由于离域作用或电子波的流动（图 3-10B）。

2. 细菌分泌系统（secretion system）是用于跨膜大分子物质转运的多蛋白复合结构，

目前划分为 8 组，分别是 type Ⅰ、Ⅱ、Ⅲ、Ⅳ、Ⅴ、Ⅵ、Ⅶ分泌系统和纤毛（菌毛）陪伴引导通路（fimbrial chaperone-usher pathway）（Chandran et al., 2009；Hayes et al., 2010；Nakka et al., 2010；Kanonenberg et al., 2013；Tosi et al., 2014；Juhas, 2015）。

三、电子穿梭体（中介体）

由于微生物细胞壁的阻碍，大多数微生物自身不能将电子传递到胞外电子受体，需借助可溶性电子穿梭体，将胞内电子传递到胞外电子受体（卢娜等，2008）。电子穿梭体（electron shuttle）是一类小分子有机或无机化合物，可以循环进行氧化还原反应，一旦被还原，可以携带电子并转移给有机或无机的电子受体，自身重新被氧化，单个电子穿梭物质可以循环上千次（Scherr, 2013）。大部分电子穿梭体是具有杂化芳香结构的有机分子。图 3-11 列出了常见电子穿梭体的氧化还原基团结构，含有氧化还原功能基团的芳香杂环化合物是最常见的结构，如含双酮结构的醌类物质、含氮的吩嗪和紫精结构、含异咯嗪的黄素结构等（Scherr, 2013）。理论上，一些无机分子如硫化物、还原性铀及含有巯基的分子也可以充当电子穿梭体（Nevin and Lovley, 2002）。电子穿梭体可以直接还原不溶性电子受体，不依赖于细菌的存在；当不存在不溶性电子受体的情况下，细菌可以直接还原电子穿梭体；而电子穿梭体的存在将促进细菌和不溶性电子受体之间的电子传递速率（Turick et al., 2002）。电子穿梭体介导的胞外电子传递过程如下：微生物代谢产生的电子直接传递到细菌表面的细胞色素，将胞外黄素物质还原，黄素物质扩散到铁氧化物表面，重新氧化并将电子传递给铁氧化物。与微生物直接还原铁氧化物相比，还原胞外可溶性电子穿梭物质的速率和穿梭体扩散速率均较快，所以这种方式大大提高了微生物与不溶性受体间的远距离电子传递速率（Brutinel and Gralnick, 2012）。

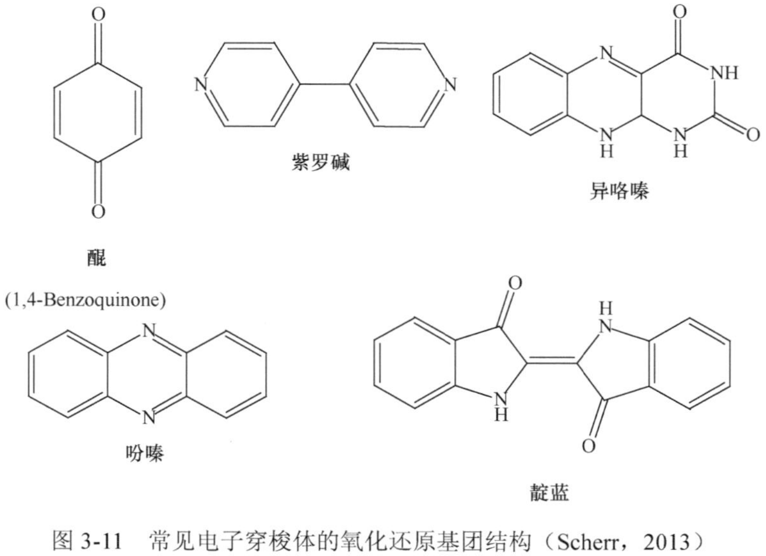

图 3-11　常见电子穿梭体的氧化还原基团结构（Scherr, 2013）

Fig. 3-11　Main redox-active structures found in extracellular electron shuttles (Scherr, 2013)

电子穿梭体具有可逆的氧化还原电位，并且介于氧化剂和还原剂中间。Wolf 等（2009）指出，大部分醌类的氧化还原电位一般集中在 $-225\sim-137$ mV（NHE pH 7.0）。

电子穿梭体结构中功能团的位置和种类均会影响其氧化还原电位（Scherr，2013）。例如，醌类物质结构中的电子供给基团（如—CH_3）越多，其越难被还原。非烷基修饰的苯醌的氧化还原电位是 280 mV，而 2 位、5 位烷基修饰的苯醌氧化还原电位降到了 180 mV，2 位、3 位、5 位、6 位烷基修饰的苯醌氧化还原电位降到 5 mV。相反，电子穿梭体结构中的电子接受基团会促进胞外还原反应的进行。另外，穿梭体结构中的电子供给和电子接受基团的位置也决定了其在氧化还原循环反应中的稳定性。

根据电子穿梭体来源不同，可将其分为两类。微生物自身分泌的称为内源中介体，人为添加或者来源于动植物体的腐殖化物质称为外源中介体。

（一）内源中介体

内源中介体是指由微生物分泌到细胞外的、具有电子传递功能的、类似于水溶性醌的物质。已确定的内源中介体包括微生物的初级代谢产物（如 H_2、H_2S 和氨等）（Lovley et al., 2004）和次级代谢产物（如核黄素）。次级代谢产物是最主要的内源中介体，如黑色素（melanin）（Turick et al., 2002）、吩嗪衍生物（Hernandez et al., 2004）、黄素类（von Canstein et al., 2008）、醌型结构（Nevin and Lovley, 2002）等。表 3-3 列出了部分代表性内源中介体的种类和性质，其中吩嗪类和黄素类是最常见的内源中介体。

吩嗪类是由细菌分泌的小分子氧化还原物质，功能类似于蒽醌，并且具有抗生素活性。可以还原溶解不溶性铁/锰氧化物，并应用在微生物燃料电池中（Scherr, 2013）。但是有些吩嗪物质，如绿脓菌素具有毒性，因而在实际应用中应慎重考虑。黄素（flavin）是一类神奇的生命分子，这类分子赋予厌氧微生物电子歧化作用的能力，黄素可进行双电子传递，也可通过形成半醌发生单电子传递。黄素类物质的氧化还原电位在–250～200 mV，介导铁氧化物和可溶性铁的还原。黄素类物质可以渗透到环境中极小的空间，加速自身和其他细菌与不溶性受体间的电子传递过程（Nevin and Lovley, 2002）。

电子穿梭体的合成过程需消耗微生物的能量。有研究报道，合成一定浓度的电子穿梭体约消耗 0.1%的细胞能量（1 分子核黄素约消耗 25 mol 的 ATP），但分泌物可以显著提高微生物的胞外电子传递速率（约 370%）（Marsili et al., 2008；Brutinel and Gralnick, 2012）。高密度的细胞浓度同样促进电子穿梭体分泌和电子传递效率（Marsili et al., 2008）。细菌分泌电子穿梭体的浓度取决于细菌种类和培养基类型，*Shewanella* 属分泌的黄素浓度在 5.5 μmol/g 蛋白（von Canstein et al., 2008，Coursolle and Gralnick, 2010），相比之下，*E. coli* JM109 分泌的电子穿梭体的浓度只有 0.7 μmol/g 蛋白。所以，同普通微生物相比，胞外呼吸菌可能具有更强的电子穿梭体分泌能力和策略。

已有大量文献报道，*Shewanella* sp.具有分泌内源中介体实现胞外电子传递的能力。细菌产生和分泌黄素的分子学基础，以及黄素介导的电子传递机制已有相关研究。Vitreschak 等（2002）报道，*Shewanella* 属具有核黄素的多拷贝基因，基因元件组成与 *Bacillus* 属和 *Escherichia* 属基本相似（图 3-12）。在已测序的 23 个 *Shewanella* sp. 基因组序列中，黄素的合成基因存在大量冗余，而 *Bacillus* 属和 *Escherichia* 属基因组中只含有单拷贝合成基因。与 *Bacillus* 属和 *Escherichia* 属不同，*Shewanella* sp. 的 RFN 元件（黄素合成基因的调控元件）位于 *ribB* 基因上游，发展出两套核黄素的表达系统，使得编码电子穿梭体的黄素合成基因具有专一性，以区别于常规基因组中营养型黄素的合成。

表 3-3 内源中介体的性质
Tab. 3-3　Redox potential of different electron shuttles

电子穿梭体	参与呼吸	结构式	分泌菌株	参考文献
pyocyanine（绿脓菌素）	铁呼吸	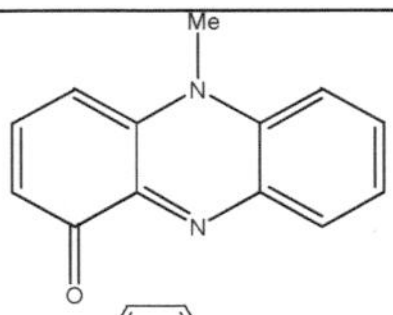	*Pseudomonas* −0.034 V	Hernandez et al., 2004
phenazine-1-carboxamide（吩嗪-1-甲酰胺）		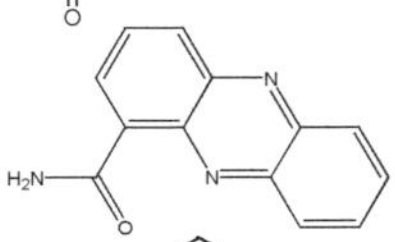	*Pseudomonas*	Rabaey et al., 2005
pyridine-2,6-thiocarboxylate	脱氯呼吸	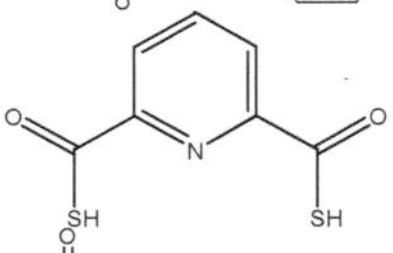	*Pseudomonas stutzeri*	Lee et al., 1999
quinone（醌）	腐殖质呼吸、铁呼吸	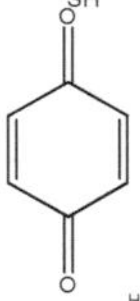	*Shewanella putrefaciens* *Geothrix fermentans*	Newman and Kolter, 2000; Nevin and Lovley, 2002
riboflavin（核黄素） riboflavin-5'-phosphate（FMN）	产电呼吸	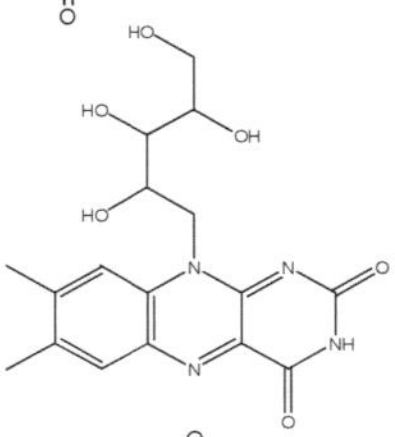	*Shewanella oneidensis* *Shewanella* sp. MR-4 −0.208 V *Shewanella* −0.219 V	Marsili et al., 2008; von Canstein et al., 2008
2-amino-3-carboxy-1,4-naphtoquinone（ACNQ）（2-氨基-3-羧基-1,4-萘醌）	种间电子传递	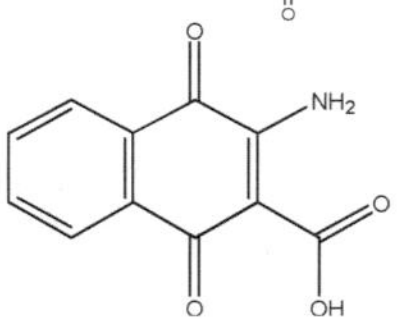	*Propionibacterium freundenreichii* *Bifidobacterium longum*（严格厌氧）−0.071 V	Yamazaki et al., 1999
melanin/pyomelanin（尿黑酸/黑色素）	铁呼吸		*Shewanella algae* BrY	Turick et al., 2002
2,6-二叔丁基对苯醌（2,6-DTBBQ）	产电呼吸	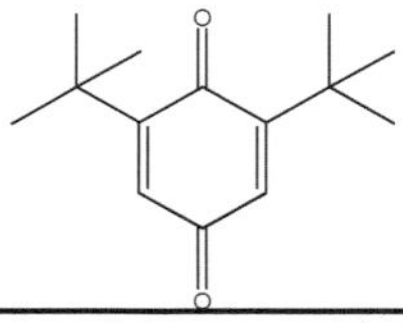	*Klebsiella pneumoniae* L17	邓丽芳等，2009

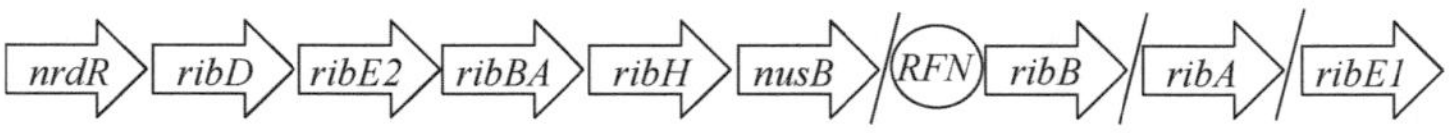

图 3-12　*Shewanella* 的核黄素合成基因（Vitreschak et al., 2002）
Fig. 3-12　Riboflavin biosynthetic genes of the genus *Shewanella* (Vitreschak et al., 2002)

目前，*Shewanella* sp.分泌的黄素如何穿越细菌内膜的机制仍不清楚。在 *Shewanella* sp.中也未发现已报道的黄素运输基因同源体。Covington 等（2010）提出了一种可能的机制（图 3-13）：FAD 首先穿过细菌内膜进入到周质中，在 5′-核酸酶（UshA）作用下，将 FAD 水解成 FMN 和腺苷一磷酸（AMP），FMN 作为电子穿梭体直接介导胞外电子传递或者水解产生核黄素作为电子穿梭体。另外，Mtr 途径可能参与电子穿梭体（如 AQDS 和黄素）介导的胞外电子传递过程（Coursolle and Gralnick, 2010）。胞外直接电子传递

过程的必需基因 *cymA*、*mtrA*、*mtrB*、*mtrC* 缺失后均会影响 *S. oneidensis* 还原黄素的能力，并且 *mtrC* 或 *mtrF* 可能是这一电子传递过程的末端还原酶。但是，FAD 如何从细胞质中分泌到细胞周质及 FMN 如何穿过外膜的机制还不清楚。

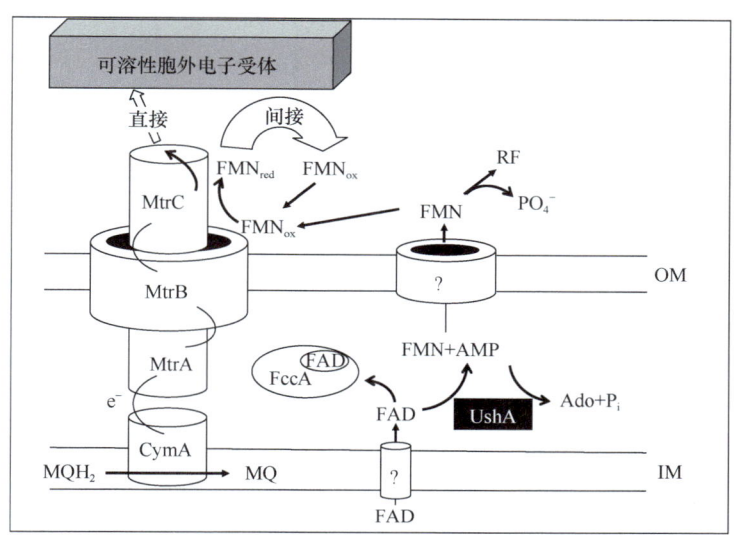

图 3-13　*S. oneidensis* 电子穿梭体分泌、合成和胞外还原机制（Brutinel and Gralnick，2012）
Fig. 3-13　Production, secretion and reduction of electron shuttles of *S. oneidensis* (Brutinel and Gralnick, 2012)

2012 年，Li 研究发现，*Shewanella oneidensis* MR-1 分泌的可溶性中介体核黄素可以介导细胞间的"能量趋向性"（energy taxis）向不溶性电子受体趋近。即在资源有限的条件下，核黄素可以作为一种引诱剂，"吸引"微生物细胞向"有利"的生存环境移动（图 3-14）。其他研究者也揭示了相似的结果，如 *Geobacter* 属对可溶性还原态金属物种[Mn(Ⅱ)或 Fe(Ⅱ)]具有趋向性（Childers et al., 2002）。AQDS 可能也是 *S. oneidensis* MR-1 的一种引诱剂，"引导"微生物细胞向不溶性电子受体移动（Bencharit and Ward, 2005）。

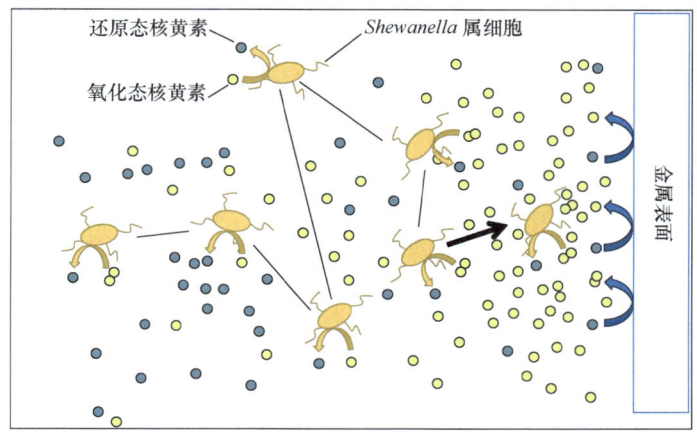

图 3-14　可溶性电子受体介导能量趋向于不溶性电子受体（Li et al., 2012）
Fig. 3-14　Soluble electron shuttles can mediated energy taxis toward insoluble electron acceptor (Li et al., 2012)

2013 年，日本微生物学家利用全细胞电压电流测定技术首次揭示了基于黄素的胞外单电子传递新机制（Okamoto et al., 2013），在胞内电子富余条件下（即呼吸活动活跃），电子外传使分布在周质空间的 Cyt c 达到电子饱和，分泌到胞外的黄素与金属还原酶 Mtr 结合成为辅基，Cyt c 通过单电子方式将电子传递给黄素辅基，并最终传递到固相电子受体。之前报道 *S. oneidensis* MR-1 细胞分泌黄素进行双电子传递，如图 3-15A 所示，FMN + 2e$^-$ + 2H$^+$ ⟶ FMNH$_2$，其示差脉冲伏安图的峰值电位 E_p = −260 mV vs. SHE，而外膜 Cyt c 的 E_p = +50 mV，二者之间存在的较大的能量障碍预示着自由形态的黄素酶的还原速率较低。而黄素与 MtrC 结合后，E_p 由−260 mV 增加至−145 mV，促进了通过半醌的单电子氧化还原反应，使胞外电子传递速率大大提高（图 3-15B）。

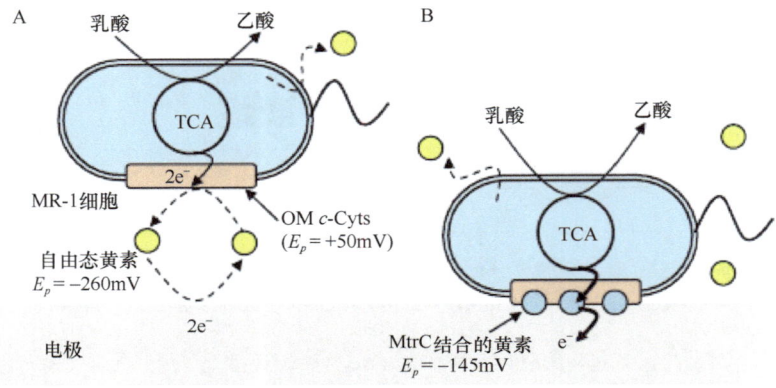

图 3-15 *Shewanella oneidensis* MR-1 分泌的黄素分子调节胞外电子传递过程示意图（Okamoto et al., 2013）。（A）自由形态的黄素分子在外膜 Cyt c 复合体与电极间进行双电子氧化还原反应的电子穿梭过程；（B）通过结合在 MtrC 蛋白上的黄素进行单电子传递的胞外直接电子传递过程

Fig. 3-15 Schematic illustration of self-secreted flavin molecules to mediate extracellular electron-transport (EET) processes of *S. oneidensis* MR-1(Okamoto et al., 2013). (A) Electron shuttling process between OM c-Cyt complexes and electrodes by two-electron redox reaction of free-form flavins; (B) Direct EET process via a one-electron reaction of flavins (E_p =−145 mV) that are associated with the flavin binding site in OM c-Cyt (MtrC protein)

（二）外源中介体

外源中介体是指环境中自然存在的可以接受和转移电子的各类氧化还原物质。典型的外源中介体包括醌类物质（如蒽醌、萘醌、泛醌等）、腐殖质、吩嗪类（如中性红和甲基蓝）、维生素类（如卟啉和异咯嗪）、半胱氨酸或其他含硫醇分子和一些人工合成染料（如靛蓝磺酸盐、紫碱）等（表 3-4）。其中，醌类物质和腐殖质是最常用的外源中介体。

醌类物质是多酚的还原产物（结构如图 3-16 所示），其经过重复的氧化还原反应后仍可以保持稳定结构（Scherr, 2013）。在氧化还原过程中，醌类失去 1 个或 2 个电子，生成半醌自由基和氢醌。醌类结构在微生物的代谢中也发挥了重要作用，如细菌细胞膜上的膜结合泛醌和甲基萘醌介导细菌中呼吸蛋白复合体间的电子传递过程；维生素 K1 参与光合作用的电子传递链。自然环境中存在着广泛的醌类结构，黄素类物质结构中的异咯嗪结构也是醌类结构。腐殖质来源的醌类是 Fe(III)还原最重要的天然胞外电子穿

表 3-4 外源中介体的性质
Tab. 3-4 Redox potential of exogenous electron shuttles

分类	电子穿梭体	E_0'/V	结构式	参考文献
quinines（醌类）	FA 与 HA	−0.478~0.178	混合物	Wolf et al., 2009
	MQ	−0.05~−0.1		Hartshorne et al., 2007; McCormick et al., 2002
	2-HNQ	−0.137		O'Loughlin, 2008; Wolf et al., 2009
	5-HNQ	−0.003		O'Loughlin, 2008; Wolf et al., 2009
	5,8-DHNQ	−0.050		O'Loughlin, 2008; Wolf et al., 2009
	Ali	−0.344		Wolf et al., 2009
	AQC	−0.247, −0.254		O'Loughlin, 2008; Wolf et al., 2009
	Rhe	−0.270		Wolf et al., 2009
	Car	−0.500		Wolf et al., 2009
	AQDS	−0.184		O'Loughlin, 2008; Wolf et al., 2009
	AQS	−0.225		O'Loughlin, 2008; Wolf et al., 2009
染料类	neutral red	−0.325		O'Loughlin, 2008
	safranine	−0.29		卢娜等, 2008

续表

分类	电子穿梭体	E_0'/V	结构式	参考文献
染料类	phenazine ethosulfate	0.06		卢娜等, 2008
	new methylene blue	−0.02		
	toluidine blue o	0.03		
	thionine	0.06		
	gallocyanine	0.02		
	viologen			Scherr, 2013
	indigo			
	I2S	−0.125	—	O'Loughlin, 2008
	I3S	−0.081	—	
	I4S	−0.046	—	
	isoalloxazine			Scherr, 2013
	维生素 B_{12}, cobalamine	脱氯呼吸		Workman et al., 1997

续表

分类	电子穿梭体	E_0'/V	结构式	参考文献
染料类	cysteine	−0.34		Sund et al., 2007
	resorufin	−0.051		Sund et al., 2007

注：FA. fulvic Acid，富里酸；HA. humic acid，腐殖酸；MQ. menaquinone，甲基萘醌；AQDS. 9,10-anthraquinone-2,6-disulfonic acid，9,10-蒽醌-2,6-二磺酸；AQS. 9,10-anthraquinone-2-sulfonic acid，9,10-蒽醌-2-磺酸；AQC. 9,10-anthraquinone-2-carboxylic acid，9,10-蒽醌-2-羧酸；2-HNQ. 2-hydroxy-1, 4-naphthoquinone，2-羟基-1,4-萘醌；5-HNQ. 5-hydroxy-1, 4-naphthoquinone，5-羟基-1,4-萘醌；5,8-DHNQ. 5,8-dihydroxy-1, 4-naphthoquinone，5,8-二羟基-1,4-萘醌；Ali. alizarin，茜素，1,2-二羟基-9,10-蒽醌；Rhe. rhein，莱茵，9,10-二氢-4,5-二羟基-9,10-蒽-2-蒽羧酸；Car. carminic acid，胭脂红酸；I2S. 5,5′-indigo disulfonate，靛蓝二磺酸；I3S. 5,5′,7-indigo trisulfonate，靛蓝三磺酸；I4S. 5,5′,7,7′-indigo tetrasulfonate，靛蓝四磺酸；neutral red. 3-amino-7-dimethylamino-2-methyl phenazine hydrochloride，3-氨基-7-二甲基-2-甲基吩嗪盐酸盐；safranine. 番红精；phenazine ethosulfate. 吩嗪硫酸乙酯；new methylene blue. 新亚甲基蓝；toluidine blue o. 甲苯胺蓝；thionine. 硫堇；resorufin. 试卤灵；gallocyanine. 花菁；viologen. 甲基紫精；indigo. 靛蓝；isoalloxazine. 异咯嗪；cobalamine. 钴胺素；cysteine. 半胱氨酸

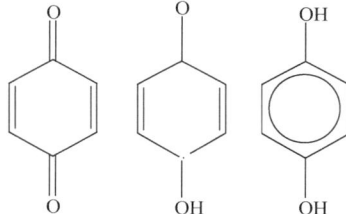

图 3-16 醌型结构：1,4-苯醌（左）、半醌（中）、氢醌（右）
Fig. 3-16 Simple quinoid structures: 1,4- or para-benzoquinone (left), its semiquinone (center) and its hydroquinone (right)

梭体来源。在许多研究中，AQDS 常用作腐殖质的模式物来研究卤代和硝基有机物还原过程中的胞外电子传递过程（Scherr, 2013）。

腐殖质（HS）是由多种成分组成的黑色生物难溶性物质，来源于植物、动物和微生物残骸的不完全生物降解，占土壤和沉积物有机碳的 80%。腐殖质包含结构各异的高分子物质，含有各种功能基团，如羟基、羧基、芳香和脂肪族结构，可以通过红外和核磁共振光谱确定这些结构（Ehlers and Loibner, 2006）。根据腐殖质的分离程序和酸溶解性，可分为腐殖酸（HA）（棕色到黑色，pH<2，不溶）、富里酸（FA）（完全溶解，黄色）和胡敏素（humin）（不溶）（Scheffer and Schachtschabel, 2002）。不同腐殖质成分和来源决定了其充当电子穿梭体时对胞外电子传递过程的促进效率（Scherr, 2013）。例如，腐殖酸对铁还原的促进效率远远强于富里酸。水体分离的腐殖质可能比陆地环境分离的腐殖质的电子接受能力强。腐殖质结构中的芳香环（aromaticity）决定其电子穿梭能力，其结构中烷基越少，多酚结构越多，其氧化还原性越强。腐殖质在胞外电子传递过程中起多重作用，既可以作为微生物的末端电子受体，也可以充当微生物与难溶性物质之间的电子穿梭体，还可以充当螯合剂以增加可溶性 Fe(III) 的含量。实验表明，2 g/L 腐殖酸与 40 mg/L 的 AQDS 对难溶性 Fe(III) 的促进作用基本相同（Lovley et al., 1996）。

成分单一的电子穿梭体（纯物质）在实际实验中的用量一般在 0.1~100 μmol。有些

电子穿梭体在高浓度下会抑制微生物活性。Wolf 等（2009）实验表明，某类电子穿梭体（如腐殖酸、富里酸和 AQDS）浓度的对数值与 Fe(III)还原速率呈正相关，而另外一些穿梭体（如胭脂红酸和茜草素）对胞外电子传递的促进效果与其浓度无关。在实际实验中，腐殖酸和富里酸的用量常远超出其在自然界中的浓度（实验中所用浓度在 5~25 mg C/L）。实际环境中，在富含有机质沉积物的孔隙水中，0.61 mg/L 的富里酸和 0.025 mg/L 的腐殖酸即可以促进铁还原过程。

（三）电子穿梭体机制和结构鉴定方法

首先，鉴定细菌是否利用电子穿梭体机制实现胞外电子传递；然后再通过色谱法和光谱法确定电子穿梭体的结构和性质。

1. 基质更换或物理阻隔

在许多文献中均采用基质更换的方法判断微生物是否具有电子穿梭体机制，通过构建微生物燃料电池，并采取基质更换实验是研究电子传递机制的有力手段。Mrasili 等（2008）在接种 *Shewanella* 属的微生物燃料电池运行到阳极形成稳定的氧化电流后（即电极表面形成饱和的稳定的生物膜），更换新鲜阳极培养液，氧化电流立即下降了（73±4.5）%，再运行 72 h 后，电流逐渐恢复到最初水平。将上述培养液离心去掉悬浮细胞后，再接入阳极室，电流立即恢复了（94±6.1）%。据此证明，*Shewanella* 属细胞到电极的电子传递过程是由微生物分泌的可溶性物质（内源中介体）介导的。而在对照实验中，*Geobacter* 属驱动阳极反应，更换新鲜基质对电子传递效率的影响不到 5%。因而证明，*Shewanella* 属采用电子穿梭体机制实现胞外电子传递过程。

有些微生物可以采用多种方式实现胞外电子传递过程，采用物理阻隔的方式，可以阻止微生物与电子受体（电极或铁氧化物）直接接触，排除微生物的直接电子传递途径，以方便研究微生物的电子穿梭机制。常用的电子受体包被膜有藻酸钙微珠（alginate beads）、纳米微孔玻璃微珠（nano-porous glass beads）等（Brutinel and Gralnick, 2012）。例如，本研究小组分离的铁还原菌 *Klebsiella pneumoniae* L17，可在 MFC 阳极形成生物膜，并利用外膜 Cyt *c* 实现胞外电子传递；而用 0.22 μm 微孔滤膜人为阻隔微生物（*K. pneumoniae* L17）与阳极直接接触时，发现其可以分泌 2,6-二叔丁基对苯醌（2,6-DTBBQ），作为电子穿梭体介导电子传递（邓丽芳等, 2009）。

2. 电化学方法

将运行稳定的微生物燃料电池或铁还原稳定期的反应液离心去掉悬浮细胞或者直接进行原位电化学分析，以判断上清液中是否存在氧化还原性物质，是检测微生物是否分泌电子穿梭体的常用方法。常用的电化学方法有循环伏安法（CV）和线性扫描伏安法（linear sweep cycle voltammetry）等（Marsili et al., 2008）。电化学方法只是检验氧化还原物质的快速简便方法，但无法确定分泌物的结构。同时也是研究电子穿梭体氧化还原性质的重要工具。图 3-17 通过电化学方法显示了黄素介导的细菌和电极间的电子传递过程。图 3-17A 是线性扫描伏安法结果，稳定生物膜形成后的电池电流在 43 μA 左右（黑色线所示），相同生物膜在更换新鲜培养基后电流立即下降（红色线所示），将生物膜重新浸在含有电子穿梭体的反应液中，电流又立即恢复到 43 μA（蓝色与黑色基本重合），添加 250 nmol 的核黄素后，电流明显升高（绿色线所示）。据此说明，电子穿梭体在细菌与电极间的电子传递中发挥重要作用。图 3-17B 是典型核黄素的 CV 图，显示含有一对可逆的氧化还原峰（–0.21 V）。

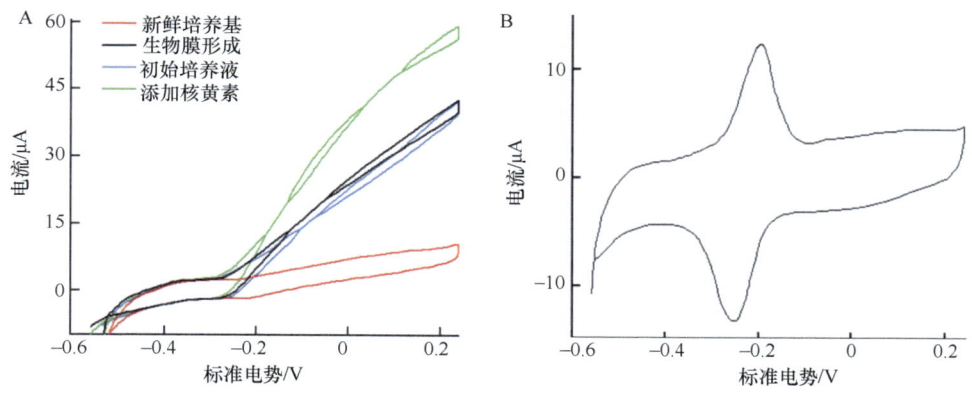

图 3-17　电化学方法证明黄素控制电子传递至电极的速率（Marsili et al., 2008）
Fig. 3-17　Evidence for flavins controlling the rate of electron transfer to electrodes (Marsili et al., 2008)

3. 结构鉴定

鉴定电子穿梭体的结构与分析其他化学物质相同，首先需要从上清液或培养液中提取和浓缩待测物质，然后通过色谱和光谱学手段分析物质结构和特性。Von Canstein 等（2008）研究了 *Shewanella* 属分泌的电子穿梭体黄素。首先将培养液离心去掉悬浮细胞，上清液通过反相 HPLC 分级（通过非线性梯度地增加甲醇浓度）并筛选出具有电子穿梭体活性的馏分（筛选方法：根据对偶氮染料脱色率的促进效果判断）。分离后的馏分合并，冻干，重悬在双蒸水中，通过反相 HPLC 进一步纯化和分离（通过改变甲醇浓度），并确定其电子穿梭体活性。分离纯化的活性物质经过 UV 光谱和 LC-MS 分析，由 LC-MS 得到的分子质量数据与已有数据库对照，找到相匹配的分子。然后，通过 UV 光谱和 LC-MS 验证实验中纯化的物质与标准品的谱图是否相同，以确定纯化馏分的组成成分。最后，检验标准物的电子穿梭体促进效果与纯化馏分的促进效果是否相当。通过以上实验即可确定细菌分泌的电子穿梭体的结构。其他研究者也报道了相似的电子穿梭体结构鉴定方法（Newman and Kolter, 2000；Turick et al., 2002；Li et al., 2012），但是在分离、纯化方法和性质研究方法上稍有不同。如 Turick 等利用 FTIR 光谱来分析浓缩的细菌分泌物（黑色素，melanins）与标准物结构的相似性。薄层板层析（TLC）也常用作快速分离和检测浓缩上清液中的电子穿梭物质（Newman and Kolter, 2000；Rabaey et al., 2005）。

第三节　微生物直接种间电子传递：从细胞至细胞

互营（syntrophy）是一种紧密耦合的共生关系，即两个或两个以上的生物体对他们各自单独不能利用的底物进行联合代谢。在有机质厌氧降解过程中发酵细菌与产甲烷古菌之间构成最典型的互营关系。产甲烷古菌依赖相应的发酵细菌将其不能利用的芳香族化合物、含 3 个碳及以上的脂肪酸和醇类转化为可利用的乙酸、氢气和甲酸等小分子。然而在标准状态下，发酵细菌厌氧氧化脂肪酸形成乙酸、氢气和二氧化碳的吉布斯自由能大于零，是吸热过程，在热力学上不能自发进行。只有当氢分压足够低的情况下这一吸热过程可转变成放热反应。在厌氧环境中，由于缺乏其他可利用的电子受体，二氧化碳成为唯一的末端电子受体，氢型产甲烷古菌可以利用氢气、甲酸将二氧化碳还原成甲烷从而降低氢分压，最终拉动脂肪酸厌氧氧化反应的发生（Schink, 1997）。在这个过程中，H_2 和甲酸是其主要的电子载体。在互营关系中电子通过电子载体如 H_2、甲酸及其他的有机和无机分子，由一种生物体传至另一生物体称为种间电子传递（interspecies electron transfer, IET）。2006 年，Gorby 等率先发现发酵细菌 *Pelotomaculum thermopropionicum* 无论以延胡索酸为底物进行单培养还是以丙酸为底物与产甲烷古菌 *Methanothermobacter thermoautotrophicus* 进行互营共培养，都可以产生菌毛状的纤丝，直径在 10~20 nm，单个的纤丝集结成束形成高度导电的纳米导线。这就预示着，除种间氢或甲酸传递外，*Pelotomaculum thermopropionicum* 可能通过自身的纳米导线将电子直接传递给产甲烷菌 *Methanothermobacter thermoautotrophicus*，即进行直接种间电子传递（direct interspecies electron transfer, DIET）。

直接种间电子传递（DIET）是一种互营生长的电子传递策略，即电子供体与电子受体通过生物的导电连接（Summers et al., 2010；Morita et al., 2011；Rotaru et al., 2013；Shrestha et al., 2013）或非生物的导电材料（Kato et al., 2012b；Liu et al., 2012）进行种间电子传递。与氢气和甲酸的种间电子传递相比，直接种间电子传递方式可以为微生物保存更多能量供自身利用，具有更高的电子传递效率，因此促成微生物进行直接种间电子传递能够加速那些需要借助种间电子传递进行产能的微生物代谢活动。种间电子传递在全球碳循环、废弃物降解和生物能源的生产等方面具有很重要的作用，研究微生物之间的电子传递机制具有非常重要的意义。现列举不同物种之间进行直接种间电子传递的实例如下。

一、*Geobacter* 属至 *Geobacter* 属

Summers 等（2010）发现 *Geobacter metallireducens* 和 *Geobacter sulfurreducens* 在以乙醇作为电子供体的体系中可以形成具有导电性的聚合体。*Geobacter metallireducens* 能够氧化乙醇进行 Fe(III) 还原，却不能还原延胡索酸；*Geobacter sulfurreducens* 不能利用乙醇，却能够接受氢分子上的电子将延胡索酸还原为琥珀酸。刚开始，*Geobacter metallireducens* 和 *Geobacter sulfurreducens* 在以乙醇作为电子供体，延胡索酸作为电子受体的共培养体系中生长很慢，经过 30 天才消耗 70%以上的乙醇，期间氢气的浓度一直维持很低的浓度（<10 ppm）。取 1%的培养物转接在新鲜的培养基后，不到 4 天，体系中的乙醇就下降了 70%以上。在体系中乙醇代谢率提高的同时，伴随着一些大球形的聚合物的形成（图 3-18A）。对聚合物的 DNA 进行定量 PCR，结果表明，*Geobacter metallireducens* 在体系中所占的比例大于 15%。荧光原位杂交（FISH）的结果显示两种物种形成很明显的簇状形态（图 3-18C，图 3-18D）。为了研究种间氢传递在聚合物之间电子传递过程所起的作用，*Geobacter sulfurreducens* 中编码氢化酶的关键基因（*hyb*）被

敲除，缺陷的菌株不能利用氢气，但实验结果发现这并不影响共培养体系中乙醇的利用。*Geobacter metallireducens* 与野生型的 *Geobacter sulfurreducens* 形成团聚体需要 7 个月，但与缺陷型的 *Geobacter sulfurreducens* 形成团聚体只需要 21 天，说明了 *Geobacter metallireducens* 与缺陷型的 *Geobacter sulfurreducens* 能更快形成团聚体。对某些微生物，种间甲酸传递是种间氢传递的另一种可能的电子传递途径。*Geobacter sulfurreducens* 不能利用甲酸作为电子供体，进一步排除了种间甲酸传递途径。以上的研究结果表明，当种间氢/甲酸传递途径缺失的情况下，这两种微生物可能存在另外的电子传递机制，即通过形成团聚体进行直接的种间电子传递。研究认为，*Geobacter sulfurreducens* 能够利用导电性菌毛和细胞色素 OmcS 与 *Geobacter metallireducens* 进行直接的电子传递。

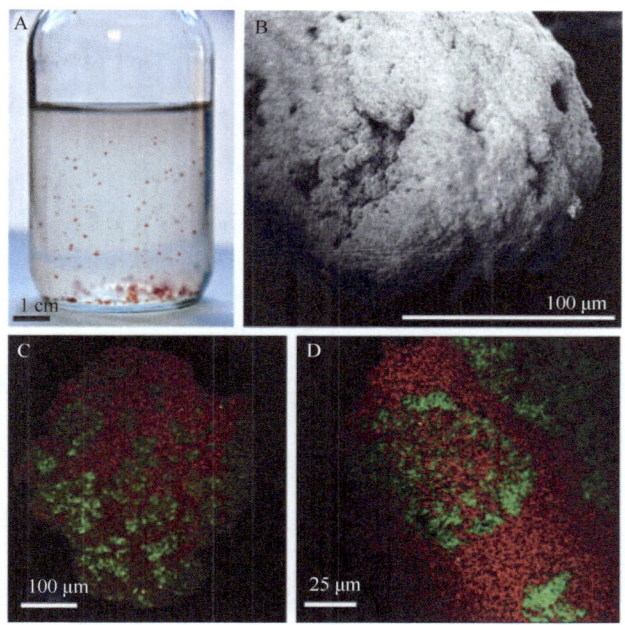

图 3-18 *Geobacter metallireducens* 和 *Geobacter sulfurreducens* 共培养体系形成的团聚体（Summers et al., 2010）。（A）培养瓶中聚合物；（B）典型聚合物扫描式电子显微镜照片；（C）聚合物半薄切片荧光原位杂交分析，绿色和红色荧光分别代表 *Geobacter metallireducens* 和 *Geobacter sulfurreducens*；（D）高放大率下的荧光原位杂交分析

Fig. 3-18 Aggregates in evolved coculture of *Geobacter metallireducens* and *Geobacter sulfurreducens* (Summers et al., 2010). (A) Aggregates in culture bottle; (B) Scanning electron micrograph of a typical aggregate; (C) FISH of a semi-thin section of an aggregate treated with green-fluorescing *Geobacter metallireducens* probes and red-fluorescing *Geobacter sulfurreducens* probe; (D) FISH analysis at higher magnification

团聚体的 DNA 测序结果表明，*Geobacter sulfurreducens* 产生的 Cyt *c* 有助于提高胞外电子传递，加速团聚体的形成。即使是种间氢传递缺陷的菌株也不影响团聚体的形成，进一步说明了 *Geobacter metallireducens* 和 *Geobacter sulfurreducens* 是进行直接的种间电子传递。

Liu 等（2012）也发现在以乙醇作为唯一电子供体和延胡索酸作为唯一电子受体的共培养体系中，*Geobacter metallireducens* 和 *Geobacter sulfurreducens* 代谢乙醇的速度非常慢。但是在体系中添加具有导电性的颗粒活性炭（granular activated carbon）会加速乙醇的代谢，同时伴随着琥珀酸的累积，表明了 *G. metallireducens* 和 *G. sulfurreducens* 通过互营代谢氧化乙醇并伴随着延胡索酸的还原（图 3-19A）。末端限制性片段长度多态性（T-RFLP）分析表明，刚开始体系中接种同样数量的 *G. metallireducens* 和 *G. sulfurreducens*，经过一段时间培养后，共培养体系中 *Geobacter sulfurreducens* 变成优势菌（占 63%）。颗粒活性炭的多孔隙可以为微生物提供栖息地，有利于细胞与细胞之间的接触。为了排除这种可能性，用不同直径的玻璃珠（0.1~1.5 mm）替代颗粒活性炭，结果没有发现添加玻璃珠能促进共培养体系中乙醇的代谢。Summers 等（2010）敲除 *G. sulfurreducens* 中编码鞭毛蛋白（pilin）的基因 *pilA*，不会影响 *G. sulfurreducens* 与 *G. metallireducens* 形成团聚体，但却增强了 *G. sulfurreducens* 对 OmcS 的表达量 [OmcS 是一种能够促进将电子传递给 Fe(III) 氧化物和电极的 Cyt *c*]。然后 Liu 等（2012）发现在添加颗粒活性炭的共培养体系中，即使是 *pilA* 基因或 *omcS* 基因缺失的菌株都能很容易利用氧化乙醇来还原延胡索酸，表明了这两种微生物并不是通过直接接触进行种间电子传递。通过电子扫描电子发现，两种微生物在颗粒活性炭上并没有聚集在一起形成簇状结构，而松散地分布在活性炭表面（图 3-19B），进一步说明了 *G. metallireducens* 和 *G. sulfurreducens* 是利用导电性的颗粒活性炭进行直接的种间电子传递。

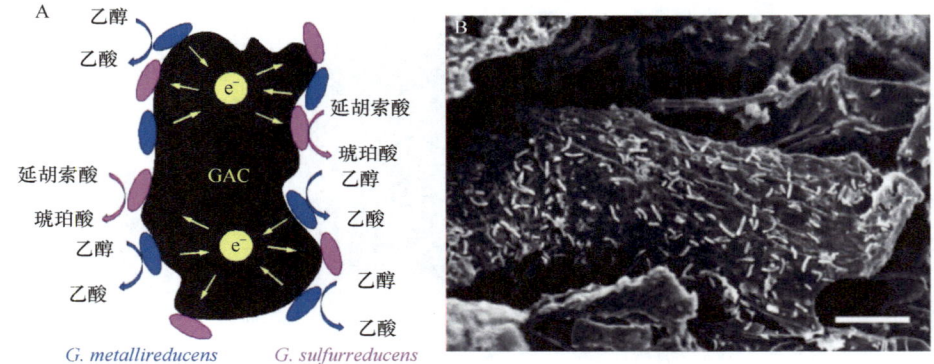

图 3-19　*G. metallireducens* 和 *G. sulfurreducens* 以活性炭为介导进行种间电子传递示意图（A）；*G. metallireducens* 和 *G. sulfurreducens* 在活性炭上形成共培养的扫描电镜图（B）。该照片比例尺长度为 10 μm（Liu et al., 2012）

Fig. 3-19　Proposed models depicting GAC-amended *G. metallireducens* and *G. sulfurreducens* coculture (A); Scanning electron micrograph GAC-amended *G. metallireducens* and *G. sulfurreducens* co-culture (B). The size bar of this photograph corresponds to 10 μm (Liu et al., 2012)

二、*Geobacter* 属至 Methanogens

Morita 等（2011）用流式厌氧污泥床反应器处理酒厂废水，研究产甲烷反应器中电子传递机制时发现，在这些反应器中会形成团聚体颗粒，这些团聚体颗粒的产氢/产甲酸能力很低，说明氢/甲酸转移不是主要的种间电子传递机制。他们同时发现团聚体中 *Geobacter* 属（即地杆菌属）占细菌总量的 25%，乙酸利用型的 *Methanosaeta* 属占产甲烷菌总量的 90%，首次证实了产甲烷废水中的团聚体具有"类金属"导电性能，并揭示 *Methanosaeta* 属和 *Geobacter* 属可能通过直接种间电子传递机制进行电子传递，促进产甲烷活动。Rotaru 等（2013）利用纯菌培养技术对 *Methanosaeta* 属和 *G. metallireducens* 在以乙醇作为电子供体的共培养体系中电子传递方式进行研究，结果发现 *G. metallireducens* 中编码导电性菌毛的基因高效表达，表明了 *Methanosaeta* 属和 *G. metallireducens* 可以通过直接导电性菌毛进行直接电子传递，并通过转录组技术、同位素技术和基因分析等进一步证明了 *Methanosaeta* 属可以通过直接种间电子传递将二氧化碳还原成甲烷。

Kato 等（2012a）发现从水稻土中富集的产甲烷微生物能够利用乙酸或乙醇作为电子供体进行产甲烷活动，添加导电的磁铁矿或半导电的赤铁矿后促进产甲烷活动，然而添加不导电的水铁矿却没有促进的效果。分子生物学的结果表明，在反应体系中添加铁氧化物会刺激 *Geobacter* 属的生长；在含有铁氧化物的反应体系中加入产甲烷的抑制剂后，*Geobacter* 属的生长也受到了抑制。该实验结果表明，*Geobacter* 属能与 *Methanosarcina* 属进行互营生长，通过导电的铁氧化物进行直接的种间电子传递，即将 *Geobacter* 属氧化电子供体产生的电子通过铁氧化物直接传递给 *Methanosarcina* 属进行产甲烷，提高了电子传递效率。

Liu 等（2012）利用纯培养技术证明了 *Geobacter metallireducens* 与 *Methanosarcina barkeri* 能够利用导电性的污泥活性炭作为介体进行直接的电子传递（图 3-20A）。当以乙醇作为电子供体的共培养体系中，乙醇代谢成甲烷的速度很慢，整个过程需要两个月才能把乙醇全部代谢完。但是当体系中有污泥活性炭存在时，乙醇很快就被利用进行产甲烷。整个过程乙酸有短暂的积累，但很快进一步被代谢，因此甲烷是最主要的代谢终产物。扫描电子显微镜的结果发现细胞紧密地吸附在生物炭上（图 3-20B），但是细胞与细胞之间却没有紧密接触，进一步验证了 *G. metallireducens* 与 *M. barkeri* 是以活性炭作为介体进行直接种间电子传递。

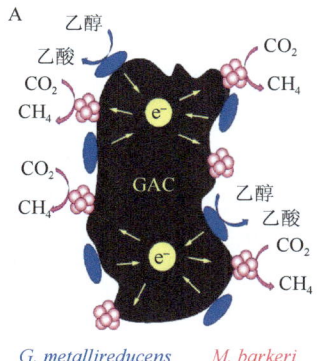 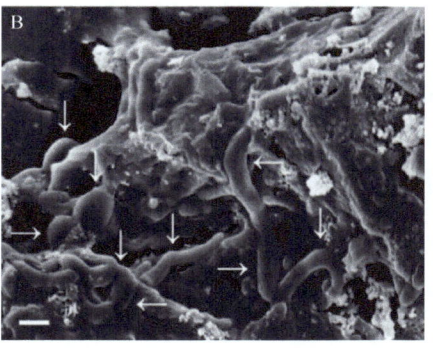

图 3-20 *G. metallireducens* 和 *Methanosarcina barkeri* 以活性炭为介导进行种间电子传递示意图（A）；*G. metallireducens*（棒状）和 *Methanosarcina barkeri*（球状）在活性炭上形成共培养的扫描电镜图（B）。白色箭头指向代表性细胞。比例尺长度 1 μm（Liu et al., 2012）

Fig. 3-20 Proposed models depicting GAC-amended *G. metallireducens* and *Methanosarcina barkeri* co-culture (A); Scanning electron micrograph of GAC-amended co-culture of *G. metallireducens* (rods) and *M. barkeri* (spheres)(B). The white arrows point to representative cells. Scale bar, 1 μm (Liu et al., 2012)

三、*Geobacter sulfurreducens* 至 *Thiobacillus denitrificans*

Kato 等（2012b）以乙酸钠作为电子供体，硝酸盐作为电子受体，利用 *G. sulfurreducens* 和 *T. denitrificans* 研究几种不同导电特性的铁氧化物（赤铁矿、磁铁矿等）对种间电子传递的影响。由于 *G. sulfurreducens* 能利用乙酸钠作为电子供体，不能利用硝酸盐作为电子受体，而 *T. denitrificans* 刚好相反，它可以还原硝酸盐，却不能利用乙酸钠（图 3-21）。因此利用 *G. sulfurreducens* 和 *T. denitrificans* 独特的生长特性，可以构建一个需要依靠种间电子传递来维持生长的混合培养体系。实验结果表明，在 20 mmol/L 乙酸钠和 30 mmol/L 硝酸盐的培养体系中，将 *G. sulfurreducens* 或 *T. denitrificans* 单独接种到该体系中培养一段时间后，没有检测到乙酸钠被氧化或者硝酸盐被还原。将 *G. sulfurreducens* 和 *T. denitrificans* 同时接种到该体系中，也未发现形成共培养的反应。因为 *T. denitrificans* 并不能利用 H_2 或甲酸作为电子供体，使得由 H_2 或甲酸介导的种间电子传递无法发生，因此无法形成共培养。由于经过几天的培养，大部分的 *Geobacter* 属和 *Thiobacillus* 属都沉到底部，它们是有机会相互接触或形成聚合物的，但是它们也未形成共培养体系，因此也排除了它们能够通过直接细胞接触、导电性细胞色素或纳米导线进行种间电子传递的可能。在混合培养体系中，加入磁铁矿、赤铁矿后，乙酸钠、硝酸钠减少量和铵盐增加量的比例大约是 1:1:1，这些结果表明，*G. sulfurreducens* 通过铁氧化物把电子传递至 *T. denitrificans* 的过程中，有利于将 *G. sulfurreducens* 氧化乙酸钠和 *T. denitrificans* 还原硝酸钠的过程耦合在一起，即 *G. sulfurreducens* 氧化乙酸钠产生的电子以铁氧化物为介导传递给 *T. denitrificans* 用于还原硝酸钠（图 3-21），如反应式 $CH_3COO^- + 4H_2O \longrightarrow 2HCO_3^- + 9H^+ + 8e^-$ 和 $NO_3^- + 10H^+ + 8e^- \longrightarrow NH_4^+ + 3H_2O$。添加磁铁矿的反应体系中，乙酸钠、硝酸钠的减少趋势和铵盐的增加趋势呈指数变化，而添加赤铁矿的反应体系中，它们是呈线性变化的。来源于铁氧化物中的 Fe^{2+}/Fe^{3+} 的氧化还原可能介导 *G. sulfurreducens* 和 *T. denitrificans* 之间的种间电子传递。

Kato 等（2012）为了进一步研究由这两种铁矿介导的 *G. sulfurreducens* 和 *T. denitrificans* 的种间电子传递机制，以添加 Fe^{3+} 作为对照，从硝酸钠的消耗曲线计算从 *G. sulfurreducens* 传递至 *T. denitrificans* 的总电子数，发现添加赤铁矿后，种间电子传递效率与添加水铁矿或 Fe^{3+} 的电子传递效率差不多，在水铁矿或 Fe^{3+} 的反应体系中，种间电子传递的发生主要依靠 Fe^{2+}/Fe^{3+} 的氧化还原循环机制，说明添加赤铁矿的体系中，其种间的电子传递机制主要是由 Fe^{2+}/Fe^{3+} 的氧化还原不断循环介导的。相反，添加磁铁矿的体系中，种间电子传递效率不是呈线性增长，而是呈指数增长，其电子传递效率是赤铁矿、水铁矿或铁原子的 10 倍以上，因此磁铁矿介导的种间电子传递机制与赤铁矿的不同，它可能借助另外一种电子传递机制，即由于磁铁矿能够导电的特性，因此它能作为导体直接介导 *G. sulfurreducens* 和 *T. denitrificans* 之间的电子传递。虽然赤铁矿是半导体，但是由于它必须在高于 0 V 的氧化还原电势的环境中才能导电，而 *G. sulfurreducens* 和 *T. denitrificans* 需要在 $-0.3\sim 0$ V 的氧化还原电势中才可能进行电子传递，因此赤铁矿在该体系中无法发挥导体的作用，只有磁铁矿才能作为电子导体介导这两种微生物的种间电子传递。

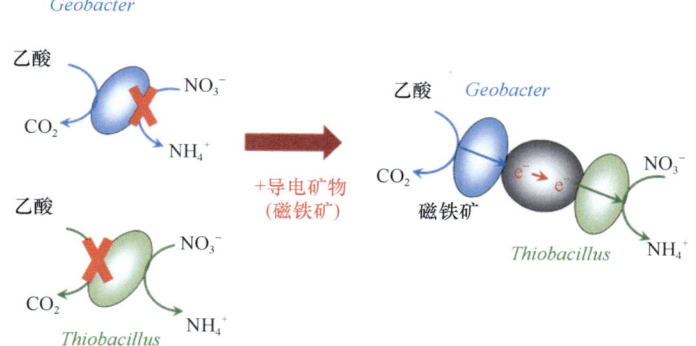

图 3-21 *G. sulfurreducens* 和 *Thiobacillus denitrificans* 以导电性矿物（磁铁矿）为介导进行直接种间电子传递示意图（Kato et al., 2012b）

Fig. 3-21 Proposed models depicting Magnetite-amended *G. sulfurreducens*/*Thiobacillus denitrificans* co-culture (Kato et al., 2012b)

四、厌氧甲烷氧化古菌至硫还原细菌

偶联 SO_4^{2-} 还原的厌氧甲烷氧化（anaerobic oxidation of methane, AOM）是海底缺氧带一个重要的甲烷生物地球化学过程，在自然环境条件下净反应为：CH_4（aq）+ SO_4^{2-} ——→ $HS^-+HCO_3^-+H_2O$，该过程可将海底排放的大部分甲烷氧化成二氧化碳，对全球温室气体排放有重要的调节作用（Reeburgh, 2007；Boetius and Wenzhoefer, 2013）。约 15 年前科学家发现了执行该功能的微生物，它们是由厌氧甲烷氧化古菌（anaerobic methanotrophic archaea, ANME）和硫还原细菌（sulfate reducing bacteria, SRB）组成紧密结合的聚合体（Boetius et al., 2000）。ANME 通过甲烷产生过程的逆过程进行甲烷氧化（Hallam et al., 2004），该过程在热力学上是否有利取决于甲烷氧化产生的电子能否有效地传递给 SO_4^{2-}。研究者对这两种微生物种间电子传递过程提出了不同的假设，其中第一种假设被反复提及，是以氢气、甲酸和甲硫醇等中间代谢物为电子载体的互营种间电子传递途径（图 3-22A）（Moran et al., 2008；Meyerdierks et al., 2010），但是这种假设还缺乏可靠的实验证据。第二种假设是 ANME 可自行将 SO_4^{2-} 还原为 S^0，SRB 仅仅作为共生体受益于 ANME 而不对其产生影响（图 3-22B），这种假设对 ANME 与 SRB 在某些环境下处于空间分离的现实给出了一定程度上的解释，但是 ANME 内并未发现与 SO_4^{2-} 还原有关的酶类。第三种假设即 ANME 和 SRB 通过纳米导线或直接接触进行直接种间电子传递（Meyerdierks et al., 2010；Stokke et al., 2012）（图 3-22C），最近，McGlynn 和 Wegener 的研究团队分别根据自己的研究结果从不同的角度予以实验证明（McGlynn et al., 2015；Wegener et al., 2015）。

McGlynn 等（2015）以种间代谢物扩散的互营模型为基础提出研究假设：①单细胞活性主要局限于两种互营微生物的交互界面；②空间分布较离散的互营聚合体整体活性低于高度聚合的互营聚合体。他们运用荧光原位杂交和纳米二次离子质谱法（FISH-nanoSIMS），结合 ^{15}N 稳定同位素探针技术测定了 62 个聚合体中的单细胞代谢活性，研究结果表明单细胞活性与微生物细胞间的距离无关，聚合体的整体活性与聚合体内微生物细胞的空间分布无关。这些结果均与种间代谢物扩散模型相悖，McGlynn 等（2015）

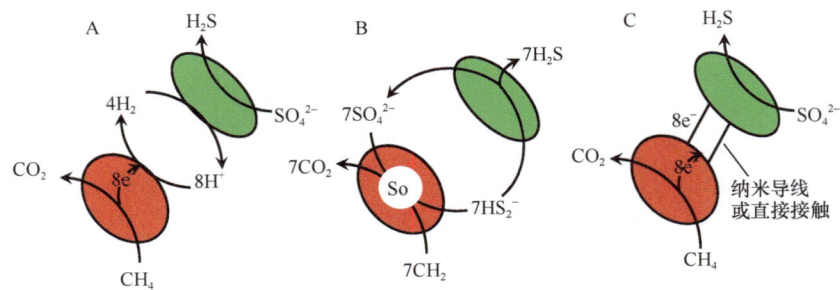

图 3-22　ANME-1 和 SRB HotSeep-1 可能的种间相互作用机制模型（Wegener et al., 2015）。(A) 以氢气分子等中间体进行转移；(B) ANME 对硫酸盐进行不完全氧化形成单质硫后再转移给互营细菌；(C) 通过导电的纳米导线进行直接种间电子传递

Fig. 3-22　Models of possible species interaction mechanisms between ANME-1 and SRB HotSeep-1 (Wegener et al., 2015). (A) Transfer of molecular intermediates such as hydrogen; (B) Incomplete reduction of sulfate in ANME and zero-valent sulfur transfer to the partner bacteria; (C) Direct interspecies electron transfer via conductive nanowires

通过构建数据模型预测 ANME 和 SRB 之间可能进行直接种间电子传递（DIET），实验数据也与这种预测模型相符，此外，通过对聚合体进行细胞色素活性组分染色实验，证明 ANME 和 SRB 细胞间存在导电的亚铁血红素，这进一步为 DIET 预测模型提供实验支持。

嗜热厌氧甲烷氧化（thermophilic anaerobic oxidation of methane, TAOM）是在深海热泉中发现的厌氧甲烷氧化过程，Wegener 等（2015）在 60℃条件下通过对其进行富集培养得到了包括厌氧甲烷氧化古菌 ANME-1 和硫还原细菌 HotSeep-1 的 TAOM 富集物。对该富集物进行不同的中间代谢产物（可能由 ANME-1 产生，HotSeep-1 消耗的有机或无机化合物）添加实验，结果表明只有 H_2 可以刺激培养基中 SO_4^{2-} 还原，且可以以 H_2 作为唯一的能量来源对 HotSeep-1 进行单独培养，证明 H_2 的确可以作为种间电子传递的载体。但是当 SO_4^{2-} 还原被抑制后 ANME-1 产生的 H_2 量过低，不足以维持 SRB 相应的生长速率，说明 ANME-1 和 HotSeep-1 之间可能存在着比 H_2 更有效的种间电子传递方式。Wegener 等（2015）在此基础上提出假设 ANME-1 和 HotSeep-1 之间可能进行 DIET，为了验证这个假设，他们对 TAOM 富集物进行基因组分析，结果表明 ANME-1 包含潜在的胞外多血红素 Cyt *c* 蛋白，而 HotSeep-1 具有与 *Geobacter* 属极相似的 type Ⅳ菌毛及多血红素 Cyt *c* 蛋白，而通过透射电镜对 TAOM 切片进行观察，发现 HotSeep-1 产生大量的菌毛，而只用 H_2 进行单独培养的 HotSeep-1 未观察到菌毛的产生。虽然这些菌毛在种间电子传递中的作用需要进一步的研究证实，但以上结果均表明 ANME-1 和 HotSeep-1 之间可能进行 DIET。

参 考 文 献

邓丽芳, 李芳柏, 周顺桂, 等. 2009. 克雷伯氏菌燃料电池的电子穿梭机制研究. 科学通报, **54**: 2983-2987.

卢娜, 周顺桂, 倪晋仁. 2008. 微生物燃料电池的产电机制. 化学进展, **20(7/8)**: 1233-1240.

Arnold R G, Dichristina T J, Hoffmann M R. 1986. Inhibitor studies of dissimilative Fe(Ⅲ) reduction by

Pseudomonas sp. strain 200 ("*Pseudomonas ferrireductans*"). Appl Environ Microbiol, **52**: 281-289.

Bencharit S, Ward M J. 2005. Chemotactic responses to metals and anaerobic electron acceptors in *Shewanella oneidensis* MR-1. J Bacteriol, **187**: 5049-5053

Bird L J, Bonnefoy V, Newman D K. 2011. Bioenergetic challenges of microbial iron metabolisms. Trends Microbiol, **19**: 330-340.

Boetius A, Ravenschlag K, Schubert C J, et al. 2000. A marine microbial consortium apparently mediating anaerobic oxidation of methane. Nature, **407**: 623-626.

Boetius A, Wenzhoefer F. 2013. Seafloor oxygen consumption fuelled by methane from cold seeps. Nature Geoscience, **6**: 725-734.

Brutinel E D, Gralnick J A. 2012. Shuttling happens: Soluble flavin mediators of extracellular electron transfer in *Shewanella*. Appl Environ Microbiol, **93**: 41-48.

Bucking C, Piepenbrock A, Kappler A, et al. 2012. Outer membrane cytochrome independent reduction of extracellular electron acceptors in *Shewanella oneidensis*. Microbiology, **158**: 2144-2157.

Butler J E, Kaufmann F, Coppi M V, et al. 2004. MacA, a diheme *c*-type cytochrome involved in Fe(III) reduction by *Geobacter sulfurreducens*. J Bacteriol, **186**: 4042-4045.

Caccavo F, Lonergan D J, Lovley D R, et al. 1994. *Geobacter sulfurreducens* sp. nov., a hydrogen- and acetate-oxidizing dissimilatory metal-reducing microorganism. Appl Environ Microbiol, **60**: 3752-3759.

Carlson H K, Lavatone A T, Gorur A, et al. 2012. Surface multiheme *c*-type cytochromes from *Thermincola potens* and implications for respiratory metal reduction by Gram-positive bacteria. Proc Natl Acad Sci USA, **109**: 1702-1707.

Chandran V, Fronzes R, Duquerroy S, et al. 2009. Structure of the outer membrane complex of a type IV secretion system. Nature, **462**: 1011-U1066.

Childers S E, Ciufo S, Lovley D R. 2002. *Geobacter metalli* reducens accesses insoluble Fe(III) oxide by chemotaxis. Nature, **416**: 767-769.

Clarke T A, Edwards M J, Gates A J, et al. 2011. Structure of a bacterial cell surface deca-heme electron conduit. Proc Natl Acad Sci USA, **108**: 9384-9389.

Coursolle D, Gralnick J A. 2010. Modularity of the Mtr respiratory path way of *Shewanella oneidensis* strain MR-1. Mol Microbiol, **77**: 995-1008.

Coursolle D, Gralnick J A. 2012. Reconstruction of extracellular respiratory pathways for iron(III) reduction in *Shewanella oneidensis* strain MR-1. Front Microbiol, **3**: 56.

Covington E D, Gelbmann C B, Kotloski N J, et al. 2010. Anessential role for UshA in processing of extracellular flavin electron shuttles by *Shewanella oneidensis*. Mol Microbiol, **78**: 519-532.

Dichristina T J, Moore C M, Haller C A. 2002. Dissimilatory Fe(III) and Mn(IV) Reduction by *Shewanella putrefaciens* requires *ferE*, a homolog of the *pulE* (*gspE*) type II protein secretion gene. J Bacteriol, **184**: 142-151.

Ding Y H R, Hixson K K, Giometti C S, et al. 2006. The proteome of dissimilatory metal-reducing microorganism *Geobacter sulfurreducens* under various growth conditions. BBA-Proteins Proteomics, **1764**: 1198-1206.

Ehlers G A C, Loibner A P. 2006. Linking organic pollutant (bio) availability withgeosorbent properties and biomimetic methodology: A review of geosorbentcharacterisation and (bio) availability prediction. Environ Pollut, **141**: 494-512.

El-Naggar M Y, Gorby Y A, Xia W, et al. 2008. The molecular density of states in bacterial nanowires. Biophys J, **95**: L10-L12.

El-Naggar M Y, Wanger G, Leung K M, et al. 2011. Electrical transport along bacterial nanowires from *Shewanella oneidensis* MR-1. Abstr Pap Am Chem Soc, **107**: 18127-18131.

Estevez-Canales M, Kuzume A, Borjas Z, et al. 2015. A severe reduction in the Cytochrome C content of *Geobacter sulfurreducens* eliminates its capacity for extracellular electron transfer. Environ Microbiol Rep, **7**: 219-226.

Gorby Y A, Yanina S V, Moyles D, et al. 2006b. Bacterial nanowires: Electrically conductive, redox-reactive appendages produced by dissimilatory metal reducing bacteria. Abstr Pap Am Chem Soc, S232.

Gorby Y A, Yanina S, McLean J S, et al. 2006a. Electrically conductive bacterial nanowires produced by

Shewanella oneidensis strain MR-1 and other microorganisms. Proc Natl Acad Sci USA, **106**: 9535.

Gorby Y A. 2006. Bacterial nanowires: Electrically conductive filaments and their implications for energy transformation and distribution in natural and engineered systems. Bio Micro and Nanosystems Conference, **6**: 20.

Gralnick J A, Vali H, Lies D P, et al. 2006. Extracellular respiration of dimethyl sulfoxide by *Shewanella oneidensis* strain MR-1. Proc Natl Acad Sci USA, **103**: 4669-4674.

Hallam S J, Putnam N, Preston C M, et al. 2004. Reverse methanogenesis: Testing the hypothesis with environmental genomics. Science, **305**: 1457-1462.

Harris H W, El-Naggar M Y, Bretschger O, et al. 2010. Electrokinesis is a microbial behavior that requires extracellular electron transport. Proc Natl Acad Sci USA: **107**: 326-331.

Hartshorne R S, Jepson B N, Clarke T A, et al. 2007. Characterization of *Shewanella oneidensis* MtrC: A cell-surface decaheme cytochrome involved in respiratory electron transport to extracellular electron acceptors. J Biol Inorg Chem, **12**: 1083-1094.

Hartshorne R S, Reardon C L, Ross D, et al. 2009. Characterization of an electron conduit between bacteria and the extracellular environment. Proc Natl Acad Sci USA, **106**: 22169-22174.

Hayes C S, Aoki S K, Low D A. 2010. Bacterial contact-dependent delivery systems. Annu Rev Genet, **44**: 71-90.

Hernandez M E, Kappler A, Newman D K. 2004. Phenazines and other redox-active antibiotics promote microbial mineral reduction. Appl Environ Microbiol, **70**: 921-928.

Inoue K, Leang C, Franks A E, et al. 2011. Specific localization of the c-type cytochrome OmcZ at the anode surface in current-producing biofilms of *Geobacter sulfurreducens*. Environ Microbiol Rep, **3**: 211-217.

Inoue K, Qian X, Morgado L, et al. 2010. Purification and characterization of OmcZ, an outer-surface, octaheme *c*-type cytochrome essential for optimal current production by *Geobacter sulfurreducens*. Appl Environ Microbiol, **76**: 3999-4007.

Juhas M. 2015. Type IV secretion systems and genomic islands-mediated horizontal gene transfer in *Pseudomonas* and *Haemophilus*. Microbiol Res, **170**: 10-17.

Kanonenberg K, Schwarz C K W, Schmitt L. 2013. Type I secretion systems - a story of appendices. Res Microbiol, **164**: 596-604.

Kato S, Hashimoto K, Watanabe K. 2012a. Methanogenesis facilitated by electric syntrophy via (semi) conductive iron-oxide minerals. Environ Microbiol, **14**: 1646-1654.

Kato S, Kazuhito H, Kazuya W. 2012b. Microbial interspecies electron transfer via electric currents through conductive minerals. Proc Natl Acad Sci USA, **109**: 10042-10046.

Kim B C, Postier B L, Didonato R J, et al. 2008. Insights into genes involved in electricity generation in *Geobacter sulfurreducens* via whole genome microarray analysis of the OmcF-deficient mutants. Bioelectrochemistry, **73**: 70-75.

Kim B H, Park H S, Kim H J, et al. 2004. Enrichment of microbial community generating electricity using a fuel-cell-type electrochemical cell. Appl. Microbial Biotechol, **63**: 672-681.

Leang C, Coppi M V, Lovley D R. 2003. OmcB, a c-type polyheme cytochrome, involved in Fe(III) reduction in *Geobacter sulfurreducens*. J Bacteriol, **185**: 2096-2103.

Leang C, Qian X, Meste T, et al. 2010. Alignment of the c-type cytochrome omcS along pili of *Geobacter sulfurreducens*. Appl Environ Microbiol, **76**: 4080-4084.

Lee C H, Lewis T A, Paszxzynski A, et al. 1999. Identification of an extracellular catalyst of carbon tetrachloride dehalogenation from *Pseudomonas stutzeri* strain KC as pyridine-2, 6-bis (thiocarboxylate). Biochem Biophys Res Commun, **261**: 562-566.

Leung K M, Wanger G, Guo Q, et al. 2011. Bacterial nanowires: conductive as silicon, soft as polymer. Soft Matter, **7**: 6617-6621.

Li R, Tiedie J M, Chiu C, et al. 2012. Soluble electron shuttles CanMediate energy taxis toward insoluble electron acceptors. Environ Sci Technol, **46**: 2813-2820.

Li X M, Zhou S G, Li F B, et al. 2009. Fe(III) oxide reduction and carbon tetrachloride dechlorination by a newly isolated *Klebsiella pneumoniae* strain L17. J Appl Microbiol, **106**: 130-139.

Lies D P, Hernandez M E, Kappler A, et al. 2005. *Shewanella oneidensis* MR-1 uses overlapping pathways for iron reduction at a distance and by direct contact under conditions relevant for biofilms. Appl Environ Microbiol, **71**: 4414-4426.

Liu F H, Rotaru A E, Shrestha P M, et al. 2012. Promoting direct interspecies electron transfer with activated carbon. Energy Environ Sci, **5**: 8982-8989.

Lloyd J R, Leang C A L, Hodges M A. 2003. Biochemical and genetic characterization of PpcA, a periplasmic c-type cytochrome in *Geobacter sulfurreducens*. Biochem J, **369**: 153-161.

Lovley D R. 2011. Live wires: direct extracellular electron exchange for bioenergy and the bioremediation of energy-related contamination. Energ Environ Sci, **4**: 4896-4906.

Lovley D R, Coates J D, Blunt-Harris E L, et al. 1996. Humic substances as electron acceptors for microbial respiration. Nature, **382**: 445-448.

Lovley D R, Giovannoni S J, White D C, et al. 1993. *Geobacter metallireducens* gen. nov. sp. nov., a microorganism capable of coupling the complete oxidation of organic compounds to the reduction of iron and other metals. Arch Microbiol, **159**: 336-344.

Lovley D R, Holmes D E, Nevin K P. 2004. Dissimilatory Fe(III) and Mn(IV) reduction. Adv Microb Physiol, **49**: 219-286.

Lowe E C, Bydder S, Hartshorne R S, et al. 2010. Quinol-cytochrome c oxidoreductase and cytochrome c_4 mediate electron transfer during selenate respiration in *Thauera selenatis*. J Biol Chme, **285**: 18433-18442.

Malvankar N S, Lovley D R. 2014. Microbial nanowires for bioenergy applications. Curr Opin Biotechnol, **27**: 88-95.

Malvankar N S, Vargas M, Nevin K P, et al. 2011. Tunable metallic-like conductivity in microbial nanowire networks. Nat Nanotechnol, **6**: 373-579.

Marsili E, Baron D B, Shikhare I D, et al. 2008. *Shewanella* secretes flavins that mediate extracellular electron transfer. Proc Natl Acad Sci USA, **105**: 3968-3973.

McCormick M L, Bouwer E J, Adriaens P. 2002. Carbon tetrachloride transformation in a model iron-reducing culture relative kinetics of biotic and abiotic reactions. Environ Sci Technol, **36**: 403-410.

McCreery R L. 2004. Molecular electronic junctions. Chem Mater, **16**: 4477-4496.

McGlynn S E, Chadwick G L, Kempes C P, et al. 2015. Single cell activity reveals direct electron transfer in methanotrophic consortia. Nature, **526**: 531-U146.

Mehta T, Coppi M V, Childers S E, et al. 2005. Outer membrane c-type cytochromes required for Fe(III) and Mn(IV)oxide reduction in *Geobacter sulfurreducens*. Appl Environ Microbiol, **71**: 8634-8641.

Methé B A, Nelson K E, Eisen J A, et al. 2003. Genome of *Geobacter sulfurreducens*: Metal reduction in subsurface environments. Science, **302**: 1967-1969.

Meyerdierks A, Kube M, Kostadinov I, et al. 2010. Metagenome and mRNA expression analyses of anaerobic methanotrophic archaea of the ANME-1 group. Environ Microbiol, **12**: 422-439.

MoranJ J, Beal E J, Vrentas J M, et al. 2008. Methyl sulfides as intermediates in the anaerobic oxidation of methane. Environ Microbiol, **10**: 162-173.

Morita M, Malvankar N S, Franks A E, et al. 2011. Potential for direct interspecies electron transfer in methanogenic wastewater digester aggregates. MBio, **2**: e00159-00111.

Myers C R, Myers J M. 1992. Localization of cytochromes to the outer membrane of anaerobically grown *Shewanella putrefaciens* MR-1. J Bacteriol, **174**: 3429-3438.

Myers C R, Myers J M. 1997. Cloning and sequence of cymA, a gene encoding a tetraheme cytochromec required for reduction of iron (III), fumarate, and nitrate by *Shewanella putrefaciens* MR-1. J Bacteriol, **170**: 1143-1152.

Myers C R, Myers J M. 2004. *Shewanella oneidensis* MR-1 restores menaquinone synthesis to a menaquinone-negative mutant. Appl Environ Microbiol, **70**: 5415-5425.

Nakka S, Qi M, Zhao Y. 2010. The Erwinia amylovora PhoPQ system is involved in resistance to antimicrobial peptide and suppresses gene expression of two novel type III secretion systems. Microbiol Res, **165**: 665-673.

Nevin K P, Lovley D R. 2002. Mechanisms for accessing insoluble Fe(III) oxide during dissimilatory Fe(III) reduction by *Geothrix fermentans*. Appl Environ Microbiol, **68**: 2294-2299.

Newman D K, Kolter R. 2000. A role for excreted quinones in extracellular electron transfer. Nature, **405(4)**: 94-97.

Okamoto A, Hashimoto K, Nealson K H, et al. 2013. Rate enhancement of bacterial extracellular electron transport involves bound flavin semiquinones. Proc Nat Acad Sci USA, **110**: 7856-7861.

O'Loughlin E J. 2008. Effects of electron transfer mediators on the bioreduction of lepidocrocite (γ-FeOOH) by *Shewanella putrefaciens* CN32. Environ Sci Technol, **42**: 6876-6882.

Pirbadian S, Barchinger S E, Leung K M, et al. 2014. *Shewanella oneidensis* MR-1 nanowires are outer membrane and periplasmic extensions of the extracellular electron transport components. Proc Nat Acad Sci USA, **111**: 12883-12888.

Pitts K E, Dobbin P S, Reyes-Ramirez F, et al. 2003. Characterization of the *Shewanella oneidensis* MR-1 decaheme cytochrome MtrA: expression in *Escherichia coli* confers the ability to reduce soluble Fe(III) chelates. J Biol Chem, **278**: 27758-27765.

Qian X, Mester T, Morgado L, et al. 2011. Biochemical characterization of purified OmcS, a *c*-type cytochrome required for insoluble Fe(III) reduction in *Geobacter sulfurreducens*. Biochim Biophys Acta (BBA) – Bioenergetics, **1807**: 404-412.

Qian X, Reguera G, Mester T, et al. 2007. Evidence that OmcB and OmpB of *Geobacter sulfurreducens* are outer membrane surface proteins. FEMS Microbiology Letters, **277**: 21-27.

Rabaey K, Boon N, Hofte M, et al. 2005. Microbial Phenazine Production Enhances Electron Transfer in Biofuel Cells. Environ Sci Technol, **39**: 3401-3408.

Reeburgh W S. 2007. Oceanic methane biogeochemistry. Chemical Reviews, **107**: 486-513.

Reguera G, McCarthy K D, Mehta T, et al. 2005. Extracellular electron transfer via microbial nanowires. Nature, **435**: 1098-1101.

Richter H, Nevin K P, Jia H F, et al. 2009. Cyclic voltammetry of biofilms of wild type and mutant *Geobacter sulfurreducens* on fuel cell anodes indicates possible roles of OmcB, OmcZ, type IV pili, and protons in extracellular electron transfer. Energy Environ Sci, **2**: 506-516.

Rotaru A E, Shrestha P M, Liu F, et al. 2013. A new model for electron flow during anaerobic digestion: direct interspecies electron transfer to *Methanosaeta* for the reduction of carbon dioxide to methane. Energy Environ Sci, **7**: 408-415.

Sanchez C, 2011. Biotechnology: Metal-like conductivity in microbial nanowires. Nat Rev Microbiol, **6**: 573-579.

Sarah M, Strycharz-Glaven R M S, Anthony G E, et al. 2011. On the electrical conductivity of microbial nanowires and biofilms. Energ Environ Sci, **4**: 4366-4379.

Scheffer F, Schachtschabel P. 2002. Lehrbuch der Bodenkunde. Heidelberg: Spektrum Akademischer Verlag.

Scherr K E. 2013. Extracellular electron transfer in *in situ* petroleum hydrocarbon bioremediation. *In*: Kutcherov V, Kolesnikov A .Hydrocarbon, 34. Rijeka, Croatia: InTech Open Access.

Schink B. 1997. Energetics of syntrophic cooperation in methanogenic degradation. Microbiology and Molecular Biology Reviews: MMBR, **61**: 262-280.

Shi L, Rosso K M, Clarke T A, et al. 2012. Molecular underpinnings of Fe(III) oxide reduction by *Shewanella oneidensis* MR-1. Front Microbiol, **3**: 1-10.

Shi L, Squier T C, Zachara J M, et al. 2007. Respiration of metal (hydr) oxides by *Shewanella* and *Geobacter*: a key role for multihaem *c*-type cytochromes. Mol Microbiol, **65**: 12-20.

Shrestha P M, Rotaru A E, Aklujkar M, et al. 2013. Syntrophic growth with direct interspecies electron transfer as the primary mechanism for energy exchange. Env Microbiol Rep, **5**: 904-910.

Stevens J M, Daltrop O, Allen J W A, et al. 2004. *C*-type cytochrome formation: Chemical and biological enigmas. Acc Chem Res, **37**: 999-1007.

Stokke R, Roalkvam I, Lanzen A, et al. 2012. Integrated metagenomic and metaproteomic analyses of an ANME-1-dominated community in marine cold seep sediments. Environ Microbiol, **14**: 1333-1346.

Summers Z M, Fogarty H E, Leang C, et al. 2010. Direct exchange of electrons within aggregates of an evolved syntrophic coculture of anaerobic bacteria. Science, **330**: 1413-1415.

Sund C J, McMasters S, Crittenden S R, et al. 2007. Effect of electron mediators on current generation and fermentation in a microbial fuel cell. Appl Microbiol Biotechnol, **76**: 561-569.

Tosi T, Estrozi L F, Job V, et al. 2014. Structural similarity of secretins from type II and type III secretion systems. Structure, **22**: 1348-1355.

Tremblay P L, Aklujkar M, Leang C, et al. 2012. A genetic system for *Geobacter metallireducens*: role of the flagellin and pilin in the reduction of Fe(III) oxide. Env Microbiol Rep, **4**: 82-88.

Turick C E, Tisa L S, Caccavo F, et al. 2002. Melanin production and use as a soluble electron shuttle for Fe(III) oxide reduction and as a terminal electron acceptor by *Shewanella algae* BrY. Appl Environ Microbiol, **68**: 2436-2444.

Vitreschak A G, Rodionov D A, Mironov A A, et al. 2002. Regulation of riboflavin biosynthesis and transport genes in bacteria by transcriptional and translational attenuation. Nucleic Acids Res, **30**: 3141-3151.

von Canstein H, Ogawa J, Shimizu S, et al. 2008. Secretion of flavins by *Shewanella* species and their role in extracellular electron transfer. Appli Environ Microbiol, **74**: 615-623.

Wang F, Wang J, Jian H, et al. 2008. Environmental adaptation: genomic analysis of the piezotolerant and psychrotolerant deep-sea iron reducing bacterium *Shewanella piezotolerans* WP3. PloS ONE, **3**: e1937. doi: 10.1371.

Wegener G, Krukenberg V, Riedel D, et al. 2015. Intercellular wiring enables electron transfer between methanotrophic archaea and bacteria. Nature, **526**: 587-U315.

Wolf M, Kappler A, Jiang J, et al. 2009. Effects of humic substances and quinones at low concentrations on ferrihydrite reduction by *Geobacter metallireducens*. Environ Sci Technol, **43** : 679-5685.

Workman D J, Woods S L, Gorby Y A, et al. 1997. Microbial reduction of vitamin B12 by *Shewanella alga* strain BrY with subsequent transformation of carbon tetrachloride. Environ Sci Technol, **31**: 2292-2297.

Woźnica A, Dzirba J, Manka D, et al. 2003. Effects of electron transport inhibitors on iron reduction in *Aeromonas hydrophila* strain KB1. Anaerobe, **9**: 125-130.

Yamazaki S, Kano K, Ikeda T, et al. 1999. Role of 2-amino-3-carboxy-1, 4-naphtoquinone, a strong growth stimulator for bifidobacteria, as an electron transfer me-diator for NAD(P) regeneration in *Bifidobacterium longum*. Biochim Biophy Acta, **1428**: 241-250.

Yang Y, Xu M, Guo J, et al. 2012. Bacterial extracellular elctron transfer in bioelectrochemical systems. Process Biochem, **47**: 1707-1714.

Zhang L X, Zhou, S G, Zhuang L, et al. 2008. Microbial fuel cell based on *Klebsiella pneumoniae* biofilm. Electrochem Commun, **10**: 1641-1643.

第四章 铁 呼 吸

铁呼吸又称异化铁还原［dissimilatory Fe(III)reduction］，是指微生物以胞外不溶性铁氧化物为末端电子受体，通过氧化电子供体偶联 Fe(III)还原，并从这一过程贮存生命活动所需的能量（许伟等，2008），能进行铁呼吸的微生物称为铁还原菌。近 20 年来的研究已达成以下共识：①铁呼吸作用是沉积物等厌氧环境中 Fe(III)还原的主要途径，铁还原微生物是 Fe(III)还原主要驱动力（Lovley, 1987）；②铁呼吸是地球上最古老的呼吸途径（Lovley, 2006; Vargas et al., 1998）；③铁呼吸是地球化学上最重要的过程，不但影响铁的形态转化及分布，而且对其他的痕量元素和营养物质的分布及有机物的降解也起着重要的作用（Lovley et al., 2004）。

第一节 环境中的铁元素

铁是地球上分布最广、最常用的金属之一，约占地壳质量的 5.1 %，居元素分布序列中的第 4 位，仅次于氧、硅和铝。在自然界，游离态的铁只能从陨石中找到，分布在地壳中的铁都以化合物的形式存在。在地球的早期演变进程中，大部分铁随着镍和硫一并进入地心中，但是地壳部分仍存留大量的铁元素。铁的丰度及与生物系统的紧密联系，使得铁的化学转化和矿物学形态在地表各种生态进程中起着十分重要的作用。

一、土壤中的铁氧化物

（一）铁氧化物的形态

铁以多种氧化态的形式存在于环境中，从 –2 价到 +6 价，但是最常见的氧化态为二价铁和三价铁。我国热带亚热带地区广泛分布着各种红色和黄色土壤，二者在土壤发生和生产利用上有共同之处，统归于红壤系列。红壤中主要铁氧化物包括针铁矿、赤铁矿、纤铁矿、磁赤铁矿等（Vasudevan et al., 2001; Xie, 1997）。针铁矿和赤铁矿（Oades and Townsend, 1963; Jackson, 1964）最常见；水稻土的心土层（张效年，1961）、质地较轻的潜育土（Schwertmann, 1959）或排水不良而富含有机质的土壤（Jackson, 1964）锈斑中有纤铁矿存在；磁赤铁矿等也可以在一定的土壤中找到。黏粒中的铁氧化物是成土过程和成土环境的反映（鲁安怀等，2000），其含量与成土母质和环境条件密切相关（于天仁和陈志诚，1990）。无定形氧化铁比表面积大、活性较高。表 4-1 中罗列了土壤中常见铁氧化物的颜色、3 个最强 XRD 峰的 d 值和比表面积等（Scheinost and Schulze, 1999）。

铁氧化物的形态主要有结构态和游离态。结构态的铁氧化物与硅酸盐和铝氧化物结合及因同晶置换而存在于黏土矿物的结构内（Jackson, 1964）。氧化铁及其水合物统称为游离铁或游离氧化铁（熊毅和李庆逵，1987），游离铁存在于黏土矿物的表面，与环

表 4-1 铁氧化物物理化学性质（Scheinost and Schulze, 1999）
Tab. 4-1 Physi-chemical properties of iron oxides (Scheinost and Schulze, 1999)

铁氧化物	中文名称	化学式	颜色	XRD 峰 d 值/Å	比表面积/（m²/g）
Goethite	针铁矿	$\alpha\text{-FeOOH}$	深黄棕色	4.183, 2.450, 2.693	8~200
Lepidocrocite	纤铁矿	$\gamma\text{-FeOOH}$	中度橘黄色	6.260, 3.290, 2.470	15~260
Akaganeite	四方纤铁矿	$\beta\text{-FeOOH}$	深棕色	3.333, 2.550, 7.467	20~60
Schwertmannite	施氏矿物	$Fe_8O_8(OH)_6SO_4$	暗黄色	2.55, 3.39, 4.86	125~320
Ferrihydrite	水铁矿	$Fe_5HO_8\cdot4H_2O$	棕黄色	2.50, 2.21, 1.96	100~700
Hematite	赤铁矿	$\alpha\text{-Fe}_2O_3$	中度红棕色	2.700, 2.519, 1.694	10~100
Magnetite	磁铁矿	Fe_3O_4	黑色	2.532, 1.484, 2.967	4~100
Maghemite	磁赤铁矿	$\gamma\text{-Fe}_2O_3$	暗黄棕色	2.518, 2.953, 1.476	8~130

境作用强烈。游离态铁氧化物包括晶体态或无定形态。同一母质不同水热条件发育的红壤铁游离度也不同，例如，玄武岩上发育的红壤、赤红壤和砖红壤中铁的游离度分别为 33%~35%、53%~57% 和 61%~64%。我国红壤黏粒中游离氧化铁的含量在 2%~24%（Fe_2O_3）之间变动（赵其国，2002）。

（二）铁氧化物的形态转化及影响因素

氧化铁形态的转化大致可以分为两种方向：①氧化铁的老化。沿着"离子态—非晶质—隐晶质—晶质"的方向转化。氧化铁的转化序列为：氢氧化铁—纤铁矿—针铁矿—磁赤铁矿—赤铁矿（陈家坊，1981），有机物的存在对转化过程有抑制作用。②氧化铁的活化。沿着"晶质—非晶质—离子态"的方向转化。土壤中氧化铁及其水合物的老化和活化过程，通过高价铁被还原成低价铁，以及与有机质相结合来实现的，具有还原条件和提供配位体的条件可以使土壤中各种氧化铁还原溶解和络合溶解而变为离子态铁和络合态铁，进而水解、氧化、沉淀为具有较大表面积的氢氧化铁或者水铁矿等，实现氧化铁的活化（于天仁和陈志诚，1990）。

影响氧化铁转化的因素：①温度。温度主要影响氧化铁脱水的速率和强度，从而影响氧化铁的形态转化速率。②pH 和 Eh。淹水使土壤结晶态氧化铁含量减少，无定形氧化铁增加，可由原来的 1 mg/L 增加几百倍（苏玲等，2001）。当土壤溶液氧化还原电位低于 120 mV 时，Fe 极易被还原成为 Fe^{2+}。例如，湿地土壤中的 Eh 一般在 0~200 mV，还原态的铁含量是其他离子的 10 倍或更多（Moode et al., 1989）。这些还原态的铁离子通过"泵升作用"迁移到氧化层，重新氧化形成无定形水化氧化铁，增加氧化铁的活化度（Sah et al., 1989）。在大多数时候，pH 与 Eh 同时对土壤氧化铁的活化起作用，两者相互牵制。③有机质含量。根据 Schwertmann（1966）及 Cornell 和 Schwertmann（1976）的研究发现，有机质妨碍 $Fe(OH)_3$ 的老化，使之不易转化为针铁矿，也使针铁矿和磁赤铁矿不易转化为赤铁矿，其原因可能是无定形氧化铁强烈吸附有机质而阻碍了氧化铁晶核的成长；或者是铁与腐殖酸形成络合物，影响结晶速率（Kodama and Schnitzer, 1977）。④铝离子。铝和铁的同晶置换也同样影响氧化铁的结晶速率（Schwertmann, 1979）。

二、铁在生物代谢中的重要性

铁是参与生物代谢的一个非常重要的元素，它不仅在红细胞生成中具有重要作用，且在生物体所有组织中参与许多细胞内代谢过程（曹建民等，2003）。

铁参与血红蛋白、细胞色素和铁硫蛋白等的合成并激活琥珀酸脱氢酶、黄嘌呤氧化酶等活性（石振华等，2008）。红细胞功能是输送氧的，每个红细胞含 2.8 亿个血红蛋白，每个血红蛋白分子又含 4 个铁原子，这些亚铁血红素中的铁原子才是真正携带和输送氧的重要成分。肌红蛋白是肌肉贮存氧的地方，每个肌红蛋白含有 1 个亚铁血红素，当肌肉运动时，它可以提供或补充血液输氧的不足。细胞色素是以原血红素为辅基的酵素，是体内复杂的氧化还原过程所不可缺少的，有了它才能完成电子传递。在三羧酸循环过程中，细胞色素脱下氢原子与由血红蛋白从肺部运来的氧生成水，以保证代谢，同时在这一过程中，释放出能量，供给肌体需要。在氧化过程中所产生的过氧化氢等有害物质，又可被含铁的触媒和过氧化物所破坏而解毒。铁硫蛋白是以铁硫复合物为辅基的一组蛋白质，铁硫蛋白作为一种重要的电子载体在生命活动中起着重要的作用，包括呼吸作用、光合作用、羟化作用及细菌的氢和氮的固定等。

铁影响蛋白质及去氧核糖核酸的合成及造血维生素代谢（付丽娟等，2005）。缺铁时肝脏内合成去氧核糖核酸将受到抑制，肝脏发育减慢，肝细胞及其他细胞内的线粒体和微粒体发生异常，细胞色素 c 含量减少，导致蛋白质的合成及能量运用减少，进而发生贫血及身高、体重发育不良。由于铁与酶的关系及铁参与造血机能就决定了缺铁可引起机体感染性增加，微生物繁殖受阻，白细胞的杀菌能力降低，淋巴细胞功能受损，因此免疫力降低。

铁与生物体内其他元素也会相互影响，铅中毒时，铁利用障碍，同时肠道铁的吸收受到抑制。缺铁性贫血患者细胞内 Cu、Zn 浓度降低。镉可抑制肠道对铁的吸收，血清铁蛋白降低，诱发小细胞低色素性贫血。机体缺铜时，不仅铁的吸收量减少，且铁的利用也发生困难。缺铁又影响锌的吸收。

第二节　土壤中的铁循环

铁以多种形态广泛分布于地球的水圈、岩石圈、生物圈和大气圈。铁的氧化还原循环包括溶解、沉淀、转移和重新分配等过程，由化学反应或微生物主导（Kappler and Newman, 2004）。微生物参与的铁氧化还原循环（图 4-1）在地球生物化学进程中扮演着非常重要的角色，它可以导致有机物的降解、矿物质的溶解及风化，地质重要矿物质的形成和大量阴阳离子包括污染物的迁移及固定（Chaudhuri et al., 2001；Lack et al., 2002）。在二价铁及三价铁之间的氧化还原转化对现代环境生物地球化学循环有着非常重要的意义，这也可能是早期地球上一种重要的生物地球化学过程。

在发现微生物代谢的铁氧化还原反应之前，非生物作用被认为是环境中铁氧化还原反应的主导因素。然而，现在已普遍接受在大多数条件下微生物代谢是引起铁氧化还原反应的主导过程。某些古菌和细菌具有代谢利用 Fe(III)/Fe(II) 之间的氧化还原

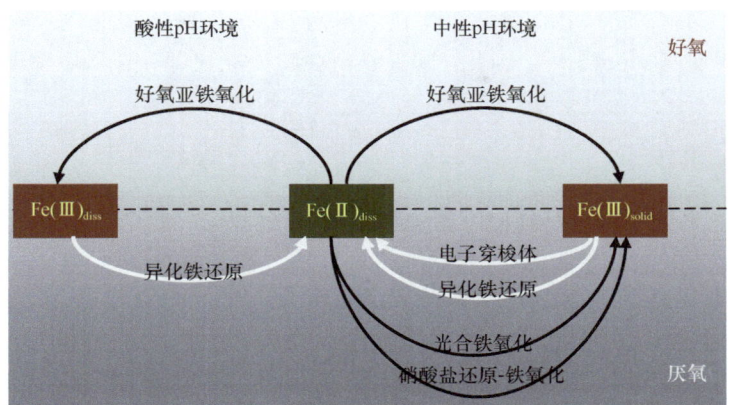

图 4-1 酸性和中性环境微生物驱动的铁氧化还原循环（Konhauser et al., 2011）
Fig. 4-1 Microbial Fe(III)-reduction and Fe(II)-oxidation processes in acidic and circumneutral pH environments under oxic and anoxic conditions (Konhauser et al., 2011)

电势的能力。通过这种方式，Fe(II)在有氧和缺氧条件下都能被化能无机型亚铁氧化菌用作电子供体为同化碳提供还原力，而 Fe(III)在缺氧条件下被化能无机型 Fe(III)还原菌和化能有机型 Fe(III)还原菌作为末端电子受体氧化有机质。

一、微生物 Fe(II)氧化

（一）好氧 Fe(II)氧化

早在一个多世纪前，学者就发现在 pH 为酸性或近中性环境中，微生物可以利用氧气氧化 Fe(II)。微生物通过氧化 Fe(II)获取能量的过程通常被溶解态 Fe^{2+} 的可获得性所限制（Kappler and Newman，2004）。特别在近中性和完全好氧环境中，Fe(II)会被快速地化学氧化成 Fe(III)，随后 Fe(III)水解为难溶的水铁矿。因此溶解态 Fe^{2+} 的可获得性对微生物尤为重要。在近中性条件下，Fe(II)化学氧化的动力学方程式如下：

$$\left(\mathrm{d}\left[\mathrm{Fe}(\mathrm{II})\right]\right)/\mathrm{d}t = k\left[\mathrm{Fe}(\mathrm{II})\right]\left[\mathrm{OH}^{-}\right]p\mathrm{O}_2$$

式中，$k = 8\ (\pm2.5) \times 10^{13}/\ (\mathrm{min \cdot atm \cdot mol^2 \cdot L^2})$，25℃。从该方程式可知，pH 和含氧量对化学反应速率的影响非常大，这也解释了在 pH 较低或含氧量较低的情况下，溶解态 Fe^{2+} 处于较稳定状态的原因。因此，酸性条件或中性微氧条件是微生物通过氧化 Fe(II)获得能量生存的适宜环境。

1. 酸性好氧 Fe(II)氧化

早在 20 世纪 50 年代，人们就开始认识到嗜酸性铁氧化菌是导致酸性环境中 Fe(II)氧化的主要原因。据报道，当 pH=2~3 时，硫杆菌催化的亚铁生物氧化速率是化学氧化的 10^5~10^6 倍。嗜酸性亚铁氧化菌可以氧气作为最终电子受体，通过氧化 Fe(II)获取能量。其中，最为研究者所熟知的是 *Acidothiobacillus ferrooxidans* 和 *Leptospirillum ferrooxidans*，它们在可以不断形成还原态铁的酸性尾矿废水中生长良好。另一种亚铁氧化菌 *Sulfolobus acidocaldarius* 生存于温度极高的酸性温泉中。这些微生物可以通过二价铁获得能量并减

少将 CO_2 转化成有机质所需的功率。以 *A. ferrooxidans* 为例,每同化吸收 1 mol 碳,微生物平均需要氧化 50 mol Fe^{2+}。因此,即使只有少量铁氧化菌存在,环境中仍有大量 Fe^{3+} 生成。

2. 中性好氧 Fe(Ⅱ)氧化

在 pH≥5.0 的条件下,Fe(Ⅱ)可被扩散进溶液的 O_2 迅速化学氧化成难溶性 Fe(Ⅲ)氧化物胶体,并且 pH 越高,越有利于化学氧化。因此微生物必须设法与 O_2 竞争电子供体 Fe(Ⅱ),以便从氧化反应中获得能量。因此,中性好氧条件下 Fe(Ⅱ)氧化菌的作用长期存在争议。但是,随着研究的推进,铁氧化菌作为自然环境下 Fe(Ⅱ)氧化驱动者的角色,其地位已逐渐确立。目前认为能参与中性好氧亚铁氧化反应的微生物广泛存在。支持中性好氧的微生物进行亚铁氧化反应的环境有河流的沉积物、地下水、湿地表层沉积物、与植物根系相接的沉积物、洞穴壁、灌溉沟渠、地下钻孔、市政和工业水分配系统、深海的玄武岩和热泉喷口(Emerson and Weiss,2004)。在这些环境中,微量需氧亚铁氧化菌几乎能与非生物亚铁氧化反应达到平衡,而且有明确证据证明亚铁氧化菌能从亚铁氧化过程中保存能量并且同化 CO_2(Emerson and Moyer,1997)。好氧亚铁氧化反应不仅在厌氧-好氧界面对铁的氧化还原反应中起作用,而且对环境中的矿物质风化也有影响(Edwards et al.,2003)。尽管中性好氧亚铁氧化菌广泛存在,但到目前为止仍只确定了 3 个属(*Gallionella*、*Leptothrix* 和 *Marinobacter*),分别属于 α-、β-、γ-变形杆菌纲(Edwards et al.,2003;Emerson and Weiss,2004)。

以 *Gallionella* 属为例,在 O_2 含量低于 1.0 mg/L,且氧化还原电势(200~300 mV)明显低于表层水的中性环境下,*Gallionella ferruginea* 等微好氧菌对 Fe(Ⅱ)氧化的贡献较大。中性条件下,$Fe(OH)_3/Fe^{2+}$ 的电势差远低于中性菌在亚铁氧化过程中获得的能量。这说明在中性条件下,微生物可获得较高能量以产生更多 ATP。尽管 *G. ferruginea* 可以在近中性的富含铁盐的环境中以 CO_2 为碳源自营生长,但并没有确切的证据证明微生物所需能量直接来源于 Fe(Ⅱ)的氧化。有趣的是,在 pH 小于 6 或者极微氧(O_2 存在,但氧化还原电势为–40 mV)的环境中,*G. ferruginea* 的生长并不能形成螺旋结构。这个现象说明 *G. ferruginea* 形成的螺旋结构的有机体表面可以沉淀水铁矿,水铁矿反过来又可保护细胞不被分解。与 *G. ferruginea* 类似,*Leptothrix ochracea* 可以使亚铁氧化形成的水铁矿附着于细胞外壳上,以此保护其免受环境中氧气的毒害。这些现象都暗示了 Fe(Ⅱ)氧化不一定与产能有直接联系。

(二)厌氧 Fe(Ⅱ)氧化

1. 光合 Fe(Ⅱ)氧化

Fe(Ⅱ)的生物厌氧氧化在厌氧光合细菌的培养中被发现,首次证实了 Fe(Ⅱ)能在厌氧环境中被氧化(Widdel et al.,1993)。在这一过程中的亚铁氧化菌氧化 Fe(Ⅱ),并且利用光能同化 CO_2,可用下列方程式表述:

$$4Fe^{2+} + HCO_3^- + 10H_2O + h\nu \longrightarrow 4Fe(OH)_3 + (CH_2O) + 7H^+$$

虽然光合亚铁氧化菌有许多种,包括 *Chlorobium ferrooxidans*、*Rhodovulum robigino-sum*、*Rhodomicrobium vannielii*、*Thiodictyon* sp.、*Rhodopseudomonas palustris* 和 *Rhodovulum* spp.,但是到目前为止,还没有发现厌氧古菌能进行这种代谢。

研究报道从淡水和海洋沉积物中分离培养出几种紫色和绿色不产氧光合亚铁氧化菌。除了 *R. vannielii* 之外,这些光合亚铁氧化菌能把液相 Fe(Ⅱ)完全氧化成三价铁。Widdel 等(1993)认为 *R. vannielii* 之所以不能完全氧化 Fe(Ⅱ)是因为细菌细胞外壁上存在由微生物自身作用产生的 Fe(Ⅲ),这种氧化物阻碍了细胞进一步代谢。但是在其他光合亚铁氧化菌包括 *R. robiginosum* 和 *C. ferrooxidans* 的培养过程中发现这些菌能产生溶解上述铁氧化物的低分子质量化学物质,这种化学物质已作为解释阻碍细胞结壁的一种机制(Straub et al., 2001)。与 *R. vannielii* 相反,在被 *R. robiginosum* 和 *C. ferrooxidans* 消耗了的培养基中发现 Fe(Ⅱ)和 Fe(Ⅲ)的离子浓度远高于根据溶解所预测的值(Straub et al., 2001)。然而,随后发现的 *Thiodictyon* sp. F4 菌株在液相亚铁或者固相硫化亚铁上生长时,却没能找到起直接作用的有机化合物或者螯合铁。因此,Kappler 和 Newman(2004)提出了 Fe(Ⅲ)是从无机水合物或胶体聚合物的活性细胞中释放出来的假设。尽管如此,*R. vannielii* 受制于细胞外壁而其他光合亚铁氧化菌却不受影响的这种现象依然有待解释。产生能溶解 Fe(Ⅲ)的化合物不但对亚铁氧化菌细胞的新陈代谢有深远影响,而且对固态矿化物的分解,以及对溶解性 Fe(Ⅲ)的释放从而作为其他水生陆生生物的末端电子受体或者微量营养素都有着深远的影响。

Kappler 和 Newman(2004)发现光合亚铁氧化反应生成结晶度较低的 Fe(Ⅲ)氧化物,在强代谢活性亚铁氧化菌的存在下,这些氧化物继而被转化成结晶度高的 Fe(Ⅲ)氧化矿物质,如针铁矿和纤铁矿。然而,在自然陆地环境中光最多只能穿透 200 μm 的土壤和沉积物,光合亚铁氧化过程被这一因素限制(Ciani et al., 2005)。此外,目前的研究表明光合亚铁氧化菌不能促进亚铁矿的分解,并且受到矿物质溶解性的限制(Kappler and Newman, 2004)。因此,微生物在铁氧化还原循环和矿物质风化中起到的作用可能是局部的,而且在陆地环境中铁的地球生物化学循环起到的作用也可能是微小的。

2. 硝酸盐依赖型 Fe(Ⅱ)氧化

除了光合铁氧化菌,一些硝酸盐还原菌在中性 pH 环境中也能以硝酸盐作为电子受体对 Fe(Ⅱ)进行厌氧氧化。这种铁氧化过程能够与硝酸盐还原过程很好地耦合,其反应式可表述如下:

$$10Fe^{2+} + 2NO_3^- + 2H_2O \longrightarrow 10Fe(OH)_3 + N_2 + 18H^+$$

自养硝酸盐还原菌与光合铁氧化菌一样,都能忍受低氧,这使其甚至能够贯穿到氧化-还原转换界面之上获取生长基质与能量,与好氧铁氧化竞争。这种以硝酸盐作为电子受体的微生物 Fe(Ⅱ)氧化反应已被证实存在于多种淡水和含盐环境系统中,包括水稻土、池塘、溪流、水沟、咸水潟湖、湖泊、湿地、蓄水层、热液、深海沉积物(Chaudhuri et al., 2001; Edwards et al., 2003; Weber et al., 2001)。这些环境系统供养着大量有助于铁的氧化还原循环且依赖硝酸盐的亚铁氧化菌群,它们分别属于 α-、β-、γ-变形杆菌纲下的一些种属。某些环境样品中此类微生物含量可高达 10^3~10^8 cells/g。这些厌氧亚铁氧化菌的普遍性和多样性意味着不依赖光的代谢反应,如硝酸盐-Fe(Ⅱ)氧化反应很有可能有助于大范围的厌氧亚铁氧化反应,并使电子受体能够很容易达到足够反应的浓度。在硝酸盐还原和 Fe(Ⅲ)还原的环境中,这种代谢不仅影响铁循环,还影响氮循环。然而,这种代谢途径对于全球氮循环的定量贡献至今还不清楚。

Bruce 等(1999)已证实铁氧化菌可利用 Fe(OH)$_3$/Fe(Ⅱ)和硝酸盐还原反应中氧化还原对(NO_3^-/½N_2,NO_3^-/NO_2^- 和 NO_3^-/NH_4^+)之间的电势差能,以及 Fe(OH)$_3$/Fe(Ⅱ)和高氯酸盐(ClO_4^-/Cl^-)之间的电势差能。尽管硝酸盐还原菌氧化 Fe(Ⅱ)的现象在沉积环境中十分普遍,但在大多数情况下这些菌的增长与这种代谢不相关。完全自养并可氧化亚铁的硝酸盐还原菌目前只分离出两株:超嗜热广古菌(*Ferroglobus placidus*)(Halfenbradl et al., 1996)和嗜温 β-变形杆菌 *Chromobacterium violaceum*(Weber et al., 2006a)。甚至已知的化能自养型铁氧化菌 *Thiobacillus denitrificans*,在无额外电子供体条件下直接耦合依赖硝酸盐亚铁氧化反应的能量转化都不能发生(Beller, 2005)。目前仍不清楚铁氧化是否对厌氧铁氧化菌细胞的生长有利。在中性 pH 环境,Fe(Ⅱ)氧化理论上来说也可以耦合 NO_3^- 还原到 NH_4^+ 的反应(E_0 = +360 mV)(图 4-2),Weber 等(2006a)报道 *Geobacter* 属与 *Dechloromonas* spp.在 NO_3^- 存在的厌氧共培养体系中 Fe(Ⅱ)氧化过程伴随着 NH_4^+ 的产生,尽管到目前为止还没有分离到能够将 NO_3^- 还原成 NH_4^+ 的亚铁氧化单菌,却证实了硝酸盐依赖的亚铁氧化微生物群落可以耦合 NO_3^- 还原成 NH_4^+ 的过程。Coby 等(2011)认为硝酸依赖型亚铁氧化过程可能会促进厌氧微生物群落(可以利用 Fe-N 反复循环过程中产生的能量)的发展。在交替加入硝酸盐和乙酸盐后,加入的 NO_3^- 的还原和乙酸盐的消耗导致了 Fe(Ⅱ)的快速氧化和 NH_4^+ 的积累,这一发现对沉积物中 N 的归趋具有重要的意义。

硝酸盐依赖的亚铁氧化菌在地球化学循环中的普遍性及重要性已被广泛认可,但是之前对于它们的生物化学机制却了解甚少。Carlson 等(2012a)根据本组研究工作及文献中的有力证据,提出了硝酸依赖型亚铁氧化机制模型(图 4-2),其中,①甲基萘醌类氧化还原蛋白氧化细胞表面或质粒中的 Fe(Ⅱ)释放电子,从而还原醌,为下游氮相关的氧化还原酶提供还原当量;②Fe(Ⅱ)将电子直接传给硝酸氧化还原酶 Nar;③细胞色素 *bc1* 复合物接受来自 Fe(Ⅱ)的电子,还原醌池;④电子激发,将比下游氧化还原酶耦合细胞色素更多的质子转移到硝酸还原酶 Nar 上,那么电子流向 Nar 则会受益。虽然这还只是推测,需要日后在实验中进行验证,但这对于我们理解硝酸依赖型亚铁氧化的生物化学机制已经更近一步。

二、Fe(Ⅲ)还原

长期以来,Fe(Ⅲ)还原被误认为只是纯化学反应。直到 20 世纪 80 年代才开始认识到,Fe(Ⅲ)还原是由特定微生物驱动的酶促反应,是微生物以胞外固态铁氧化物为末端电子受体,通过氧化电子供体偶联 Fe(Ⅲ)还原,并从这一过程中贮存生命活动的能量(Lovley, 1987)。这一过程又被称为铁呼吸或异化铁还原。

据报道,铁呼吸同样是在氧气逐渐形成、硝酸和硫呼吸之前微生物代谢进化的首种形式之一。近年来,大量的地球化学证据表明,铁呼吸是地球上最古老的呼吸途径。铁呼吸广泛存在于现有微生物(包括那些几乎来源于共同祖先的微生物)支持了这一观点。

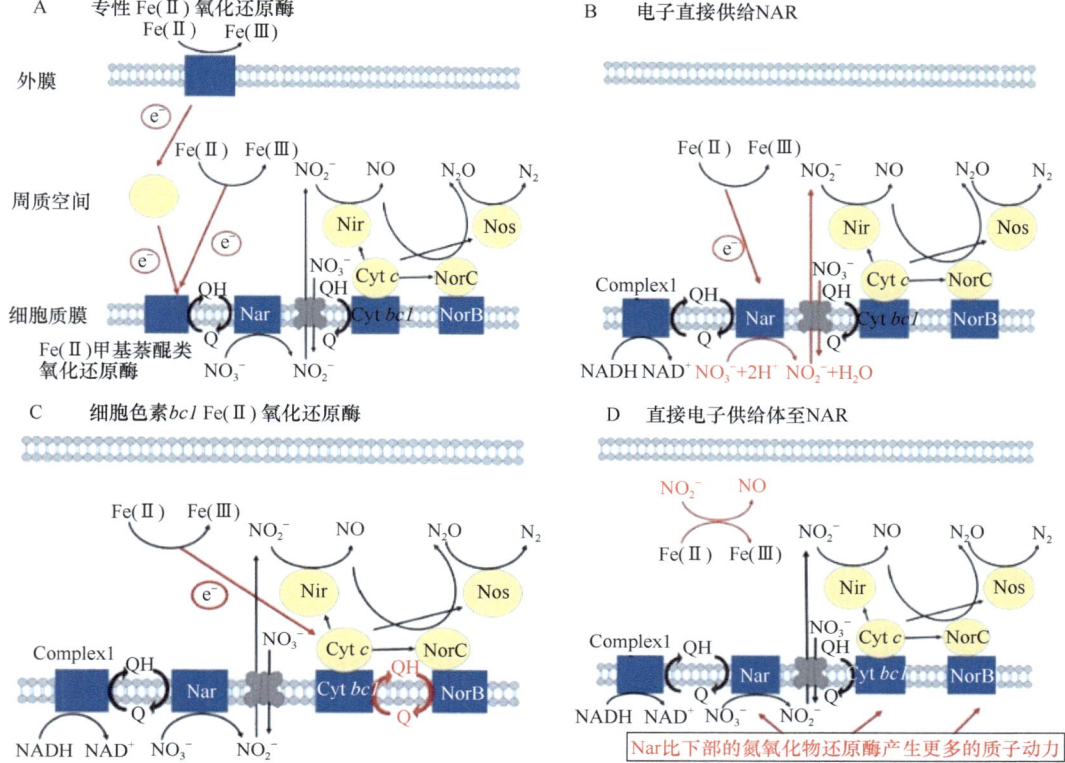

图 4-2 硝酸依赖型亚铁氧化机制模型（Carlson et al., 2012a）

Fig. 4-2 Possible mechanisms for energetic benefit from iron oxidation coupled to nitrate reduction (Carlson et al., 2012a)

CM. cytoplasmic membrane, 细胞质膜；CymA. cytoplasmic-membrane bound tetraheme c-type cytochrome, 细胞质膜结合的四血红素细胞色素；Cyt $c3$. periplasmic c-type cytochrome, 周质细胞色素 c；MacA. cytoplasmic membrane-bound cytochrome, 细胞质膜结合细胞色素；MQ. menaquinone, 甲基萘醌类；MtrA. periplasmic decaheme c-type cytochrome, 周质十血红素细胞色素；OM. outer membrane, 细胞外膜；Omc. outer-membrane-bound cytochromes B，E, and S partially exposed on the cell surface, 外膜细胞色素 B、E 和部分暴露在细胞表面的细胞色素 S；PpcA. a tri-hemeperiplasmic c-type cytochrome, 三血红素周质细胞色素 c；Q. quinone, 醌类

在极端高温古菌中发现胞外电子传递到不溶性 Fe(III) 氧化物上，这一电子传递过程也大量存在于细菌中，所以进一步推测铁呼吸是早期广泛存在于微生物进化史中的一种代谢方式。

介于无定形铁氧化物的相对还原活性（表 4-2），结晶度低的三价铁氧化矿物质，如水铁矿，容易成为铁还原菌的电子受体。然而，铁氧化物主要存在于土壤和沉积物中的晶体结构或者作为黏土的结构部分。虽然晶体三价铁氧化矿物质（针铁矿、赤铁矿和磁铁矿）还原反应的热力学活性低于无定形铁氧化物（表 4-2），但是有报道称，三价铁还原菌能利用结构性或晶体固态铁作为电子受体生活在"能量边缘"。研究表明在营养丰富的条件下，晶体铁矿物质还原反应能促进铁还原菌生长，但是这些研究得出的结论与环境的直接相关性存在广泛争议。Glasauer 和他的同事在 *Shewanella putrefaciens* strain CN32 提供的最低营养环境中没有发现针铁矿和赤铁矿被还原，这与之前的研究报道（在营养丰富条件下，*Shewanella putrefaciens* strain CN32 反映出来的还原反应）正好相反。然而三价铁还原菌在营养有限条件下不能还原晶体三价铁氧化矿物质的现象很少见。在

表 4-2　中性 25℃条件下常见铁氧化物还原的氧化还原电势
Tab. 4-2　Redox potentials for reduction of various iron oxides at pH 7.0 and 25℃

铁氧化物*	E'_0/mV	参考文献
Fe(III)-NTA/Fe(II)NTA	385	Thamdrup et al., 2000
Fe(III)-citrate/Fe(II)citrate	372	
Fe(III)-EDTA/Fe(II)EDTA	96	Wilson，1978
Ferrihydrite（水铁矿）/Fe^{2+}	−100~100	Widdel et al., 1993
γ-FeOOH（纤铁矿）/Fe^{2+}	−88	
α-FeOOH（针铁矿）/Fe^{2+}	−274	Thamdrup，2000
α-Fe_2O_3（赤铁矿）/Fe^{2+}	−287	
Fe_3O_4（磁铁矿）/Fe^{2+}	−314	

注：*Fe(III)-EDTA. Fe(III)ethylenediamine-tetraacetic acid，乙二胺四乙酸；Fe(III)-NTA. ferric nitriloacetic acid，氨三乙酸铁；Fe(III)-citrate. ferric citrate，柠檬酸铁

贫营养环境中发现 *G. metallireducens* 的培养及淡水富集培养都还原了针铁矿，并且这种还原能力超过了无定形三价铁氧化物，这一发现证实在这种贫瘠环境中晶体三价铁氧化物能被微生物还原。

第三节　铁　呼　吸

一、铁呼吸原理

（一）铁呼吸机制

pH＞4 时，天然不溶性铁氧化矿物质加大了微生物利用 Fe(III)作为最终电子受体这一代谢过程的难度。从微生物转移电子到胞外 Fe(III)氧化矿物质过程中推测出多种机制。在地杆菌属（*Geobacter*）还原非溶性铁氧化物过程中，发现微生物通过与固态铁氧化矿物质直接接触传递电子（图 4-3）。

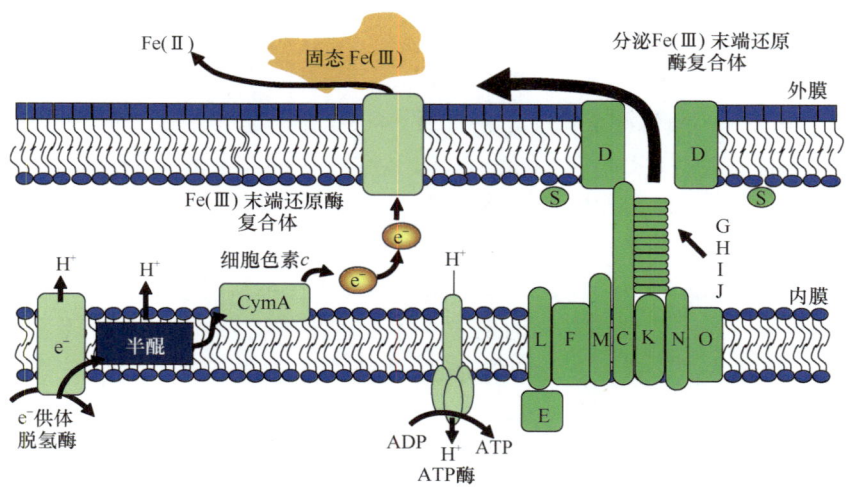

图 4-3　微生物异化铁还原的直接接触机制示意图（DiChristina et al., 2005）
Fig. 4-3　Working model for direct enzymatic reduction of soild Fe(III)-oxides (DiChristina et al., 2005)

菌毛的形成被作为地杆菌直接与铁氧化物表面接触的依据。最新研究证明菌毛不是地杆菌直接与铁氧化物表面接触的必需物，而是作为电子导管在电子传递到非溶性铁氧化物或其他固态末端电子受体过程中起作用。这种导电多孔"纳米导线"的形成把细胞可接触区域扩展到细胞膜之外，其中包括土壤和沉积物中的纳米级空间。这些纳米导线可能为细胞与细胞间的交流创造了一种桥梁，并且为吸附于 Fe(III)氧化物或其他电子受体上的细胞提供了便利。

"纳米导线"并不是地杆菌独有的，其他微生物（如 S. oneidensis）在电子受体有限的情况下也能产生导电的菌毛。这些菌毛直接参与传递电子或还原 Fe(III)仍然没有被证实，并且它们的作用目前为止也还不清楚。

内生及外源的电子穿梭体能作为传递中介物完成电子向固态末端电子受体的传递（图 4-4）。电子穿梭体介导铁还原菌与 Fe(III)氧化物的接触，并且在连接微生物催化和非生理过程中起着作用；铁还原菌氧化电子供体同时还原可溶性电子穿梭体，还原性电子穿梭体扩散随后把电子传递给固态三价铁氧化物。具有氧化功能的电子穿梭体再生从而使循环重新开始（图 4-4）。

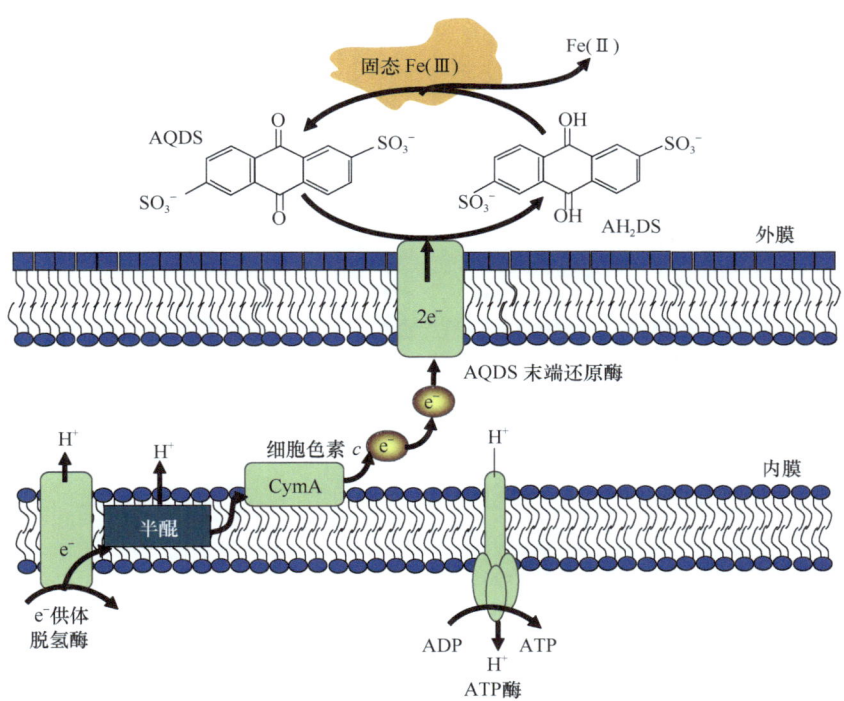

图 4-4 微生物异化铁还原的电子穿梭机制示意图（DiChristina et al., 2005）
Fig. 4-4 Working model for electron shuttling pathway with AQDS as electron shuttle
(DiChristina et al., 2005)

已被确定具有氧化还原能力的电子穿梭体广泛存在于土壤和沉积物有机化合物中，如腐殖质、植物残存物和抗生素。不同电子穿梭体的氧化还原电位见表 3-3 和表 3-4。在富营养环境中还没有发现这种为微生物参与 Fe(III)还原反应作为电子穿梭体的化合物，在贫瘠环境中，虽然它们可以参与氧化还原反应，但其利用性可能会受到自身难溶性的限制。在希瓦氏菌属（*Shewanella*）、地发菌属（*Geothrix*）这两种铁还原菌中的电子穿梭体所产生的内生产物，以及地发菌中的螯合配位体所产生的产物都能够进一步减缓三价铁还原菌对外生电子穿梭体的依赖（图 4-5）。自然界中存在多种溶铁螯合物，如麦芽糖醇（maltol），其与 Fe(III)是以 3:1 的比例螯合，即 Fe(III)(maltol)$_3$（Dobbin et al., 1999）；还有邻苯二酚 [$C_6H_4(OH)_2$]，它是绿茶中含量丰富的一种多酚，在不同酸性环境下，与 Fe(III)形成多种铁螯合物，如 Fe(III)-$C_6H_4(OH)_2$、Fe(III)-[$C_6H_4(OH)_2$]$_2$、Fe(III)-[$C_6H_4(OH)_2$]$_3$（Elhabiri et al., 2007）。同时有些微生物能分泌螯合物，如高铁载体（siderophores），即微生物在缺铁情况下分泌到细胞外的低分子质量有机化合物，能螯合增溶 Fe(III)（Anupa et al., 2007）。这些螯合物改变了环境中铁的存在状态，促进了铁元素及其他元素的循环，对整个生物地球化学系统有重要影响。然而螯合物在环境中可能受到其他物质或微生物的影响，使其作用力损耗，减少对不溶性 Fe(III)的增溶。

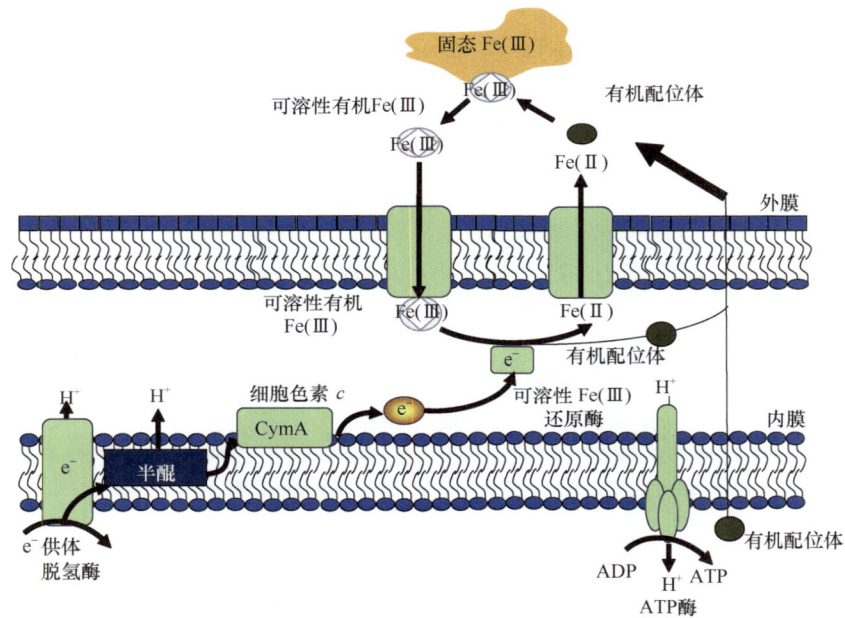

图 4-5　微生物异化铁还原的螯合促溶机制（DiChristina et al., 2005）

Fig. 4-5　Working model for Fe(III) solubilization-reduction pathway with organic ligand as Fe(III)-chelating compounds (DiChristina et al., 2005)

虽然在细胞中产生具有氧化还原活性的化合物并将它们运输到环境中在能量方面不划算，但是在生物膜体系中释放电子穿梭体可能便于电子由细胞传递到固体表面。另外，目前已证实电子穿梭体广泛存在于生物再氧化过程中，并耦合了适宜作为电子受体（如硝酸根）同化碳反应，此过程为微生物共存关系提供了可能。

（二）铁呼吸的生物化学模型

Fe(III)氧化矿物质是难溶或不溶的，所以不能扩散进入微生物细胞中。因此电子传递到固态末端电子受体不能发生在细胞周质中，而可溶性电子受体（如硝酸盐）却能在细胞周质中穿梭。所以 Fe(III)还原发生在胞外，被位于细胞外膜上可能是末端铁还原酶的一种蛋白质催化。利用不溶 Fe(III) 作为末端电子受体这种代谢方式因 Fe(III) 还原菌的不同而不同，同时参与电子传递的蛋白质也会不同。但不同电子传递机制中的共同点是都包含了从脱氢酶到醌类物质（包括泛醌）、从细胞膜中的甲基萘醌到细胞色素 c，以及最终到达细胞外膜上的还原酶的电子传递。虽然还没有确实末端铁还原酶，但通过对希瓦氏菌属和地杆菌属这两种铁还原菌模型的研究，我们又进一步认识了 Fe(III) 还原的生物化学机制（图 4-6）（Weber et al., 2006b）。

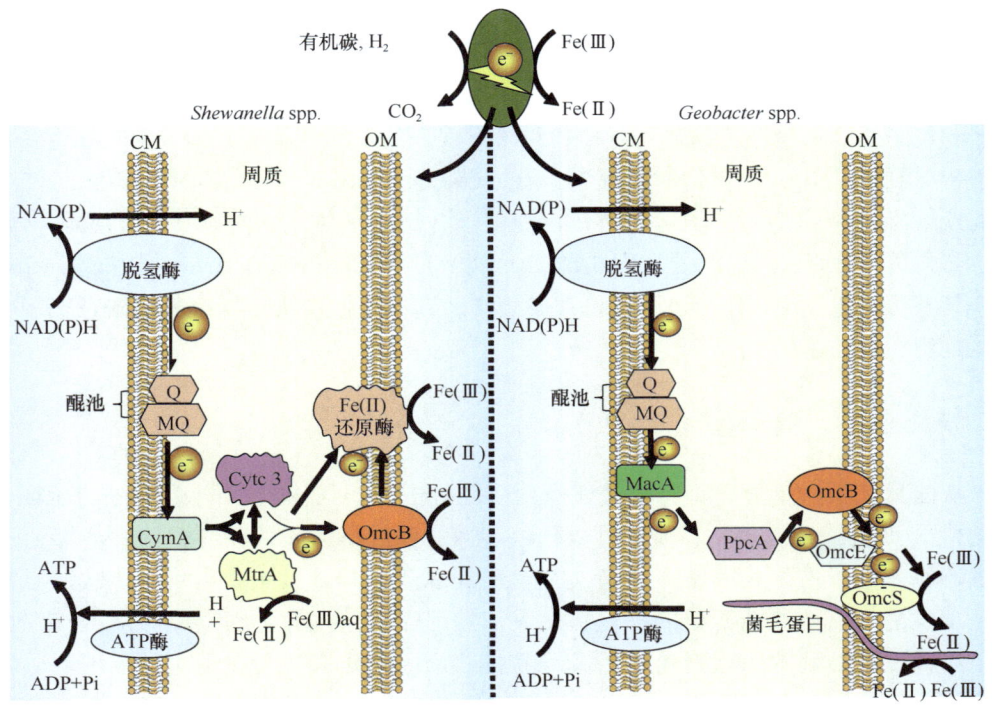

图 4-6 *Shewanella* 属和 *Geobacter* 属还原 Fe(III) 的生物化学模型（Weber et al., 2006b）
Fig. 4-6 Model of the biochemistry involved in microbial Fe(III) reduction by *Shewanella* and *Geobacter* spp. (Weber et al., 2006b)

直接参与 Fe(III) 还原的 c 型细胞色素数目远少于已被确定全基因组序列的 c 型细胞色素数目。*S. oneidensis* 和 *G. sulfurreducens* 全基因组序列分别显示了 39 种和 111 种假定的 c 型细胞色素。在 *G. sulfurreducens* 中大量的 c 型细胞色素暗示多种电子传递途径的存在可能性。希瓦氏菌将电子从甲基萘醌传递到位于细胞质膜的细胞色素 c 即 CymA 上，然后通过电子载体传递到细胞周质。目前在希瓦氏菌的细胞周质中已发现两种 c 型细胞色素 MtrA 和 Cyt c3，为 Fe(III) 还原作电子载体。Cyt c3 可能在电子载体之间充当电子穿梭体；MtrA 可从细胞质膜上的电子载体 CymA 接受电子，然后把电子传递给外膜蛋白（OMP）。有猜测 MtrA 也有可能作为细胞周质可溶性 Fe(III) 的末端还原酶（图 4-6）。OmcB（正式称作 MtrC113）这种细胞外膜色素部分暴露于细胞表面，它接受来自由细胞周质蛋白传递而来的电子，并且有可能直接参与胞外三价铁还原（图 4-6），一些有关突变的 OmcB 降低了还原铁能力的研究证实了这一假设。然而，部分三价铁依然能被还原，证实三价铁还原不全依赖 OmcB 的作用。

由于目前研究的限制，地杆菌细胞周质色素与 OMP 之间的关系还没有建立完善。一种重要的细胞周质色素——MacA，已被证实其在传递电子到三价铁的过程中发挥着重要作用。研究预计 MacA 可能作为中间载体（类似于 *Shewanella* 属中的 MtrA），从而能够把电子传递到其他周质蛋白如 PpcA 上（一种把电子传递到 OMP 上的 tri-heme 细胞周质 *c* 型细胞色素）（图 4-6）。OmcB 是一种 OMP，被确定在三价铁还原中起着重要作用。研究表明通过基因替换分离出 OmcB 能够降低 *G. sulfurreducens* 94%~97%的铁还原能力。然而分离出的 OmcB 突变体却能够在可溶态 Fe(III)中增长，虽然这种增长率只相当野生型的 60%，但是有着与野生型相似的还原速率。有趣的是，这种突变体却不能还原不溶态三价铁氧化物。这表明在还原可溶态和不可溶态 Fe(III)时，这种突变体运用了不同的电子传递机制。目前，可导电"纳米导线"的发现暗示着其他 OMP 可能参与把电子传送到 Fe(III)氧化物的过程中。Reguera 等（2005）假设导电菌毛直接从位于细胞周质或细胞外膜上的电子传递蛋白接受电子并把电子传递到固态 Fe(III)氧化物表面（图 4-6）。最初研究认为导电菌毛是 *Geobacter* 属专有，而 2006 年，Gorby 等报道 *S. oneidensis* 同样具有可导电菌毛，作为电子导管在电子传递到不溶性铁氧化物或其他固态末端电子受体过程中起作用。

二、铁还原菌

从能量代谢角度而言，异化铁还原菌 [dissimilatory iron (III) reduction bacteria, DIRB] 主要分为两大类：不能通过异化铁还原产能维持生长的铁还原菌和能够通过异化铁还原产能维持生长的铁还原菌（Lovley et al., 2004）。虽然微生物异化铁还原的研究是从发酵型铁还原菌开始的，但自从人们发现能够通过异化铁还原产能维持生长的铁还原菌以后，研究重点就落在后者，其主要原因是研究认为在土壤与沉积环境中，Fe(III)的还原主要还是后者的贡献。能通过异化铁还原产能的铁还原菌的系统发育树如图 4-7 所示。这些细菌在厌氧条件下利用 Fe(III)作为呼吸链末端电子受体，实现电子在呼吸链上的传递，形成跨膜的质子浓度电势梯度，进而转化为代谢所需的能量，所以能够通过铁还原获得能量的铁还原菌也称铁呼吸菌 [Fe(III)-respiring microorganisms, FRM]。

（一）革兰氏阴性铁还原菌

迄今为止，被报道的铁还原菌早已超过 200 株，广泛分布在土壤、海洋/淡水沉积物、活性污泥和废水等环境中（Lovley et al., 2004）。目前已分离的铁还原菌大多数为革兰氏阴性菌，主要集中在变形菌门（Proteobacteria）的不同亚门（α-、β-、γ-及 δ-Proteobacteria）。在 pH 近中性的近地表环境中，地杆菌属是研究最广泛最全面的铁还原菌。地杆菌属和希瓦氏菌属在异化铁还原和氧化土壤及沉积物有机质的过程中起着非常重要的作用，是目前革兰氏阴性铁还原菌（简称阴性铁还原菌）研究的模式物种（表 4-3）。本章第二节铁呼吸机制都是以阴性铁还原菌地杆菌和希瓦氏菌为模式菌种的研究。

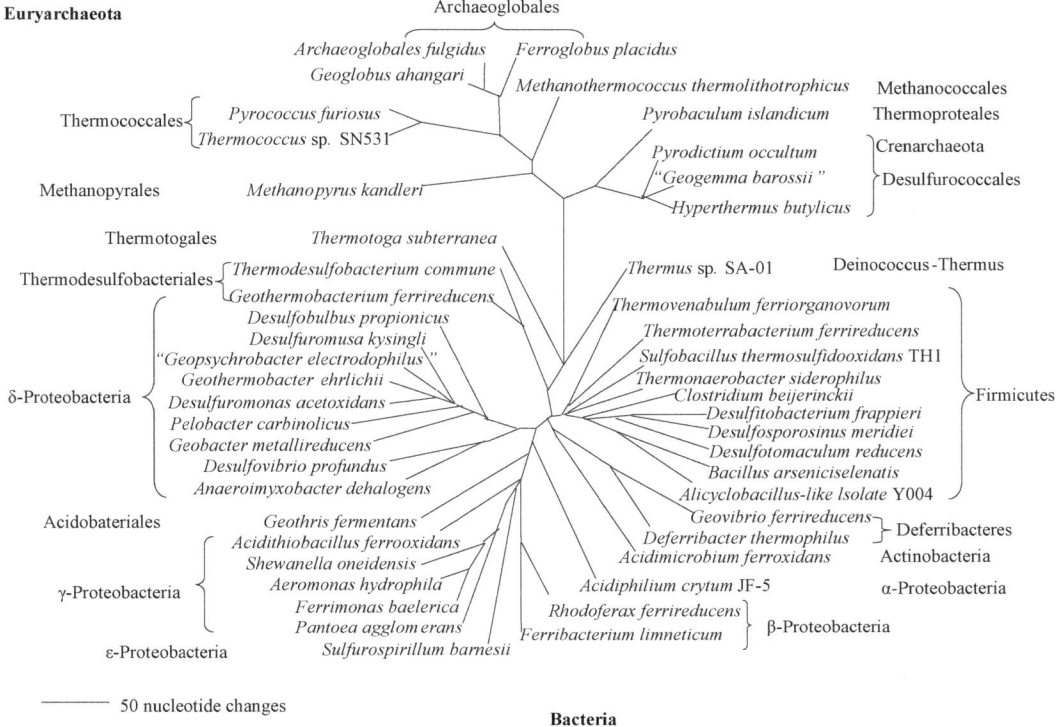

图 4-7 铁呼吸菌的系统发育树（Lovley et al., 2004）

Fig. 4-7 Phylogenetic tree based on 16S rRNA of Fe(Ⅲ)-respiring microorganisms (Lovley et al., 2004)

表 4-3 代表性革兰氏阴性铁还原菌及相关特性

Tab. 4-3 Representatives of Gram-negative Fe(Ⅲ) reducing bacteria and correlated characteristics

阴性铁还原菌	来源	电子供体*	电子受体#	Fe(Ⅲ)还原速率	参考文献
Geobacter metallireducens	水生沉积物	Ac、Bz、BzOH、BtOH、Bzo、EtOH、*p*-HBz、*p*-HbzOH、Ph、Prop、PrOH、Tal	PCIO、Fe(Ⅲ)-Cit、Mn(Ⅳ)、Tc(Ⅶ)、U(Ⅵ)、Fe(Ⅲ)-H、Fe(Ⅲ)-NTA AQDS、Humics、Nitrate	>24.3 μmol/min	Lovley and Phillips, 1988
Geobacter sulfurreducens	污染沟渠	Ac、Lac	Fe(Ⅲ)-Cit、Fe(Ⅲ)-H、Fe(Ⅲ)-P	>16.7 μmol/min	Caccavo et al., 1994
Geobacter argillaceus	矿场沉积物	Ac、BuOH、Buty、EtOH、Glyc、Lac	Fe(Ⅲ)-cit、Fe(Ⅲ)-NTA、Fe(Ⅲ)-P、Smectite、AQDS、Fum、Nitrate、Mn(Ⅳ)、S^0	>5.3 μmol/min	Lovley et al., 2004
Geobacter chapellei	深海沉积物	Ac、EtOH For、Lac	PCIO、Fe(Ⅲ)-NTA、Mn(Ⅳ)、AQDS、Fum	>6.9 μmol/min	Coates et al., 2001
Geobacter grbiciae	水生沉积物	Ac、Buty、EtOH、For、H_2、Tol、Prop	PCIO、Fe(Ⅲ)-Cit、AQDS	>9.3 μmol/min	
Geobacter hydrogenophilus	矿场沉积物	Ac、EtOH、For、H_2、Lac	PCIO、Fe(Ⅲ)-Cit、Mn(Ⅳ)、AQDS、S^0、Nitrate、Fum	>3.6 μmol/min	
Geobacter sp. strain IST-3	山石蓄水层	Ac	天然 Fe(Ⅲ)矿物	>4.1 μmol/min	Bloethe and Roden, 2009
Shewanella oneidensis	水生沉积物	For、H_2、Lac、Pyr	PCIO、Fe(Ⅲ)-cit、Mn(Ⅵ)、U(Ⅵ)、S^0、$S_2O_3^{2-}$、AQDS、Nitrate、Fum、O_2	>12.9 μmol/min	Myers and Nealson, 1990
Shewanella putefaciens	水生沉积物	Fum、H_2、Lac、Pyr	Fe(Ⅲ)-cit、Fe(Ⅲ)-H、Fe(Ⅲ)-EDTA、Mn(Ⅳ)、AQDS、Nitrate	>8.6 μmol/min	

续表

阴性铁还原菌	来源	电子供体*	电子受体#	Fe(III)还原速率	参考文献
Shewanella algae	水生沉积物	H_2、Lac	PCIO、Fe(III)-cit、Mn(IV)、U(VI)、$S_2O_3^{2-}$、AQDS、TMAO、O_2、Goe	>4.2 μmol/min	Caccavo et al., 1992
Geothrix fermentans	污染蓄水层	Ac、Lac	Fe(III)-cit、Ferrihydrite、Fe(III)-NTA	>0.7 μmol/min	Coates et al., 1999
Geovibrio ferrireducens	污染沟渠	Ac、Lac、Fum、H_2	Fe(III)-cit、Ferrihydrite、Fe(III)-P	>17.6 μmol/min	Cacavvo et al., 1996

注：* 电子供体：Ac. acetate, 乙酸；Bzo. benzoate, 安息香酸；BtOH. butanol, 丁醇；Buty. butyrate, 丁酸；EtOH. ethanol, 乙醇；For. formate, 甲酸；Fum. fumarate, 延胡索酸；Glyc. glycerol, 甘油；*p*-HBz. *p*-hydroxybenzaldehyde, *p*-乙醛苯酚；*p*-HbzOH. *p*-hydroxybenzylalcohol, *p*-乙醇苯酚；Lac. lactate, 乳酸；Ph. phenol, 苯酚；PrOH. propanol, 丙醇；Prop. propionate, 丙酸；Suc. sucrose, 蔗糖；Tol. toluene, 甲苯。

\# 电子受体：Humics. 腐殖质；Fe(III)-P. ferric pyrophosphate, 焦磷酸铁；Fe(III)-EDTA. Fe(III)ethylenediamine-tetraacetic acid, 乙二胺四乙酸；Akaganeite. 四方纤铁矿；Fe(III)-NTA. ferric nitriloacetic acid, 氨三乙酸铁；TCA. trichloroacetic acid, 三氯乙酸；Fe(III)-cit. ferric citrate, 柠檬酸铁。

（二）革兰氏阳性铁还原菌

过去很长一段时期内，研究者认为革兰氏阳性铁还原菌（简称阳性铁还原菌）与难溶性Fe(III)氧化物之间不存在直接胞外电子传递（Rabaey et al., 2007），这一观念的形成主要基于以下原因（图4-8）：①阴性铁还原菌中，介导直接胞外电子传递的*c*-Cyts主要位于周质和外膜上（Hartshorne et al., 2009）；而革兰氏阳性菌缺少外膜，且周质空间狭小（Zuber et al., 2006），因此推测阳性铁还原菌中可能缺少直接胞外电子传递的关键蛋白质*c*-Cyts。②革兰氏阳性菌细胞壁含有结构紧密、较厚的肽聚糖层（20~80 nm）（Firtel et al., 2004），细胞壁外面还可能包裹着糖基化的S层蛋白（杨玲玲等，2011），使得胞内电子直接"穿"过不导电细胞壁的难度加大。

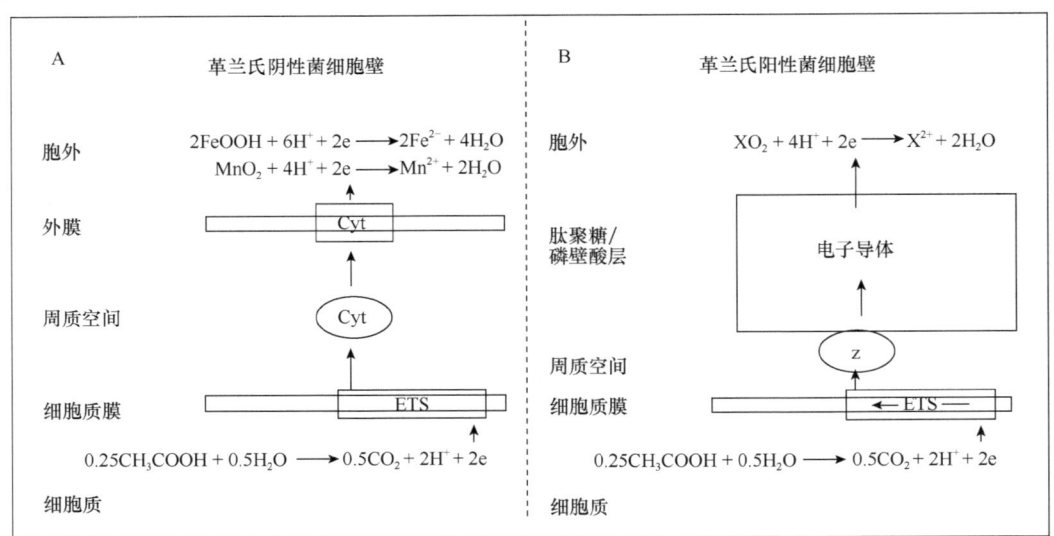

图4-8 革兰氏阴性和阳性铁还原菌细胞壁组成和电子传递过程（Ehrlich, 2008）。
（A）革兰氏阴性菌细胞壁和电子传出过程；（B）革兰氏阳性菌细胞壁和电子传出过程

Fig. 4-8 Comparison of cell walls and electron transport across cell wall of gram-negative and gram-positive bacteria (Ehrlich, 2008). (A) The example shown for the cell wall of gram-negative bacteria and the electron export across the cell wall; (B) The example shown for the cell wall of gram-positive bacteria and the electron export across the cell wall

然而，2008 年，Ehrlich 发现革兰氏阳性菌中也可能存在胞外电子转移途径。阳性铁还原菌的细胞膜或周质上可能存在某种氧化还原酶，起到传递电子的作用。而且阳性菌细胞壁上存在传递电子的导电成分，可能是结合了变价金属离子的肽聚糖、磷壁酸、糖醛酸磷壁酸或其他组分。细胞膜或周质上的氧化还原酶可以连接细胞膜的电子传递组分与细胞壁上的导电成分。阳性铁还原菌的细胞壁表面存在金属结合位点，可以结合并最终将电子传递给胞外 Fe(Ⅲ)氧化物。由于革兰氏阳性菌与阴性菌的细胞结构存在巨大差异，导致两者参与铁呼吸的蛋白种类、定位及胞外电子传递机制也会存在显著差别。目前，已分离的铁还原菌中只有极少数为革兰氏阳性菌（表 4-4），主要集中在厚壁菌门（Firmicutes）的芽胞杆菌纲（Bacilli）和梭菌纲（Clostridia）。

表 4-4 代表性革兰氏阳性铁还原菌及其相关特性
Tab. 4-4 Representatives of Gram-positive Fe(Ⅲ) reducing bacteria and correlated characteristics

Fe(Ⅲ)还原菌	来源	电子供体*	电子受体#	Fe(Ⅲ)还原速率	参考文献
Carboxydothermus ferrireducens	温泉	Ac、Pyr、Glyc、Cit、Lac、Succi、H$_2$	Ferrihydrite、Fe(Ⅲ)-EDTA、Fe(Ⅲ)-cit	>12.5 μmol/min	Gavrilov et al., 2012
Thermincola potens	MFC 阳极生物膜	Ac	Ferrihydrite、AQDS	>19.4 μmol/min	Zavarzina et al., 2007
Thermincola ferriacetica	陆地温泉的铁矿沉积物	H$_2$、Ac、Pyr	Ferrihydrite、柠檬酸铁	>4.6 μmol/min	Carlson et al., 2012b
Thermovenabulum ferriorganovorum	陆地温泉	Pep、Pyr、H$_2$	Ferrihydrite、MnO$_2$、NO$_3^-$、Fum	>5 μmol/min	Zavarzina et al., 2002
Bacillus infernus	地表下 2700 m 处	For、Lac	Ferrihydrite、MnO$_2$、NO$_3^-$	>1.6 μmol/min	Boone et al., 1995
Bacillus sp. 3C$_3$	红树林沉积物	For、Lac、Glu、Pyr、MeOH	Ferrihydrite、Cr(Ⅵ)、AQDS	>0.6 μmol/min	Hong et al., 2012
Brevibacillus sp. PTH1	植物根际土壤	Ac、Rha	Goethite	>0.2 μmol/min	Pham et al., 2008
Thermoanaerobacter siderophilus	海底沉积物	H$_2$、Ac、Lac、For	Ferrihydrite、MnO$_2$、NO$_3^-$	>6.8 μmol/min	Slobodkin et al., 1999
Sulfobacillus acidophilus	产热煤堆	Gly	Pyrite	>4 μmol/min	Norris et al., 1996
Pyrobaculum islandicum	海洋	H$_2$、Pep	Ferrihydrite、Fe(Ⅲ)-cit、Tc(Ⅶ)、U(Ⅵ)、Co(Ⅲ)、Cr(Ⅵ)、NO$_3^-$	>7.7 μmol/min	Kashefi and Lovley, 2000
Thermovenabulum gondwanense	温泉	Pyr、Glu、H$_2$、Pep	Ferrihydrite、Mn(Ⅳ)	>0.3 μmol/min	Prowe and Antranikian, 2001

注：* 电子供体：Ac. acetate, 乙酸；Bzo. benzoate, 安息香酸；BtOH. butanol, 丁醇；Buty. butyrate, 丁酸；EtOH. ethanol, 乙醇；For. formate, 甲酸；Glyc. glycerol, 甘油；Lac. lactate, 乳酸；Glu. glucose, 葡萄糖；Pyr. pyruvate, 丙酮酸；PrOH. propanol, 丙醇；Prop. propionate, 丙酸；Suc. sucrose, 蔗糖；MeOH. methanol, 甲醇；Rha. rhamnose, 鼠李糖；Man. mannose, 甘露糖；Pep. peptone, 蛋白胨
电子受体：Fe(Ⅲ)-EDTA. Fe(Ⅲ) ethylenediamine-tetraacetic acid, 乙二胺四乙酸；Ferrihydrite. 水铁矿；Goethite. 针铁矿；Fe(Ⅲ)-H. ferric hydroxide, 羟基氧化铁；Fe(Ⅲ)-NTA. ferric nitriloacetic acid, 氨三乙酸铁；TCA. trichloroacetic acid, 三氯乙酸；Fe(Ⅲ)-cit. ferric citrate, 柠檬酸铁

在铁呼吸的早期研究中，纯培养的阳性铁还原菌在铁呼吸过程中并没有直接的胞外电子传递作用，且对 Fe(Ⅲ)氧化物还原效率较低，所产生的能量不足以维持细胞的生长（Pham et al., 2008）。因此，阳性铁还原菌一度被误认为不具备真正的铁呼吸功能，它们在铁呼吸环境中的存在只起到维持系统平衡和辅助性作用。在这一观点的误导下，阳性铁还原菌的研究［菌种分离、Fe(Ⅲ)还原性能等方面］长期被忽视，有关阳性铁还原菌胞外电子传递机制的研究长期处于空白。直到 2008 年，Wrighton 等在 *ISME* 上的报道，最先证明厚壁菌门（Firmieutes）阳性铁还原菌群具有将电子直接传递给胞外受体的能力

才打破这种局面。随后，Zavarzina 等和 Gavrilov 等陆续于 2007 年和 2012 年发现铁呼吸能力可与 *Geobacter* 相媲美的阳性铁还原菌 *Thermincola potens*［Fe(Ⅲ)还原速率＞19.4 μmol/min］（Zavarzina et al., 2007）和 *Carboxydothermus ferrireducens*［Fe(Ⅲ)还原速率＞12.5 μmol/min］（Gavrilov et al., 2012）（表 4-4）。而在 2012 年，Carlson 等发表在 *PNAS* 上的研究证实阳性铁还原菌通过 *c*-Cyts 和胞外受体直接接触传递电子机制（Carlson et al., 2012b），由此拉开了研究阳性铁还原菌铁呼吸机制的序幕。

2012 年，Gavrilov 等开展了嗜热革兰氏阳性铁还原菌 *C. ferrireducens*（以下简称 CF）还原晶型较差的铁氧化物的机制研究，其电子传递机制如图 4-9 所示。CF 还原水铁矿的主要生理机制为细胞与不溶性 Fe(Ⅲ)矿物直接接触，从而完成电子由胞内传递至胞外的过程，终端的水铁矿还原酶是一种定位在细胞表面的细胞色素 *c*，该细胞色素 *c* 结合在细胞膜最外面的蛋白质组成的 S 层上。此外，通过水铁矿诱导，CF 细胞产生了类似导电 Pili 的菌毛附属物，这些附属物加强了细胞与铁矿的紧密接触，或可能参与了细胞外的电子传递过程。总体来讲，有关阳性铁还原菌的铁呼吸特性，以及胞外电子转移的生理机制研究都刚刚起步，其胞外电子转移的分子机制（基因和蛋白质水平）及调控更是少见。

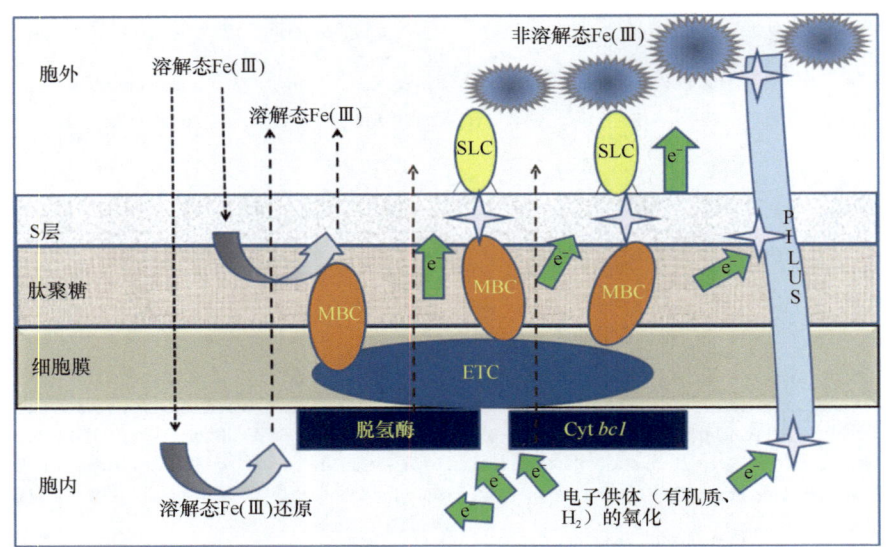

图 4-9 *Carboxydothermus ferrireducens* 铁呼吸的电子传递机制（Gavrilov et al., 2012）
Fig. 4-9 Proposed scheme for extracellular electron transfer to ferrihydrite in *C. ferrireducens* (Gavrilov et al., 2012)
ETC. 电子传递呼吸链；Cyt *bc1*. 细胞色素 *bc1*；MBC. 与质膜结合的 Fe(Ⅲ)还原细胞色素 *c*

第四节 铁呼吸的环境效应

铁呼吸的本质问题是微生物与胞外电子受体的相互作用，即微生物如何将电子从胞内转移至胞外电子受体 Fe(Ⅲ)，并获取生命活动所需的能量。在理论方面，铁呼吸的发现为呼吸链电子传递、胞外电子转移、能量产生途径等科学问题提供了新的视角；在应用方面，铁呼吸在碳、氮、硫等元素生物地球化学循环、污染物转化消减和微生物产电等方面发挥了积极作用。研究表明，异化铁还原过程，常偶联各种含氮染料的降解、有机氯农药（R-Cl，如 DDT 等）的脱卤还原及重金属和放射性元素 Mn(Ⅳ)、Cr(Ⅵ)和 U(Ⅵ)的还原（图 4-10）。

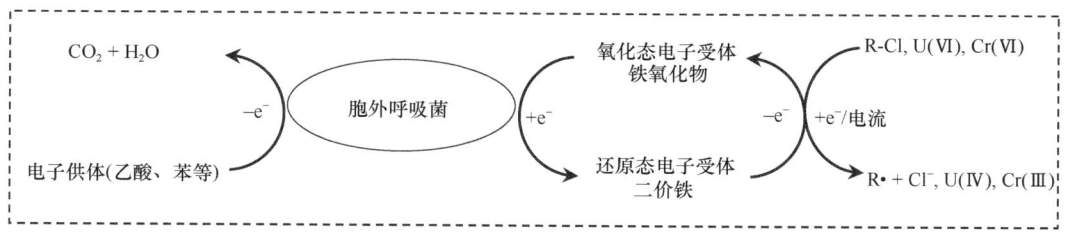

图 4-10　铁呼吸介导的污染物转化机制（Lovley et al., 2004）
Fig. 4-10　Mechanisms of dissimilatory Fe(III) reducing stimulating organic pollutants transformation (Lovley et al., 2004)

一、有机污染物降解

在铁还原菌的作用下，Fe(III)被还原为 Fe(Ⅱ)的同时偶联着有机物的降解，而 Fe(Ⅱ)遇氧后，又可在铁氧化菌的作用下生成 Fe(III)。利用 Fe(Ⅱ)与 Fe(III)之间的氧化还原转化，可进行有机物污染环境的生物修复。铁还原菌可以利用的电子供体、受体种类多样，可以防治修复有机卤类、芳香烃类及染料类等多种有机污染。

异化铁还原菌的直接还原脱氯作用为有机氯污染的原位修复提供了一条新途径。有机氯作为电子受体氧化乙酸等电子供体的过程称为脱氯呼吸（dechlororespiration）(Krumholz, 1997)。研究发现三氯乙烯和四氯乙烯（Finneran et al., 2002；Niggemyer et al., 2001)、邻氯苯酚（Holmes et al., 2004)、四氯甲烷（Pedersen et al., 2006)、五氯酚（李晓敏等，2009）等可以被异化铁还原菌还原脱氯。目前已发现 *Desulfitobacterium metallireducens*（Finneran et al., 2002)、*Desulfuromonas chloroethenica*（Krumholz, 1997)、*Desulfuromonas michigansis*（Sung et al., 2003）和 *Trichlorobacter thiogenes*（De Wever et al., 2000）均具有脱氯呼吸能力。直接脱氯代谢只是异化铁还原条件下的还原脱氯过程之一，铁还原菌可以通过强化 Fe(III)的还原提供吸附态 Fe(Ⅱ)，从而强化化学还原脱氯反应（Vogel et al., 1987）。

在淡水沉积物中，异化 Fe(III)还原过程也可以促进自然条件下难降解的芳香烃类化合物如苯（Lovley et al., 1994）、甲苯（Lovley and Lonergan, 1990）、苯酚（Lovley and Lonergan, 1990）、4-羟基苯甲酸、苯甲醛、对羟基苯甲醛和肉桂酸（Lovley et al., 1989）的氧化降解，且添加 Fe(III)螯合剂或腐殖酸等电子穿梭物质可以加速苯的降解（Lovley and Blunt-Harris, 1999）。参与芳香烃类污染物降解的异化铁还原菌有 *Geobacter* 和嗜高温 Fe(III)还原古生菌 *Ferroglobus plasidus* 等（Lovley et al., 1994；Lovley and Anderson, 2000）。

另外，异化铁还原微生物如 *Shewanella* 属的一些种还可以利用偶氮染料作为电子受体，还原偶氮染料使其脱色（Hong et al., 2007）。微生物对偶氮燃料脱色作用可以直接通过还原偶氮键（Pearce et al., 2003），也可以通过异化还原醌类化合物生成的氢醌还原偶氮燃料（Rau et al., 2002）。另外，Fe(III)的加入，显著增加了 *Shewanella decolorationis* S12 对偶氮燃料甲基红的脱色效果（Xu et al., 2005）。

异化 Fe(III)还原微生物能通过逐步改变自身条件以适应环境，产生具抗药性与赖药性变异，形成新酶系的微生物，具备新的代谢功能和降解功能，可还原一些重金属、类金属元素，促进有机污染物如甲苯、苯甲酸、酚及氯代酚等的降解，但对这些重金属污染物的环境浓度要求严格，超过一定的浓度阈值，微生物的生长及 Fe(III)还原过程会受到抑制。

二、无机污染物防治

异化铁还原过程不但是铁的地球生物化学循环中的重要环节，而且还强烈地影响到各种有机/无机污染物的环境行为。异化 Fe(III)还原微生物可还原高价金属或类金属类环境有毒/害污染物，这些污染物多数在被还原为低价金属时形成沉淀或与 Fe(II)共沉淀而被固定，或因还原而降低其生物毒性（Hoden and Adams, 2003）。

异化铁还原微生物对放射性核素的环境行为会产生重要影响，这也是防治放射性污染的一个重要途径（Lovley and Phillips, 1992；Lovley et al., 1991）。U(VI)在环境中溶解度大、易扩散，U(VI)一旦被异化 Fe(III)还原微生物直接还原或被 Fe(III)还原的产物 Fe(II)还原为 U(IV)，溶解度降低，且易形成沉淀而被固定（Anderson et al., 2003；Lovley and Phillips, 1991；Shelobolina et al., 2004）。Anderson 等（2003）通过注入乙酸盐促进 *Geobacter* 属的生长可有效地除去地下水中的 U(VI)。但在高盐沉积物环境中，虽然 *Geobacter* 属难以正常生长，但由于 *Pseudomonas* 属和 *Desulfosporosinus* 属的存在，注入乙酸盐仍可促进 Fe(III)还原和 U(VI)的还原沉淀（Nevin et al., 2003）。除了 U(VI)外，异化 Fe(III)还原过程还可促进 Tc(VII)的还原（Istok et al., 2004；Lloyd et al., 2000）。硫酸盐还原菌的异化还原［酶促还原或者异化还原产生的硫化物或者 Fe(II)介导的还原］铀的裂变产物 Tc(VII)可以形成不溶性 Tc(IV)（Ishii et al., 2004）。和 U(VI)类似，Tc(VII)一旦被异化 Fe(III)还原微生物或 Fe(II)还原为 TcO_2 后就被固定（Lloyd et al., 2000）。

具有巨大比表面积的氧化铁对重金属污染物的吸附作用，可以起到控制土壤中微量金属污染物的迁移转化及归宿的作用。而且研究也表明，厌氧条件下异化铁还原过程中生成的 Fe(II)可催化还原 Cr(VI)、Ag(I)、Au(III)、Hg(II)、V(V)、Sr(II)、Co(II)等重金属离子（O'Loughlin et al., 2003；Bernad et al., 2004；Parmar et al., 2000；Roden et al., 2002；Zachara et al., 2000），还原过程中的电子主要是由异化 Fe(III)还原产物 Fe(II)提供的。除了重金属的还原沉淀外，一些二价金属如 Sr(II)（Parmar et al., 2000；Roden et al., 2002）和 Co(II)（Zachara et al., 2000）也可与异化 Fe(III)还原产物 Fe(II)共沉淀形成一些矿物而被固定。脱亚硫酸菌属（*Desulfitobacterium*）（Niggemyer et al., 2001）和硫化螺旋菌属（*Sulfurospirillum*）（Stolz and Oremland, 1999）的异化铁还原过程也可以还原 As、Se 等非金属无机污染物（Bose and Sharma, 2002）。目前关于铁氧化物表面吸附砷重新释放到地下水中的机制并没有一致的看法（Mandal and Suzuki, 2002；Appelo et al., 2002；Nickson et al., 2000）。虽然有研究表明铁氧化物作为电子受体被异化还原可能使已吸附（Dixit and Hering，2003；Manning et al.，1998）在铁氧化物表面的砷酸盐和亚砷酸盐重新释放入溶液中，导致其再活化，如含有砷酸盐和铬酸盐的施氏矿物（Schwertmannite）被异化还原后可能导致有毒阴离子再活化（Regenspurg et al.，2002），但这与铁氧化物的形态有关，如水铁矿（ferrihydrite）和针铁矿（goethite），在表面积减少到氧化物表面砷酸盐吸附饱和前基本没有解吸现象，而纤铁矿表面吸附的砷则容易解吸（Pedersen et al.，2006）。

三、生物成矿

除了加速有机污染物的降解和重金属的还原沉淀外，异化 Fe(III)还原微生物在还原 Fe(III)时可形成一些含铁矿物，如绿锈（Ona-nguema et al.，2002）、磁铁矿（Fe_3O_4）和菱铁矿（$FeCO_3$）等（Dong et al.，2000）。一些二价金属如 Co(II)（Zachara et al.，2000）和 Sr(II)（Parmar et al.，2000；Roden et al.，2002）可与异化 Fe(III)还原产物 Fe(II)共沉淀形成一些矿物而被固定。无定形 Fe(III)氧化物的异化还原产生的 Fe(II)在合适的理化条件下可以形成磁铁矿（Fe_3O_4），但矿物形成过程并不需要微生物的参与（Zachara et al.，2002）。细菌形成磁铁矿的内在机制，可能是其利用 Fe(III)/Fe(II)的转化获取能量来对有机质进行分解（Karlin，1990）。硫酸盐还原菌的存在把铁和硫的生物地球化学循环紧密联系在一起。Fe(III)氧化物与硫酸盐还原产物可以反应生成元素 S 和不同的硫化铁盐（Yao and Millero，1996）。在硫酸盐还原菌的作用下，Fe(II)存在时主要是四方硫铁矿（mackinawite）和胶黄铁矿（gregite）（Herbert et al.，1998），无定形氧化铁存在时主要形成黄铁矿（pyrite）（Thamdrup et al.，1993），赤铁矿存在时主要为磁黄铁矿（pyrrhotine）（Neal et al.，2001）。一些硫酸盐还原菌在还原 Fe(III)的时候形成了菱铁矿（siderite）（Coleman et al.，1993）。与黄铁矿相比，其他几种铁硫化物是不稳定的，它们与硫进一步反应最终形成还原条件下最稳定的黄铁矿，所以硫酸盐还原作用实际上是黄铁矿化的过程（Berner，1984）。一些嗜高温的异化 Fe(III)还原细菌和古生菌还可将 Au(III)还原为 Au(0)而沉淀，表明嗜高温的异化 Fe(III)还原微生物还可能参与了金矿的形成（Kashefi et al.，2001）。

第五节 研 究 案 例

一、案例1：有机氯的生物还原脱氯（李晓敏等，2009）

有机氯是一类重要的土壤与地下水污染物，具有难降解性、生物积累性、致畸致癌性等。五氯酚是典型的有机氯污染物，广泛存在于南方稻田土壤和水体中。厌氧条件下，还原脱氯是土壤有机氯降解的重要途径，吸附态与络合态 Fe(II)是有机氯脱氯转化的活性物种。土壤中铁主要以难溶 Fe(III)形式存在，难溶 Fe(III)被还原溶解成 Fe(II)主要由特定的异化铁还原微生物驱动。铁氧化物发生异化还原溶解，并使有机氯发生脱氯反应，实现了铁氧化物异化还原溶解与化学脱氯相结合的交互反应。

（一）研究目的

考察以"脱色希瓦氏菌-针铁矿-三氯甲烷五氯酚"为交互体系的有机氯的脱氯转化效果。

（二）材料与方法

脱色希瓦氏菌 S12 由广东省微生物研究所提供。以乳酸钠为电子供体，分别添加三氯甲烷和五氯酚，设置处理为不添加 S12 的非生物反应体系（针铁矿）和不添加针铁矿的生物反应体系（S12）为对照，以及添加针铁矿和 S12 的反应体系（S12+针铁矿），分别考察氯离子浓度、Fe(II)和Fe(III)浓度及铁活性物种的氧化还原电位。

（三）研究结果

如图 4-11 所示，3 个体系中三氯甲烷与五氯酚的还原转化速率为：S12+针铁矿＞针铁矿＞S12；氯离子产生量随时间变化规律与有机氯的还原转化规律一致。

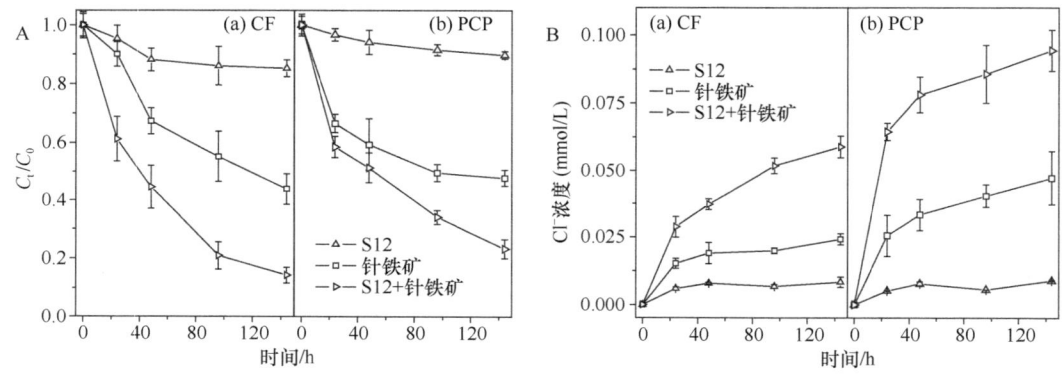

图 4-11　有机氯脱氯转化动力学［三氯甲烷（a）；五氯酚（b）］（A）；
氯离子的生成动力学［三氯甲烷（a）；五氯酚（b）］（B）
Fig. 4-11　Reductive transformation kinetics of CF (a) and PCP (b) (A); Released Cl⁻ concentrations from reductive transformation of CF (a) and PCP (b) (B)

S12+针铁矿反应体系具有较高的还原脱氯能力，可从吸附态 Fe(II) 的大量生成及其氧化还原电位的降低两个方面加以解释。如图 4-12 所示，S12+针铁矿的吸附态 Fe(II) 和 Fe(III)浓度显著高于两个对照体系，说明 S12 能有效促进针铁矿的还原溶解；S12+针铁矿反应体系中吸附态 Fe(II)的数量不断增多，Fe(III)/Fe(II)的氧化还原峰峰强增大，峰位置不断负移，说明 S12 还原针铁矿产生的吸附态 Fe(II)具有较强的还原力。这是 S12+针铁矿反应体系具有较高有机氯还原脱氯效率的主要原因。

（四）结论

脱色希瓦氏菌 S12+针铁矿界面交互反应体系中，三氯甲烷和五氯酚还原脱氯转化的主要活性物种是具有脱氯活性的吸附态 Fe(II)，S12 则作为有机氯脱氯转化的驱动力。其三者之间的交互反应机制如图 4-13 所示。首先，铁还原菌通过其特征酶的氧化电子供体，氧化过程中产生的电子通过呼吸链传递给针铁矿表面的 Fe(III)，使其还原

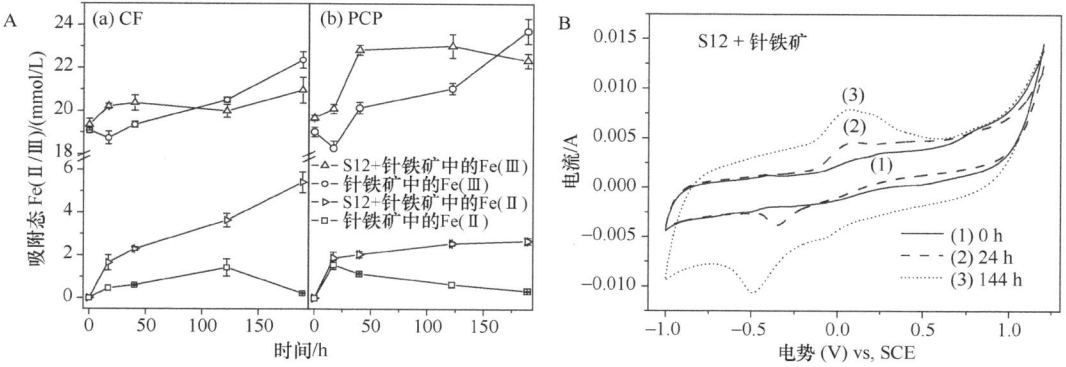

图 4-12　吸附态 Fe(Ⅱ/Ⅲ)的生成动力学［三氯甲烷（a）；五氯酚（b）］
（A）；S12+针铁矿体系中电极随时间变化的 CV 图（B）

Fig. 4-12　Adsorbed Fe(Ⅱ)/Fe(Ⅲ) concentrations in the transformation of CF (a), PCP (b) (A);
Cyclic voltammograms for the interactive reaction system of S12+α-FeOOH (B)

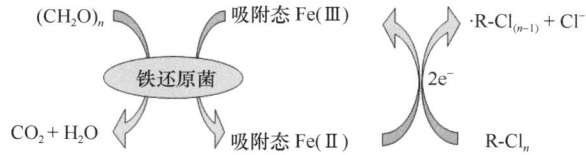

图 4-13　有机氯脱氯转化的铁还原菌/铁氧化物界面交互反应机制示意图

Fig. 4-13　Hypothetical mechanism of organic chlorine dechlorination in the dissimilatory iron-reducing
system of DIRB and Fe (Ⅲ) oxides

成吸附态 Fe(Ⅱ)，这是一个生物转化过程。然后，吸附态 Fe(Ⅱ)与有机氯反应，吸附态 Fe(Ⅱ)失去电子，自身被氧化成 Fe(Ⅲ)；而有机氯则获得电子，并脱下一个氯离子，这是一个化学转化过程。由此，铁氧化物界面发生了铁还原菌介导的异化还原溶解，并使得有机氯发生了铁物种介导的化学脱氯反应，这就形成了生物与非生物的交互反应过程。这一体系可为深入揭示自然环境中可还原性毒害物的脱毒转化过程研究提供理论依据，也可为可还原性毒害物污染环境的修复与治理技术的开发提供依据。今后应进一步加强铁还原菌特定活性酶系、交互反应体系电子转移途径等方面的研究。

二、案例 2：铁还原菌驱动的偶氮染料脱色降解（武春媛等，2013）

偶氮染料是人工合成的偶氮化合物，含有一个或多个偶氮键。由于使用量大和环境有害性，偶氮染料的脱色成为化工与环境领域研究热点。Fe(Ⅲ)还原菌对偶氮染料脱色具有重要意义，已发现有些 Fe(Ⅲ)/腐殖质还原菌能够直接以偶氮染料为唯一电子受体进行厌氧呼吸，如 *Shewanella decolorationis* S12。近期研究表明，氧化还原电势（E_0）在 $-320\sim-50$ mV 的氧化还原介体通常在偶氮染料厌氧微生物还原中发挥有效功能，究其原因，与微生物细胞外膜辅酶 NAD(P)H 与偶氮染料之间的电势差（$-430\sim-180$ mV）有关。按照氧化还原电势理论，Fe(Ⅲ)氧化物也可在菌与偶氮染料之间充当电子穿梭体，促进偶氮键断裂。关于 Fe(Ⅲ)/腐殖质还原菌/Fe(Ⅲ)氧化物界面偶氮染料脱色鲜有报道。

（一）研究目的

以 Fe(III) 还原高效菌株 HS01 为对象，研究该菌能否以偶氮染料作为电子受体进行厌氧呼吸，并探究 HS01/Fe(III) 氧化物界面偶氮染料脱色机制，为沉积物等厌氧环境中偶氮染料的转化研究提供一定指导。

（二）材料与方法

通过添加 Fe(III) 还原高效菌株 HS01，并以不添加电子供体的生物体系和不添加 HS01 的非生物体系为对照，研究不同电子供体（甲酸、乙酸、丙酸、柠檬酸、乳酸、甘油、乙醇、葡萄糖和蔗糖）及以金橙Ⅰ/针铁矿为交互反应体系对金橙Ⅰ脱色的影响。

（三）研究结果

由图 4-14 所示，含有柠檬酸、甘油、蔗糖和葡萄糖的脱色体系，金橙Ⅰ浓度大幅降低；含有乳酸和乙醇的体系，金橙Ⅰ浓度没有降低。甲酸、乙酸、丙酸的体系中也未见脱色现象（数据未列出）。生物体系和非生物体系的对照，均未见脱色现象。以上结果表明，菌株 HS01 能以柠檬酸、甘油、蔗糖和葡萄糖作为电子供体，支持金橙Ⅰ的厌氧还原脱色，且脱色率由高到低排序为葡萄糖＞蔗糖＞柠檬酸＞甘油。

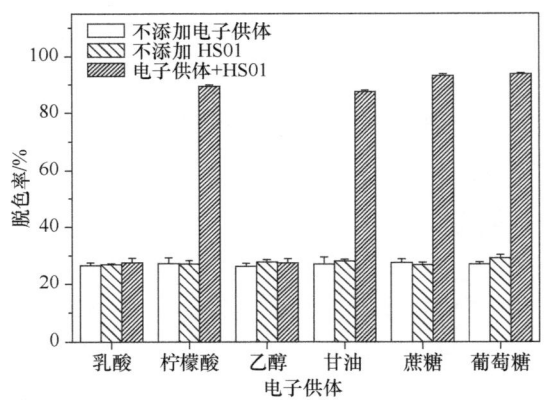

图 4-14 不同电子供体对金橙Ⅰ脱色的影响

Fig. 4-14 Decolorization of orange Ⅰ by HS01 with different organic substances as electron donor under anaerobic condition

由图 4-15 可知，金橙Ⅰ/针铁矿的生物体系脱色最快，44 h 后脱色率达 95%，而只含金橙Ⅰ的脱色体系，44 h 脱色率为 90%，非生物体系没有脱色现象。可见，针铁矿能够促进金橙Ⅰ微生物脱色。

（四）结论

本实验构建的"HS01/金橙Ⅰ/葡萄糖/针铁矿体系"，金橙Ⅰ的脱色机制为：①微生物直接脱色机制：HS01 通过自身酶系作用，将电子供体葡萄糖氧化生成小分子有机酸，氧化过程中产生的电子通过呼吸链传递给氧化还原电位较高的金橙Ⅰ，使其还原脱色；②Fe(III) 介导脱氯机制：针铁矿通过 HS01 的厌氧呼吸作用被还原，产生的 Fe(Ⅱ) 与

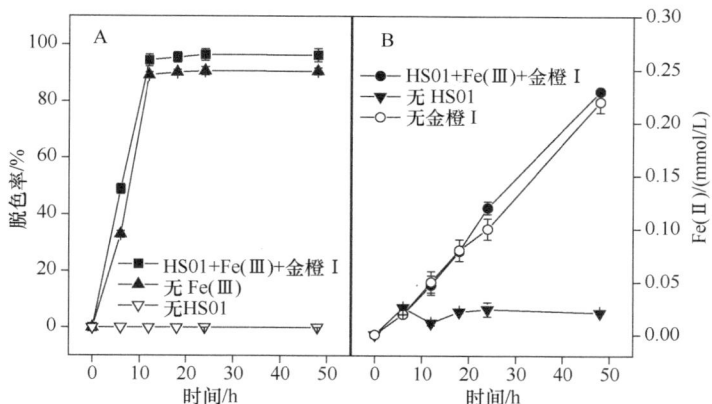

图 4-15 Fe(III)对金橙 I 微生物脱色的影响（A）；金橙 I 对 Fe(III)微生物还原的影响（B）
Fig. 4-15 Effect of Fe(III) on decolorization by the strain HS01 (A); Effect of orange I on Fe(III) reduction by HS01 (B)

Fe(III)氧化物形成吸附态 Fe(II)物种，吸附态 Fe(II)物种进一步将电子传递到金橙 I 使其还原，Fe(II)再次转化为 Fe(III)。可见，在该复杂反应体系中，偶氮脱色并非是单纯的生物作用或者化学反应，而是生物与非生物交互作用的过程，腐殖质/Fe(III)还原菌 HS01 是核心驱动力，而 Fe(III)是电子穿梭体，它们协同促进作为电子供体的有机物矿化与作为末端电子受体的偶氮染料的还原脱色。

三、案例 3：水铁矿-腐殖酸共沉淀物的异化还原与形态转化（Shimizu et al., 2013）

铁是地球上分布最广泛的元素之一，仅次于氧、硅、铝。铁氧化物在厌氧条件下被微生物还原后释放 Fe(II)，与 Fe(III)结合二次成矿，重新生成如绿锈、磁铁矿、针铁矿等矿物。水铁矿是一种晶型较弱且分布广泛的铁矿，而且常以与有机质(如腐殖质)结合的形态出现。腐殖质可被微生物异化还原，也可作为 Fe(III)异化还原的电子穿梭体，因此对 Fe(III)还原与形态转化有着极为重要的影响。

（一）研究目的

以 Fe(III)还原菌 *Shewanella putrefaciens* strain CN32 为模式菌株，研究水铁矿-腐殖酸共沉淀条件下，Fe(III)的异化还原与二次成矿。

（二）材料与方法

以水铁矿和国际腐殖质协会提供的腐殖酸为原料，制备不同摩尔比例（C/Fe 分别为 0、0.4、0.8、1.8、4.3）的 Fe/腐殖酸共沉淀物，接种 CN32（以不接种 CN32 的处理为对照），检测不同处理中 Fe(II)浓度，考察不同处理 Fe 的二次成矿情况。

（三）结果

如图 4-16 所示，培养期 12 天内，不同 C/Fe 下的 Fh/HA 共沉淀对 Fe(III)异化还原生成 Fe(II)的影响不同。其中，随着培养时间的增加，C/Fe 为 4.3 处理的溶解态 Fe(II)

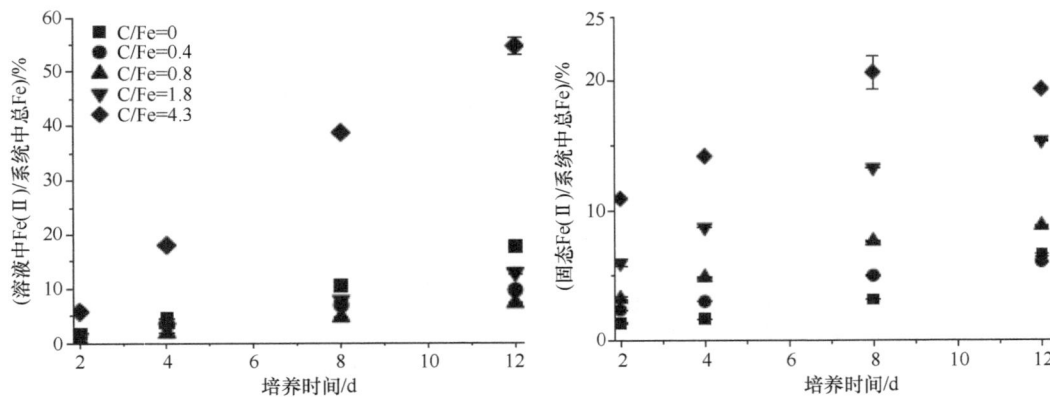

图 4-16　接种 CN32 的铁/腐殖酸共沉淀培养体系中不同 C/Fe 比例下 Fe(Ⅱ)的动态变化
Fig. 4-16　Fe(Ⅱ) production in Fh/HA co-precipitate setups inoculated with CN32

含量明显高于其他处理，其他 C/Fe 处理的溶解态 Fe(Ⅱ)含量则较为接近。固态 Fe(Ⅱ)生成量的最高值仍出现于 C/Fe 为 4.3 的处理，其次是 C/Fe 为 1.8 的处理，其余 3 个处理的固态 Fe(Ⅱ)含量较接近。

由图 4-17 可知，培养期随着腐殖酸增多，C/Fe 增加，针铁矿的形成量减少，绿锈则增加。其中，C/Fe 为 0 时，代表针铁矿的淡灰色峰有 6 个，而代表绿锈的灰色峰信号很弱。C/Fe 为 0.4 时，针铁矿信号减弱，绿锈信号增强。C/Fe 为 1.8 时，几乎没有代表针铁矿的淡灰色峰出现，而代表绿锈的灰色风信号在 3 个处理中最强。

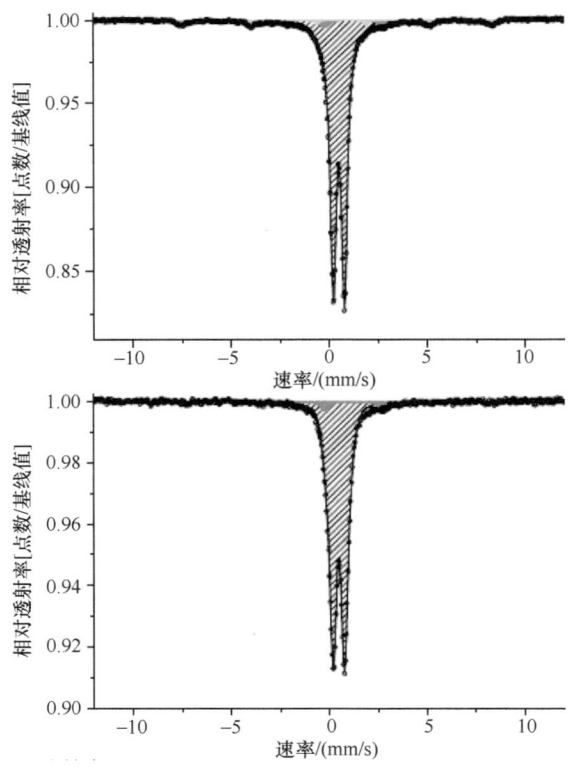

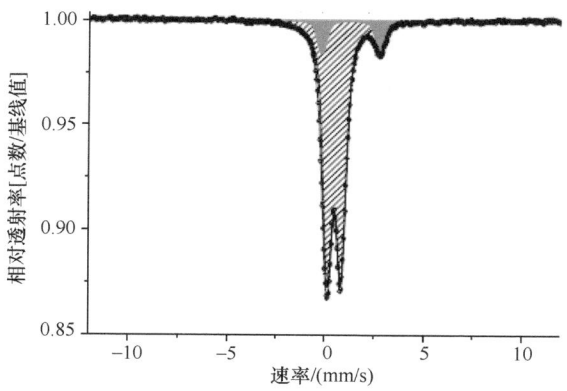

图 4-17 接种 CN32 体系培养 12 天后 Fe/腐殖酸共沉淀物的 Mössbauer 光谱（77K）
由上至下为：C/Fe = 0、C/Fe = 0.4、C/Fe = 1.8。斜线峰为水铁矿；淡灰色峰为针铁矿；灰色峰为绿锈

Fig. 4-17　Mössbauer spectra obtained at 77K of co-precipitates following 12 days incubation with CN32.
Top: C/Fe=0; middle: C/Fe=0.4; bottom: C/Fe=1.8. Hatched doublet: Ferri; hydrite light-grey sextet: geoethite; grey doublet: Ferrous green rust

由表 4-5 可知，腐殖酸与水铁矿的共沉淀物对水铁矿的还原和二次成矿都产生了显著的影响，且随 C/Fe 的不同而呈现差异。其中，针铁矿只出现在 C/Fe 为 0 即没有腐殖酸只有水铁矿的处理，其他以腐殖酸与水铁矿共沉淀物为培养底物异化还原时则没有生成针铁矿。腐殖酸与水铁矿生成共沉淀物时，磁铁矿的形成量相对减少，但生成了更多的绿锈。

表 4-5　培养 12 天后，接种 CN32 体系在不同 C/Fe 下的水铁矿-腐殖酸（Fh/HA）
共沉淀物对铁二次成矿（mol% Fe）的影响

Tab. 4-5　Strain CN32 induced conversion of Fh/HA co-precipitates as a function of C/Fe ratio following 12 days of incubation. The secondary Fe mineral phases formed are presented as mol% Fe

C/Fe	Fh/HA 共沉淀/%	针铁矿/%	磁铁矿/%	绿锈/%
0	59	17	18	6
0.4	85	0	9	6
0.8	82	0	8	10
1.8	74	0	10	16
4.3	60	0	10	30

（四）结论

由上述结果可知，水铁矿-腐殖酸共沉淀物的出现影响了 Fe(III) 异化还原和铁的二次成矿。腐殖酸的出现，减少了水铁矿的表面活性位点，限制了水铁矿吸附异化还原生成的 Fe(II) 含量从而抑制了重结晶形成针铁矿和成核结晶形成磁铁矿这两条路径，减少了针铁矿和磁铁矿的生成。通过 Mössbauer 光谱分析可知，二次成矿产物针铁矿和磁铁矿的减少直接导致了水铁矿异化还原二次成矿的主要产物是绿锈。绿锈是由 Fe(II) 和羟基氧化铁层状组合成的多价态铁矿。Fh/HA 共沉淀物中的腐殖酸不断捕获 Fe(II) 和碳酸氢盐，限制二者扩散，使其浓度在富含微生物的微环境内不断升高，由此形成的微团聚体更利于绿锈的生成（图 4-18）。

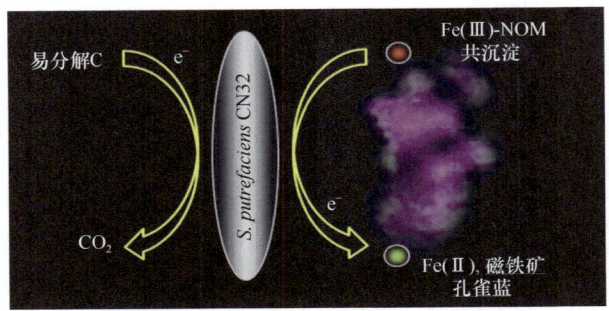

图 4-18 水铁矿-腐殖酸共沉淀物的异化还原与形态转化机制示意图
Fig. 4-18 Mechanism for dissimilatory reduction and transformation of Fh/HA co-precipitates

微生物异化铁还原对铁的二次成矿具有十分重要的环境生态意义,从本实验可知,腐殖质的参与影响着 Fe(III)的异化还原,使铁的二次成矿途径更为丰富,从而可能影响到有机质的厌氧降解,对 CO_2 和 CH_4 的排放产生深刻影响。

四、小结

在过去 20 年里,铁呼吸的重要性已得到逐步明确,其在环境修复领域中的应用将越来越受到重视。①铁呼吸在其他元素[如 N 元素(Weber et al., 2006b)]的地球化学循环中起着重要的作用;②铁呼吸可加速有机污染物的降解,如还原脱氯,有利于开发有机氯原位生物修复技术;③铁呼吸还会影响其他金属的存在状态,如将可溶有毒的 Cr(VI)还原为毒性较小且不溶的 Cr(III),通过沉淀将金属从地下水中移除(Lovley and Chapelle, 1995)。随着胞外铁呼吸机制的进一步完善,铁还原菌的应用前景将更加广阔。

目前 Fe(III)呼吸是一个比较新的研究领域,需要对其进行全面深入的研究,未来可能主要从以下几个方面进行研究:①铁呼吸在生理学和生物化学方面的研究;②铁还原菌基因组的研究;③几种铁呼吸机制之间相互关系的研究;④铁呼吸在生物地球化学循环中作用的研究;⑤铁呼吸在环境修复应用方面的研究。联合当前先进的生物技术,不断完善 Fe(III)呼吸机制,可为铁还原菌的实际应用提供理论基础,促进这一领域的蓬勃发展。

参 考 文 献

曹建民, 田野, 赵杰修, 等. 2003. 运动与铁代谢. 北京体育大学学报, 26: 331-335.
陈家坊. 1981. 土壤胶体中的氧化物. 土壤通报, 2: 44-49.
付丽娟, 段相林, 钱忠明, 等. 2005. 铁代谢与铁调素 hepcidin. 生理科学进展, 36: 233-236.
李晓敏, 李芳柏, 周顺桂, 等. 2009. 有机氯脱氯转化的铁还原菌与铁氧化物界面的交互反应. 科学通报, 54: 1880-1884.
鲁安怀, 卢晓英, 任子平, 等. 2000. 天然铁锰氧化物及氢氧化物环境矿物学研究. 地学前缘, 7: 473-483.
石振华, 赵保路, 常彦忠, 等. 2008. 细胞质及线粒体 ferritin 与铁代谢. 生物物理学报, 24: 327-333.
苏玲, 林成永, 章永松, 等. 2001. 水稻土淹水过程中不同土层铁形态的变化及对磷吸附解吸特性的影响. 浙江大学学报: 农业与生命科学版, 27: 124-128.

武春媛, 李勤奋, 周顺桂, 等. 2013. 一株嗜水气单胞菌HS01的偶氮还原脱色特性. 微生物学通报, **40**: 959-967.

熊敏, 李庆逵. 1987. 中国土壤. 北京: 科学出版社.

许伟, 胡佩, 李艳红, 等. 2008. 微生物铁呼吸机制研究进展. 生态学杂志, **27**: 1037-1042.

杨玲玲, 胡晓敏, 袁志明. 2011. 芽孢杆菌的表层蛋白研究及应用前景. 微生物学报, **51**: 1440-1446.

于天仁, 陈志诚. 1990. 土壤发生中的化学过程. 北京: 科学出版社.

张效年. 1961. 中国水稻土的黏土矿物. 土壤学报, **9**: 81-101.

赵其国. 2002. 中国东部红壤地区土壤退化的时空变化、机理及调控. 北京: 科学出版社.

Anderson R T, Vrionis H A, Ortiz-Bemad L, et al. 2003. Stimulating the *in situ* activity of *Geobacter* species to remove uranium from the groundwater of a uranium-contaminated aquifer. Appl Environ Microbiol, **69**: 5884-5891.

Anupa N, Asha J, Sanjeev S. 2007. Production and characterization of siderophores and its application in arsenic removal from contaminated soil. Water Air Soil Pollut, **180**: 199-212.

Appelo C A J, vander Weiden M J J, Tournassat C, et al. 2002. Surface complexation of ferrous iron and carbonate on ferrihydrite and the mobilization of arsenic. Environ Sci Technol, **36**: 3096-3103.

Beller H R. 2005. Anaerobic, nitrate-dependent oxidation of U(IV) oxide minerals by the chemolithoautotrophic bacterium *Thiobacillus denitrificans*. Appl Nviron Microbiol, **71**: 2170-2174.

Bernad I O, Anderson R T, Vrionis H A, et al. 2004. Vanadium respiration by *Geobacter metallireducens*: novel strategy for *in situ* removal of vanadium from Groundwater. Appl Environ Microbiol, **70**: 3091-3095.

Berner R A. 1984. Sedimentary pyrite formation: an update. Geochim Cosmochim Acta, **48**: 605-615.

Bloethe M, Roden E E. 2009. Microbial iron redox cycling in a circumneutral-pH groundwater seep. Appl Environ Microbiol, **75**: 468-473.

Bond D R, Holmes D E, Tender L M. 2002. Electrode reducing microorganisms harvesting energy from marine sediments. Science, **295**: 483-485.

Boone D R, Liu Y, Zhao Z, et al. 1995. *Bacillus infernus* sp. nov., an Fe(III)- and Mn(IV)-reducing anaerobe from the deep terrestrial subsurface. Int J Syst Bacteriol, **45**: 441-448.

Bose P, Sharma A. 2002. Role of iron on controlling speciation and mobilization of arsenic in subsurface environment. Wat Res, **36**: 4916-4926.

Bruce R A, Achenbach L A, Coates J D. 1999. Reduction of (per) chlorate by a novel organism isolated from paper mill waste. Environ Microbiol, **1**: 319-329.

Caccavo F, Coates J D, et al. 1996. *Geovibrio ferrireducens*, a phylogenetically distinct dissimilatory Fe(III)-reducing bacterium. Arch Microbiol, **165**: 370-376.

Caccavo F, Lonergan D J, et al. 1994. *Geobacter sulfurreducens* sp. nov., a hydrogen- and acetate- oxidizing dissimilatory metal-reducing microorganism. Appl Environ Microbiol, **60**: 3752-3759.

Carlson H K, Clark I C, Melnyk R A. 2012a. Toward a mechanistic understanding of anaerobic nitrate-dependent iron oxidation: Balancing electron uptake and detoxification. Front Microbiol, **3**: 1-6.

Carlson H, Gorur A, Yeo B, et al. 2012b. Surface multiheme c-type cytochromes from thernincola potens and implications for respiratory metal reduction by gram-positive bacteria. P Natl Acad Sci USA, **109**: 1702-1707.

Chaudhuri S K, Lack J G, Coates J D. 2001. Biogenic magnetite formation through anaerobic biooxidation of Fe(II). Appl Environ Microbiol, **67**: 2844-2848.

Ciani C, Doty S B, Fritton S P. 2005. Mapping bone interstitial fluid movement: Displacement of ferritin tracer during histological processing. Bone, **37**: 379-387.

Clement J, Shrestha J, Ehrenfeld J, et al. 2005. Ammonium oxidation coupled to dissimilatory reduction of iron under anaerobic conditions in wetland soils. Soil Biol Biochem, **37**: 2323-2328.

Coates J D, Bhupathiraju V K, Achenbach L A, et al. 2001. *Geobacter hydrogenophilus*, *Geobacter chapellei* and *Geobacter grbiciae*, three new, strictly anaerobic, dissimilatory Fe(III)-reducers. Inter J Syst Evol Microbiol, **51**: 581-588.

Coates J D, Ellis D J, Gaw C V, et al. 1999. *Geothrix fermentans* gen. nov., sp. nov., a novel Fe(III)-reducing bacterium from a hydrocarbon-contaminated aquifer. Inter J Syst Bacteriol, **49** Pt **4**: 1615-1622.

Coby A J, Picardal F, Shelobolina E, et al. 2011. Repeated anaerobic microbial redox cycling of iron. Appl Environ Microbiol, **77**: 6036-6042.

Coleman M L, Hedrick D B, Lovley D R, et al. 1993.Reduction of Fe(III) in sediments by sulphate-reducing bacteria. Nature, **361**: 436-438.

Cornell R M, Schwertmann U. 1976. Influence of organic anions on the crystallization of ferrihydrite. Clay Clay Miner, **27**: 402-410.

De Wever H, Cole J R, Fettig M R, et al. 2000. Reductive dehalogenation of trichloroacetic acid by *Trichlorobacter thiogenes* gen. novo sp. Novo. Appl Environ Microbiol, **66**: 2297-2301.

DiChristina T J, Fredrickson J K, Zachara J M. 2005. Enzymology of electron transport: Energy generation with geochemical consequences. Mol Geomicrobiol, **59**: 27-52.

Dobbin P S, Carter J P, Juan C G S, et al. 1999. Dissimilatory Fe(III) reduction by *Clostridium beijerinckii* isolated from freshwater sediment using Fe(III) maltol enrichment. FEMS Microbiol Lett, **176**: 131-138.

Dong H L, Fredrickson J K, Kennedy D W, et al. 2000. Mineral transformation associated with the microbial reduction of magnetite. Chem Geol, **169**: 299-318.

Edwards K J, Rogers D R, Wirsen C O, et al. 2003. Isolation and characterization of novel psychrophilic, neutrophilic, Fe-oxidizing, chemolithoautotrophic α- and γ-Proteobacteria from the deep sea. Appl Environ Microbiol, **69**: 2906-2913.

Ehrlich H L. 2008. Are gram-positive bacteria capable of electron transfer across their cell wall without an externally available electron shuttle? Geobiology, **6**: 220-224.

Elhabiri M, Carrer C, Marmolle F, et al. 2007. Complexation of iron (III) by catecholate-type polyphenols. Inorganica Chim Acta, **360**: 353-359.

Emerson D, Moyer C L. 1997. Isolation and characterization of novel iron-oxidizing bacteria that grow at circumneutral pH. Appl Environ Microbiol, **63**: 4784-4792.

Emerson D, Weiss J V. 2004. Bacterial iron oxidation in circumneutral freshwater habitats: findings from the field and the laboratory. Geomicrobiol J, **21**: 405-414.

Finneran K, Forbush H M, Van Praagh C V G, et al. 2002. *Desuljitobacterium metallireducens* sp. nov., an anaerobic bacterium that couples growth to the reduction of metals, humics, and chlorinated compounds. Int J Syst Evol Microbiol, **52**: 1929-1935.

Firtel M, Henderson G, Sokolov I. 2004. Nanosurgery: observation of peptidoglycan strands in *Lactobacillus helveticus* cell walls. Ultramicroscopy, **101**: 105-109.

Gavrilov S, Lloyd J, Kostrikina N, et al. 2012. Fe(III) oxide reduction by a gram-positive thermophile: physiological mechanisms for dissimilatory reduction of poorly crystalline Fe(III) oxide by a thermophilic gram-positive bacterium *Carboxydothermus ferrireducens*. Geomicrobiol J, **29**: 804-819.

Halfenbradl D, Keller M. Dirmeier R, et al. 1996. *Ferroglobus placidus* gen. nov., sp. nov. a novel hyperthermophilic archaeum that oxidizes Fe(II) at neutral pH under anoxic conditions. Arch Microbiol, **166**: 308-314.

Hartshorne R S, Reardon C L, Ross D, et al. 2009. Characterization of an electron conduit between bacteria and the extracellular environment. PNAS, **106**: 22169-22174.

Herbert R B, Benner S G, Pratt A R, et al. 1998. Surface chemistry and morphology of poorly crystalline iron sulfides precipitated in media containing sulfate-reducing bacteria. Chem Geol, **144**: 87-97.

Hoden J F, Adams M W. 2003. Microbe-metal interactions in marine hydrothermal environments. Curro Opin Microbiol, **7**:160-165.

Holmes D E, Bond D R, Lovley D R. 2004. Electron transfer to Fe(III) and graphite electrodes by *Desulfobulbus propionicus*. Appl Environ Microbiol, **70**: 1234-1237.

Hong Y G, Wu P, Li W R, et al. 2012. Humic analog AQDS and AQS as an electron mediator can enhance chromate reduction by *Bacillus* sp. strain $3C_3$. Appl Microbiol Biotechnol, **93**: 2661-2668.

Hong Y, Chen X, Guo J, et al. 2007. Effects of electron donors and acceptors on anaerobic reduction of azo dyes by *Shewanella decolorationis* S12. Appl Microbiol Biotechnol, **74**: 230-238.

Ishii N, Tagami K, Enomoto S, et al. 2004. Influence of microorganisms on the behavior of technetium and other elements in paddy soil surface water. J Environ Radioact, **77**: 369-380.

Istok J, Senko J, Krumholz L, et al. 2004. *in situ* bioreduction of technetium and uranium in a nitrate-contaminated aquifer. Environ Sci Technol, **38**: 468-475.

Jackson M L. 1964. Chemical composition of soils. *In*: Beer. Chemistry of the Soil. 2nd ed. London: Chapman and Hall.

Jiao Y, Kappler A, Croal L R, et al. 2005. Isolation and characterization of a genetically tractable photoautotrophic Fe(II)-oxidizing bacterium, *Rhodopseudomonas palustris* strain TIE-1. Appl Environ Microbiol, **71**: 4487-4496.

Kappler A, Newman D K. 2004. Formation of Fe(III)-minerals by Fe(II)-oxidizing photoautotrophic bacteria. Geochim Cosmochim Acta, **68(6)**: 1217-1226.

Karlin R. 1990. Magnetic mineral diagenesis in Suboxic sediments at Bettis Site W-N, NE Pacific Ocean. J Geophys Res, **95**: 4421-4436.

Kashefi K, Lovley D R. 2000. Reduction of Fe(III), Mn(IV), and toxic metals at 100 degrees C by *Pyrobaculum islandicum*. Appl Environ Microbiol, **66**: 1050-1056.

Kashefi K, Tor J, Nevin K P, et al. 2001. Reductive precipitation of gold by dissimilatory Fe(III)-reducing Bacteria and Archaea. Appl Environ Microbiol, **67**: 3275-3279.

Kim H J, Park H S, Hyun M S. 2005. A mediator-less microbial fuel cell using a metal reducing bacterium, *Shewanella putrefaciens*. Enzyme Microbiol, Technol, **30**: 145-152.

Kodama H, Schnitzer M. 1977. Effect of fulvic acid on the crystallization of Fe(III) oxides. Geoderma, **19(4)**: 291-297.

Kojima M, Kawaguchi K. 1969. Identification of free iron minerals in rustly mottles in paddys soils in Japan. Soil Sci Plant Nutr, **15**: 48-51.

Konhauser K, Kappler A, Roden E. 2011. Iron in microbial metabolisms. Elements, **7**: 89-93.

Krumholz L R. 1997. *Desulfuromonas choroethenica* sp. nov. uses tetrachloroethylene and trichloroethylene as electron acceptors. Inter J Syst Bacteriol, **47**: 1262-1263.

Lack J G, Chaudhuri S K, Kelly S D, et al. 2002. Immobilization of radionuclides and heavy metals through anaerobic bio-oxidation of Fe(II). Appl Environ Microbiol, **68**: 2704-2710.

Lloyd J R, Sole V A, Van Praagh C V G, et al. 2000. Direct and Fe(II)-mediated reduction of technetium by Fe(III)-reducing bacteria. Appl Environ Microbiol, **66**: 3743-3749.

Lovley D R, Anderson R T. 2000. Influence of dissimilatory metal reduction on fate of organic and metal contaminants in the subsurface. Hydrogeol J, **8**:77-88.

Lovley D R, Baedecker M J, Lonergan D J, et al. 1989. Oxidation of aromatic contaminants coupled to microbial iron reduction. Nature, **339**: 297-299.

Lovley D R, Blunt-Harris E L. 1999. Role of humics-bound iron as an electron transfer agent in dissimilatory Fe(III) reduction. Appl Environ Microbiol, **65**:4252-4254.

Lovley D R, Chapelle F H. 1995. Deep subsurface microbial processes. Rev Geophsy, **33**: 365-381.

Lovley D R, Holmes D E, Nevin K P. 2004. Dissimilatory Fe(III) and Mn(IV) reduction. Adv Microb Physiol, **49**: 219-286.

Lovley D R, Lonergan D J. 1990. Anaerobic oxidation of Toluene, phenol, and *p*-cresol by the dissimilatory iron-reducing organism, GS-15. Appl Environm Microbiol, **56**: 1858-1864.

Lovley D R, Phillips E J P, Gorby Y A, et al. 1991. Microbial reduction of uranium. Nature, **350**: 413-416.

Lovley D R, Phillips E J P. 1992. Reduction of uranium by *Desulfovibrio desulfuricans*. Appl Environ Microbiol, **58**: 850-856.

Lovley D R, Phillips E J. 1988. Novel mode of microbial energy metabolism: organic carbon oxidation coupled to dissimilatory reduction of iron or manganese. Appl Environ Microbiol, **54**: 1472-1480.

Lovley D R, Woodward J C, Chapelle F H. 1994. Stimulated anoxic biodegradation of aromatic hydrocarbons using Fe(III) ligands. Nature, **370**: 128-131.

Lovley D R. 1987. Organic matter mineralization with the reduction of ferric iron: a review. Geomicrobiol J, **5**: 375-399.

Lovley D R. 2006. Dissimilatory Fe(III)- and Mn(IV)-reducing prokaryotes. *In*: Martin D, Stanley F, Eugene R, et al. The Prokaryotes. New York: Springer: 635-658.

Mandal B K, Suzuki K T. 2002. Arsenic round the world: A review. Talanta, **58**: 210-235.

Moode P A, Patrick W H. 1989. Iron availability and uptake by rice in acid sulfate soils. Soil Sci, **53(2)**: 471-476.

Myers C R, Nealson K H. 1990. Respiration-linked proton translocation coupled to anaerobic reduction of manganese (IV) and iron (III) in *Shewanella putrefaciens* MR-1. J Bacteriol, **172**: 6232-6238.

Neal A L, Techkarnjanaruk S, Dohnalkova A, et al. 2001. Iron sulfides and sulfur species produced at hematite surfaces in the presence of sulfate-reducing bacteria. Geochim Cosmochim Acta, **65**: 223-235.

Nevin K P, Finneran K T, Lovley D R. 2003. Microorganisms associated with uranium bioremediation in a high salinity subsurface sediment. Appl Environ Microbiol, **69**: 3672-3675.

Nickson R T, McArthur J M, Ravenscroft P, et al. 2000. Mechanism of arsenic release to groundwater, Bangladesh and West Bengal. Appl Geochem, **15**: 403-413.

Niggemyer A, Spring S, Stackebrandt E, et al. 2001. Isolation and characterization of a novel As(V)-reducing bacterium: implications for arsenic mobilization and the genus *Desulfitobacterium*. Appl Environ Microbiol, **67**: 2256-5580.

Norris P R, Clark D A, Owen J P, et al. 1996. Characteristics of *Sulfobacillus acidophilus* sp. nov. and other moderately thermophilic mineral-sulphide-oxidizing bacteria. Microbiology (Reading, England), **142** (Pt **4**): 775-783.

O'Loughlin E J, Kelly S D, Kemner K M, et al. 2003. Reduction of AgI, AuIII, CuII, and HgII by FeII/FeIII hydroxysulfate green rust. Chemosphere, **53**: 437-446.

Oades J M, Townsend W N. 1963. The detection of ferromagnetic minerals in soils and clays. Eur J Soil Sci, **14**: 179-187.

Ona-nguema G, Abdelmoula M, Jorand F, et al. 2002. Microbial Reduction of Lepidocrocite by *Shewanella putrefaciens*; The Formation of Green Rust. Hyperfine Interact, **140**: 231-237.

Parmar N, Warren L A, Roden E E, et al. 2000. Solid phase capture of strontium by the iron reducing bacteria *Shewanella alga* strain BrY. Chem Geol, **169**: 281-288.

Pearce C I, Lloyd J R, Guthrie J T. 2003. The removal of colour from textile wastewater using whole bacterial cells: a review. Dyes Pigments, **58**:179-196.

Pedersen HD, Postma D, Jakobsen R. 2006. Release of arsenic associated with the reduction and transformation of iron oxides. Geochim Cosmochim Acta. **70**: 4116-4129.

Pham T H, Boon N, Aelterman P, et al. 2008. Metabolites produced by *Pseudomonas* sp. enable a Gram-positive bacterium to achieve extracellular electron transfer. Appl Microbiol Biotechnol, **77**: 1119-1129.

Prowe S G, Antranikian G. 2001. *Anaerobranca gottschalkii* sp. nov., a novel thermoalkaliphilic bacterium that grows anaerobically at high pH and temperature. Inter J Syst Evol Microbiol, **51**: 457-465.

Rabaey K, Rodriguez J, Blackall L L, et al. 2007. Microbial ecology meets electrochemistry: electricity-driven and driving communities. ISME J, **1**: 9-18.

Rau J, Knackmuss H J, Stolz A. 2002. Effects of different quinoid redox mediators on the anaerobic reduction of azo dyes by bacteria. Environ Sci Technol, **36**: 1497-1504.

Regenspurg S, Gobner A, Peiffer S, et al. 2002. Potential remobilization of toxic anions during reduction of arsenated and chromated schwertmannite by the dissimilatory Fe(III)-reducing bacterium *Acidiphilium cryptum* JF-5. Water Air Soil Poll, **2**: 57-67.

Reguera G, McCarthy K D, Mehta T, et al. 2005. Extracellular electron transfer via microbial nanowires. Nature, **435**: 1098-1101.

Roden R E, Leonardo M R, Ferris F G. 2002. Immobilization of strontium during iron biomineralization coupled to dissimilatory hydrous ferric oxide reduction. Geochim Cosmochim Acta, **66**: 2823-2839.

Sah R N, Mikkelsen D S, Hafez A A. 1989. Phosphorus behavior in flooded-drained soils. II. Iron transformation and phosphorus sorption. Soil Sci Soc Am J, **53**: 1723-1729.

Scheinost A C, Schulze D G. 1999. Soil Mineralogy 3. Oxide minerals. *In*: Sumner M E, Kampf N. Handbook of SoilScience. USA: CRC Press.

Schwertmann U. 1959. Die fraktionierte Extraktion der freien Eisenoxyde in Böden, ihre mineralogischen Formen und ihre Entstehungsweisen. Zeitschrift für Pflanzenernährung Düngung Bodenkunde, **84**: 194-204.

Schwertmann U. 1966. Inhibitory effect of soil organic matter on the crystallization of amorphous ferric

hydroxide. Nature, **212**: 645-646.
Schwertmann U. 1979. The influence of aluminium on iron oxides. Soil Sci, **128**: 195-200.
Shelobolina E S, Sullivan S A, O'Neill K R, et al. 2004. Isolation, characterization, and U(VI)-reducing potential of a facultatively anaerobic, acid-resistant bacterium from low-pH, nitrate- and U(VI)-contaminated subsurface sediment and description of *Salmonella subterranea* sp. nov. Appl Environ Microbiol, **70**: 2959-2965.
Shimizu M, Zhou J, Schröder C, et al. 2013. Dissimilatory reduction and transformation of ferrihydrite-humic acid coprecipitates. Environ Sci Technol, **47**: 13375-13384.
Slobodkin A I, Tourova T P, Kuznetsov B B, et al. 1999. *Thermoanaerobacter siderophilus* sp. nov., a novel dissimilatory Fe(III)-reducing, anaerobic, thermophilic bacterium. Inter J Syst Bacteriol, **49** Pt **4**: 1471-1478.
Smit E, Leeflang P, Gommans S, et al. 2001. Diversity and seasonal fluctuations of the dominant members of the bacterial soil community in a wheat field as determined by cultivation and molecular method. Appl Environ Microbiol, **67**: 2284-2291.
Stolz L F, Oremland R S. 1999. Bacterial respiration of arsenic and selenium. FEMS Microbiol Rev, **23**: 615-627.
Straub K L, Benz M, Schink B. 2001. Iron metabolism in anoxic environments at near neutral pH. FEMS Microbiol Ecol, **34**: 181-186.
Straub K L, Rainey F A, Widdel F. 1999. *Rhodovulum iodosum* sp. nov. and *Rhodovulum robiginosum* sp. nov., two new marine phototrophic ferrous-iron-oxidizing purple bacteria. Int J Syst Bacteriol, **49**: 729-735.
Sung Y, Ritalahti K M, Sanford R A, et al. 2003. Characterization of two tetrachloroethene-reducing, acetate oxidizing bacteria and their description as *Desulfuromonas michiganensis* sp. Novo. Appl Environ Microbiol, **69**: 2964-2974.
Thamdrup B, Finster K, Hansen J W, et al. 1993. Bacterial disproportionation of elemental sulfur coupled to chemical reduction of iron and manganese. Appl Environ Microbiol, **59**: 101-108.
Thamdrup B, Rossello-Mora R, Amann R. 2000. Microbial manganese and sulfate reduction in Black Sea shelf sediments. Appl Environ Microbiol, **66**: 2888-2897.
Vargas M K, Kashefi K, Blunt-Harris E L, et al. 1998. Microbiological evidence for Fe(III) reduction on early earth. Nature, **395**: 65-67.
Vasudevan D, Dorley P, Zhang X. 2001. Adsorption of hydroxpridines and quinolines at the metal oxide water interface: roloflautomeric equilibrium. Environ Sci Technol, **35**: 2006-2013.
Vogel T M, Criddle C S, McCarty P L. 1987. Transformations of halogenated aliphatic compounds. Environ Sci Technol, **21**: 722-736.
Weber K A, Achenbach L, Coates J D. 2006b. Microorganisms pumping iron: anaerobic microbial iron oxidation and reduction. Nat Rev Microbiol, **4**: 752-764.
Weber K A, Picardal F W, Roden E E. 2001. Microbially catalyzed nitrate-dependent oxidation of biogenic solid-phase Fe(II) compounds. Environ Sci Technol, **35**: 1644-1650.
Weber K A, Pollock J, Cole K A, et al. 2006a. Anaerobic nitrate-dependent iron (II) bio-oxidation by a novel, lithoautotrophic, β-*Proteobacterium*, strain 2002. Appl Environ Microbiol, **72**: 686-694.
Widdel F, Schnell S, Heising S, et al. 1993. Ferrous iron oxidation by anoxygenic phototrophic bacteria. Nature, **362**: 834-835.
Wilson G S. 1978. Determination of oxidation-reduction potentials. Methods in Enzymology, **54**: 396-410.
Wrighton K C, Agbo P, Warnecke F, et al. 2008. A novel ecological role of the *Firmicutes* identified in thermophilic microbial fuel cells. ISME J, **2**: 116-1156.
Wrighton K C, Thrash J C, Melnyk R A, et al. 2011. Evidence for direct electron transfer by a Gram-positive bacterium isolated from a microbial fuel cell. Appl Environ Microbiol, **77**: 7633-7639.
Xu M, Guo J, Kong X, et al. 2005. Fe(III)-enhanced azo reduction by *Shewanella decolorationis* S12. Appl Microbiol Biotechnol, **74**:1342-1349.
Yao W, Millero F J. 1996. Oxidation of hydrogen sulfide by hydrous Fe(III) oxides in seawater. Mar Chem, **52**: 1-16.

Zachara J M, Fredrickson J K, Smith S C, et al. 2000. Solubilization of Fe(III) oxide-bound trace metals by a dissimilatory Fe(III) reducing bacterium. Geochim Cosmochim Acta, **65**: 75-93.

Zachara J M, Kukkadapu R K, Fredrickson J K, et al. 2002. Biomineralization of poorly crystalline Fe(III) oxides by dissimilatory metal reducing bacteria. Geomicrobiol J, **19**: 179-207.

Zavarzina D G, Tourova T P, Kuznetsov B B, et al. 2002. *Thermovenabulum ferriorganovorum* gen. nov., sp. nov., a novel thermophilic, anaerobic, endospore-forming bacterium. Inter J Syst Evol Microbiol, **52**: 1737-1743.

Zavarzina D, Sokolova T, Tourova T, et al. 2007. *Thermincola ferricacetica* sp. nov., a new anaerobic, thermophilic, facultatively chemolithoautotrophic bacterium capable of dissimilatory Fe(III) reduction. Extrenophils, **11**: 1-7.

Zuber B, Haenni M, Ribeiro T, et al. 2006. Granular layer in the periplasmic space of Gram-positive bacteria and fine structures of *Enterococcus gallinarum* and *Streptococcus gordonni* septa revealed by cryo-electron microscopy of vitreous sections. J Bacteriol, **188**: 6652-6660.

第五章 腐殖质呼吸

腐殖质是由动植物及微生物残体经生物酶分解、氧化及微生物合成等过程逐步演化而形成的一类高分子芳香族醌类聚合物,广泛存在于土壤、沉积物和水生环境中。由于腐殖质在环境中极难被自然降解,因此过去普遍认为其不能够参与微生物的生理代谢过程。但是,最近腐殖质还原被确认为是一种新型的细菌厌氧呼吸方式:即在厌氧条件下,腐殖质还原呼吸菌可以把腐殖质及其模式物作为唯一末端电子受体,同时氧化环境中的多种有机物。

第一节 环境中的腐殖质

一、腐殖质的定义及形成

1786 年,Achard 用碱提取泥炭时得到一种暗色的有机物质,但是直至 1804 年,Saussare 才将土壤中的这种暗色有机物质命名为"腐殖质(humic substances, HS)"。1822 年,Döbereiner 将土壤暗色有机物质中能为酸沉淀的部分称为"腐殖酸(humic acid, HA)"。1862 年,Mulder 以溶解度和颜色将腐殖质分为:不溶于碱的乌敏和胡敏,溶于碱的乌敏酸(棕色)和腐殖酸(黑色),以及溶于水的克连酸和阿波克连酸。1938 年,Sprenger 又以光学性质和对电解质的反应为基础,将 HA 细分为棕色 HA 和灰色 HA。

腐殖质物质即腐殖质(HS),从化学本质上来看,它是由多酚和多醌类物质聚合而成的具有芳环结构及脂肪族特征的一系列黑色至棕黑色的非晶形准高分子有机化合物,来源于动植物残体的腐殖化反应(humification)或者来源于微生物的生物活动(黄昌勇,2000)。

腐殖质的形成是一个复杂的过程,大致可分为两个阶段:第一阶段是有机残体在微生物分解作用下转化为较简单的有机化合物(多元酚)和含氮化合物(氨基酸、肽等),为下一阶段形成腐殖质提供原料;第二阶段是这些产物在微生物作用下经缩合形成腐殖质基本单元。多元酚在微生物作用下氧化为醌,醌再与含氮化合物缩合成原始腐殖质(图 5-1)。

腐殖质普遍存在于土壤、沉积物和水环境中,占土壤有机质的 60%~90%(窦森,2010),占淡水生态系统可溶性有机质(dissolved organic matter, DOM)的 50%~80%(Wetzel, 2001)。在寡营养淡水生态系统中,腐殖质的浓度一般在 1~100 mg DOC/L(dissolved organic carbon, DOC, 可溶性有机碳),高出所有生物体有机碳含量约一个数量级(Steinberg, 2003)。在某些情况下腐殖质浓度甚至更高,如巴西滨海潟湖中约达 160 mg DOC/L,在加拿大湿地中甚至可达 300 mg DOC/L。

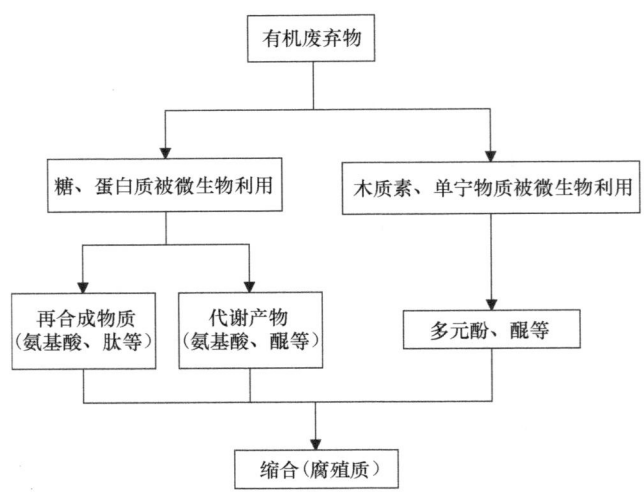

图 5-1 腐殖质形成的生物学过程示意图

Fig. 5-1 The formation process of humic substances

二、腐殖质的组成及基本性质

腐殖质是由不同分子质量的物质组成的混合物，不具有可化学计量的元素组成，也很少有精确和相同的结构形状或活性官能团序列，所以无法用特定的分子结构式来表示腐殖质。现在对腐殖质的定义及分组皆基于其形成或提取过程而非特定的分子特征。腐殖质分子半径从不足一纳米（Benedetti et al., 1996）到上百纳米（Pinheiro et al., 1996）都有报道，这既可以从腐殖质的复杂组成，也可以从腐殖质分子可能发生集合反应或构型变化来解释。

腐殖质的具体组成会受到来源、位置、母质、气候及其他因素的影响。从元素的角度来说，腐殖质主要由 C、H、O、N、P、S 等元素组成，并有少量的 Ca、Mg、Fe、Si 等灰分元素。我国主要土壤中腐殖质的元素组成见表 5-1，总体而言，一般腐殖质平均含碳为 58%，含氮 5.6%，其 C/N 为（10:1）~（12:1）。腐殖质的结构复杂，含氧官能团羧基、酚羟基、醇羟基、甲氧基、羰基和醌基等使腐殖质表现出离子交换性、配合性、氧化还原性及生理活性等。含氧官能团的含量反映了腐殖质组分的氧化程度，在腐殖化过程中，羧基和醌酮基团不断增加，而羟基和苯氧基相应减少（霍夫里特，2004）。腐殖质的含氧官能团使其具有与疏水及亲水物质结合的能力。

表 5-1 我国主要土壤中腐殖质的元素组成（%）

Tab. 5-1 Elemental contents of humic substances of the major soils in China（%）

腐殖质	C	H	O+S	N
胡敏酸	50~60	3.1~5.3	31~41	3.0~5.5
富里酸	45~53	4.0~4.8	40~48	2.5~4.3

根据其在稀酸和稀碱中的溶解度，可以将腐殖质分为胡敏酸（humic acid, HA, 也称腐殖酸）、富里酸（fulvic acid, FA）和胡敏素（humin, HM）。胡敏酸是在 pH<2 的条件下

不溶的部分，富里酸是在所有 pH 条件下都可溶的部分，而胡敏素是在任何 pH 条件下都不溶的部分。相对于胡敏酸，胡敏素更加疏水，极性官能团少，分子质量大。而胡敏酸又比富里酸溶解度小，分子质量大，极性官能团少。自然腐殖质的主要组成部分是胡敏酸。

腐殖质的分子结构已有多种假设，但各种理论差异甚远，缺乏一致性，因此对它的认识还很不清楚。早期研究认为腐殖质的基本结构单元是与酚或醌结合的含氮化合物和碳水化合物，随后研究认为腐殖酸是木质素经过一系列氧化和脱甲基过程后形成的醌衍生物与氨基酸和多糖缩合而成的化合物。有研究表明腐殖质是可以通过各种机制途径形成的：其核心由 4 个结构单元组成，即两个木质素单体形成的二聚物、酚-氨基酸复合体、羟基醌和木质素的 C6-C3 单元；但有一点是公认的，就是腐殖质在结构上具有不规则性及非均一性。Kleinhempel 于 1970 年提出的腐殖质结构模型（图 5-2）就很好地反映了这一点，也正是这种结构特征才能使得它能够在环境中稳定存在数千年而不遭受生物分解。同时，通过这种具有以疏水的芳香结构为核心，富含羧基、酚羟基、醇羟基、甲氧基、羰基和醌基等官能团的结构特征，腐殖质大分子才可以广泛参与离子交换、质子传递、络合反应及氧化还原反应，并通过氢键和范德华力与其他化合物相互作用，因此，腐殖质能与环境中释放的所有化学物质发生相互作用。从环境意义的角度来说，腐殖质可以与各种具生态毒性的化合物包括重金属、石油烃、氯化烃类、杀虫剂、硝基苯类爆炸物，偶氮染料和锕系元素等相互作用，达到环境修复的作用。

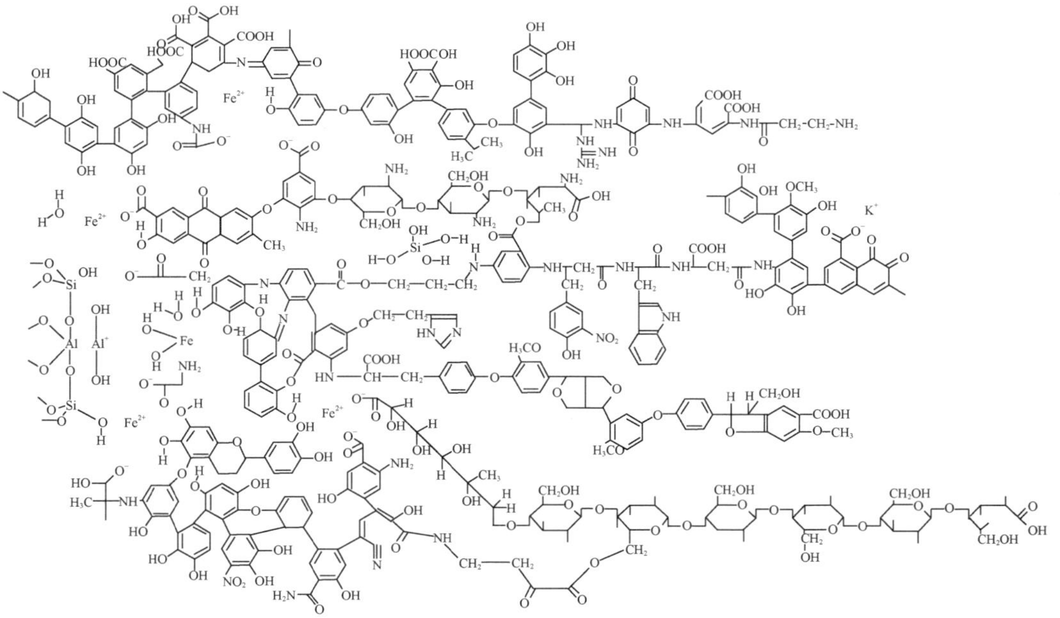

图 5-2 1970 年 Kleinhempel 提出的腐殖质结构模型（Perminova et al., 2005a）

Fig. 5-2 The structure model for humic substances reported by Kleinhempel in 1970 (Perminova et al., 2005a)

三、腐殖质的吸附特性

腐殖质最显著的特征之一就是它们可以与金属离子相互作用形成水溶性的、胶状的或不溶于水的腐殖质-金属络合物。通常认为含氧官能团如羧基和酚羟基是腐殖质中最重要的金属结合基团。酚羟基与金属间的亲和力较羧基与金属间的亲和力大。此外，含量相对小的含氮或硫的官能团在金属的吸附中也起着重要的作用（Baken et al., 2011）。由表 5-2 可知，不同来源的腐殖质对同一种金属的吸附量有差异，同一种腐殖质对不同金属的吸附也不同。腐殖质中腐殖酸的吸附能力比富里酸的强。

表 5-2　不同腐殖质对 Cu、Zn 和 Pb 的吸附量 Q_{max}（mg/g HA）（Perminova et al., 2005b）

Tab. 5-2　Amount of Cu, Zn, and Pb (Q_{max}, mg/g HA) adsorbed by various humic substances (Perminova et al., 2005b)

腐殖质样	Q_{max}/Cu	Q_{max}/Zn	Q_{max}/Pb
HA_C	14.0	12.4	38.4
HA_P	13.9	10.3	33.8
HA_H	13.3	9.8	22.9
HA_S	13.4	6.3	21.2
HA_M	10.9	7.4	19.8

pH 和离子强度等因素都会影响腐殖质对金属的吸附。溶液 pH 的升高会导致腐殖质分子的表面负电荷增加（图 5-3），带电基团间排斥增强，腐殖质分子膨胀。而溶液离子强度的提高会屏蔽腐殖质分子的表面电荷，分子缩小。分子膨胀时更多官能团得以暴露在外，增加对金属的吸附。因此，高 pH、低离子强度有利于金属的吸附。

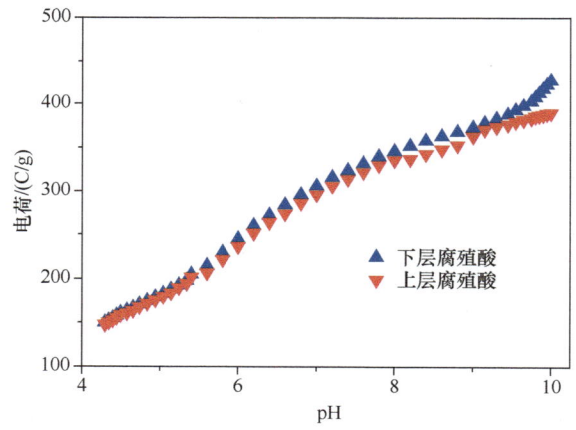

图 5-3　泥炭沼上层（0~60 cm）与下层（>60 cm）腐殖酸的电荷-pH 曲线图（Gondar et al., 2005）Fig. 5-3　Charge-pH curve of humic acids from the upper layer (0~60 cm) and the lower layer (>60 cm) of a peat bog (Gondar et al., 2005)

腐殖质对金属的吸附作用影响到金属在环境中的迁移和毒性。对于某种金属的毒性而言，它某种形态的浓度比它的总浓度更有意义。例如，对于铜，其自由 Cu^{2+} 及可溶的无机化合物的生物有效性及毒性最高，而当环境中的 Cu^{2+} 与腐殖质结合后，Cu^{2+} 的生物有效性及毒性就能得到有效的降低（Monteiro et al., 2013）。

腐殖质也可以吸附环境中的各种有机物。采用凝胶渗透色谱和 ^{13}C 固相核磁等手段分析腐殖质的结构和性质及对有机物吸附的影响，研究结果表明，腐殖质的元素组成、分子质量、芳香性与极性等因素都会影响腐殖质对有机物的吸附。如 Xing（1997）的研究结果表明，萘的吸附量会随着土壤腐殖质芳香性的增加而增加，也随着腐殖质极性的增加而降低。Chefetz 等（2000）发现腐殖质中的脂肪族成分决定着芳香族非离子性化合物的吸附。与金属类似，环境中的有机物如具有生物活性的酶与腐殖质结合后，活性可能降低，其生物活性功能因此会受到影响（图 5-4）。

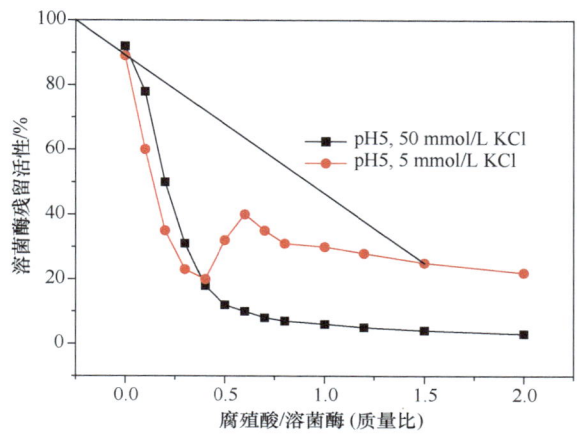

图 5-4　酶与 HS 结合后活性降低（Li et al., 2013）
Fig. 5-4　Enzyme activity decreased after complexed with HS (Li et al., 2013)

不同金属[如 Cd(Ⅱ)与 Ni(Ⅱ)]与腐殖质有不同的吸附位点，其吸附机制也会不同（Calace et al., 2009）。根据吸附与解吸附间有显著的滞后，腐殖质与物质间的吸附机制普遍认为是配位体交换。而腐殖质与金属或有机物间的吸附等温线可以用 Freundlich 模型或 Langmuir 模型来拟合。

四、腐殖质的电化学性质

腐殖质是氧化还原活性很强的化合物，在环境中它可以充当氧化还原缓冲剂，即在缺氧情况下可以接受来自微生物呼吸产生的电子，在富氧条件下可以把电子传递给氧气。它还可作为电子穿梭体介导环境中发生的氧化还原反应，例如，腐殖质把电子从微生物传递至难溶的金属氧化物（如三价铁），或者把电子从非生物还原剂（如 H_2S）转移到有机污染物。腐殖质的这种电子转移能力在缺乏电子受体和电子供体的泥炭地及营养贫瘠的湖泊等环境中显得尤其重要。在这些环境中，腐殖质的电子转移能力可以推动部分元素发生化学变化或生物化学转变。例如，H_2S 的化学氧化，有机质厌氧分解中间产物的生物氧化，Fe(Ⅲ)、硝酸盐、硒酸盐、砷酸盐及延胡索酸等的生物还原。

腐殖质成分复杂且含多种具氧化还原活性的官能团，因此它的氧化还原电位不是一个确定的数值，而是一个范围值；在这个电位范围内，腐殖质可以接受或提供电子，有学者把它称为"混合电位"（Helburn and MacCarthy, 1994）。这部分解释了为什么典型的腐殖质循环伏安图（CV）中一般不会出现明显的氧化还原峰（图 5-5）。但其产生的电流要比空白大，说明了腐殖质中氧化还原活性成分的存在。一般来说，中性条件下，腐殖质的氧化还原电位在 $-200\sim300$ mV（Straub et al., 2001）。腐殖质中的氧化还原官能团主要为羧酸、酚羟

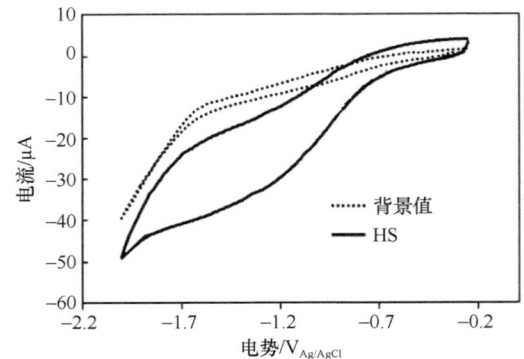

图 5-5 典型腐殖质循环伏安图
Fig. 5-5 Typical cyclic voltammograms of HS

基、醇羟基、酮基和醌基,其中醌基是最重要的。氧化态的醌(quinone)接受一个电子后被还原成半醌(semiquinone),半醌再接受一个电子后进一步被还原成氢醌(hydroquinone),且这个过程是可逆的(图 5-6),这也是腐殖质可以充当电子穿梭体的电化学基础。

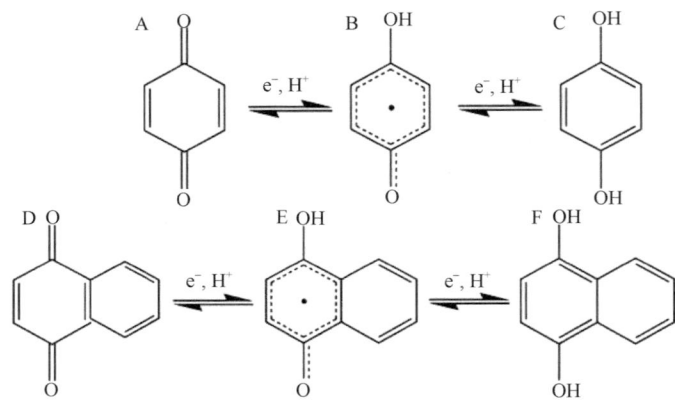

图 5-6 醌、半醌与氢醌之间的转化
A~C. 苯醌的还原;D~F. 萘醌的还原
Fig. 5-6 Transfer between quinone, semiquinone and hydroquinone
A~C. reduction of benzoquinone; D~F. reduction of naphthoquinone

在"微生物厌氧呼吸和 HS 介导的 Fe(III)、U(VI) 及有机污染物还原转化"的相关报道中,涉及的醌类化合物有近 20 种(O'Loughlin, 2008; Trump et al., 2006; Uchimiya and Stone, 2009; Wolf et al., 2009),基本结构单元包括"邻位醌"和"对位醌"。由于醌类化合物具有固定的化学结构,且定量检测相对容易,因此常作为 HS 的模式物代替 HS 用作基础性研究,其中 9,10-蒽醌-2,6-二磺酸(AQDS)最为典型,也最常用(Lovley et al., 1998; Wu et al., 2010)。

五、腐殖质的环境修复属性

由于腐殖质具有良好的吸附、金属络合能力及电化学氧化还原性质,可以应用于环境修复的各个领域中(图 5-7)。

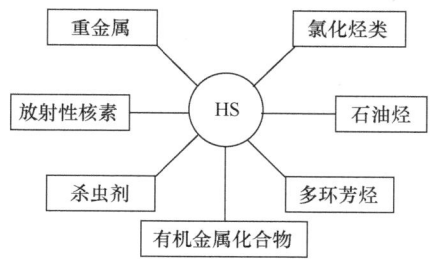

图 5-7 腐殖质能与环境中的各种污染物相互作用

Fig. 5-7 HS interact with various pollutants in the environment

污染物被腐殖质吸附后形成无毒的腐殖质-污染物复合体：

$$HS+污染物（有毒）\longrightarrow HS-污染物（无毒）$$

如果 HS 自身已经吸附在环境中的黏粒上，则形成的是更复杂的黏粒-HS-污染物复合体：

$$黏粒-HS+污染物（有毒）\longrightarrow 黏粒-HS-污染物（无毒）$$

HS 还可以充当电子穿梭体的角色，促进高度氧化或高度还原的污染物的氧化还原脱毒（图 5-8，图 5-9）。

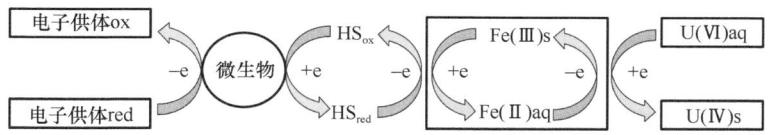

图 5-8 HS 作为电子穿梭体促进高度氧化的污染物的生物降解脱毒

Fig. 5-8 HS, as electron shuttle, enhance the biodegradation and detoxification of highly oxidized pollutants

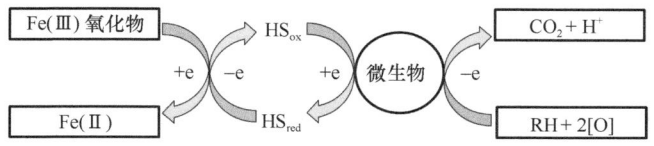

图 5-9 HS 作为电子穿梭体促进高度还原的污染物（如石油烃）的生物降解脱毒

Fig. 5-9 HS as electron shuttle enhance the biodegradation and detoxification of highly reduced pollutants (e.g., petroleum hydrocarbons)

第二节 腐殖质呼吸的原理及影响因素

腐殖质呼吸作用的本质是微生物呼吸链上的电子传递过程，具体表述为：厌氧条件下，腐殖质还原菌通过呼吸代谢电子供体，偶联腐殖质或腐殖质模型物还原，并从这一电子传递过程中贮存生命活动的能量。迄今已发现在腐殖质呼吸过程中可作为电子供体的物质有：有机酸、糖类、H_2、苯、甲苯、氯乙烯、聚氯乙烯等。

一、腐殖质呼吸的电子接受位点

大量 NMR（核磁共振）和 ESR（电子顺磁共振谱）的研究表明，醌型基团是 HS

中主要的电子接受位点（Bond and Lovley, 2002；Luu et al., 2003）。醌类物质含量越高，HS 接受电子的能力越强。Scott 等（1998）利用 ESR 分析了腐殖质还原前后自由基的组成及含量，结果表明，反应后体系中的半醌自由基和氢醌显著增加，半醌自由基和氢醌是醌基的还原产物，进一步支持了醌型基团是腐殖质呼吸作用中电子接受位点的假设。更多的证据包括腐殖质在空气中被还原后可被重新氧化的准可逆性（Bauer and Kappler, 2009），腐殖质的电子接受能力与其芳香度之间的高度相关性，以及腐殖质的质子、电子转移平衡与低分子质量醌类的质子、电子平衡相似（Aeschbacher et al., 2011）。其他基团也很有可能在腐殖质的氧化还原反应中发生作用，这是因为仅仅醌类基团的含量不足以解释电子的转移过程（Struyk and Sposito, 2001）。

大量研究也表明，由于腐殖质结构上具有接受电子的醌类基团的特点，可以作为末端电子受体，支持有机酸盐、氯代化合物、芳香族化合物等有机化合物的厌氧生物氧化；且还可以作为电子穿梭物质（即氧化还原中间体），在生物和微生物还原降解有机污染物（如偶氮染料、多卤取代物、硝基取代芳香族化合物等）及还原无机化合物[如 Fe(III)、Cr(VI)、U(VI)等]过程中起到极其重要的传递电子的作用（Cervantes et al., 2000；Lovley et al., 1996；Luijten et al., 2004；Quails, 2004）。在这个过程中，腐殖质结构中的醌类基团的氧化态形式可以结合来自电子供体的电子转化为还原态的羟醌，又可以将电子转移给亲电子物质使之还原，还原态的腐殖质即重新转化为氧化态，其氧化态/还原态的循环形成实现对污染物质持续的还原转化。

二、腐殖质电子转移容量表征

腐殖质的电子转移容量（electron transfer capacity, ETC）包括电子接受能力（electron accepting capacity, EAC）和电子供给能力（electron donating capacity, EDC），是指在一定电势（E_h）下，单位质量的测定对象可以提供和接受的电子的量。对于腐殖质而言，电子转移容量的单位一般为 μmol/g C，即单位质量碳所能供给或接受的电子摩尔数。腐殖质的电子转移能力与测定方法及具体的腐殖质来源等因素有关，文献中报道的值为 0.02~6 mmol/g C。

先前测定 EAC 的方法通常用 H_2S 或金属 Zn 作为还原剂来还原腐殖质，对氧化产物 $S_2O_3^{2-}$ 及 Zn^{2+} 进行定量测定得到 EAC，因为 H_2S 或金属 Zn 被氧化失去的电子摩尔数就是腐殖质被还原所接受的电子摩尔数（Blodau et al., 2009；Heitmann and Blodau, 2006）；同时也可通过测定经过预还原的腐殖质及未经处理的腐殖质间 EDC 的差异来间接得到 EAC。预还原可通过生物的、化学的或电化学的手段来进行，而 EDC 则通过测定由腐殖质还原 Fe(III)（通常是柠檬酸铁或铁氰化物）产生的 Fe(II)来计算得到（Bauer et al., 2007）。但上述方法存在以下缺点：①腐殖质的 EDC 或 EAC 通过其他物质[如 Fe(III)、Zn]接受或供给的电子数来间接得到；②所用氧化剂或还原剂的电子转移通常伴随着质子交换，腐殖质的氧化还原电位及氧化还原动力学受 pH 的影响，导致不同 pH 条件下测得的腐殖质电子转移能力不具可比性；③腐殖质的 EDC 通常通过其与 Fe(III)的反应来进行测定，实际反应需要数小时到数天才能达到平衡，但实际研究中反应时间通常不超过 15 min 到 1 h，因此测得的值偏低；④与腐殖质反应的物质会带来副反应，如腐殖质对 Fe 和 Zn 的络合吸附。因此，近年来，越来越多的研究采用电化学方法测定腐殖质的电子转移能力。电化学方法具有简单快速，不受 pH 影响和无副反应等优点。下面主要介绍电化学方法测定水溶性及固态腐殖质的电子转移能力。

（一）水溶性腐殖质

水溶性腐殖质的电子转移容量采用电化学方法测定时，具体使用的是计时电流法（chronoamperometry）：使用传统的由工作电极、辅助电极和参比电极组成的三电极系统。测定时，向已经充分除氧的由电解质和缓冲液组成的体系溶液中加入少量的腐殖质，由于腐殖质具有很强的电化学活性，腐殖质分子会在工作电极表面发生氧化还原反应，从而产生相应的氧化还原电流，如图 5-10 所示，测定时，每次进样都会引起电流的骤降或骤增，形成一个峰，对这个峰进行积分，得到转移的电子数，然后除以加入的腐殖质的碳量，即可得到所测水溶性腐殖质的 EDC 或 EAC。

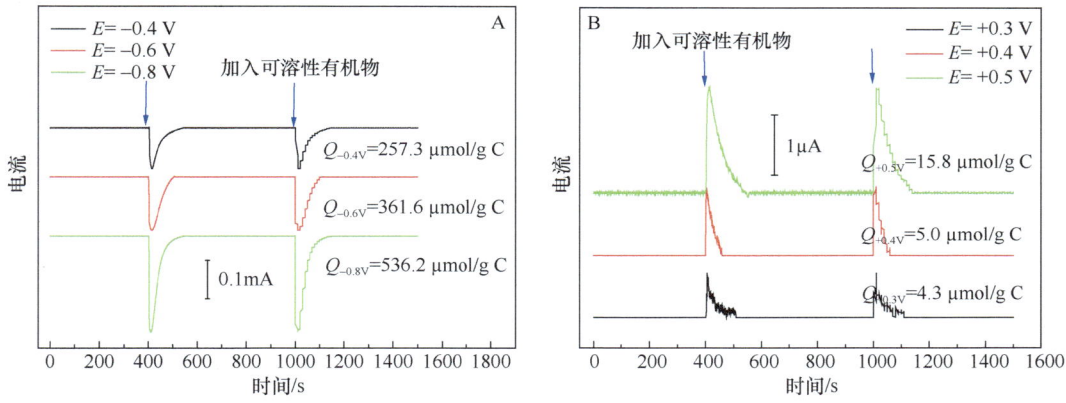

图 5-10　计时电流法测定水溶性腐殖质电子接受能力（A）与电子供给能力（B）（Yuan et al., 2011）
Fig. 5-10　Electron accepting capacity (EAC) (A) and electron donating capacity (EDC) (B) determination for dissolved HS using chronoamperometry (Yuan et al., 2011)

（二）固态腐殖质

由于固态腐殖质与电极间缺乏反应，所以无法直接采用上面应用于水溶性腐殖质的方法来测定固态腐殖质的电子转移容量。这个时候就需要借助电子穿梭体来介导电极与固态腐殖质间的电子传递，如图 5-11 所示，测定 EAC 时，电子穿梭体不断从电极接受电子传递给固态腐殖质；而测定 EDC 时，电子穿梭体不断从固态腐殖质接受电子传递给电极。通过这样实现了电子在电极与固态腐殖质间的传递，从而得以使用电化学方法测定固态腐殖质的电子转移容量。

三、腐殖质呼吸的影响因素

厌氧环境中腐殖质呼吸速率受很多因素影响：腐殖质的来源、结构特征、组成成分和环境中的氧化还原条件等。

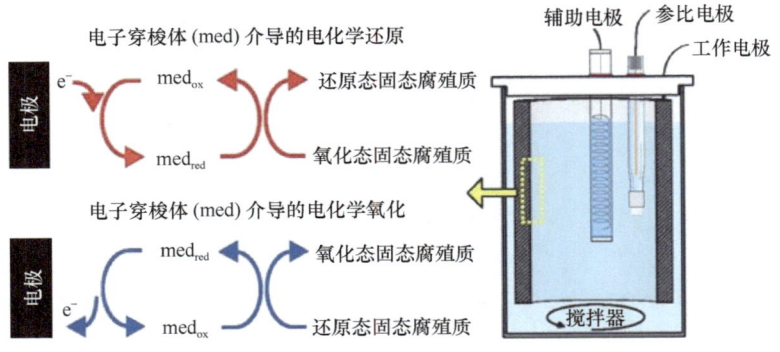

图 5-11 借助电子穿梭体测定固态腐殖质的电子转移容量
Fig. 5-11 Electron transfer capacity determination for solid HS utilizing electron shuttle

(一) 腐殖质的来源、结构特征与组成成分

大量的研究结果表明陆地上产生的 HS 比水体中产生的 HS 具有更高的氧化还原活性和更大的电子转移能力。陆地上产生的 HS 主要来源于植物残体分解产物，醌基含量高，而水体中产生的 HS 主要来源于动物及微生物残体的分解产物，醌基含量相对较低。

不同种类腐殖质的微生物还原速率有很大差异。研究表明，相对于 FA，HA 更容易被微生物还原，这主要是由于 HA 的溶解性较好，醌含量较高。研究 HS 中不同组分对腐败希瓦氏菌（*Shewanella putrefaciens* strain CN32）腐殖质呼吸作用的影响发现，腐殖质中的 HA 部分比富含酚和富含碳水化合物的部分更容易被微生物还原，促进了有机物的矿化。

(二) 环境中的氧化还原条件

土壤中其他电子受体 [如 $Mn(IV)$、$Fe(III)$ 等] 的存在也会影响腐殖质呼吸速率，当腐殖质还原与硝酸盐还原、铁锰还原、硫酸盐还原、产甲烷作用同时存在时，还存在着竞争关系。氧化还原体系不同，这几种微生物的呼吸代谢途径在有机物生物降解中的贡献也不尽相同。有关研究表明，当在沉积物样品中添加乙酸或丙酸作为电子供体时，微生物代谢以反硝化作用和硫酸盐还原为主，而添加乳酸作为电子供体时，腐殖质呼吸作用、硫酸盐还原及反硝化作用的贡献相当；在厌氧污泥中添加乙酸或乳酸作为电子供体时，微生物代谢以腐殖质呼吸和反硝化作用为主，当丙酸作为电子供体时，以反硝化作用和硫酸盐还原为主。

(三) 其他环境影响因素

徐志伟（2008）对腐殖质微生物还原的影响因素的研究表明：驯化后富含腐殖质还原菌的西湖底泥还原腐殖质的温度为 15~45℃，最适温度为 30~37℃；还原腐殖质的 pH 为 5~9，最适 pH 为 7，且微生物能调节 pH 趋向中性；适当提高微生物量能促进腐殖质的还原；溶解氧、光照和外加磁场的存在对腐殖质还原均有一定的抑制作用；不同氮源对腐殖质还原的效果依次为 $NH_4Cl > CO(NH_2)_2 > NaNO_3 > NaNO_2$；金属离子 $Mg(II)$ 和 $Mn(II)$ 促进了腐殖质的还原，而 $Zn(II)$、$Ni(II)$、$Cu(II)$ 则不同程度抑制了腐殖质的还原，$Fe(III)$ 作为 AQDS 的竞争电子受体或与还原态 AQDS 反应而影响腐殖质的还原，

Hg(Ⅱ)完全抑制腐殖质的还原。

四、增强腐殖质电子转移能力的措施

如上所述，腐殖质中的醌类基团是其主要的电子接受位点，所以可以通过增加其醌类基团的含量来达到增强其电子转移能力的目的。Perminova 等（2005b）通过两个途径来增加腐殖质中的醌基，一个是酚基氧化途径，另一个是酚基缩聚途径（图 5-12）。相对于原腐殖质，改造后的腐殖质氧化还原能力大大增强。

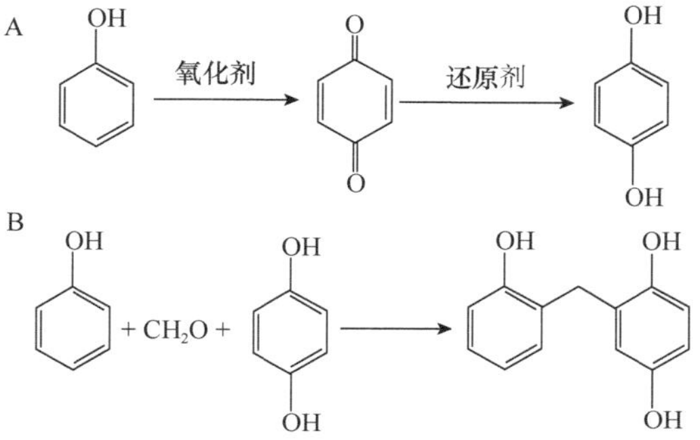

图 5-12 增加腐殖质中醌基的两个途径（Perminova et al., 2005b）。(A) 酚基氧化途径；(B) 酚基缩聚途径
Fig. 5-12 Two ways to increase quinone moieties in HS (Perminova et al., 2005b). (A) oxidation of phenolic moieties; (B) polycondensation of phenolic moieties

第三节 腐殖质呼吸与铁呼吸的异同及关系

一、电子受体的特点

Fe(Ⅲ)呼吸与腐殖质呼吸是自然界厌氧环境中重要的胞外呼吸形式。这两种呼吸的末端电子受体［难溶态 Fe(Ⅲ)与腐殖质］无法进入细胞，呼吸链上的电子只能穿过细胞到达位于胞外的电子受体。Fe(Ⅲ)和腐殖质接受电子后都能再次给出电子，从而实现在氧化态和还原态之间的反复转变，充当电子穿梭体介导厌氧环境中的生物地球化学反应，影响环境中的物质循环，这也是这两种胞外呼吸受到极大关注的主要原因。

Fe(Ⅲ)是铁呼吸的直接电子受体。虽然铁在土壤和沉积物中的含量能达到几十毫摩尔，是厌氧环境（尤其是淹水土壤、自然湿地、水稻田、淡水湖沉积物）中微生物最重要的电子受体，但 Fe(Ⅲ)氧化物在中性 pH 环境中的溶解度非常低，Fe^{3+}的浓度$\leqslant 10^{-9}$ mol/L（Kraemer, 2004），所以 Fe(Ⅲ)氧化物是一种溶解度极低的电子受体。

腐殖质存在于所有陆地与水环境中，是土壤和水体有机质的最主要成分，例如，湖水溶解性有机质中超过 95%的组分为腐殖质（Wetzel, 2001）。腐殖质中的醌类基团是腐殖质呼吸中的主要电子受体，不同来源的腐殖质醌基含量和种类不同，因此醌基在其电子转移能力中的贡献也不同。此外含 N 基团、含 S 基团、酚基和腐殖质中的某些金属离子也是电子受体之一，这些非醌基官能团对腐殖质的总电子转移能力的贡献可达 44%~58%（Hernández-Montoya et al., 2012；Ratasuk and Nanny, 2007）。

二、腐殖质呼吸菌与铁呼吸菌

绝大多数腐殖质呼吸菌和铁呼吸菌都是严格厌氧菌，兼性厌氧菌只有在氧气完全消耗完后才开始还原腐殖质或 Fe(III)氧化物。迄今为止，Fe(III)还原菌（如 *S. putrefaciens*、*G. metallireducens*、*S. alga*）几乎无一例外地能以 HS 或其模式物 AQDS 为电子受体，进行腐殖质呼吸，因此 Fe(III)还原菌又可以称为腐殖质还原菌（Coates et al., 2002, 1998；Scott et al., 1998）。有学者将这种电子受体的多样性归因于厌氧呼吸的低产能效率，厌氧呼吸微生物必须同时具备多种途径才能适应自然进化选择的要求。腐殖质呼吸菌大部分是铁呼吸菌，但还包括古菌、反硝化菌、硫还原菌、卤呼吸菌、发酵菌甚至是产甲烷菌，在系统发育上具有多样性（表 5-3）。

表 5-3 腐殖质呼吸菌的多样性（Martinez et al., 2013）
Tab. 5-3 Phylogenetic diversity of humus-reducing microorganisms (Martinez et al., 2013)

系统发育	菌株	参考文献
古菌		
Methanococcales	*Methanococcus thermolithotrophicus*	Lovley et al., 2000
Thermoproteales	*Pyrobaculum islandicum*	Lovley et al., 2000
Archaeoglobales	*Archaeoglobus fulgidus*	Lovley et al., 2000
细菌		
革兰氏阴性菌		
γ-Proteobacteria	*Pantoea agglomerans*	Francis et al., 2000
Deinococci	*Deinococcus radiodurans*	Fredrickson et al., 2000
Halanaerobiales	*Fuchsiella alkaliacetigena*	Zhilina et al., 2012
Thermotogales	*Thermotoga maritima*	Lovley et al., 2000
革兰氏阳性菌		
Thermoanaerobacteriales	*Thermoanaerobacter siderophilus*	Slobodkin et al., 1999
Bacillales	*Bacillus subtilis*	Rau et al., 2002
Actinomycetales	*Propionibacterium freudenreichii*	Benz et al., 1998
Lactobacillales	*Enterococcus cecorum*	Benz et al., 1998
Clostridiales	*Desulfitobacterium hafniense*	Luijten et al., 2004
Campylobacteriales	*Sulfurospirillum barnesii*	Luijten et al., 2004

三、腐殖质呼吸与铁呼吸

腐殖质呼吸可以促进 Fe(III)呼吸。Fe(III)作为电子受体，尽管丰度很高，但多以难溶性氧化铁形式存在，细菌生物呼吸代谢产生的电子传递到铁氧化物表面的过程往往受到抑制，因此电子传递速率成为铁呼吸的限速步骤。但是溶解性腐殖质能通过电子穿梭机制加速 Fe(III)还原：腐殖质还原菌氧化基质，将电子传递给 HS 中的醌基，醌基被还原成半醌或氢醌，氢醌再将电子传递给铁氧化物，将其还原，而氢醌被化学氧化为醌基，从而接受电子进入下一轮循环。HS 作为还原菌和铁氧化物之间的电子穿梭体，具有类似催化剂的作用，在极低浓度下就能表现出显著作用。在反应体系中加入微量 HA，能明显促进腐败希瓦氏菌（*S. putrefaciens* CN32）对 Fe(III)的还原速率，2 h 内可将 Fe(III)全部还原，而未加 HA 对照体系的 Fe(III)几乎没有减少（Chen et al., 2003）。Lovley 等（1996）的研究表明，*G. metallireducens* 与 *S. alga* 分别以乙酸盐和乳酸盐作为电子供体，以腐殖酸和 AQDS 作为电子穿梭体时，微生物得到生长，并能还原非溶解态的 Fe(III)氧化物。反应体系中 Fe(III)氧化物全部被还原为 Fe(II)后溶液中才开始出现橙红色 AH_2QDS 的积累，继续加入 Fe(III)氧化物，颜色又马上褪去，AH_2QDS 又被氧化为 AQDS，Fe(III)被还原为 Fe(II)，这表明低浓度的腐殖质可以实现对 Fe(III)还原的持续促进作用。Fredrickson 等（2000）发现一种耐辐射微生物 *Deinococcus radiodurans* R1 必须在 AQDS 或风化褐煤腐殖酸存在下才能还原固相的 Fe(III)氧化物。除了电子穿梭机制，HS 还可以通过络合机制来促进 Fe(III)微生物还原。在络合机制中，腐殖质和 Fe(III)或 Fe(II)形成相应的络合物。其中，Fe(III)-HS 络合物有利于 Fe(III)到达微生物表面，提高底物的生物有效性；而 Fe(II)-HS 络合物可以降低矿物表面的 Fe(II)浓度，为 Fe(III)提供更多的还原位点；此外，Fe(II)-HS 络合物也有利于降低游离 Fe(II)的浓度，增加 Fe(III)还原的热力学驱动力（武春媛等，2009）。

第四节 腐殖质呼吸的生态学意义

腐殖质不但可在厌氧环境中充当有机物矿化的电子受体，而且可在腐殖质还原菌和可还原态物质[Fe(III)、Mn(IV)、Hg(II)、硝酸盐、重金属、有机污染物]之间充当氧化还原介体（电子穿梭体），促进这些物质的还原；此外，还原态 HS 还可以作为电子供体用于微生物呼吸，促进一些无机盐类的还原。由此可见，由于其具氧化还原活性，能够可逆地转移电子，在物质的生物地球化学循环中扮演着十分活跃的角色，对于有机物的矿化，营养循环及金属的脱毒和污染物的降解有着影响深远的生态学意义。

一、作为电子受体加速有机碳厌氧矿化及难降解污染物的降解

HS 本身不易被微生物分解，矿化率很低，但它能促进其他有机质的矿化。腐殖质在厌氧环境中充当有机物矿化的电子受体，直接参与自然界的碳循环过程。据报道，在某些淹水土壤与淡水沉积物中，腐殖质呼吸直接导致了 80%以上的有机碳矿化，其贡献超过硝酸盐呼吸、硫酸盐呼吸、产甲烷作用等其他厌氧代谢方式的总和。在厌氧环境中，土壤、沉积物中的小分子有机酸盐、糖、醇、短链脂肪酸等活性有机碳都可以作为电子供体被腐殖质还原菌氧化分解，生成小分子有机物或者完全矿化产生 CO_2。表 5-4 列了以 AQDS 为电子受体的降解反应。不少的研究发现 HS 可以作为末端电子受体促进难降解污染物的降解（表 5-5）。

二、作为电子穿梭体介导金属脱毒及有机污染物厌氧降解

腐殖质可作为电子穿梭体，影响氮、磷、金属元素的生物地球化学循环，以及有机

表 5-4 腐殖质呼吸过程中电子供体降解反应
Tab. 5-4 Degradation of electron donors during HS respiration

电子供体$(CH_2O)_n$	降解反应
乙酸	$CH_3COOH + 4H_2O + 4AQDS \longrightarrow 4AHDS + 2HCO_3^- + H^+$
乳酸	$C_3H_6O_3 + 2H_2O + 2AQDS \longrightarrow CH_3COOH + 2AH_2QDS + HCO_3^- + H^+$
甲苯	$C_7H_8 + 21H_2O + 18AQDS \longrightarrow 18AH_2QDS + 7HCO_3^- + 7H^+$

表 5-5 HS 作为末端电子受体促进有机污染物在厌氧条件下的降解（Martinez et al., 2013）
Tab. 5-5 Organic priority pollutants biodegraded under anaerobic conditions with humic substances serving as terminal electron acceptor (Martinez et al., 2013)

污染物	末端电子受体	接种物	参考文献
cis-Dichloroethene（顺式二氯乙烯）	AQDS	河流沉积物	Bradley et al., 1998
Vinyl chloride（氯乙烯）	AQDS、HA	河流沉积物	Bradley et al., 1998
p-cresol（对甲酚）	AQDS	厌氧污泥	Cervantes et al., 2000
Phenol（苯酚）	AQDS	厌氧污泥	Cervantes et al., 2000
Toluene（甲苯）	AQDS、HA	沉积物富集培养	Cervantes et al., 2001a, b
MTBE（甲基叔丁基醚）	AQDS	被污染的含水层沉积物	Wei and Finneran, 2009
Benzene（苯）	AQDS、HA	被污染的泄湖沉积物	Cervantes et al., 2011
Phenanthrene（菲）	AQDS	绿脓杆菌的纯培养	Ma et al., 2011
Benzene（苯）	AQDS	地杆菌的纯培养	Zhang et al., 2012

污染物（如含氯有机物、含硝基芳香族化合物、各种偶氮染料等）的还原降解。腐殖质呼吸介导的有机污染物还原机制如图 5-8 所示，具体过程为：腐殖质还原菌在腐殖质呼吸作用中氧化电子供体，将电子传递给 HS，HS 得到电子被还原，还原态的腐殖质（含半醌或氢醌基团）又将电子传递给氧化态的有机污染物，同时还原态的腐殖质又转化为氧化态形式，继而又可以接受电子被微生物还原，如此循环往复，即使低浓度的腐殖质也可以发挥重要的作用。

（一）氯代化合物

Cervantes 等（2004）研究了添加 HA 和 AQDS 对厌氧颗粒污泥生物降解四氯化碳（CT）的影响。结果表明，未加入腐殖质的培养中只有很少量的脱氯发生，加入亚化学剂量水平的 HA 和 AQDS 后极大地促进 CT 的生物还原脱氯，并增加了产物无机氯的生成，占到初始 CT 加入量的 40%~50%。进一步的研究表明还原态的 AQDS 能化学还原 CT。以上表明，通过微生物的腐殖质呼吸产生的还原态腐殖质能够促进 CT 的还原脱氯。

（二）硝基化合物

Kwon 和 Finneran（2006）的研究表明，当以乙酸盐为电子供体时，AQDS 和腐殖质作为电子穿梭体可以促进 *Geobacter metallireducens* 和 *Geobacter sulfurreducens* 对炸药环状硝胺环三亚甲基三硝胺［黑索金（RDX）］的快速还原。虽然在没有加入 AQDS 或腐殖质的培养中，*Geobacter metallireducens* 单独也可以还原 RDX，但是 RDX 还原的速率慢很多。实验证实还原态 AQDS 能直接传递电子给 RDX，使其被还原而没有亚硝基中间产物的积累，其反应式为

$$C_3H_6N_6O_6（RDX）+ 3AH_2QDS \longrightarrow C_3H_6N_6O_3（TNX）+ 3AQDS + 3H_2O$$

Kwon 和 Finneran（2008）后来再次证明 AQDS 和腐殖质作为电子穿梭体可以促进多种胞外呼吸菌还原 RDX 和 HMX（环四亚甲基四硝基胺，奥克托金）。实验中，他们选取了 *Geobacter metallireducens*、*Geobacter sulfurreducens*、*Anaeromyxobacter dehalogenans*、*Desulfitobacterium chlororespirans* 和 *Shewanella oneidensis* 五种菌作为研究对象，这些菌可以单独以乙酸盐或乳酸盐为电子供体还原 RDX。在加入 AQDS 或 HS 作为电子穿梭体之后，五株菌对 RDX 的还原速率无一例外地提高。虽然 HMX 的还原速率远远低于 RDX，但是实验也同样证明了电子穿梭体的加入促进了 HMX 的还原。

（三）染料和多卤代污染物

许多报道证实腐殖质可以促进偶氮染料的生物还原转化为相应的芳香胺类化合物。较低浓度的 AQDS、AQS 等可以促进许多偶氮染料的还原脱色，如酸性橙 7、活性红 2（van der Zee et al., 2001）、媒染黄 10（dos Santos et al., 2004）等。腐殖质不仅可以加速偶氮化合物的还原脱色，更重要的是有利于后续进一步彻底降解的好氧过程。具有腐殖质还原能力的微生物不需要与偶氮化合物直接接触，只需将电子传递给腐殖质，再由腐殖质完成对偶氮染料的还原。因此，腐殖质对于污染物的有效生物转化起着相当重要的作用。

腐殖质也能促进微生物还原其他非偶氮染料。Nicholson 和 John（2005）研究表明嗜热微生物 *Clostridium isatidis* 能还原靛蓝，腐殖酸和 AQDS 的加入提高了还原电势，从而促进了靛蓝的还原。

此外，有文献报道 HA 能明显缩短微生物降解多环芳烃（PAH）的延滞期，从而加快 *Mycobacterium* sp. JLS 对 PAH 的降解速率（Holman et al., 2002）。

（四）金属脱毒

腐殖质作为电子穿梭体介导金属生物还原的意义在于通过改变金属的氧化还原状态、溶解度进而引起金属的移动或固定。例如，在有氧条件下，铬和铀普遍以 CrO_4^{2-} 与 $UO_2(CO_3)_2^{2-}$ 的形式存在。这些氧化态的铬和铀是可溶性的且几乎不被表面带负电荷的土壤矿物所吸附，它们在地下水中有很强的移动性。另外，呈还原态的 Cr(III) 和 U(IV) 的溶解度极小且易被土壤沉积物强烈吸附。因此，腐殖质介导的 Cr(VI) 与 U(VI) 还原可以使这些金属更快地被土壤固定，从而对污染地区进行修复。相对于细菌，腐殖质分子要小得多，腐殖质可以到达细菌由于空间或营养原因而无法到达的地方，因此，作为电子穿梭体，腐殖质可以把微生物还原力传递到这些地方。

三、作为电子供体促进高氧化态电子受体的还原及减少温室气体的排放

HS 可以作为电子供体促进高氧化态的电子受体（如高价金属）的化学还原或微生

物还原，例如：

$$CrO_4^{2-} + HS_{red} \longrightarrow Cr^{3+} + HS_{ox}$$

最近还有研究报道还原态 HS（如氢醌）在减少温室气体排放中的扮演着重要角色：还原态的 AQDS（AH$_2$QDS）作为唯一的电子供体促进了反硝化菌对 N$_2$O 的还原（Aranda-Tamaura et al., 2007）。因此还原态 HS 能够大大减少土壤与沉积物中这种强大的温室气体的排放。

第五节 研 究 案 例

一、案例 1：有机污染物甲基叔丁基醚（MTBE）的生物降解（Finneran and Lovley, 2001）

汽油添加剂甲基叔丁基醚（methyl tert-butyl ether, MTBE）是地下水的常见污染物，这种有机物在水中的溶解度很高且不易被土壤吸附，在地下水的厌氧环境中能持久存在。以往的研究表明，在无氧环境中，MTBE 的降解非常缓慢。例如，厌氧含水层沉积物中的 MTBE 在 7 个月内只有约 3% 转化为 CO$_2$。而在含 Fe(III) 的沉积物中，腐殖质的添加可以促进苯等芳香烃的厌氧降解。原位好氧分解需要往地下水通入氧气，向源区通入足够的氧气不但存在技术困难且花费巨大。但一旦添加腐殖质就可以促进 MTBE 的降解，地下水的 MTBE 污染问题将能得到很好的解决，其环境意义重大。

（一）研究目的

探明腐殖质对 MTBE 厌氧降解的促进作用及其作用机制。

（二）材料与方法

沉积物采自石油污染含水层，含芳香烃及 MTBE。整个采集、运输及实验过程采用严格的厌氧操作。对采集回来的含水层沉积物进行 3 组处理的厌氧培养。分别为不添加任何物质、添加 Fe(III) 氧化物，以及同时添加腐殖质与 Fe(III) 氧化物。

（三）研究结果

培养 275 天后，前 2 组处理[即不添加任何物质与添加 Fe(III) 氧化物]中的 MTBE 没有减少，第 3 组处理[即同时添加腐殖质与 Fe(III) 氧化物]中的 MTBE 已经降低至检测限（1 mg/L）以下。再次添入的 MTBE（约 50 mg/L）马上又被消耗，多次添加 MTBE 会一再被消耗直到 180 天后 MTBE 的消耗停止。此时，沉积物颜色变得很暗，不再是刚刚添加 Fe(III) 氧化物时的红褐色，说明大部分的 Fe(III) 已被还原。再次添加 Fe(III) 氧化物与 MTBE，降解再次进行（图 5-13）。研究结果同时也说明，要保证 MTBE 的彻底分解，Fe(III) 氧化物浓度也要保证在一个较高的水平上。

（四）结论

MTBE 在厌氧环境中降解非常缓慢。Fe(III) 常常是地下污染环境中有机污染物厌氧氧化丰度最大的潜在电子受体，但由于 Fe(III) 的溶解度极低，限制了 Fe(III) 与微生物间的电子传递。向被污染地下水中加入少量电子穿梭体腐殖质，可以避免 Fe(III)

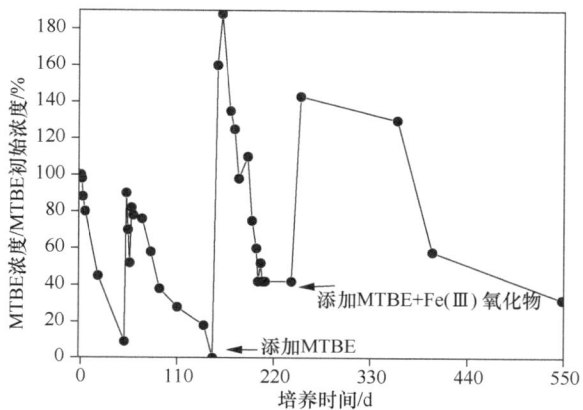

图 5-13 添加 Fe(III)氧化物与腐殖质情况下地下含水层沉积物中 MTBE 的厌氧降解
Fig. 5-13 Anaerobic degradation of MTBE in aquifer sediment after addition of Fe(III) oxides and HS

与铁还原菌直接接触，促进电子从铁还原菌到 Fe(III)的转移，进而促进 MTBE 的厌氧分解。

相对于好氧降解而言，厌氧电子受体可以轻易投加到地面下，并且它们不会与存在的其他物质发生反应，所以原位厌氧修复具有更为广阔的应用前景。这个案例的结果表明，利用电子穿梭体能有效地促进厌氧降解的快速高效进行，为原位厌氧修复提供了新的技术支持。修复过程运用了前面所述的腐殖质作为电子穿梭体的机制。

二、案例2：固态胡敏素介导五氯苯酚（PCP）的生物还原脱氯（Zhang and Katayama, 2012）

在过去的 20 年里，学者在腐殖质作为电子穿梭体促进厌氧修复过程方面做了大量的研究。但这些研究采用的都是溶解性腐殖质或其模式物，而对于自然界中固体形态的腐殖质（胡敏素）的报道却很少。有研究表明固态沉积物具有电子穿梭能力，其中腐殖酸被认为是氧化还原介体发生介导作用；忽视了胡敏素（由有机成分与无机物紧密结合而成）的介导能力。

五氯苯酚（pentachlorophenol, PCP）是一种重要的防腐剂，它能阻止真菌的生长、抑制细菌的腐蚀作用，长期以来均被用作皮革品和木材的防霉剂；但它同时也是有机毒品，可通过皮肤吸收损害肝和肾，因此已被禁用。虽然在厌氧条件下，对 PCP 在沉积物、土壤及污泥中发生生物还原脱氯已有不少报道，从这些物质中也分离得到了 PCP 脱氯厌氧菌株如 *Desulfitobacterium* spp. 和 *Desulfomonile* spp.；同时，虽然水稻土的 PCP 脱氯能力早有报道，但还没能从水稻土中分离得到有类似功能的菌株，这可能是由于 PCP 脱氯能力需要水稻土存在的缘故。

（一）研究目的

通过用胡敏素成功取代土壤来研究胡敏素在 PCP 脱氯中的介导作用并探究其介导机制。

（二）材料与方法

胡敏素提取自水稻土。研究中的微生物具有 PCP 脱氯功能，但同时具有土壤依赖性。在实验中通过用胡敏素取代土壤富集培养得到。实验处理分别为：①加 HM 不加接种液；②不加 HM 加接种液；③既加 HM 也加接种液。

（三）研究结果

从图 5-14 可以看到只有在胡敏素（HM）和微生物同时存在（图 5-14 A）的情况下，PCP 还原脱氯产生苯酚，而只有胡敏素或只有微生物（图 5-14 B）的情况下没有 PCP 的还原脱氯。荧光染色后观察到大多数微生物结合在胡敏素上（图 5-15）。胡敏素既是胡敏素还原菌的电子受体，也是胡敏素氧化菌的电子供体（图 5-16），介导了 PCP 的生物还原脱氯。

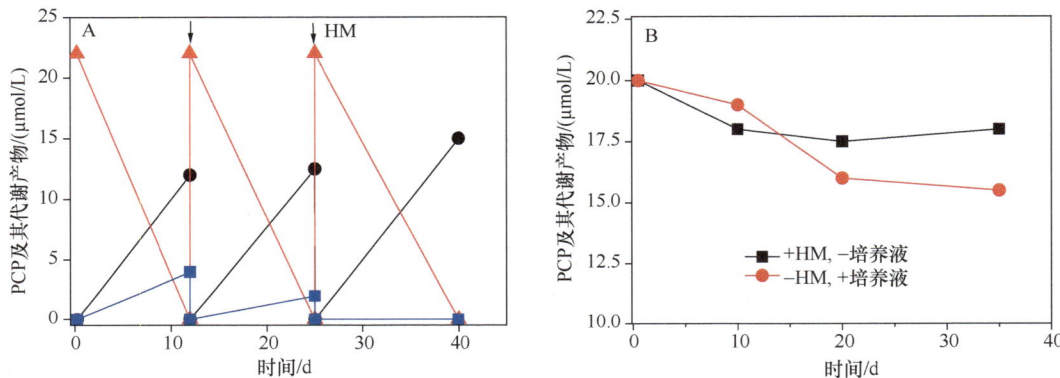

图 5-14　PCP 的还原脱氯。（A）5 g/L 胡敏素（HM），5% 的接种率；三角形代表 PCP，正方形为代谢产物 3-氯酚，圆形为代谢产物苯酚；（B）对照中没有 PCP 的脱氯。箭头表示转接 5% 的培养液至含 PCP 的新培养基中

Fig. 5-14　Dechlorination of PCP (triangle). (A) 5 g/L humin (HM), 5% inoculums; 3-chlorophenol (square) and phenol (circle) are metabolites; (B) No dechlorination of PCP in control. Arrows indicate the transfer of 5% of the microcosm to fresh medium spiked with PCP

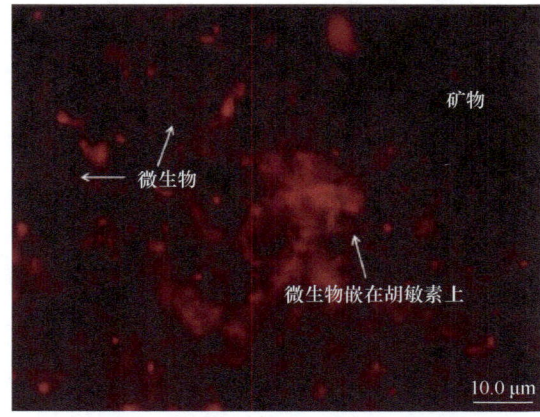

图 5-15　荧光显微图显示大部分的微生物（亮红）嵌在胡敏素（弱染色）上

Fig. 5-15　Fluorescence microscopy showed that most of the microorganisms (bright red) were embedded in the humin (weakly stained)

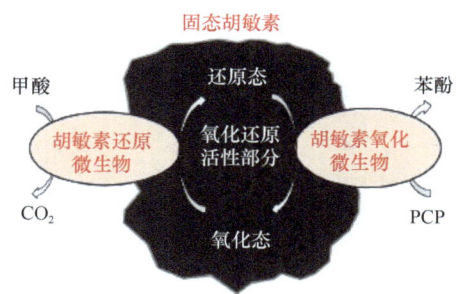

图 5-16 固态胡敏素介导 PCP 的生物还原脱氯
Fig. 5-16 Reductive dehalogenation of PCP mediated by solid humin

（四）结论

在此研究中，固体胡敏素在 PCP 的生物还原脱氯中起了多方面的作用，既是微生物的附着点，也是胡敏素还原菌的电子受体及胡敏素氧化菌的电子供体，推动了 PCP 的生物还原脱氯。在此之前，固态胡敏素对氧化还原反应的介导作用没有得到关注。

三、案例 3：腐殖质介导 2,4-二氯苯氧乙酸（2,4-D）的还原脱氯（王弋博等，2011）

2,4-D（2,4-二氯苯氧乙酸，2,4-dichlorophenoxyacetic acid）具有很强的生物活性，经常作为农田除草剂来控制禾谷类作物、草坪、牧场、草原中的蒲公英等阔叶杂草的生长。但其残留物将会给土壤生态系统造成严重危害，因而研究 2,4-D 在土壤中的微生物降解机制对于污染土壤和地下水的原位修复具有十分重要的意义。研究表明，丛毛单胞菌属的菌株具有使 2,4-D 降解的能力。而具有电子穿梭体作用的腐殖质能否加速丛毛单胞菌属菌株对 2,4-D 的降解值得我们研究。

（一）研究目的

腐殖质在丛毛单胞菌 *Comamonas koreensis* CY01 降解 2,4-D 过程中的介导作用。

（二）材料与方法

丛毛单胞菌 *Comamonas koreensis* CY01 是从广东四会原始森林土壤样品中分离得到的。实验使用严格的厌氧技术。腐殖质用其模式物 AQDS。实验共设 4 组处理：①只有 2,4-D+菌（2,4-D+CY01）；②葡萄糖+2,4-D+菌（glucose+2,4-D+CY01）；③2,4-D+菌+腐殖质（2,4-D+CY01+AQDS）；④葡萄糖+2,4-D+菌+腐殖质（glucose+2,4-D+CY01+AQDS）。实验培养过程中检测各处理中 Cl^-、2,4-D 与葡萄糖的浓度变化。

（三）研究结果

如图 5-17 所示，在实验进行的 25 天期间，处理 2,4-D+CY01 和 2,4-D+CY01+AQDS 中未检测到 Cl^-，且 2,4-D 的浓度未见明显的变化。加了底物的两个处理中，葡萄糖+2,4-D+CY01 的葡萄糖的浓度随培养的进行有所下降，说明有少量底物被 CY01 利用，而葡萄糖+2,4-D+CY01+AQDS 的葡萄糖浓度迅速下降，说明在此处理中底物被高效利用。

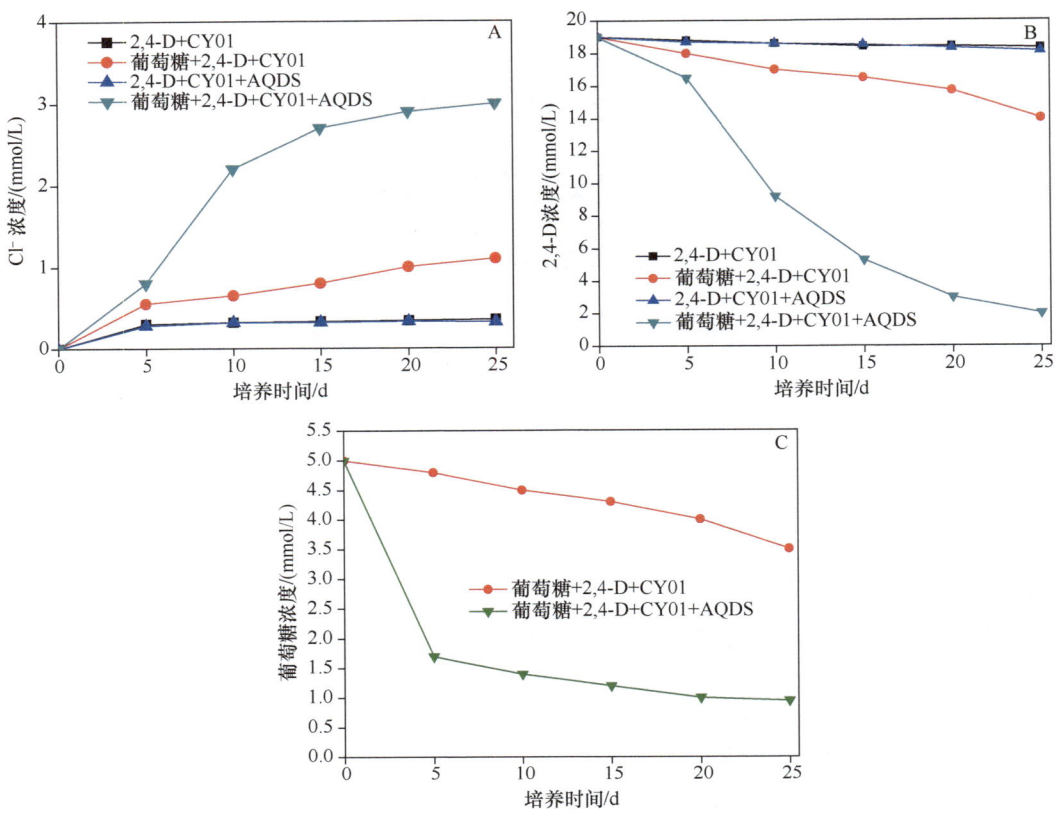

图 5-17 AQDS 在丛毛单胞菌 *Comamonas koreensis* CY01 降解 2,4-D 过程中的介导作用
Fig. 5-17 Degradation of 2,4-D by *Comamonas koreensis* CY01 with mediation of AQDS

（四）结论

这些结果综合说明 AQDS 促进了电子由葡萄糖转移到菌再传递给 2,4-D 的过程，从而加速了 2,4-D 的生物降解。

四、小结

以上案例说明很多污染物在自然环境中的化学或生物降解非常缓慢，充分利用腐殖质可以充当电子穿梭体的特性，在污染环境中投加腐殖质，促进电子在污染物-腐殖质呼吸菌间的转移，从而加速污染物的降解具有重要的环境意义。未来的研究应重点解决如下问题：①如何从分子水平上揭示腐殖质呼吸的本质，找到腐殖质还原酶系及腐殖质呼吸链的电子传递途径，构建完整的腐殖质呼吸电子传递链模型是未来研究的重点之一。②腐殖质还原菌通常对环境有毒污染物具有很好的降解效果，但迄今发现的腐殖质还原菌不多，还需要继续从环境中分离高效的腐殖质还原菌，为环境重要污染物的生物降解和生物修复提供更多微生物资源。③目前，对于腐殖质呼吸促进污染物脱毒的研究刚起步，如何拓宽腐殖质呼吸的应用范围，特别是腐殖质呼吸偶联有机污染物和重金属脱毒方面的研究，显得尤为重要。④腐殖质呼吸能够影响地球元素（如碳、氮、铁、锰）

的循环，如何从生态系统宏观尺度出发，开展腐殖质呼吸在元素生物地球化学循环中的作用研究，是多学科共同参与研究的热点及难点。

参 考 文 献

窦森. 2010. 土壤有机质. 北京: 科学出版社.

黄昌勇. 2000. 土壤学. 北京: 中国农业出版社.

霍夫里特. 2004. 生物高分子. 北京: 化学工业出版社.

王弋博, 武春媛, 周顺桂. 2011. 腐殖质在 Comamonas koreensis CY01 介导的 2,4-二氯苯氧乙酸还原脱氯过程中的作用. 草业学报, **20**: 248-252.

武春媛, 李芳柏, 周顺桂. 2009. 腐殖质呼吸作用及其生态学意义. 生态学报, **29**: 1535-1542.

徐志伟. 2008. 腐殖质微生物还原的影响因素及其去除污染物的研究. 杭州: 浙江大学硕士学位论文.

Aeschbacher M, Vergari D, Schwarzenbach R P, et al. 2011. Electrochemical analysis of proton and electron transfer equilibria of the reducible moieties in humic acids. Environ Sci Technol, **45**: 8385-8394.

Aranda-Tamaura C, Estrada-Alvarado M I, Texier A., et al. 2007. Effects of different quinoid redox mediators on the removal of sulphide and nitrate via denitrification. Chemosphere, **69**: 1722-1727.

Baken S, Degryse F, Verheyen L, et al. 2011. Metal complexation properties of freshwater dissolved organic matter are explained by its aromaticity and by anthropogenic ligands. Environ Sci Technol, **45**: 2584-2590.

Bauer I, Kappler A. 2009. Rates and extent of reduction of Fe(III) compounds and O_2 by humic substances. Environ Sci Technol, **43**: 4902-4908.

Bauer M, Heitmann T, Macalady D L, et al. 2007. Electron transfer capacities and reaction kinetics of peat dissolved organic matter. Environ Sci Technol, **41**: 139-145.

Benedetti M F, vanRiemsdik W H, Koopal L K. 1996. Humic substances considered as a heterogeneous donnan gel phase. Environ Sci Technol, **30**: 1805-1813.

Benz M, Schink B, Brune A. 1998. Humic acid reduction by *Propionibacterium freudenreichii* and other fermenting bacteria. Appl Environ Microbiol, **64**: 4507-4512.

Blodau C, Bauer M, Regenspurg S, et al. 2009. Electron accepting capacity of dissolved organic matter as determined by reaction with metallic zinc. Chem Geology, **260**: 186-195.

Bond D R, Lovley D R. 2002. Reduction of Fe(III) oxide by methanogens in the presence and absence of extracellular quinines. Environ Microbiol, **4**: 115-124.

Bradley P M, Chapelle F H, Lovley D R. 1998. Humic acids as electron acceptors for anaerobic microbial oxidation of vinyl chloride and dichloroethene. Appl Environ Microbiol, **64**: 3102-3105.

Calace N, Deriu D, Petronio B, et al. 2009. Adsorption isotherms and breakthrough curves to study how humic acids influence heavy metal-soil interactions. Water, Air, Soil Pollut, **204**: 373-383.

Cervantes F, van de Zee F, Lettinga G, et al. 2001a. Enhanced decolourisation of acid orange 7 in a continuous UASB reactor with quinones as redox mediators. Water Sci Technol, **44**: 123-128.

Cervantes F J, Dijksma K, Duong-Dac T, et al., 2001b. Anaerobic mineralization of toluene by enriched sediments with quinones and humus as terminal electron acceptors. Appl Environ Microbiol, **67**: 4471-4478.

Cervantes F J, Gonzalez-Estrella J, Márquez A, et al. 2011. Immobilized humic substances on an anion exchange resin and their role on the redox biotransformation of contaminants. Bioresource Technol, **102**: 2097-2100.

Cervantes F J, Van der Velde S, Lettinga G, et al. 2000. Quinones as terminal electron acceptors for anaerobic microbial oxidation of phenolic compounds. Biodegradation, **11**: 313-321.

Cervantes F, Vu-Thi-Thu L, Lettinga G, et al. 2004. Quinone-respiration improves dechlorination of carbon tetrachloride by anaerobic sludge. Appl Microbiol Biotechnol, **64**: 702-711.

Chefetz B, Deshmukh A P, Hatcher P G, et al. 2000. Pyrene sorption by natural organic matter. Environ Sci

Technol, **34**: 2925-2930.

Chen J, Gu B H, Royer R A, et al. 2003. The roles of natural organic matter in chemical and microbial reduction of ferric iron. Sci Total Environ, **307**: 167-178.

Coates J D, Cole K A, Chakraborty R, et al. 2002. Diversity and ubiquity of bacteria capable of utilizing humic substances as electron donors for anaerobic respiration. Appl Environ Microbiol, **68**: 2445-2452.

Coates J D, Ellis D J, Blunt-Harris E L, et al. 1998. Recovery of humic-reducing bacteria from a diversity of environments. Appl Environ Microbiol, **64**: 1504-1509.

Dos Santos A B, Bisschops I A, Cervantes F J, et al. 2004. Effect of different redox mediators during thermophilic azo dye reduction by anaerobic granular sludge and comparative study between mesophilic (30℃) and thermophilic (55℃) treatments for decolourisation of textile wastewaters. Chemosphere, **55**: 1149-1157.

Finneran K T, Lovley D R. 2001. Anaerobic degradation of methyl tert-butyl ether (MTBE) and tert-butyl alcohol (TBA). Environ Sci Technol, **35**: 1785-1790.

Francis C A, Obraztsova A Y, Tebo B M. 2000. Dissimilatory metal reduction by the facultative anaerobe *Pantoea agglomerans* SP1. Appl Environ Microbiol, **66**: 543-548.

Fredrickson J K, Kostandarithes H M, Li S W, et al. 2000. Reduction of Fe(III), Cr(VI), U(VI), and Tc(VII) by *Deinococcus radiodurans* R1. Appl Environ Microbiol, **66**: 2006-2011.

Gondar D, Lopez R, Fiol S, et al. 2005. Characterization and acid-base properties of fulvic and humic acids isolated from two horizons of an ombrotrophic peat bog. Geoderma, **126**: 367-374.

Heitmann T, Blodau C. 2006. Oxidation and incorporation of hydrogen sulfide by dissolved organic matter. Chem Geology, **235**: 12-20.

Helburn R S, MacCarthy P. 1994. Determination of some redox properties of humic acid by alkaline ferricyanide titration. Anal Chim Acta, **295**: 263-272.

Hernández-Montoya V, Alvarez L H, Montes-Morán M A, et al. 2012. Reduction of quinone and non-quinone redox functional groups in different humic acid samples by Geobacter sulfurreducens. Geoderma, **183**: 25-31.

Holman H Y N, Nieman K, Sorensen D L, et al. 2002. Catalysis of PAH biodegradation by humic acid shown in synchrotron infrared studies. Environ Sci Technol, **36**: 1276-1280.

Kraemer S M. 2004. Iron oxide dissolution and solubility in the presence of siderophores. Aquat Sci, **66**: 3-18.

Kwon M J, Finneran K T. 2006. Microbially mediated biodegradation of hexahydro-1, 3, 5-trinitro-1, 3, 5-triazine by extracellular electron shuttling compounds. Appl Environ Microbiol, **72**: 5933-5941.

Kwon M J, Finneran K T. 2008. Hexahydro-1, 3, 5-trinitro-1, 3, 5-triazine (RDX) and octahydro-1, 3, 5, 7-tetranitro-1, 3, 5, 7-tetrazocine (HMX) biodegradation kinetics amongst several Fe(III)-reducing genera. Soil Sediment Contam, **17**: 189-203.

Li Y, Tan W, Koopal L, et al. 2013. Influence of soil humic and fulvic acid on the activity and stability of lysozyme and urease. Environ Sci Technol, **47**: 5050-5056.

Lovley D R, Coates J D, Blunt-Harris E L. 1996. Humic substances as electron acceptors for microbial respiration. Nature, **382**: 445-448.

Lovley D R, Fraga J L, Blunt-Harris E L, et al. 1998. Humus substances as a mediator for microbially catalyzed metal reduction. Acta Hydrochim Hydrobiol, **26**: 152-157.

Lovley D R, Kashefi K, Vargas M, et al. 2000. Reduction of humic substances and Fe(III) by hyperthermophilic microorganisms. Chem Geology, **169**: 289-298.

Luijten M L, Weelink S A, Godschalk B. 2004. Anaerobic reduction and oxidation of quinone moieties and the reduction of oxidized metals by halorespiring and related organisms. FEMS Microbiol Ecology, **49**: 145-150.

Luu Y, Ramsay B A, Ramsay J A. 2003. Nitrilotriacetate stimulation of anaerobic Fe(III) respiration by mobilization of humie materials in soil. Appl Environ Microbiol, **69**: 5255-5262.

Ma C, Wang Y, Zhuang L, et al. 2011. Anaerobic degradation of phenanthrene by a newly isolated humus-reducing bacterium, *Pseudomonas aeruginosa* strain PAH-1. J Soils Sediments, **11**: 923-929.

Martinez C M, Alvarez L H, Celis L B, et al. 2013. Humus-reducing microorganisms and their valuable contribution in environmental processes. Appl Microbiol Biotechnol, **97**: 10293-10308.

Monteiro S C R, Pinho G L L, Hoffmann K, et al. 2013. Acute waterborne copper toxicity to the euryhaline copepod *Acartia tonsa* at different salinities: Influence of natural freshwater and marine dissolved organic matter. Environ Toxicology and Chem, **32**: 1412-1419.

Nicholson S, John P. 2005. The mechanism of bacterial indigo reduction. App Microbiol Biotech, **68**: 117-123.

O'Loughlin E J. 2008. Effects of electron transfer mediators on the bioreduction of lepidocrocite (γ-FeOOH) by *Shewanella putrefaciens* CN32. Environ Sci Technol, **42**: 6876-6882.

Perminova I V, Hatfield K, Hertkorn N. 2005a. Use of Humic Substance to Remediate Polluted Environments: From Theory to Practice. Dordrecht, Netherlands: Springer.

Perminova I V, Kovalenkao A N, Schmitt-Kopplin Ph, et al. 2005b. Design of quinonoid-enriched humic materials with enhanced redox properties. Environ Sci Technol, **39**: 8518-8524.

Pinheiro J P, Mota A M, Oliveira J M R. 1996. Dynamic properties of humic matter by dynamic light scattering and voltammetry. Anal Chimi Acta, **329**: 15-24.

Quails R G. 2004. Biodegradabukuty of humic substances and other fractions of decomposing leaf litter. Soil Sci Soc Am J, **68**: 1705-1712.

Ratasuk N, Nanny M A. 2007. Characterization and quantification of reversible redox sites in humic substances. Environ Sci Technol, **41**: 7844-7850.

Rau J, Knackmuss H J, Stolz A. 2002. Effects of different quinoid redox mediators on the anaerobic reduction of azo dyes by bacteria. Environ Sci Technol, **36**: 1497-1504.

Scott D T, McknJight D M, Blunt-harris E L. 1998. Quinone moieties act as electron acceptors in the reduction of humic substances by humics-reducing microorganisms. Environ Sci Technol, **32**: 2984-2989.

Slobodkin A, Tourova T P, Kuznetsov B B, et al. 1999. *Thermoanaerobacter siderophilus* sp. nov., a novel dissimilatory Fe(III)-reducing, anaerobic, thermophilic bacterium. International J Sys Evo Microbiol, **49**: 1471-1478.

Steinberg C E W. 2003. Ecology of humic substances in freshwaters: determinants from geochemistry to ecological niches. Berlin: Springer.

Straub K L, Benz M, Schink B. 2001. Iron metabolism in anoxic environments at near neutral pH. FEMS Microbiol Ecol, **34**: 181-186.

Struyk Z, Sposito G. 2001. Redox properties of standard humic acids. Geoderma, **102**: 329-346.

Trump J I V, Sun Y, Coates J. 2006. Microbial interactions with humic substances. Adv Appl Microbiol, **60**: 55-96.

Uchimiya M, Stone A T. 2009. Reversible redox chemistry of quinones: impact on biogeochemical cycles. Chemosphere, **77**: 451-458.

van der Zee F P, Bouwman R H, Strik D P. et al. 2001. Application of redox mediators to accelerate the transformation of reactive azo dyes in anaerobic bioreactors. Biotech Bioengineer, **75**: 691-701.

Van der Zee F P, Cervantes F J. 2009. Impact and application of electron shuttles on the redox (bio) transformation of contaminants: a review. Biotech Adv, **27**: 256-277.

Wei N, Finneran K T. 2009. Microbial community analyses of three distinct, liquid cultures that degrade methyl tert-butyl ether using anaerobic metabolism. Biodegradation, **20**: 695-707.

Wetzel R G. 2001. Limnology: Lake and river ecosystems. San Diego: Academic Press.

Wolf M, Kappler J J, Meckenstoc R. 2009. Effects of humic substances and quinones at low concentrations on ferrihydrite reduction by *Geobacter metallireducens*. Environ Sci Technol, **43**: 5679-5685.

Wu C Y, Zhuang L, Zhou S G. 2010. Fe(III)-enhanced anaerobic degradation of 2,4-dichlorophenoxyacetic acid by a dissimilatory Fe(III)-reducing bacterium *Comamonas koreensis* CY01. FEMS Microbiol Ecol, **71**: 106-113.

Xing B S. 1997. The effect of the quality of soil organic matter on sorption of naphthalene. Chemosphere, **35**:

633-642.

Yuan T A, Yuan Y, Zhou S G, et al. 2011. A rapid and simple electrochemical method for evaluating the electron transfer capacities of dissolved organic matter. J Soils Sediments, **11**: 467-473.

Zhang C, Katayama A. 2012. Humin as an electron mediator for microbial reductive dehalogenation. Environ Sci Technol, **46**: 6575-6583.

Zhang T, Bain T S, Nevin K P, et al. 2012. Anaerobic benzene oxidation by *Geobacter* species. Appl Environ Microbiol, **78**: 8304-8310.

Zhilina T N, Zavarzina D G, Panteleeva A N. 2012. *Fuchsiella alkaliacetigena* gen. nov., sp. nov., an alkaliphilic, lithoautotrophic homoacetogen from a soda lake. Inter J Sys Evol Microbiol, **62(Pt 7)**: 1666-1673.

第六章 产电呼吸

1911年，Potter首次发现微生物具有利用媒介间接将电子传递给电极的能力。直至1999年，才有实验证明微生物还具有直接将电子传递给电极的能力（Kim et al., 1999）。此后的大量相关研究主要围绕微生物如何将电子直接传递给电极的问题开展。从工程角度来说，微生物直接传递给电极的电子，在特殊设计的电化学装置中可以用于电能的产生，这种装置被称为微生物燃料电池（Logan and Regan, 2006）。具有将胞内电子传递至胞外电极的微生物被称为产电微生物。厌氧条件下，产电微生物彻底氧化有机物，产生的电子由呼吸链直接传递至电极表面产生电流，同时微生物获得能量支持自身生长的过程称为产电呼吸。产电呼吸被认为是胞外呼吸菌的另一种新型呼吸方式，目前尚无证据表明微生物传递电子到电极是一个自然现象。考虑到电极与Fe(III)氧化物作为电子受体的相似性（都属于不溶性胞外电子受体），且很多微生物兼具产电呼吸和铁呼吸能力，产电呼吸可能与厌氧环境中微生物广泛存在的Fe(III)呼吸有密切关系（Lovley, 2006），两者可能具有内在机制上的相似性。产电呼吸涉及电子在微生物与电极之间的流动，具体包括两个过程：①产电微生物氧化有机物（电子供体）产生电子。该过程中，微生物通常会优先选择电势最低且可用的电子供体，使能量效益最大化；②电子由胞内传递至胞外，继而传递至电极表面，还原电极（电子供体）。与铁呼吸和腐殖质呼吸相同，希瓦氏菌属（*Shewanella*）和地杆菌属（*Geobacter*）是目前用于产电呼吸研究的主要模式菌株。

第一节 产电细菌与电极相互作用

微生物进行产电呼吸过程中电子如何从微生物流向电极，是研究者关注的焦点和难点。近几年，学者提出了几种电子流动的机制，其分类如下（图6-1）。

1）间接电子传递（indirect electron transfer, IET）：有机或无机可溶性氧化还原活性物质在产电细菌胞内被还原，随后扩散到不可溶的电极表面被氧化，通过胞外具有氧化还原性物质的介导，将电子传递给电极（图6-1B）。这类能够介导电子从产电菌胞内传递至电极的物质称为电子中介体，他们与介导铁还原的物质相同，可以是产电菌细胞代谢过程自身产生的，也可以是外源的天然介体（如腐殖质类物质）和人造介体（如AQDS等）（Lovley et al., 1996；Wolf et al., 2009）。

2）直接电子传递（direct electron transfer, DET）：产电细菌利用其胞外的膜结合蛋白、导电性菌毛或类似菌毛结构的物质将电子传递至胞外电极受体（图6-1A，图6-1C）。与间接电子传递不同，产电细菌进行直接电子传递时细菌与电极通常需要紧密结合，以克服电子传递的距离障碍（Lovley, 2012）。

此外，虽然普遍认为产电呼吸电子传递方式与铁呼吸是一致的，但是近期有研究表明并非所有胞外呼吸菌同时具有产电和铁呼吸的能力。例如，*Pelobacter carbinolicus*能利用铁氧化物作为电子受体，但是不能还原电极（Richter et al., 2007）。这一结果表明，

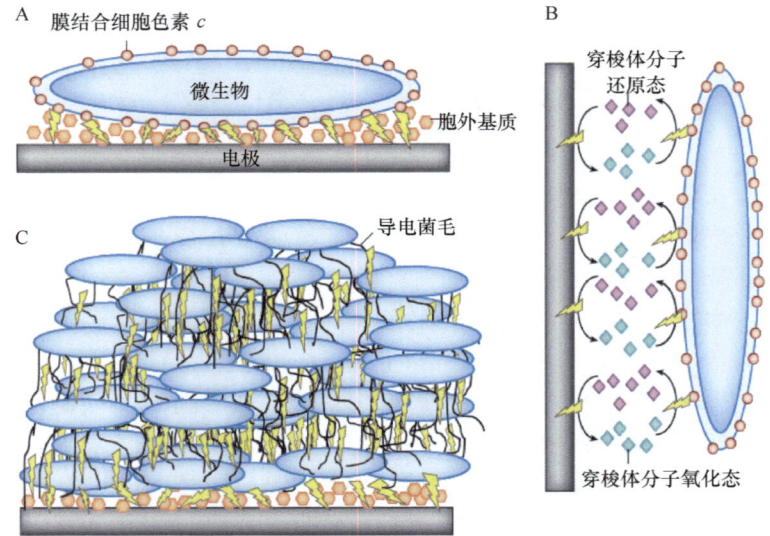

图 6-1 产电细菌-电极相互作用的电子传递机制（Lovley, 2012）

Fig. 6-1　Models for the predominant mechanisms for electron transfer to electrodes by electrogens (Lovley, 2012)

某些微生物与不同电子受体相互作用方式存在差异，究其原因可能是微生物生理学、热力学或化学条件的差异造成的。

第二节　电活性生物膜

在自然界，绝大多数微生物是附着在有生命或无生命物体的表面，以群体即生物膜（biofilm）的方式生长，而不是以浮游（planktonic）状态生长（O'Toole et al., 2000）。与单细胞浮游态不同，微生物群体在整体上表现出一系列新的生物学特征：

1）具有更强的适应外界环境的能力；
2）生物膜内微生物自身能降低代谢率，以实现其长期存活；
3）于载体表面生长可诱导细菌表达与浮游细菌不同的基因等。

生物膜的发现与微生物学进展是同步的，但是长期以来，科学家仅对浮游微生物进行了深入研究，却忽视了对作为细胞群体存在的生物膜的研究。近年来随着对生物膜研究的兴起，人们逐渐认识到与浮游的细菌相比，生物膜有着更复杂的结构、更广泛的信息沟通和更精密的调控机制，并且更多地影响着人类的生活，已成为目前医药、食品、环境等领域的研究热点。

传统上，生物膜在环境领域的应用，主要集中在两个方面：①利用生物膜的吸附作用，去除水体中的重金属；②利用生物膜的吸附和代谢作用，去除水体中的有机污染物。到目前为止，生物膜还是一个"黑箱"，生物膜内物质的循环、生物膜的群落结构和功能等有待继续深入探索，其环境功能有待进一步发掘。2004 年，美国 Bruce E. Logan 教授课题组发现，从废水中富集形成的生物膜吸附在固体电极受体上，其电子传递效率是悬浮体系的数百倍（Liu et al., 2004）。在之后的研究中，这种具有极高胞外电子传递效率的生物膜被命名为电活性生物膜（electroactive biofilm，EAB）。与传统生物膜相比，EAB 的最大特点是，生物膜与载体间存在直接的电子交换过程。这一发现，改变了对生物膜及其与微界面环境相互作用的传统认识，为理解自然环境的生物地球化学过程提供了全新的科学视角。虽然普遍认为胞外电子传递在复杂的混合生物膜间发生，但深入的 EAB 胞外电子传递机制研究一直是围绕希瓦氏菌和硫还原地杆菌生物膜展开的。目前，EAB 形成和胞外电子传递机制研究已成为环境领域关注的热点，已初步展现出在环境污染物降解、废水处理和清洁能源回收等领域应用的巨大潜力（Logan and Regan, 2006; Du et al., 2007）。

第三节　EAB 研究方法

一、EAB 培养成膜

EAB 的电催化活性受多种因素的影响，生物膜形成过程是其中的重要因素之一。各种微生物在电极上的成膜过程不尽相同，但大致可归纳为如图 6-2 所示步骤：

1）菌体与电极表面的黏附；
2）微菌落形成，并融合成生物膜的基底层；
3）胞外多聚物的产生与释放；
4）结构逐渐复杂，发育为成熟的生物膜。

生物膜形成是动态变化过程，伴随着微生物的吸附过程，同时存在着生物膜中微生物的脱落过程。

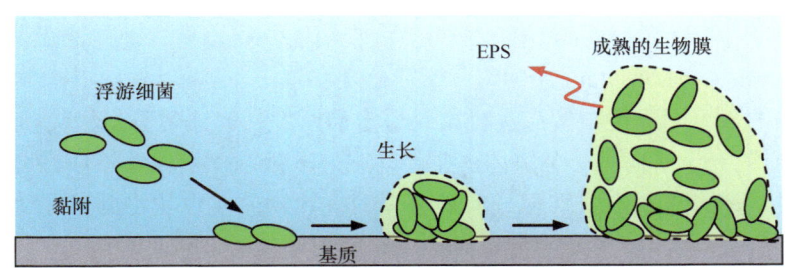

图 6-2　生物膜的发展：初始黏附、增殖、成熟
Fig. 6-2　Development of biofilm: initial attachment, growth and mature

EAB 主要由大量电活性微生物组成，所以它们的形成过程与普通生物膜的形成过程有一定区别。其最大的特点是，EAB 形成过程与电子流动密切相关，因而电子流动能力成为评价电活性生物膜挂膜成功与否及生物膜电活性的重要指标。目前，培养高效电活性生物膜的方式主要有两种。

1）利用微生物燃料电池装置获得高效 EAB。微生物燃料电池装置是一种简便获取电活性生物膜的装置。在该装置中，生物膜形成过程和电活性受电子供体、电极材料类型、电极表面性质、接种物、溶液 pH 条件及外接电阻等因素影响。这些因素主要影响着生物膜厚度和菌落分布，从而影响其电活性。

2）外加恒定电压获得高效 EAB。该方法主要是在传统三电极体系下（图 6-3A），利用电化学工作站为电极提供恒定电压驱动电子的流动。研究表明，产电微生物对电极电势具有很强的选择性。特定电势下，产电微生物可以快速黏附在电极上，加速生物膜的形成。电极电势还可以调控生物膜菌群结构，获取高效 EAB。例如，Torres 等（2009）通过调控电极电势，获得了不同地杆菌丰度的电活性生物膜（图 6-3B）。此外，电极电势影响 EAB 结合蛋白质的表达，从而影响着纯菌 EAB 的形成和电化学活性。

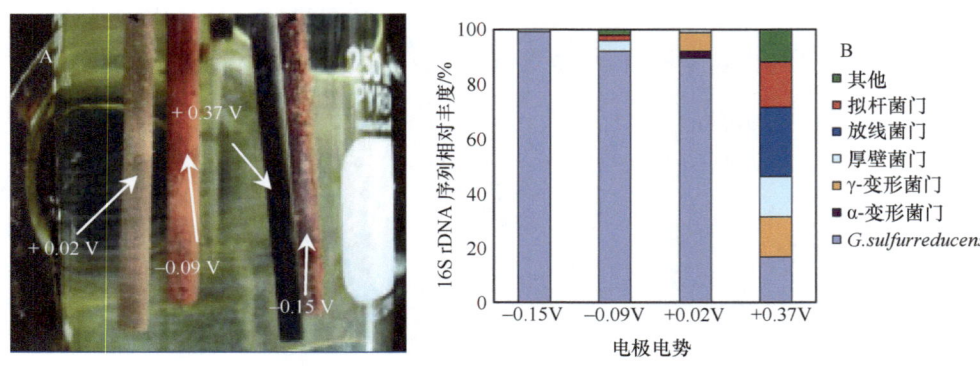

图 6-3　电位调控电活性生物膜的形成（A）和生物膜的群落结构（B）（Torres et al., 2009）
Fig. 6-3　Biofilms formed at different potentials (A) and microbial community distribution for biofilms grown at different potentials (B) (Torres et al., 2009)

二、EAB 三维结构表征

生物膜是一个稳定而复杂的微生态系统，其主要物质包含微生物分泌的胞外聚合物（extracellular polymer substances, EPS），及其形成的通道、孔隙结构。总体来说，生物膜结构复杂，不同环境、不同细菌形成的生物膜结构差异较大。研究者认为生物膜的结构主要有以下几种（Lee et al., 2004）。

1）平面的二维同质性结构：具有相对恒定的厚度，如牙菌斑生物膜。

2）"异质镶嵌"结构：众多菌体主要借助胞外多糖的作用聚集形成许多小的叠状体（stacks），叠状体再进一步联结形成宏观可见的柱状物，在柱状物外围环绕含有原生动物等的液体层。

3）"蘑菇或郁金香"结构：由类似蘑菇或郁金香形状的微菌落组成，膜底比膜顶窄，外形类似蘑菇或郁金香，在这些微菌落之间围绕着输水通道，水溶液可在通道中不断地流动循环，从而运送养料、酶、代谢产物和排出废物等。

生物膜结构与其功能密切相关，因而生物膜结构表征，有利于对生物膜功能进行深入理解。目前，对电活性生物膜结构的探测主要有两个方面：

1）直接通过显微镜进行观察分析和成像；

2）通过微型电极来了解生物膜内部的生理、生化特征。

扫描电镜和激光扫描共聚焦光谱是目前常用的直接观察分析生物膜结构的技术。扫描电镜表征电活性生物膜需要对生物膜进行一系列预处理，具体步骤如下：

1）选取需要表征的附着电活性生物膜的样品；

2）用 2.5% 戊二醛或锇酸固定过夜；

3）分别用 25%、50%、75%、95%、100%的乙醇一次浸泡 15 min，进行梯度脱水处理，也可以用丙酮/乙酸异戊酯（1:1）脱水。

4）脱水处理后的样品进行冷冻或乙腈干燥。

5）喷金导电处理样品。

对生物膜进行脱水，使得整个生物膜的框架收缩，因而很难得到生物膜原有的三维结构信息，但是通过电镜扫描还可以获取许多重要信息，如细菌形貌和结构、生物膜厚度、有无纳米导线等。如图 6-4 所示，电极上附着一层厚厚的以棒状微生物为主的生物膜，高放大倍数下扫描发现许多长形细菌菌毛，这些菌毛有可能就是我们前面提到的能介导电子传递的纳米导线（Richter et al., 2008）。

图 6-4　金电极上 *Geobacter sulfurreducens* 生物膜的 SEM 图（Richter et al., 2008）。(A) 生物膜生长在电极表面，并有部分剥离；(B) 高放大倍数下的图 A，生物膜附着在电极表面；(C) 和 (D) 为高放大倍数下的图 A，生物膜的边界

Fig. 6-4　SEM images of *G. sulfurreducens* growing on a gold electrode (Richter et al., 2008). (A) biofilm attached to the surface, partially peeling off; (B) Closeup of Figure A where the biofilm was attached to the electrode surface; (C and D) Closeups of Figure A: the edge of the biofilm

与扫描电镜不同，激光共聚焦荧光显微镜可以在不脱水状态下表征生物膜三维结构，在微观尺度上实现对生物膜中有机物和微生物种类的组成及其空间分布的原位、非破坏性表征。激光共聚焦荧光显微镜表征 EAB，还处于起步阶段。更多的是利用激光共聚焦显微镜观察不同条件下形成生物膜的情况，或者利用荧光染色观察生活菌在生物膜中的分布等。例如，Richter 等（2008）利用激光共聚焦荧光显微镜表征生长于金电极上的 *Geobacter sulfurreducens* 电活性生物膜（图 6-5）。经过 10 天生长，*G. sulfurreducens* 基本覆盖了整个金电极表面，生物膜的厚度达到 12 μm，并且生物膜主要显示绿色，说明大部分细胞都具有代谢活性。当生物膜生成 18 天后，生物膜底部出现了很多细小的通道，生物膜厚度达到 40 μm。此时，生物膜主要显示红色，说明有些微生物已经失去了代谢活性。

三、EAB 电化学表征

电化学方法是研究 EAB 电活性最直接、有效的方法。EAB 电化学表征主要是通过

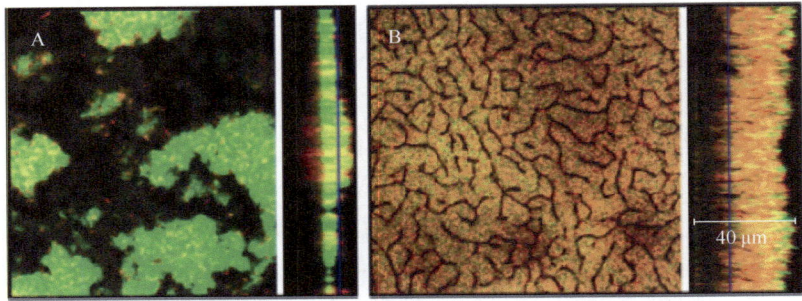

图 6-5 金电极上 *Geobacter sulfurreducens* 生物膜的激光共聚焦扫描（Richter et al., 2008）。
（A）10 天后金电极上的生物膜；（B）18 天后金电极上的生物膜。左侧的小图是金电极上附着生物膜的侧面正交截面图，右侧小图是生物膜的外表面。垂直蓝线处为获取顶视图的平面

Fig. 6-5 Confocal laser scanning microscope images of *G. sulfurreducens* biofilms on gold electrodes (Richter et al., 2008). (A) Biofilm from gold electrode after 10 days; (B) Biofilm from gold electrode after 18 days; The small images are orthogonal cross sections with the gold attached side of the biofilm on the left, the outer surface on the right. The vertical blue line is the plane in which the top view image was taken.

在不同的测试条件下，对 EAB 电极电势和电流分别进行控制和测量，并对其相互关系进行分析而实现的。对一些重要测试条件的控制和变化，形成了不同的电化学表征方法。例如，控制单向极化持续时间的不同，可以进行稳态或暂态表征；控制电极电势按照不同的波形规律变化，可以进行电势阶跃、线性扫描、脉冲扫描等表征；使用静止、旋转圆盘或超微电极，可明显改变电化学测量体系的动力学规律，获取不同的信息。根据表征方法的不同，所获取信息分为三类：

1）电化学热力学性质的表征，基于能斯特方程、电势 pH 图、法拉第定律等热力学规律进行；

2）单纯利用电极电势、极化电流的控制和测量进行的动力学表征，该方法可以研究电极过程的反应机制，测定电极过程的动力学参数；

3）电极电势、极化电流控制的同时，结合光谱波谱技术表征 EAB 电子转移过程中的光学信号。

总体来说，EAB 是一个特殊的多相反应体系，EAB 电化学表征可以从多个层面进行：①整个生物膜；②分离出来独立的单个细胞；③细胞膜结合蛋白。其表征方法多种多样，比较常用的有以下几种。

1. 伏安法

伏安法是研究生物膜电化学活性的电化学方法中最直接、有效的方法。对电极电势、极化电流的不同控制，伏安法可以分为循环伏安法（cyclic voltammetry, CV）、方波伏安法、脉冲伏安法和线性扫描伏安法等。对于一个新的电化学体系，首选的研究方法往往就是 CV，可称为"电化学的谱图"。CV 是通过三电极体系（图 6-6A）控制电极电势以不同的速率，随时间以三角波形一次或多次反复扫描（图 6-6B），电势范围是使电极上能交替发生不同的还原和氧化反应，并记录如图 6-6C 所示电流-电压曲线。根据曲线形状可以判断电极反应的可逆程度，中间体、相界吸附或新相形成的可能性，以及偶联化学反应的性质等。CV 还常用来测量电极反应参数，判断其控制步骤和反应机制，并观察整个电势扫描范围内可发生哪些反应及其性质如何。以 $Fe(CN)_4^{3-}$ 循环伏安扫描为例，表 6-1 列举 CV 实验条件及重要参数解析。

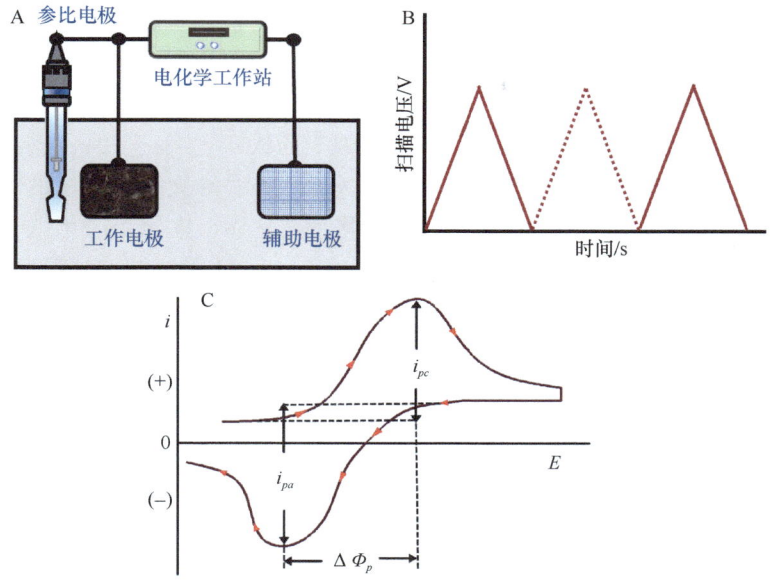

图 6-6 循环伏安法实验装置（A）、扫描电压（B）和电流-电压曲线（C）
Fig. 6-6 An experimental device of cyclic voltammetry (A), scanning voltameter (B) and I-V curves (C)

表 6-1 铁氰化钾循环伏安法参数及相应信息解析
Tab. 6-1 The parameter and its corresponding information analysis of cyclic voltammetry based on potassium ferricyanide system

仪器	电化学工作站
工作电极（WE）	金盘，电极面积 0.3 cm^2
参比电极（RE）	饱和甘汞电极（SCE）
对电极（CE）	铂网电极
电活性的待分析物	3.0 mmol/L $K_4Fe(CN)_6$
支持电解质溶液	0.5 mol/L Na_2SO_4 水溶液
电位扫描范围和扫描速率	WE 电位先在−0.1 V vs SCE 的恒定初始电位下维持 2 s（quite time），接着线性扫描到 0.5 V（高电势），再电位负扫到−0.1 V vs SCE（低电势）。通常，选择初始电位不能破坏初始平衡［这里为还原态 $Fe(CN)_6^{4-}$］ CV 中，电位对时间的波形为三角形，即电位随时间成正比或反比。其正斜率（图 6-6B 为 0.05 V/s）就是 CV 实验的电位扫描速率，简称扫速
峰电位、峰电流和电量	阳极峰电位=E_{pa}，阳极峰电流=I_{pa}，阳极（氧化）电量=阳极峰下的电流对时间积分（峰面积） 阴极峰电位=E_{pa}，阴极峰电流=I_{pa}，阴极（还原）电量=阴极峰下的电流对时间积分（峰面积） 对可逆电极反应（即能斯特方程在所有电位点均成立），满足 $\|I_{pa}/I_{pc}\|=1$ 和 $E_{pa}-E_{pc}\approx 56.5/n$ mV（25℃，n 为电极反应转移的电子数） 注意，测量峰电流时应扣除背景电流，如图 6-6C 所示
条件电位	若某电对的氧化态和还原态组分的扩散系数相等，则条件电位等于阳极峰电位和阴极峰电位的算术平均值，即 $E^0=(E_{pa}+E_{pa})/2$
氧化反应（阳极反应）	$Fe(CN)_6^{4-} \rightarrow Fe(CN)_6^{3-}+e^-$ 该反应的发生从电位正扫过程中大约 0.1V vs SCE 的阳极峰起峰电位开始，到阳极峰电位 E_{pa} 处速率最大，此时电极表面相当于 $K_3Fe(CN)_6$ 的还原剂
Randle-Sevcik 方程（平板扩散控制的可逆电极反应）	图 6-6C 所示的电流-电位锋形曲线是典型的平板扩散控制的可逆电极反应的特征，此时电极反应受扩散控制，即电子交换速率总大于溶液中电活性物质的扩散速率。对平板线性扩散所控制的可逆电极反应，Randle-Sevcik 方程为 $$I_p=kn^{3/2}AD^{1/2}CV^{1/2}$$ 式中，I_p（A）为峰电流，常数 $k=0.4463[F^3/(RT)]^{0.5}$（F 为法拉第常数，R 为气体常数，T 为绝对温度，25℃时常数 $k=2.69\times 10^5$）；n 为电极反应转移的电子数；A（cm^2）为电极面积；D（cm^2/s）为扩散系数；C（mol/cm^3）为反应物的本体浓度；V（V/s）为电位扫描速率

CV 可表征 EAB 的多个特性，如生物膜的电化学活性、生物膜中电活性组分的氧化还原电位、EAB 电子转移过程的电化学动力学参数，还可以用来确定 EAB 是否对加入的物质有催化作用，以及分析 EAB 电子转移过程中是否有电子穿梭体的参与等（Marsili et al.，2008；Baron et al.，2009；Katuri et al.，2010）。CV 用于表征 EAB 通常在周转或非周转两种情况下进行。周转条件下的 CV 表征是指 EAB 催化氧化电子供体产生的电流随电极电势变化的情况。通常扫描时，电势变化很慢，以至在每个应用电势下，电子传递链上的蛋白质被多次氧化与还原（周转）。非周转条件下的 CV 表征是指在没有电子供体存在时，电极电势驱动电子在电极与生物膜间的流动，该过程中蛋白质的氧化还原中心最多发生一次氧化或还原过程。图 6-7 表示的是混合 EAB 的典型非周转和周转条件下的 CV 图。

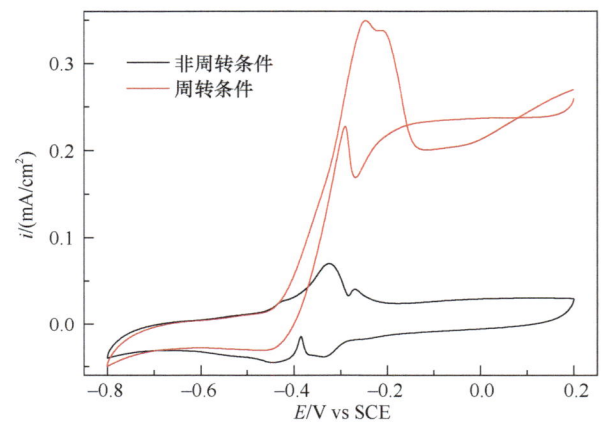

图 6-7　典型混合菌 EAB 周转和非周转条件下的 CV 图（Yuan et al., 2012）
Fig. 6-7　CV curves of typical mixed bacteria EAB under non-turnover and turnover conditions
(Yuan et al., 2012)

EAB 是一个复杂的体系，其电化学活性中心通常包埋在蛋白质中，从而使 EAB 电化学信号减弱，在 CV 上直观的表现是氧化还原峰减弱。在这种情况下，往往通过一些数学变换处理使氧化还原峰变得明晰。如图 6-8A 和图 6-8B 所示，*Shewanella* 属的 CV 双电层充电电流很大，影响了氧化还原峰电流，为了消除充电电流的影响，可以采用背景扣除法，即将图 6-8A 和图 6-8B 中的电流减去背景电流，从而得到图 6-8C 和图 6-8D 所示 *Shewanella* 属的氧化还原峰（Carmona-Martinez et al., 2011）。除此之外，为了提高伏安扫描的灵敏度，也可以采用方波和脉冲伏安法等方法表征 EAB。

2. 电化学阻抗谱

电化学阻抗谱（electrochemical impedance spectroscopy，EIS）是一种广泛应用于电化学系统和电化学过程分析及表征的技术。总体来说，EIS 是指给电化学系统施加一个频率不同的小振幅的交流正弦电势波，测量交流电势与电流信号的比值（系统的阻抗）随正弦波频率 ω 的变化，或者是阻抗的相位角 Φ 随 ω 的变化。EIS 是一种频率域测量方法，可测定的频率范围很宽，因而比常规电化学方法得到更多的动力学信息和电极界面结构信息。另外，EIS 使用的是一个小波幅交流电信号，所以原则上 EIS 是一种非破

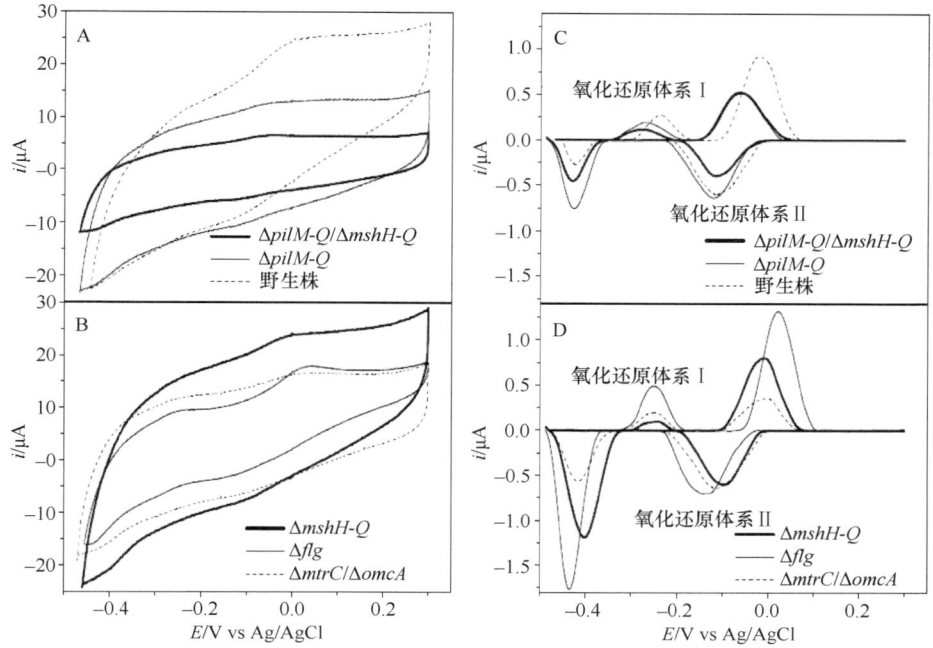

图 6-8　EAB 的 CV（A 和 B）及其背景扣除处理后的 CV 图（C 和 D）（Carmona-Martinez et al., 2011）

Fig. 6-8　CVs of EAB (A and B) and the baseline subtracted CVs (C and D)
(Carmona-Martinez et al., 2011)

坏性的电化学技术。阻抗表达式中含有所施加正弦信号的角频率，因此阻抗矢量将随角频率的变化而变化。描述阻抗随频率变化的常用方法是用由阻抗矢量值和相位角绘成的 Nyquist 图，也可用包含幅频特性曲线和相频特性曲线的 Bode 图表示。Nyquist 图特别适合用于表示体系的阻抗大小。对纯电阻，在 Nyquist 图上表现为 Z' 轴上的一点，该点到原点的距离为电阻值的大小；对纯电容体系，表现为与 Z'' 轴重合的一条直线，对 Warburg 阻抗则为斜率为 1 的直线。Bode 图是阻抗幅模的对数 $\log Z$ 和相位角 Φ 对相同的横坐标频率的对数 $\log f$ 的图。在 Nyquist 图中，频率值是隐含的，严格地讲必须在图中标出各测量点的频率值才是完整的图。但在高频区，由于测量点过于集中，要标出每一点的频率较为困难，而 Bode 图则提供了一种描述电化学体系特征与频率相关行为的方式，是表示阻抗谱数据更清晰的方法。

利用 EIS 研究一个电化学系统的基本思路是：将电化学系统看作是一个等效电路，等效电路由电阻（R）、电容（C）、电感（L）等基本元件以串联或并联等不同方式组合而成。EIS 可以测定等效电路的构成及各元件的大小，利用这些元件的电化学含义，来分析电化学系统的结构和电极过程的性质等。实际测量中，将某一频率为 ω 的微扰正弦波信号施加到电解池，这时可把工作和辅助电极双电层看作一个电容，把电极本身、溶液及电极反应所引起的阻力均视为电阻。

图 6-9 列举了几种简单等效电路和相应交流阻抗谱，图 6-9 中 R_s 是电极本身、溶液及电极反应所引起的电阻；C_d 是工作电极的双电层电容；Z_w 是由于扩散而引起的阻抗，也称为 Warburg 阻抗。

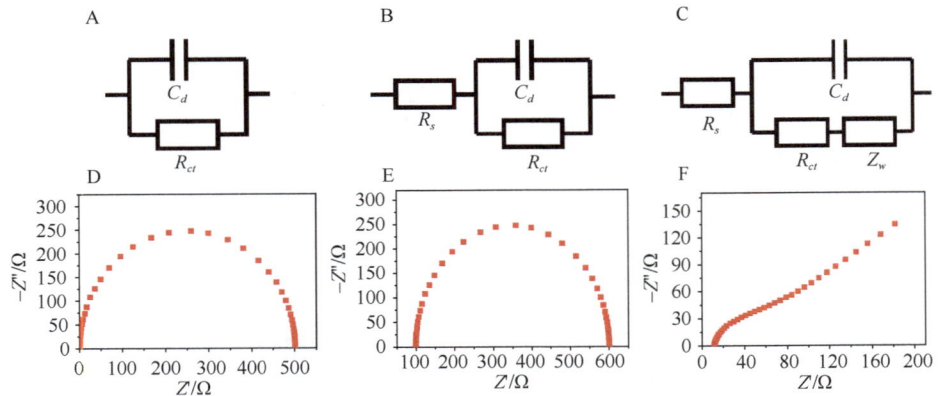

图 6-9 典型等效电路及其交流阻抗的 Nyquist 图
Fig. 6-9 Typical equivalent circuits and their related Nyquist plots

不发生电极反应的理想极化电极条件下，阻抗表达式为

$$Z = R_s - j/(\omega C_d) \tag{6-1}$$

其 Nyquist 图为一条距 Z'' 轴为 R_s，且垂直于实轴（Z'）的直线。由直线在 Z' 轴上的交点到原点的距离，可以求得电阻 R_s。由于理想极化电极不发生电极反应，等效电路中无 Warburg 阻抗。

溶液电阻可以忽略的电化学极化电极的等效电路图（图 6-9A），其阻抗表达式为

$$Z = 1/[(1/R_{ct}) + j\omega C_d] \tag{6-2}$$

$$Z = Z'+jZ'' = \frac{R_{ct}}{1+\omega^2 C_d^2 R_{ct}^2} - j\frac{\omega C_d R_{ct}}{1+\omega^2 C_d^2 R_{ct}^2} \tag{6-3}$$

$$(Z' - R_{ct}/2)^2 + (-Z'')^2 = (R_{ct}/2)^2 \tag{6-4}$$

对应的 Nyquist 图为一半径为 $R_{ct}/2$ 的半圆（图 6-9D），由 Nyquist 图圆的直径可以求反应电阻 R_{ct}。圆的顶点对应的 Z'' 最大，由对应的角频率 ω^* 及得到的反应电阻，可以求得双电层电容，$C_d = 1/(\omega \cdot R_{ct})$。

溶液电阻不能忽略的电化学极化电极的等效电路图（图 6-9B），其阻抗表达式为

$$Z = R_s + 1/\left[(1/R_{ct}) + j\omega C_d\right] \tag{6-5}$$

$$Z = R_s + \frac{R_{ct}}{1+\omega^2 C_d^2 R_{ct}^2} - j\frac{\omega C_d R_{ct}}{1+\omega^2 C_d^2 R_{ct}^2} \tag{6-6}$$

$$(Z' - R_s - R_{ct}/2)^2 + (-Z'')^2 = (R_{ct}/2)^2 \tag{6-7}$$

阻抗谱的 Nyquist 图为半圆形式（图 6-9E），圆心在实轴（$R_s + R_{ct}/2$，0），半径为 $R_{ct}/2$。在 Nyquist 图中，半圆的直径对应于反应电阻的数值，原点到半圆的起点对应于溶液电阻的数值。由半圆的顶点对应的角频率 $\omega^* = 1/(R_{ct}C_d)$，可求双电层电容。

电化学极化和浓差极化同时存在的电极等效电路图（图 6-9C），其阻抗表达式为

$$Z = R_s + \frac{a}{b^2+\omega^2 C_d^2 a^2} - j\frac{\omega^2 C_d^2 a^2 + \sigma\omega^{-1/2} b}{b^2+\omega^2 C_d^2 a^2} \tag{6-8}$$

式中，$\alpha = R_{ct} + \sigma\omega^{-1/2}$，$b = 1 + C_d\sigma\omega^{1/2}$，$\sigma$ 为 Warburg 系数，与扩散系数、浓度有关。

Warburg 阻抗可以表达为

$$Rw = 1/(\omega Cw) = \sigma\omega^{-1/2} \tag{6-9}$$

当溶液中仅存在一种物质 O 时

$$\sigma = RT/\left(2n^2F^2c_O D_O\right) \tag{6-10}$$

式中，D_O 和 c_O 分别为物质 O 的扩散系数和浓度。

$$Z = R_s + R_{ct} + \sigma\omega^{-1/2} - j\left(2C_d\sigma^2 + \sigma\omega^{-1/2}\right) \tag{6-11}$$

$$Z' = R_s + R_{ct} + \sigma\omega^{-1/2} \tag{6-12}$$

$$-Z'' = 2C_d\sigma^2 + \sigma\omega^{-1/2} \tag{6-13}$$

$$Z' = R_s + R_{ct} - 2C_d\sigma^2 + (-Z'') \tag{6-14}$$

电极阻抗的 Nyquist 图为斜率为 1 的直线（图 6-9f）。在 Z 轴上的截距为 $R_s + R_{ct} - 2C_d\sigma^2$。利用高频区得到的 R_s、R_{ct}、C_d 的数值，由截距得到 Warburg 系数 σ，可求出扩散系数。

EIS 作为一种有效的技术，已广泛应用 EAB 的表征。普遍认为，EIS 可以用来检测 EAB 的形成过程，也可为 EAB 的电化学反应和微生物生理代谢提供关键信息和重要的分析（He and Mansfeld, 2009）。Ramasamy 等（2008）测量了生物膜形成过程中不同时期的阻抗图谱，发现 3 周内电极极化电阻从 2.61 kΩ·cm² 降到了 0.48 kΩ·cm²。他们认为电极极化电阻主要是因为生物膜提高了电化学反应的速率。此外，有科学家比较了空白石墨电极和附着 *Geobacter sulfurreducens* 的石墨电极的阻抗谱图，同样发现附着生物膜的电极极化电阻变小而电容变大。电极电阻变小是源于电极上微生物催化的氧化还原过程速率的提高，而电容变大则可以证明电极上 EAB 的形成（Srikanth et al., 2008）。总之，EIS 是表征 EAB 电化学特征的有效工具，它可以实现非破坏条件下用来表征 EAB 电化学反应过程、监测生物膜形成、解析这种条件下微生物与电极间的相互作用。

3. 塔菲尔曲线

1905 年，Julius Tafel 在研究氢超电势时，发现在一定范围内，超电势（η）与电流密度（i）有如下关系：

$$\eta = a + b \times \lg|i| \tag{6-15}$$

式（6-15）称为塔菲尔公式，a、b 称为塔菲尔常数，它们决定于电极材料、电极表面状态、温度和溶液组成等。

Tafel 主要是靠经验发现了过电位与电流之间的关系，后来 Butler-Volmer 方程式的理论可以推导出塔菲尔公式。Butler-Volmer 方程式表示的通过系统的净电流：

$$i = i_0\left\{\exp\left(\frac{-\alpha nf}{RT}\eta\right) - \exp\left[\frac{(1-\alpha)nf}{RT}\eta\right]\right\} \tag{6-16}$$

式中，i_0 为交换电流密度；α 为电子转移系数；n 为法拉第电荷转移过程中参与的电子数量；T 为绝对温度；f 为法拉第常数；R 为摩尔气体常数。当 η 绝对值很高时，即过电位很高时，Butler-Volmer 方程两项中的一项可忽略。如当阴极过电位很高时，式（6-16）

可以简化为

$$i = i_0 \exp\left(\frac{-\alpha nf}{RT}\eta\right) \tag{6-17}$$

两边取对数，整理得

$$\eta = \frac{RT}{\alpha nf}\ln i_0 - \frac{RT}{\alpha nf}\ln i \tag{6-18}$$

与式（6-15）比较可以看出，这是一个塔菲尔形式的关系式，其中：

$$a = \frac{2.3RT}{\alpha nF}\lg i_0 \tag{6-19}$$

$$b = -\frac{2.3RT}{\alpha nF} \tag{6-20}$$

常数 a 为传递系数，主要反映的是反应的速率常数，常数 b 被称为塔菲尔斜率，提供有关反应机制的信息。改写方程式（6-17）为

$$\lg i = -\frac{\alpha nF}{2.3RT}\eta + \lg i_0 \tag{6-21}$$

如果将 $\lg i$ 对 η 作图，从直线部分的斜率可以求出传递系数 α，由截距可以求出交换电流 i_0。这种 $\lg i$ 对 η 的图称为塔菲尔图。图 6-10 为一个理论塔菲尔图，其中取 $n=1$，$\alpha=0.5$，$T=298$ K，$j_0=10^{-6}$ A/cm^2。可以看出，在阴极极化区和阳极极化区，$\lg|i|$ 对 η 图都有直线部分，阴极支直线部分的斜率应为 $-\alpha nF/2.3RT$，阳极部分的斜率应为 $(1-\alpha)nF/(2.3RT)$，两部分直线外推交于 $\lg|i|$ 轴上同一点，这一点应为 $\lg|i_0|$。

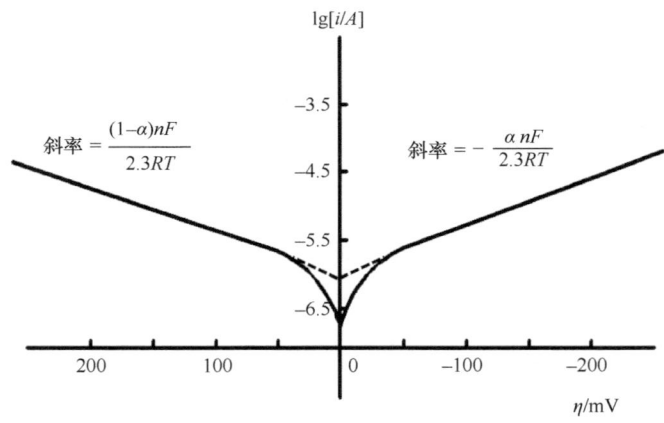

图 6-10　典型塔菲尔曲线
Fig. 6-10　A typical Tafel curve

塔菲尔曲线可以用于研究 EAB 的电荷转移过程。Lowy 等（2006）利用塔菲尔曲线检测不同电极材料上富集的 EAB 的电催化活性差异，他们详细描述了塔菲尔曲线表征 EAB 的实验设计及装置。塔菲尔曲线还可以用于辨别 EAB 中是否有活的微生物群落存在。例如，Chaudhuri 和 Lowy 发现 *Geobacter sulfurreducens* 活体群落的塔菲尔曲线电流比死体曲线电流大 19 倍，说明活的微生物膜驱动了电子传递过程（Rabaey et al., 2010）。塔菲尔曲线还能证明微生物氧化有机物产生电子并传递至胞外的过程的存在。同时，他

们还表征了乙酸充足和乙酸耗尽时的塔菲尔曲线,发现电活性生物膜氧化乙酸过程的塔菲尔曲线电流密度是乙酸耗尽情况下电流密度的 100 倍（Rabaey et al., 2010）。除了对塔菲尔曲线电流解析以外,根据塔菲尔曲线推断的参数 α 和 b 可以用于深入解析 EAB 电子转移的动力学过程,通常曲线 i_0 值越大,b 越小,表面电子转移速率越快。总之,塔菲尔曲线已成为 EAB 研究的有效工具。

4. EAB 光谱学表征

电化学技术,如 CV 和 SWV 能表征 EAB 中参与电子转移过程关键电活性组分的性质（氧化还原性质、电子转移可逆性等）,然而,这些方法不能确定这些组分的结构及其参与胞外电子转移的过程。譬如,虽然通过电化学分析方法能够检测到 EAB 中的氧化还原活性物质,但并不一定能证明他们真正参与了电子传递。为了对 EAB 电子传递过程有更加清晰的认识,光谱方法应运而生。光谱方法与电化学方法均可以实现生物膜的活体、原位检测,已成为近年来得到极大发展的 EAB 表征技术。其中,紫外/可见光谱是表征电活性微生物的最简便方法。活体细菌中的血红素铁具有很高的摩尔吸光系数,因而紫外/可见光谱能有效表征活体细胞色素。典型活体细胞色素紫外/可见光谱,在 409 nm 处出现细胞色素 c 的特征吸收峰,并且该峰位置与活体细胞色素氧化还原状态密切相关,细胞色素 c 为氧化态时吸收峰出现在 409 nm,还原态时峰移至 419 nm,并且出现 522 nm 和 528 nm 的吸收峰（Nakamura et al., 2009）。紫外/可见光谱成为识别微生物是否存在膜结合细胞色素的重要手段,但是无法判断细胞色素是否参与电子转移过程。为了能够表征活体细胞色素在电子转移过程的状态,Liu 等（2011）将电化学与紫外/可见光谱相结合的光谱电化学方法用于活体细胞色素的电子转移过程研究（图 6-11）。他们通过电化学工作站控制活体细胞色素的氧化还原状态,发现当活体细胞色素处在

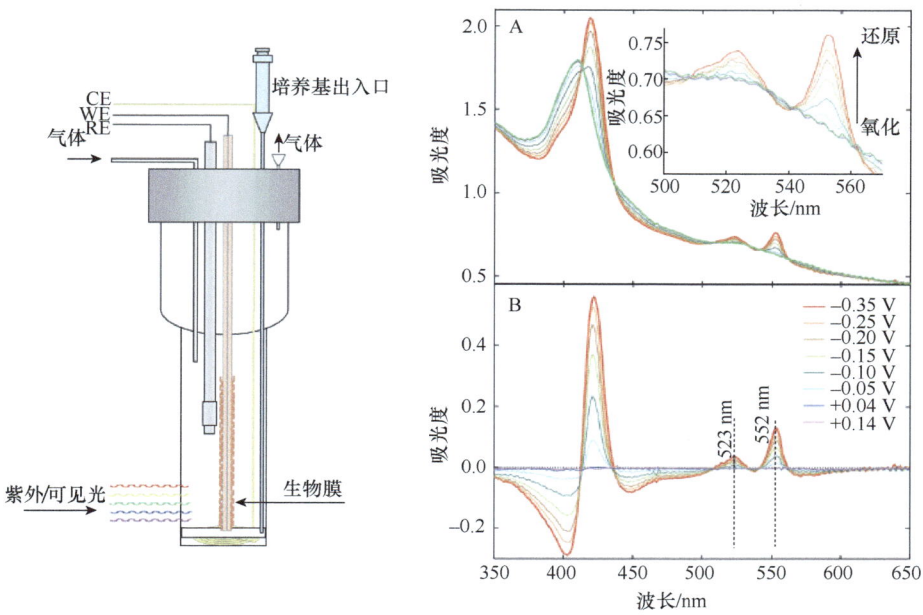

图 6-11　光谱电化学系统及 EAB 紫外/可见光谱图（Liu et al., 2011）

Fig. 6-11　The spectroelectrochemical system and the ultraviolet spectrogram of EAB (Liu et al., 2011)

不同的氧化还原状态时，紫外/可见光谱特征吸收光谱发生明显改变，这一结果能有效证明细胞色素直接参与产电微生物的胞外电子过程。除了紫外/可见光谱，科学家还构建了电化学与其他光谱相结合的光谱电化学方法，例如，Busalmen 等（2008）首次报道了电化学结合傅里叶变换-表面增强红外吸收光谱方法用于研究 *Geobacter sulfurreducens* 与电极间的相互作用，通过监测不同氧化还原状态下细胞色素的红外吸收峰特征，证明外膜结合细胞色素参与微生物的直接胞外电子传递；Millo 等（2011）建立电化学结合表面增强共振拉曼光谱原位表征电活性生物膜的方法，利用表面增强共振拉曼光谱对电子转移过程中膜结合细胞色素结构分析，进一步证明了其在胞外直接电子转移过程的重要作用。总而言之，光谱电化学方法能够有效将 EAB 电子转移过程与电极氧化还原电位联系起来，加深了对微生物与电极之间电子传递界面反应机制的认识。

5. 微电极表征

在 EAB 的应用与研究过程中，如何准确地获得生物膜内部的信息和传质动力学参数是至关重要的。由于生物膜内部结构和反应过程很复杂，对其内部环境进行研究和表征比较困难。随着微电极技术在环境领域的应用，其已经成为表征生物膜内部环境的重要工具。这一技术改变了以往只对 EAB 进行宏观描述的状况，为深入地解析反应过程的机制创造了条件。生物膜分析主要采用吸管型的微电极，深入生物膜内部测量特征参数的梯度分布。这种微电极尖端直径通常为 1~20 μm，按照测量原理不同，可以分为两大类：电位型和电流型。电位型电极主要包括氧化还原电位（ORP）微电极和离子选择型微电极（ISE）。ORP 微电极测量的是微环境中水体的氧化还原能力，用氧化还原电位值来表示，其大小可用能斯特方程来描述。氧化还原电位也是反应 EAB 微环境的重要参数。Babauta 等（2011）利用图 6-12 所示微电极系统表征了 *Shewanella* 属生物膜内部氧化还原梯度变化，发现在不同极化条件下生物膜氧化还原电位都是从顶部向底部递减，说明生物膜越靠近电极底部其电活性越强。电位型离子选择型微电极最典型的是 pH 微电极。根据 EAB 产生电子机制，其在氧化有机物产生电子过程中会产生 H^+ 从而使体系 pH 降低，但是低 pH 往往抑制 EAB 的产电活性，所以原位检测 EAB 反应过程中的 pH 变化情况，为深入地解析反应过程的机制提供了有利证据。在相同体系下，Babauta 等（2011）利用离子选择型 pH 微电极检测了 *Shewanella* 属生物膜反应过程中内部微环境 pH 变化情况，发现在缓冲体系下生物膜内 pH 梯度变化不是很显著，特别是在高浓度缓冲液中 pH 基本不变，他们认为此时质子的迁移不是生物膜反应的限制条件，只有当质子迁移为限速条件时生物膜内部的 pH 梯度变化才会明显。利用相同方法，Babauta 等（2012）还监测了 *Geobacter* 属生物膜在与电极进行电子传递过程中的氧化还原与 pH 等参数的变化，与 *Shewanella* 属生物膜不同，*Geobacter* 属生物膜内部的 pH 随着距离电极表面的靠近 pH 逐渐降低，并且 EAB 产生的电流越大生物膜底部 pH 越小，说明生物膜中质子产生与乙酸钠的消耗密切相关。Yuan 等（2013）利用微电极测定了微生物燃料电池（microbial fuel cell，MFC）中生物阴极上的混合菌 EAB 内部 OH^- 和含氧量变化情况。该研究表明阴极 EAB 的存在阻碍了 OH^- 和氧气向液相的传输，使 MFC 的功率密度下降，而库仑效率上升。该研究揭示了加强阴极 OH^- 传输及阻止氧气的扩散均能使 MFC 拥有更好的性能。

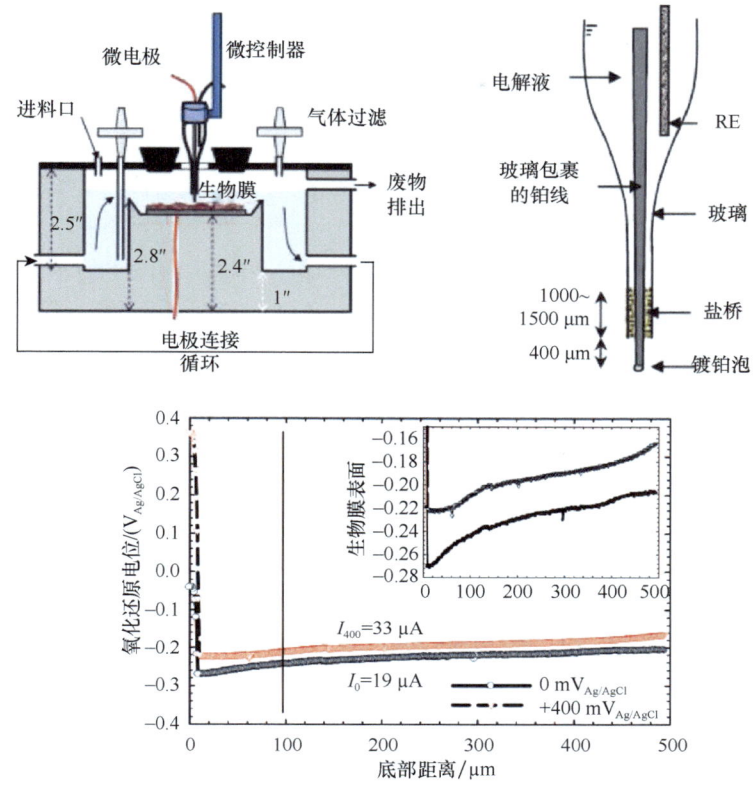

图 6-12 微电极表征 EAB 内部氧化还原电位梯度变化（Babauta et al., 2011）
Fig. 6-12 Variation in redox potential in EAB characterized by microelectrodes (Babauta et al., 2011)

6. 分子生物技术

自然环境中，EAB 是一个极其复杂的微生物群落，至今 EAB 群落分子特性的数据显示，我们对电活性菌及其在生物膜中的相互作用等方面的认知仍然不够充分。EAB 群落具有广泛的多样性，有些 EAB 群落中 *Geobacter* 属占优势，另一些中 *Shewanella* 属是占优势的菌株。同种类产电菌可能因不同的代谢机制而呈现不同的产电机制，因此获得 EAB 群落结构成为了机制研究中最重要的一环。变性梯度凝胶电泳（denaturing gradient gel electrophoresis, DGGE）、末端限制性片段长度多态性（terminal-restriction fragment length polymorphism, T-RFLP）、流式细胞术（flow cytometry, FCM）、功能基因和蛋白质组学等比较常用的分子生物技术是研究群落结构、产电微生物电子传递分子机制的重要工具。利用这些分子生物技术可对生物膜群落结构进行全面分析，还可以从基因、蛋白质等层面对电活性微生物的电子传递机制进行深入解析。

（1）DGGE

DGGE 是根据 DNA 在不同浓度的变性剂中解链行为的不同而导致电泳迁移率发生变化，从而将片段大小相同而碱基组成不同的 DNA 片段分开。具体而言，就是将特定的双链 DNA 片段在含有从低到高的线性变性剂梯度的聚丙烯酰胺凝胶中电泳，随着电泳的进行，DNA 片段向高浓度变性剂方向迁移，当它到达其变性要求的最低浓度变性剂处，双链 DNA 形成部分解链状态，这就导致其迁移速率变慢，由于这种变性具有序列特异性，因此 DGGE 能将同样大小的 DNA 片段很理想地分开，它是一种很有用的分子标记方法。DGGE 对微生态的分析一般包括 3 个步骤：核酸提取、16S rRNA 序列的 PCR 扩增及 DGGE 指纹图谱分析。有些学者通过克隆、测序建立微生物区系的 16S rRNA/DNA 文库，通过系统发育分析，建立进化树，从而获得微生物多样性信息。

1）核酸提取：微生物总 DNA 的提取是整个分子生物学技术的基础，是否能获得具有代表性的总 DNA 样品将决定后续分析的可行性。一般认为微生物提取总 DNA 的方法分为细胞裂解和核酸抽提两个步骤。细胞裂解方法有 3 种：机械法、化学法和酶法。

2）16S rRNA 基因序列的 PCR 扩增：16S rRNA 基因是细菌染色体上编码该 rRNA 的相应 DNA 系列。16S rRNA 基因序列全长 1540 bp，有保守区和可变区之分，每种细菌的保守区都是相同的，能反映生物种类的亲缘关系，为系统发育重建提供线索；可变区因细菌种类而异，通过保守区设计引物，扩增出可变区，就可以得知微生物多样性信息。

3）DGGE 指纹图谱分析：DGGE 电泳图谱的分析最常用的是相似性聚类分析法。DGGE 胶通过扫描仪输入计算机，通过 Molecular Analysis 软件进行相似性分析。通过 DGGE 后得到的指纹图谱，每一个条带代表某个微生物优势菌群，通过测序和序列比对，可以得出此优势菌群的种类。

早期，DGGE 是电活性生物膜群落分析最常用的技术。Rismani-Yazdi 等（2011）利用 DGGE 技术研究了外电路电阻对微生物燃料电池中 EAB 菌落结构的影响。如图 6-13 所示，生物膜和阳极室浮游微生物的 16S rRNA 基因 DGGE 指纹图谱存在较大差异，但是不同电阻条件下形成的生物膜或浮游微生物 DGGE 指纹图谱存在一定相似性；聚类分析结果显示，生物膜 DGGE 指纹图谱相似性达 65%~75%，高于浮游微生物菌落相似性的 48%~78%，并且低电阻条件下形成的 EAB，菌落相似性（75%）高于高电阻条件下

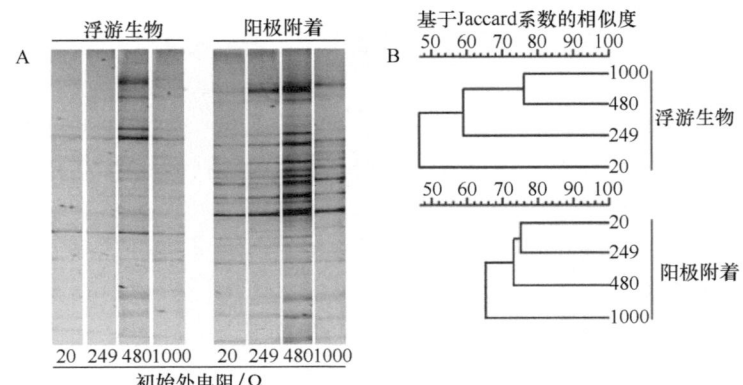

图 6-13 外电路电阻对 EAB 群落结构的影响（Rismani-Yazdi et al., 2011）。(A) 以纤维素为底物在不同电阻条件下运行 MFC 10 周后，对富集的浮游生物和阳极上附着的细菌进行 16S rRNA 基因扩增，构建 DGGE 指纹图谱；(B) 运用 DGGE 指纹图谱产生的杰卡德相似系数构建 UPGMA 系统树

Fig. 6-13 Effect of external resistance on bacterial diversity in MFC (Rismani-Yazdi et al., 2011). (A) DGGE profiles of 16S rRNA genes amplified from planktonic and anode-attached bacterial communities enriched in MFC with different external resistances for 10 weeks with cellulose; (B) UPGMA dendrograms constructed using jaccard's similarity coefficient generated from the DGGE profiles

形成的生物膜（65%）。而高电阻条件下的浮游微生物指纹图谱相似性达 78%，明显高于低电阻条件下的浮游微生物指纹图谱的相似性（48%）。这些结果说明，外电路电阻显著影响 EAB 菌落结构，进而影响生物膜的电化学活性。此外，Aelterman 等（2008）利用 DGGE 技术结合克隆文库的方法，研究了三维电极上 EAB 的多样性，结果表明生物膜微生物多样性非常丰富，但 *Geobacter* sp. 和 *Desulfomonile* sp. 是其中的产电功能优势菌种。

（2）454 高通量测序

高通量测序技术（high-throughput sequencing）是对传统测序一次革命性的改变，一次对几十万到几百万条 DNA 分子进行序列测定，因此在有些文献中称其为下一代测序技术（next generation sequencing）。高通量测序使得对一个物种的转录组和基因组进行细致全貌的分析成为可能，所以又被称为深度测序（deep sequencing）。根据发展历史、影响力、测序原理和技术不同等，主要有以下几种：大规模平行签名测序（massively parallel signature sequencing，MPSS）、聚合酶克隆（polony sequencing）、454 焦磷酸测序（454 pyrosequencing）、Solexa 基因测序［illumina（Solexa）sequencing］、ABI SOLiD 测序、离子半导体测序（ion semiconductor sequencing）、DNA 纳米球测序（DNA nanoball sequencing）等。在此以 454 焦磷酸测序为例，简单介绍高通量测序的步骤。

1）DNA 文库的制备：将待测 DNA 处理成<500 bp 的片段，同时将其制备成单链 DNA 文库，在单链 DNA 的 3′端和 5′端分别连上不同的接头。

2）连接与扩增：将 PCR 反应化合物与固化引物的微球混合，混合后的微球都带一个特定的单链 DNA 片段，经过扩增试剂乳化等一系列步骤，最终形成只包含一个微球和一个特定片段的微乳滴，该微乳滴就是后续 PCR 反应的微型化学反应器，经过多个热循环后，每个微球表面都结合大量相同的 DNA 拷贝。

3）测序：携带 DNA 的捕获珠需要在刻有规则微孔阵列的微孔板上进行测序。微孔板两端分别通过测序反应和信号检测化合物，碱基配对一旦发生，就会释放 1 个焦磷酸，焦磷酸基团在 ATP 硫酸化酶的催化下形成 ATP，荧光素酶介导的荧光素在 ATP 驱动下向氧化荧光酶转化，释放出光信号，并被高灵敏度的 CCD 捕获，由此完成测序。

454 测序技术不需要克隆建库，不需要荧光标记的引物或核酸探针，也不需要进行电泳，过程全自动化。GS FLX 一个测序反应仅耗时 7.5 h，可获得超过 1 亿个的碱基数据。现在，GS Titanium 系统将片段读长升级到 400 bp，单次反应可测 100 万个序列片段，这些独特的优势使得该项技术已经在 EAB 菌落分析中得到了异常广泛的应用。例如，Shehab 等（2013）利用 454 测序技术研究了不同运行条件下微生物燃料电池系统中的 EAB 菌落结构特征。当微生物燃料电池系统运行条件分别为闭路、开路和密闭状态时，EAB 菌落结构差异较大。如图 6-14 所示，在闭路条件下，*Geobacter* 属为 EAB 的优势微生物类群，其占总序列的 72%，而在开路条件下，*Azoarcus* 属（42%~47%）为生物膜的优势微生物，密闭反应器中 *Dechloromonas* 属（17%）为生物膜的优势微生物类群。在 3 种条件下，都发现了大量氢营养产甲烷菌的存在，其中闭路和密闭状态时产甲烷菌以 *Methanobacterium* 属为主，开路时以 *Methanocorpusculum* 属为主。

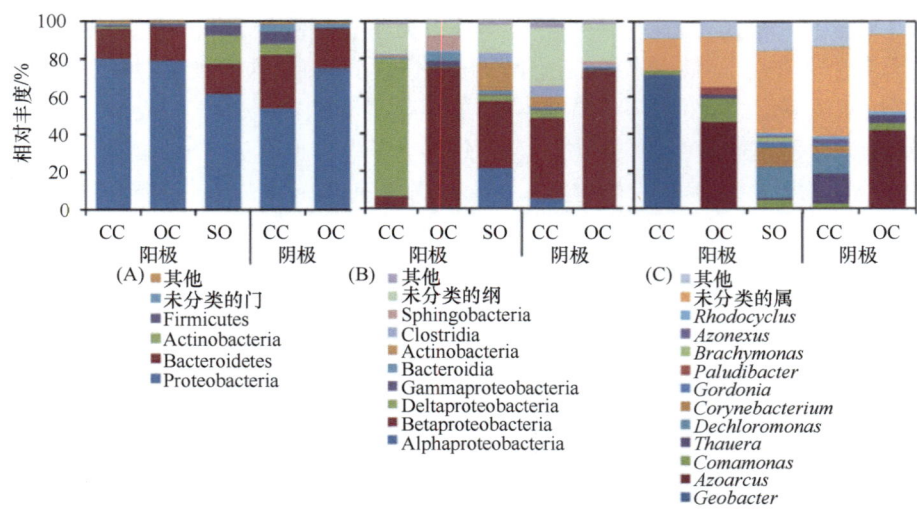

图 6-14 不同条件下形成 EAB 微生物丰度比较。(A) 门；(B) 种；(C) 属水平
Fig. 6-14 Relative abundance of bacterial reads retrieved from the CC, OC and SO reactors classified at the phylum (A), class (B) and genus level (C)

（3）其他方法

除以上提及的微生物菌落分析技术外，其他分子方法也被用于电活性生物膜的研究，主要包括流式细胞术（flow cytometry）、功能基因和蛋白质组学等分子生物技术。

Patil 等（2011）利用流式细胞仪和末端限制性片段长度多态性技术（T-RFLP）发现，不同的 pH 和不同的接种来源，对电活性生物膜的微生物结构和组成有很大的影响，pH 对优势菌的形成和电化学活性有非常重要的作用。Holmes 等（2006）利用全基因组基因表达分析技术发现，*Geobacter sulfurreducens* 以电极为电子受体和以柠檬酸三铁为电子受体时有 474 个基因差异；当产能增加时，外膜上的 omcS 表达量增加了 19 倍；敲除 omcS，电流产生被抑制，当 omcS 重新表达时，电流又重新产生。此外，蛋白质组学技术也被用于电活性微生物的研究。例如，VerBerkmoes 等（2002）首次建立了 *Shewanella* 属全细胞蛋白质组学的"Top-Down"和"Bottom-Up"质谱解析方法。Vanrobaeys 等（2003）将生物质谱技术用于 *Shewanella* 属的全细胞蛋白质组学研究，发现好氧调控蛋白（ArcA）参与了铁还原过程。

第四节 研 究 案 例

一、案例一：电化学方法研究 EAB 活性对 pH 的响应机制（Yuan et al., 2011）

EAB 的胞外电子传递过程是限制其实际应用的关键。研究表明，多种外界环境因素直接影响生物膜的电子传递过程。对于质子是否参与 EAB 胞外电子传递过程，以及不同 pH 下形成的生物膜胞外电子传递能力是否存在差异等尚无研究。有必要建立一个定量分析 pH 对 EAB 胞外电子传递影响的电化学方法，为合理解释不同 pH 对 EAB 性能的影响提供理论支持。

（一）研究目的

本实验旨在研究不同 pH 下 EAB 的性能变化。利用电化学测量方法，确定不同 pH 下形成 EAB 的胞外电子转移动力学参数，如电子传递速率、交换电流密度和电荷转移电阻等的变化，利用电镜扫描（SEM）表征不同 pH 下 EAB 菌群形态及分布情况。

（二）材料和方法

在常规单室空气阴极微生物燃料电池（MFC）中培养 EAB。具体方法：安装好的 MFC（碳布为阳极和 Pt/C 为阴极催化剂）接种 2.0 mL 厌氧污泥（中国广州猎德污水处理厂）和 10 mL 乙酸钠底物溶液（1000 mg/L，pH 分别为 5、7、9），在 1000 Ω 外阻负载下启动运行。乙酸钠基底溶液成分为：$NaH_2PO_4 \cdot 2H_2O$（2.77 g/L）、$Na_2HPO_4 \cdot 12H_2O$（11.40 g/L）、NH_4Cl（0.31 g/L）、KCl（0.13 g/L）、维生素溶液（12.5 mL/L）和矿物质溶液（12.5 mL/L）。用 HCl 和 NaOH 调节乙酸钠基底溶液 pH。将 MFC 在（30±1）℃ 的恒温箱中培养，产电电压利用 16 通道信号采集器每隔 2 min 自动采集数据并储存于电脑。

采用电化学工作站（CHI660D，上海辰华仪器公司）测定 EAB 的循环伏安曲线。其中，附着电活性生物膜的碳布电极为工作电极，阴极为辅助电极，Ag/AgCl 作为参比电极。电位扫描从 –0.2~+0.6 V（V vs Ag/AgCl）。在乙酸钠完全耗尽的情况下扫描非周转条件下的电活性生物膜 CV。塔菲尔曲线（Tafel plots）是在 0.5 mV/s（vs Ag/AgCl）速率下从 –0.8 V 到 +0.2 V 进行扫描。电化学阻抗（EIS）频率范围为 1×10^5 Hz 到 0.01 Hz，阻抗开路电位设定为 5 mV 的振动干扰。

EAB 的 SEM 观测预处理：将附着有生物膜的碳布置于 2.5% 的戊二醛溶液浸泡 1 h，然后分别用浓度为 25%、50%、75%、100% 的乙醇溶液浸泡样品 30 min 进行脱水处理，最后用 CO_2 临界点干燥法干燥 3 h。喷金处理后，用 SEM 观测生物膜形貌。

（三）研究结果

SEM 观测结果如图 6-15 所示，图 6-15 中清晰可见分布有长杆状细菌，pH=9.0 的环

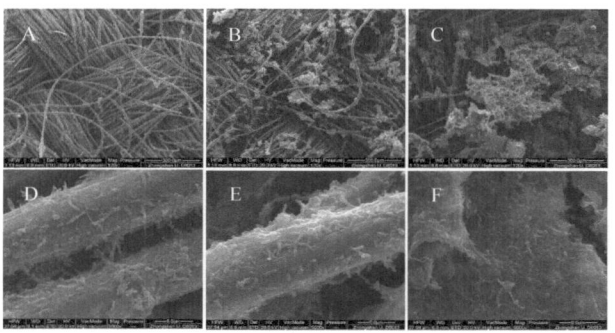

图 6-15　不同 pH 条件下（A 和 D. pH=5.0；B 和 E. pH=7.0；C 和 F. pH=9.0）的阳极生物膜 SEM 图
（低倍数：A、B 和 C；高倍数：D、E 和 F）

Fig. 6-15　SEM images of anodic biofilms enriched under various pH conditions with low (A, B, C) and high (D, E, F) magnification，pH 5.0 (A, D), pH 7.0 (B, E), and pH 9.0 (C, F)

境下电极上附着的细菌明显多于 pH 5.0 和 7.0 环境下细菌数量,说明碱性条件 pH 9.0 更适合 EAB 生长。

图 6-16 为 EAC 催化乙酸氧化的循环伏安曲线。其中,最高的催化电流出现在 pH 9.0 时形成的生物膜,pH 5.0 时催化电流最小,当催化电位为 0.0 V(vs Ag/AgCl)时 pH 为 5.0、7.0、9.0 对应的催化电流分别为 0.37 mA/cm^2、0.24 mA/cm^2 和 0.06 mA/cm^2。这一结果说明碱性条件下形成的生物膜具有更高的催化活性。

图 6-17A 为 pH 5.0、7.0 和 9.0 条件下生物膜的非周转循环伏安曲线,与纯 *G. sulfurreducens* 形成的生物膜的 CV 曲线相似,都出现两对氧化还原峰,说明生物膜中有氧化还原活性物质。与以往的研究比对分析得知,氧化还原峰对应着不同的膜外细胞色

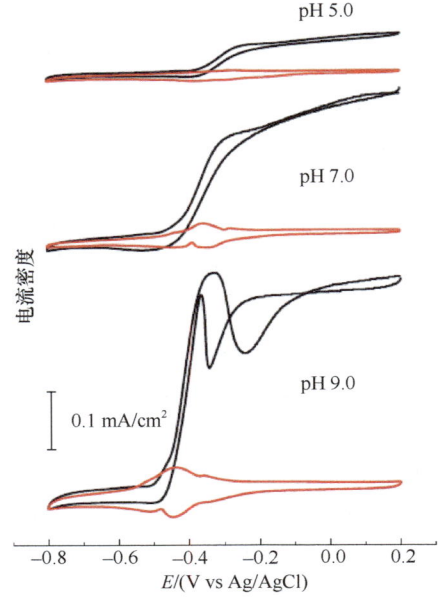

图 6-16　不同 pH 条件下 MFC 电压最大时 CV 曲线(扫描速率为 5 mV/s)

Fig. 6-16　CV responses of anodic biofilms to acetate oxidation under various pH conditions at a scan rate of 5 mV/s

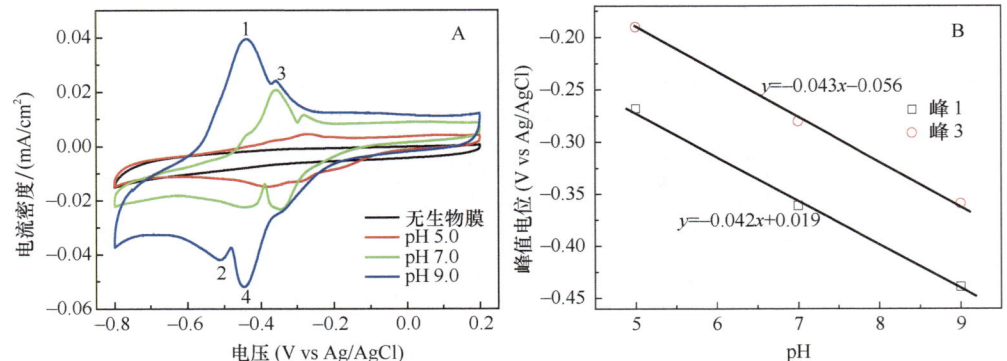

图 6-17　不同 pH 条件下乙酸盐耗尽时 CV 曲线(A);氧化峰电位随 pH 变化曲线(B)

Fig. 6-17　CV of anodic biofilms under substrate depletion condition at various pH (A); Oxidation peak potentials are presented as a function of pH (B)

素 c（OmcB 和 OmcZ），这些蛋白质参与电子从细菌到电极之间的传递过程。同时，这些蛋白质的氧化还原过程与溶液 pH 条件密接相关，如图 6-17B 所示蛋白质氧化峰电位与 pH 呈线性关系，斜率分别为 –0.043 和 –0.042（氧化峰 1 和氧化峰 3）。根据 CV 曲线的峰面积，可以估算 pH 为 5.0、7.0 和 9.0 时生物膜氧化还原活性物种的个数分别为 $4.2×10^{13}$ 个$/cm^2$、$2.4×10^{14}$ 个$/cm^2$ 和 $4.8×10^{14}$ 个$/cm^2$，pH 9.0 时有最高密度的电活性基团存在，说明碱性条件有利于 EAB 的形成。

（四）结论

EAB 的电催化活性与生物膜形成环境的酸碱性密接相关，SEM 观测结果显示碱性条件下电极附着的细菌要明显多于酸性和中性环境下的细菌数量。同时，碱性条件下形成的生物膜比酸性和中性环境下形成的生物膜具有更高的电化学活性。

二、案例二：表面增强拉曼光谱表征 EAB 界面电子转移动力学过程（Ly et al., 2013）

微生物电化学系统（bioelectrochemical system, BES）中的 EAB 可将底物氧化产生的电子有效地传递到电极上。目前，关于该过程电子传递（electron transfer, ET）的机制尚不清楚，一些研究报道了可溶性氧化还原介体、膜定位氧化还原蛋白（即外膜细胞色素，outer membrane cytochrome, OMC）和纳米导线在电子传递过程中均可能发挥了作用。尽管这些成分参与了 ET 过程，它们之间的相互作用和各自对电流密度的贡献仍有争议，目前还缺少原位研究 ET 反应的分析方法。由于这些微生物电化学反应过程涉及多种电活性物质，很难分开各自的作用，需要建立选择性探测电活性物质氧化还原状态和结构信息的方法体系。

（一）研究目的

结合电化学和时间分辨的表面增强拉曼光谱（electrochemistry and time-resolved surface-enhanced resonance Raman, ETR-SERR）测定 EAB 的电子转移动力学。

（二）材料和方法

在密闭厌氧电池中，以废水中微生物为菌种，通过向培养基提供恒定电压使碳工作电极上形成生物膜，再将该生物膜接种至含有银工作电极的电池中，银电极表面形成生物膜后改变电位条件，利用电化学工作站和 ETR-SERR 光谱测定电子转移速率。

（三）研究结果

在非周转条件下，电极表面胞外细胞色素（sc-OMC）的氧化还原状态可通过适当的电位来控制。如图 6-18 所示，随着迟滞时间的增加，1375 cm^{-1} 处的峰值依次增强，1361 cm^{-1} 处的峰值依次减弱，而这两个峰值分别对应着 OMC 血红素基中的 Fe^{3+} 和 Fe^{2+}。同时在该过程中没有发现中间态物质的存在。更重要的是，ETR-SERR 光谱的总体强度不随时间而变化，表明电极表面 sc-OMC 的空间分布没有发生变化，这就排除了 sc-OMC 电位依赖性吸附和解吸的可能。

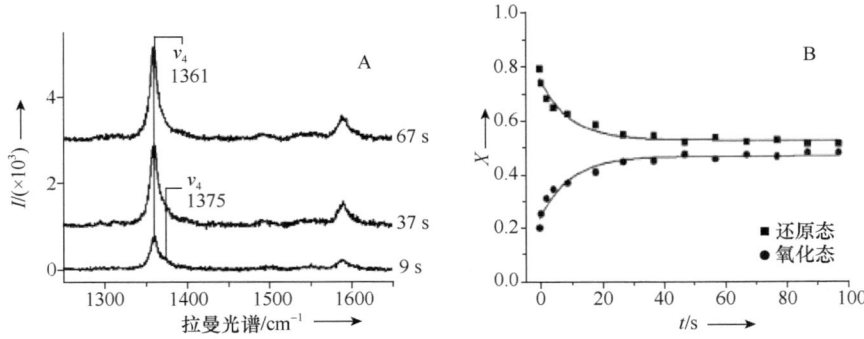

图 6-18 非破坏性方式不同迟滞时间和控制电位阶跃（−320~450 mV）条件下生物膜的表面增强拉曼光谱（A）；上述条件下氧化态（■）和还原态（●）sc-OMC 含量随时间的变化，实线代表实验数据单指数拟合曲线（B）

Fig. 6-18 Selected ETR-SERR spectra of the biofilm under non-turnover conditions obtained at different delay times after the applied potential step from −320~450 mV (A); Time-dependent changes of the mole fractions of reduced (■) and oxidized (●) sc-OMCs determined from the ETR-SERR spectra, measured under non-turn-over conditions, following a potential step from −320~450 mV. The solid lines refer to the mono-exponential fits to the experimental data (B)

在没有外加电压条件下，对实验数据的指数方程拟合得出 sc-OMC 的电子释放速率常数（k_{relax}）为（0.06±0.04）s^{-1}。该常数不受电位阶跃大小（−320~450 mV）和阶跃方向的影响。由于 sc-OMC 的电子释放速率常数是氧化速率常数（k_1）和还原速率常数（k_2）之和，并且两者是相等的，可得出 $k_1=k_2=0.03\ s^{-1}$。实验结果同时表明，在更短的毫秒级迟滞时间内，SERR 光谱结果也没有显示 sc-OMC 的过渡态。

在周转条件下，恒定电位 SERR 光谱结果表明大部分 sc-OMC 处于还原态，并且不依赖于氧化电极电位。在所有测定电位范围内，均有约 10%的 sc-OMC 血红素辅基保持氧化态，这部分氧化态 sc-OMC 可能由于定位不当而没有参与生物膜与电极之间的电子传递。电流测定结果表明，电流在起始几秒内很快达到平衡，进入缓慢相，即体现出两相行为。对电流时间曲线结果双指数拟合结果得出电子转移速率常数：$k_{fast}>1\ s^{-1}$，$k_{slow}=$（0.04±0.02）s^{-1}，后者与 SERR 光谱得到的结果较为吻合。起始的电子传递速率常数 k_{fast} 不能用 sc-OMC 的氧化和还原来解释，因为即使在毫秒级时间内 ETR-SERR 也没有发现 sc-OMC 氧化还原态的变化，这暗示生物膜中存在其他的电子转移过程。

（四）结论

ETR-SERR 光谱测定可以为电极表面 EAB 的电子转移动力学研究提供重要信息。通过直接监测 sc-OMC 的电子转移，可以获悉生物膜和银工作电极界面之间的电子转移动力学。ETR-SERR 光谱证明 sc-OMC 与电极间经历着一个慢速的非均相的电子转移过程，然而它与主体氧化还原中心（b-RC）则可以快速地交换电子。这个慢速的非均相的电子转移过程，反映了 sc-OMC 与电极间传递电子的机制是电子跃迁，同时反映了 sc-OMC 是 EAB 与电极之间电子传递的关键因素。在这个意义上来说，ETR-SERR 是选择性探究电极表面生物膜电子传递动力学的强大工具。同时，本研究结果可以为种间电子传递机制的研究提供参考。

三、案例三：接种物影响 EAB 形成和性能的微生物机制研究（Miceli et al., 2012）

BES 现阶段所遇到的瓶颈之一是缺乏多种混合微生物群落形成 EAB，在电极上氧化有机物产生电子并形成更强的电流密度。使用焦磷酸测序技术鉴定得知与产电有关的微生物为地杆菌属，是一类最为常见的产电微生物。产电微生物在地理上的分布差异表明它们生长在一个广泛的生态系统中，其存在具有普遍性。

（一）研究目的

比较以不同生态环境样品接种形成的生物膜的电化学活性和群落结构特征，用生物信息学的分析方法找到具有良好电活性的菌群，为进一步应用研究提供技术支持。

（二）材料和方法

从世界各地 13 种不同的生态环境（土壤厌氧层、松树林土壤、富铁土壤、岩石、盐碱沼泽沉积物、水库、海滩和河流沉积物等）采集具有代表性的厌氧微生物样品，在单室微生物电解池中，使用石墨棒作为电极材料，乙酸盐作为电子供体，用电化学工作站设置 $-0.3\ V$ 的外加电压，进行二次富集；二次富集产电微生物以后，利用循环伏安法（CV）对 EAB 进行表征，并提取微生物的总 DNA，进行高通量测序，用 Mothur 软件进行分析，再通过 NCBI 数据库进行比对。

（三）研究结果

在输出电流稳定以后，用循环伏安法（CV）表征 EAB，如图 6-19 所示，从 13 种不同生态环境中采样，有 7 种样品的电流密度大于 $1.59\ A/m^2$，每种样品在 $-0.3\ V$ 的输出的电流密度与其最大输出电流密度的比值分别是：卡罗来纳红树林样品为 71%，库兹德里

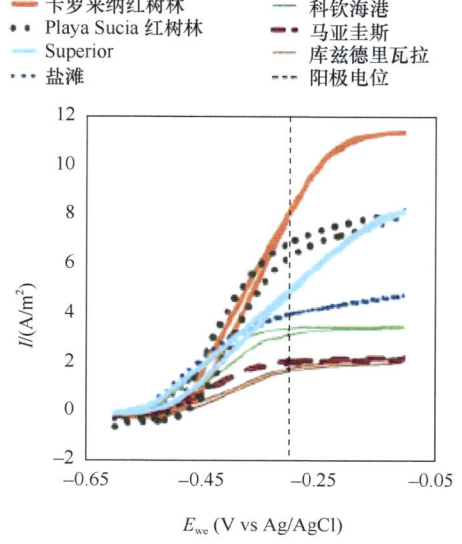

图 6-19　EAB 的循环伏安扫描图谱
Fig. 6-19　CV curves of EAB

瓦拉样品为 81%，科钦海港样品为 98%，马亚圭斯样品为 93%，Playa Sucia 红树林样品为 83%，盐滩样品为 84%，Superior 样品为 61%。

将电流密度大于 1.59 A/m^2 的 7 种样品作为研究对象，从分类学角度比较所采的样品和富集形成的 EAB 中的优势微生物群落结构。由图 6-20 可以看出，每种样品和通过该样品富集的 EAB 中的优势微生物群落都有区别。

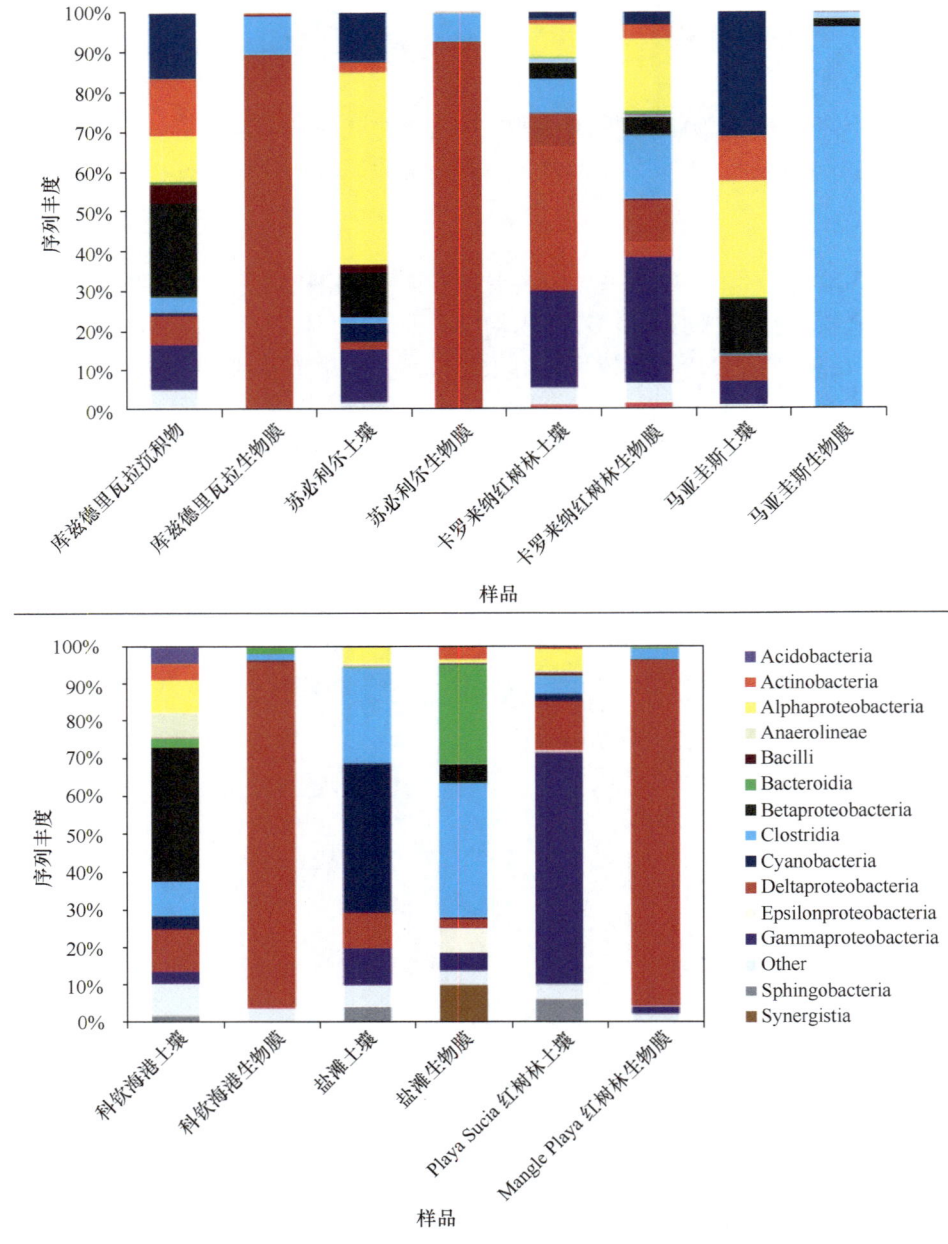

图 6-20　不同样品和经过富集的 EAB 微生物群落分析（分类单位：纲）
Fig. 6-20　Microbial community analysis of different EAB (Taxonomic Unit: Class)

表 6-2 列举的是经过富集的 EAB 优势菌群百分比,以及经过 NCBI 数据库比对后与之最相近的菌种。例如,库兹德里瓦拉样品和 Superior 样品的 EAB 主要是地杆菌属(*Geobacter*)构成,科钦海港样品和 Playa Sucia 样品的 EAB 主要是 *Geoalkalibacter* 属。*Geoalkalibacter* 属与地杆菌属亲缘关系很近,为革兰氏阴性菌,不形成芽胞;它们属于嗜碱或者耐碱菌,使用三价铁和硫作为电子受体,可以利用多种简单有机酸(乙酸等)和乙醇作为电子供体。马亚圭斯样品所富集生物膜的主要菌群与梭状芽胞杆菌属很相近,称为 *Desulfonispora* 属,*Desulfonispora* 属能发酵牛磺酸生成乙酸盐、氨气和硫代硫酸盐,但是不能还原硫酸盐、亚硫酸盐和硝酸盐。

表 6-2 经过富集的 EAB 优势菌群和 NCBI 数据库比对分析结果
Tab. 6-2 Dominant genera and closest genbank matches of abundant phylotypes

样品	优势属	优势属所占比例	近源菌种(2012.7.24)	相似度
马亚圭斯	*Desulfonispora*	88%	*Desulfonispora thiosulfatigenes* strain (GKNTAUT 16S (NR_026497.1))	92%
Playa Sucia 红树林	*Geoalkalibacter*	89%	*Geoalkalibacter subterraneus* strain Redl16S (NR_044429.1)	99%
盐滩	*Geosporobacter*	34%	*Geosporobacter subterraneus* strain VNs68 16S (DQ643978.1)	93%~94%
	Proteiniphilum	29%	*Proteiniphilum acetatigenes* strain TB107 16S (NR_043154.1)	97%
Superior	*Geobacter*	92%	*Geobacter metallireducens* GS-15 (CP000148.1)	95%~96%
科钦海港	*Geoalkalibacter*	93%	*Geoalkalibacter subterraneus* strain Redl 16S (NR_044429.1)	93%
库兹德里瓦拉	*Geobacter*	73%	*Geobacter pelophilus* strain Dfr2 (NR026077.1)	94%~95%
卡罗来纳红树林	*Fusibacter*	24%	*Fusibacter* sp. BELHI partial 16S (FR851323.1)	96%~97%

(四)结论

能产生高电流密度的产电微生物主要存在于 EAB 而非电池电解液中。此研究表明,在微生物电解池中提供电子供体,可以扩大除地杆菌以外的产电微生物的富集。生物体功能基因的冗余或一些未知因素的协同作用会导致 EAB 中产电微生物的高度多样化,因此研究大量不同环境下生长的产电微生物群落,能为进一步富集具有良好产电能力的生物奠定基础。

四、小结

产电呼吸在环境修复方面的应用前景越来越广阔。然而由于这是一个比较新的研究领域,目前对于 EAB 的了解极其有限,对其组成、电子传递机制和功能的认识还有很多疑问,特别是阴极 EAB 的种类、电子传递机制等还处于起步阶段。因此,需结合电化学、微电极、蛋白质组学等技术对其电子传递途径进行进一步的探索。在应用方面,虽然已经证实 EAB 有广泛的应用,但是,要将这些应用规模化、产业化,要使得 EAB 生物传感器适应实际污水,并且稳定运行,要使得 EAB 真正原位修复污染土壤,还面临极大的挑战。因此,这些问题的解决将是今后研究的主题之一。另外,阴极 EAB 可还原贵金属、电合成有价品、还原 CO_2 制甲烷等应用的发现,给我们的研究工作带来极大的鼓舞,这些发现将给人类的生存、生产带来重要的影响,未来有望缓解全球范围内日益严峻的能源问题。由于这些探索还处于起步阶段，如何降低能耗并提高产甲烷效率、提高 EAB 制氢系统的稳定性等，尚有待深入研究。

参 考 文 献

Aelterman P, Versichele M, Marzorati M, et al. 2008. Loading rate and external resistance control the electricity generation of microbial fuel cells with different three-dimensional anodes. Bioresour Technol, **99**: 8895-8902.

Babauta J T, Nguyen H D, Beyenal H. 2011. Redox and pH microenvironments within *Shewanella oneidensis* MR-1 biofilms reveal an electron transfer mechanism. Environ Sci Technol, **45**: 6654-6660.

Babauta J T, Nguyen H D, Harrington T D, et al. 2012. pH, redox potential and local biofilm potential microenvironments within *Geobacter sulfurreducens* biofilms and their roles in electron transfer. Biotechnol Bioeng, **109**: 2651-2662.

Baron D, Labelle E, Coursolle D, et al. 2009. Electrochemical measurement of electron transfer kinetics by *Shewanella oneidensis* MR-1. Biol Chem, **284**: 28865-28873.

Busalmen J P, Esteve-Núñez A, Berná A, et al. 2008. *C*-type cytochromes wire electricity-producing bacteria to electrodes. Angew Chem Int Ed, **120**: 4952-4955.

Carmona-Martinez A A, Harnisch F, Fitzgerald L A, et al. 2011. Cyclic voltammetric analysis of the electron transfer of *Shewanella oneidensis* MR-1 and nanofilament and cytochrome knock-out mutants. Bioelectrochem, **81**: 74-80

Du Z W, Li H, Gu T A. 2007. A state of the art review on microbial fuel cells: A promising technology for wastewater treatment and bioenergy. Biotechnol Adv, **25**: 464-482.

He Z, Mansfeld F. 2009. Exploring the use of electrochemical impedance spectroscopy in microbial fuel cell studies. Energ Environ Sci, **12**: 215-219.

Holmes D E, Chaudhuri S K, Nevin K P, et al. 2006. Microarray and genetic analysis of electron transfer electrodes in *Geobacter sulfurreducens*. Environ Microbiol, **8**: 1805-1815.

Katuri K P, Kavanagh P, Rengaraj S, et al. 2010. *Geobacter sulfurreducens* biofilms developed under different growth conditions on glassy carbon electrodes: insights using cyclic voltammetry. Chem Commun, **46**: 4758-4760.

Kim B H, Kim H J, Hyun M S, et al. 1999, Direct electrode reaction of Fe(III)-reducing bacterium, *Shewanella putrefaciens*. J Microbiol Biotechnol, **9**: 127-131.

Lee L Y, Ong S L, Ng W J. 2004. Biofilm morphology and nitrification activities: recovery of nitrifying biofilm particles covered with heterotrophic outgrowth. Bioresour Technol, **95**: 209-214.

Liu H, Ramnarayanan R, Logan B E. 2004. Production of electricity during wastewater treatment using a single chamber microbial fuel cell. Environ Sci Technol, **38**: 2281-2285.

Liu Y, Kim H, Franklin R R, et al. 2011. Linking spectral and electrochemical analysis to monitor *c*-type cytochrome redox status in living *G. sulfurreducens* biofilms. Chem Phys Chem, **12**: 2235-2241.

Logan B E, Regan J M. 2006. Electricity-producing bacterial communities in microbial fuel cells. Trends Microbiol, **40**: 512-518.

Lovley D R. 2006. Bug juice harvesting electricity with microorganisms. Nat Rev Microbiol, **4**: 497-508.

Lovley D R. 2012. Electromicrobiology. Annu Rev Microbiol, **66**: 391-409.

Lovley D R, Coates J D, Blunt-Harris E L, et al. 1996. Humic substances as electron acceptors for microbial respiration. Nature, **382**: 445-448.

Lowy D A, Tender L M, Zeikus J G, et al. 2006. Harvesting energy from the marine sediment-water interface. II. Kinetic studies on anode materials. Biosens Bioelectron, **21**: 2058-2063.

Ly H K, Harnisch F, Hong S F, et al. 2013. Unraveling the interfacial electron transfer dynamics of electroactive microbial biofilms using surface-enhanced raman spectroscopy. Chem Sus Chem, **6**: 487-492.

Marsili E, Rollefson J B, Baron D B, et al. 2008. Microbial biofilm voltammetry: direct electrochemical characterization of catalytic electrode-attached biofilms. Appl Environ Microbiol, **74**: 7329-7337.

Miceli J F, Parameswaran P, Kang D W, et al. 2012. Enrichment and analysis of anode-respiring bacteria from diverse anaerobic inocula. Environ Sci Technol, 46: 10349-10355.

Millo D, Harnisch F, Patil S A, et al. 2011. *In situ* spectroelectrochemical investigation of electrocatalytic microbial biofilms by surface-enhanced resonance Raman spectroscopy. Angew Chem Int Ed, **50**: 2625-2627.

Nakamura R, Ishii K, Hashimoto K. 2009. Electronic absorption spectra and redox properties of *C* type cytochromes in living microbes. Angew Chem Int Ed, **48**: 1606-1608.

O'Toole G, Kaplan H B, Kolter R. 2000. Biofilm formation as microbial development. Annu Rev Microbiol, **54**: 49-79.

Patil S A, Harnisch F, Koch C, et al. 2011. Electroactive mixed culture derived biofilms in microbial bioelectrochemical systems: the role of pH on biofilm formation, performance and composition. Bioresour Technol, **102**: 9683-9690.

Potter M C. 1911. Electrical effects accompanying the decomposition of organic compounds. Proc R Soc London, **84**: 260-276.

Rabaey K, Angenent L, Schöder U, et al. 2010. Bioelectrochemical Systems: from Extracellular Electron Transfer to Biotechnological Application. London: IWA Publishing.

Ramasamy R P, Ren Z Y, Mench M M, et al. 2008. Impact of initial biofilm growth on the anode impedance of microbial fuel cells. Biotechnol Bioeng, **101**: 101-108.

Richter H, Lanthier M, Nevin K P, et al. 2007. Lack of electricity production by *Pelobacter carbinolicus* indicates that the capacity for Fe(III) oxide reduction does not necessarily confer electron transfer ability to fuel cell anodes. Appl Environ Microbiol, **73**: 5347-5353.

Richter H, McCarthy K, Nevin K P, et al. 2008. Electricity generation by *Geobacter sulfurreducens* attached to gold electrodes. Langmuir, **24**: 4376-4379.

Rismani-Yazdi H, Christy A D, Carver S M, et al. 2011. Effect of external resistance on bacterial diversity and metabolism in cellulose-fed microbial fuel cells. Bioresour Technol, **102**: 278-283.

Shehab N, Li D, Amy G, et al. 2013. Characterization of bacterial and archaeal communities in air-cathode microbial fuel cells, open circuit and sealed-off reactors. Appl Microbiol Biotechnol, **97**: 9885-9895.

Srikanth S, Marsili M, Flickinger M C, et al. 2008. Electrochemical characterization of *Geobacter sulfurreducens* cells immobilized on graphite paper electrodes. Biotechnol Bioeng, **99**: 1065-1073.

Torres C I, Krajmalnik-Brown R, Parameswaran P, et al. 2009. Selecting anode-respiring bacteria based on anode potential: phylogenetic, electrochemical, and microscopic characterization. Environ Sci Technol, **43**: 9519-9524.

Vanrobaeys F, Devreese B, Lecocq E, et al. 2003. Proteomics of the dissimilatory iron-reducing bacterium *Shewanella oneidensis* MR-1, using a matrix-assisted laser desorption/ionization-tandem-time of flight mass spectrometer. Proteomics, **3**: 2249-2257.

VerBerkmoes N C, Bundy J L, Hauser L, et al. 2002. Integrating "Top-Down" and "Bottom-Up" mass spectrometric approaches for proteomic analysis of *Shewanella oneidensis*. J Proteome Res, **1**: 239-252.

Wolf M, Kappler A, Jiang J, et al. 2009. Effects of humic substances and quinones at low concentrations on ferrihydrite reduction by *Geobacter metallireducens*. Environ Sci Technol, **43**: 5679-5685.

Yuan Y, Zhao B, Zhong S K, et al. 2011. Electrocatalytic activity of anodic biofilm responses to pH changes in microbial fuel cells. Bioresour Technol, **102**: 6887-6891.

Yuan Y, Zhou S, Tang J. 2013. *In situ* investigation of cathode and local biofilm microenvironments reveals important roles of OH^- and oxygen transport in microbial fuel cells. Environ Sci Technol, **47**: 4911-4917.

Yuan Y, Zhou S, Zhao B, et al. 2012. Microbially-reduced graphene scaffolds to facilitate extracellular electron transfer in microbial fuel cells. Biosens Bioelectron, **116**: 453-458.

第七章　微生物燃料电池技术

早在 1911 年，世界上第一个简易的微生物燃料电池（microbial fuel cell，MFC）在英国诞生（Potter, 1911）。但直到 20 世纪 80 年代，电子传递介体的广泛应用使 MFC 的性能得以提高，用于实际生活的可行性增大，MFC 才引起越来越多科研人员的浓厚兴趣（Delaney et al., 1984）。1991 年，出现了利用 MFC 处理城市生活污水的报道，MFC 开始进入环境领域（Habermann and Pommer, 1991）。1999 年，科学家发现能直接将电子传递给固体电子受体的微生物——胞外产电菌，无需使用电子传递中间体的 MFC 应运而生（Kim et al., 1999a）。当时，世界各地普遍面临能源短缺和环境污染两大危机，既可降解污染物又可在降解过程中产生电能的 MFC，为污水处理及资源化提供了新的思路，被视为有利于缓解甚至解决两大危机的新工艺（Logan, 2008）。科学家看到了该技术的发展潜力，因此，在此后的十几年，MFC 迎来了全世界范围的研究热潮。

第一节　微生物燃料电池原理

MFC 是基于产电呼吸的一种电化学装置，其基本原理是把胞外呼吸菌产生的电子引到外环境，从中获得能量。也就是把胞外呼吸菌驱动的氧化还原反应的发生区域拓展到细胞以外的环境，延伸到整个电池结构体系中。图 7-1 为典型 MFC 的结构和工作原理图，其产电原理由 5 个步骤组成。

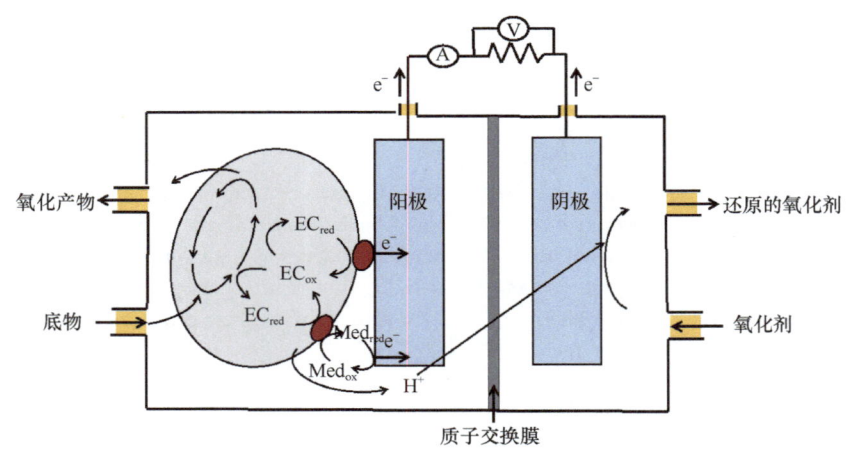

图 7-1　典型微生物燃料电池的结构和工作原理图（Rismani-Yazdi et al., 2008）

Fig. 7-1　A schematic of microbial fuel cell: electron transfer involves oxidized and reduced electron carriers (EC$_{red}$ and EC$_{ox}$), and mediators (Med$_{ox}$ and Med$_{red}$) (Rismani-Yazdi et al., 2008)

1）底物生物氧化：阳极室中的电化学活性胞外呼吸菌在厌氧环境下氧化电解液中的还原性有机物，产生电子、质子及代谢产物；微生物从中获得能量在阳极上以生物膜的形式生长。

2）阳极还原：微生物呼吸过程中释放的电子通过相关酶和氧化还原介体从微生物细胞传递至阳极表面，使电极还原。

3）外电路电子传输：电子经由外电路到达阴极形成电流。

4）质子迁移：伴随电子而产生的质子从阳极室穿过质子交换膜迁移至阴极室，到达阴极表面。

5）阴极反应：在阴极催化剂（如金属铂）作用下，阴极室中的氧化态物质即电子受体（如氧气等）与阳极传递来的质子和电子于阴极表面发生还原反应，氧化态物质被还原。在整个微生物燃料电池装置中电子不断产生、传递、流动形成电流，完成产电过程。

与普通燃料电池的区别在于，MFC 是以微生物为阳极催化剂，直接将化学能转化成电能的生物装置。

一、阳极底物生物氧化

产电微生物是整个 MFC 系统的核心要素，是底物生物氧化的直接驱动者。产电微生物的种类直接决定着 MFC 阳极的电子传递方式，与产电机制密切相关。在传统微生物理论认为微生物细胞膜含有类脂或肽聚糖等不导电物质，微生物产生的电子难以穿过，不具有直接的电化学活性。但是理论上各种微生物均可能用于 MFC 产电，因为在人为添加电子介体（如甲基紫精、中性红、硫堇、可溶性醌）的条件下，微生物把这些可溶性氧化还原介体作为电子传递中间体，可以将电子由胞内传递至阳极。然而这些氧化还原介体存在价格昂贵、需要定期更换、对微生物有毒性等缺点，限制了其在 MFC 中的应用。目前也发现了一些微生物能以产生如 H_2、H_2S 等的可氧化代谢产物作为氧化还原介体，如大肠杆菌（Escherichia coli）和 Desulfobulbaceae 科细菌等，但是这些代谢产物传递电子的能力有限，导致电池的产电效率偏低。

具有直接电化学活性的微生物在没有介体的条件下，可将代谢产生的电子通过细胞膜直接传递到电极表面。代表菌为地杆菌科（Geobacteraceae）、希瓦氏菌属（Shewanella putrefaciens）、红螺菌属（Rhodoferax ferrireducens）等细菌。Lovley 等（2003）的研究发现 G. sulfurreducens 在无氧化还原介体的条件下，可利用电极作为唯一电子受体完全氧化电子供体。目前 G. sulfurreducens 的全基因组序列的测序已经完成，令其在胞外电子传递的研究中易于进行遗传操作，因此被广泛用作模式菌株进行 MFC 的研究。Kim 等（1999b）首次发现 Shewanella putrefaciens 的直接电化学活性，该菌在无氧化还原介质条件下，能够氧化乳酸盐进行产电。马萨诸塞州大学的研究人员（Chaudhuri and Lovley, 2003）利用纯培养微生物 Rhodoferax ferrireducens 在无电子介体条件下，第一次实现了糖类向电能的转化过程，R. ferrireducens 电池最重要的优势在于它能完全氧化葡萄糖，这一发现大大推动了 MFC 的实际应用进程。表 7-1 简单总结了用于 MFC 的代表性微生物，以及它们所利用的有机物和氧化还原介体情况。

在 MFC 中，产电微生物的种类和产电性能与阳极底物（燃料）直接相关。表 7-2 比较了不同底物培养的 MFC 种优势微生物的差异。作为碳源和能源，底物对任何微生

表 7-1 用于 MFC 的代表性微生物（Du et al., 2007）
Tab. 7-1 microorganisms used in microbial fuel cells (Du et al., 2007)

微生物	有机底物	参考文献
Actinobacillus succnogenes	葡萄糖	Park and Zeikus, 2000, 1999; Park et al., 1999
Aeromonas hydrophila	乙酸	Pham et al., 2003
Alcaligenes faecalis	葡萄糖	Rabaey et al., 2004
Clostridium beijerinckii	淀粉、葡萄糖、乳酸、糖浆	Niessen et al., 2004a
Clostridium butyricum	淀粉、葡萄糖、乳酸、糖浆	Niessen et al., 2004a; Park et al., 2001
Desulfovibrio desulfuricans	蔗糖	Ieropoulos et al., 2005; Park et al., 1997
Enterococcus gallinarum	葡萄糖	Rabaey et al., 2004
Erwinia dissolvens	葡萄糖	Vega and Fernandez, 1987
Escherichia coli	葡萄糖、蔗糖	Schröder et al., 2003; Ieropoulos et al., 2005; Grzebyk and Pozniak, 2005
Geobacter metallireducens	乙酸	Min et al., 2005
Geobacter sulfurreducens	乙酸	Bond and Lovely, 2003; Bond et al., 2002
Gluconobacter oxydans	葡萄糖	Lee et al., 2002
Klebsiella pneumoniae	葡萄糖	Rhoads et al., 2005; Menicucci et al., 2006
Lactobacillus plantarum	葡萄糖	Vega and Fernandez, 1987
Proteus mirabilis	葡萄糖	Choi et al., 2003; Thurston et al., 1985
Pseudomonas aeruginosa	葡萄糖	Rabaey et al., 2004, 2005
Rhodoferax ferrireducens	葡萄糖、木糖、蔗糖、麦芽糖	Chaudhuri and Lovely, 2003; Liu et al., 2006
Shewanella oneidensis	乳酸	Ringeisen et al., 2006
Shewanella putrefaciens	乳酸、丙酮酸、乙酸、葡萄糖	Kim et al., 1999a, 1999b; Park and Zeikus, 2002
Streptococcus lactis	葡萄糖	Vega and Fernandez, 1987

物呼吸代谢过程都是至关重要的。在 MFC 中，阳极底物是影响电池产电性能的重要因素，电池产生电流的大小与微生物将底物氧化并将氧化产生的电子传递给阳极的能力直接相关。底物的类型不但影响电极生物膜上的微生物群落结构，而且决定底物转化为电能的效率（功率密度和库仑效率）。

目前用于 MFC 底物的种类很多，主要分为简单纯化合物和复杂有机物，表 7-3 总结了目前应用于 MFC 中的底物种类。当复杂有机物作为 MFC 底物时，其在水解发酵微生物的作用下，水解为结构较为简单的单体物质（如低分子糖、氨基酸等），之后再发酵成短链脂肪酸及醇类（如乙酸、丙酸及乙醇等）、甲酸或 H_2。如图 7-2 所示，MFC 中有些微生物可以对低分子糖类、氨基酸类化合物进行完全或不完全氧化，氧化过程中释放的电子传递至阳极。乙酸及其他小分子酸较易被微生物直接氧化为 CO_2，是产生电子的最重要的底物。因此，乙酸也是目前为止最常见的微生物燃料电池底物。在相同的单室 MFC 中，Liu 等（2005）报道以乙酸为底物的 MFC 的功率密度为 506 mW/m^2，以丁酸为底物的 MFC 的功率密度为 305 mW/m^2，前者的产电能力要比后者高出 66%。相似的实验装置下，生活污水为底物的 MFC 功率密度为 146 mW/m^2（Liu and Logan, 2004）。

表 7-2 不同底物培养的 MFC 种优势生物群落比较（Kim et al., 2008）

Tab. 7-2 Bacterial community from a variety of MFC operated with different inoculums and substrate (Kim et al., 2008)

有机底物	接种物	MFC 类型	优势微生物	Proteobacteria/% α-	β-	γ-	δ-	Firmicutes/%	其他/%	参考文献
葡萄糖/谷氨酸	河流沉积物	双室 MFC	—	64.4	21.1	3.3	0	0	11.1	Phung et al., 2004
葡萄糖/谷氨酸	活性污泥	双室 MFC	—	1.4	6.8	36.5	14.9	27.0	13.4	Choo et al., 2003
淀粉废水	厌氧消化污泥	双室 MFC	—	27.2	40.9	0	0	4.5	27.1	Kim et al., 2004
河水	河流沉积物	双室 MFC	—	10.8	46.2	12.9	12.9	0	17.2	Phung et al., 2004
乙酸	高温厌氧消化污泥	双室 MFC	Uncultured clone, clone E4 (57.8%)	0	0	0	0	24.1	75.9	Jong et al., 2006
淡水沉积物	淡水沉积物	沉积物 MFC	Geobacter	0	7.0	9.7	53.5	3.0	26.8	Holmes et al., 2004
盐沼湿地沉积物	盐沼湿地沉积物	沉积物 MFC	Desulfuromonas	7.05	0	8.75	65.2	3.0	15.9	Holmes et al., 2004
海洋沉积物	海洋沉积物	沉积物 MFC	Desulfuromonas	7.5	0	2.35	70	11.6	14.8	Holmes et al., 2004
乙醇	厌氧消化污泥	双室 MFC	Proteobacterium Core-1 (33%)	0	82.6	0	17.4	0	0	Kim et al., 2007a
海水浮游物	海水浮游物	双室 MFC	—	0	0	1	25	0	20[c]	Reimers et al., 2007
海水浮游物	海水浮游物	双室 MFC	—	0	0	9	33	0	52[d]	Reimers et al., 2007
乙酸	厌氧消化污泥	双室 MFC	Pelobacter propionicus DSM 2379	0	20	0	72	0	8	Chae et al., 2009
乙酸	厌氧消化污泥	双室 MFC	Thauera aromatic LG356	2.4	48.8	0.0	31.7	0.0	17.1	Chae et al., 2009
丙酸	厌氧消化污泥	双室 MFC	Bacillus sp. NAF001	3.7	18.5	14.8	1.9	59.3	1.9	Chae et al., 2009
丁酸	厌氧消化污泥	双室 MFC	Dechloromonas sp. PC1	18.2	59.1	0.0	13.6	4.5	4.5	Chae et al., 2009
葡萄糖	厌氧消化污泥	双室 MFC	Azonexus caeni	10.0	34	0.0	18.0	2.0	36.0	Chae et al., 2009

表 7-3 应用于微生物燃料电池的底物（Pant et al., 2010）
Tab. 7-3 Different substrate used in microbial fuel cells and the maximum current produced (Pant et al., 2010)

底物类型	浓度	接种源	MFC 的类型（电极表面积/电池体积）	最大功率时的电流密度/（mA/cm^2）
乙酸	1 g/L	在 MFC 中经过驯化的微生物	立方体单室 MFC，碳纤维毛刷阳极 7170 m^2/m^3 毛刷体积	0.8
阿拉伯醇	1220 mg/L	在 MFC 中经过驯化的微生物	单室空气阴极 MFC（12mL），无防水处理的碳布阳极（2 cm^2），防水处理碳布阴极（7 cm^2）	0.68
羧甲基纤维素	1 g/L	Clostridium cellulolyticum 和 G. sulfurreducens 联合培养菌	双室 MFC，石墨板电极（16 cm^2），铁氰化物阴极液	0.05
纤维素颗粒	4 g/L	大肠杆菌	U 形 MFC，碳布阳极（1.13cm^2），碳纤维阴极	0.02
玉米秸秆生物量	1 g/L COD	生活废水	单室无膜空气阴极 MFC，碳纸阳极（7.1 cm^2），碳纸阴极	0.15
半胱氨酸	385 mg/L	30 cm 深度的底泥样品	以碳纸为电极的双室 MFC（11.25 cm^2）	0.0186
1,2-二氯乙烷	99 mg/L	在以乙酸为底物的 MFC 中经过驯化的微生物	双室 MFC，石墨板阳极（20cm^2），石墨颗粒阴极	0.008
乙醇	10 mmol/L	污水处理厂的厌氧污泥	双室水阴极 MFC，碳纸电极（22.5 cm^2）	0.025
农场有机肥	20% w/V	厌氧有机肥	含肥料的反应堆，阳极在底部，阴极在肥料的顶部，碳布电极（256 cm^2）	0.004
糠醛	6.8 mmol/L	在 MFC 中经过驯化的微生物	单室空气阴极 MFC，碳纸阳极和阴极（7cm^2）	0.17
半乳糖醇	1220 mg/L	在 MFC 中经过驯化的微生物	单室空气阴极 MFC（12 mL），无防水处理的碳布阳极（2 cm^2），防水处理的碳布阴极（7 cm^2）	0.78
葡萄糖	6.7 mmol/L	在乙酸钠中驯养 1 年的混合菌（Rhodococcus 和 Paracoccus）	单室空气阴极 MFC（12 mL），无防水处理的碳布阳极（2 cm^2），防水处理的碳布阴极（7 cm^2）	0.70
葡萄糖醛酸	6.7 mmol/L	混合微生物培养	单室空气阴极 MFC（12 mL），无防水处理的碳布阳极（2 cm^2），防水处理的碳布阴极（7 cm^2）	1.18
乳酸盐	18 mmol/L	S. oneidensis MR-1	双室 MFC，石墨毡电极（20cm^2）	0.005
垃圾渗滤液	6000 mg/L	渗滤液和污泥	双室 MFC，碳纱电极（30 cm^2）	0.0004
大型藻类、石莼莴苣	2500 mg/L COD	污水处理厂初级澄清池出水	单室空气阴极 MFC（25 mL），碳刷阳极，镀铂阴极	0.25
麦芽膏、酵母膏、葡萄糖	1%	阴沟肠杆菌	双室盐桥 MFC 有中介体，石墨板电极（15 cm^2）	0.067
甘露醇	1220 mg/L	在 MFC 中经过驯化的微生物	单室空气阴极 MFC（12 mL），无防水处理的碳布阳极（2 cm^2），防水处理的碳布阴极（7 cm^2）	0.58
微藻、小球藻	2500 mg/L COD	废水处理厂初级澄清池出水	单室空气阴极 MFC（25 mL），碳刷阳极，镀铂阴极	0.20
微晶纤维素	7.5 g/L	牛胃中的微生物	双室 MFC，石墨板电极（84 cm^2）	0.02
氮三乙酸（NTA）	48.5 mg/L	河水中的寡营养菌群	双室 MFC，石墨毡电极（24 cm^2）	0.0005
苯酚	400 mg/L	好氧和厌氧污泥混合物（1:1, V/V）	双室 MFC，含水空气阴极，碳纸电极（25 cm^2）	0.1
丙酸盐	0.53 mmol/L	厌氧污泥	双室 MFC，碳纸电极（22.5 cm^2）	0.035
核糖醇	1220 mg/L	在 MFC 中经过驯化的微生物	单室空气阴极 MFC（12 mL），无防水处理的碳布阳极（2 cm^2），防水处理的碳布阴极（7 cm^2）	0.73

续表

底物类型	浓度	接种源	MFC 的类型（电极表面积/电池体积）	最大功率时的电流密度/（mA/cm²）
甲酸钠	20 mmol/L	污水处理厂厌氧出水	双室 MFC，石墨毡电极（4.5 cm²）	0.22
甲酸钠	25 mmol/L	G. sulfurreducens	不锈钢阴极（2.5 cm²），半电池保持 −600 mV vs Ag/AgCl	2.05
山梨醇	1220 mg/L	在 MFC 中经过驯化的微生物	单室空气阴极 MFC，无防水处理的碳布阳极（2 cm²），防水处理的碳布阴极（7 cm²）	0.62
淀粉	10 g/L	Clostridium butyricum	双室 MFC，石墨织物阳极（7cm²），铁氰化物阴极液	1.3
蔗糖	2674 mg/L	化粪池厌氧污泥	双室无中介体 MFC，不锈钢网阳极（213.29 cm²）和阴极（176.45 cm²）；KMnO₄（0.2 g/L）为阴极液	0.19
木糖醇	1220 mg/L	在 MFC 中经过驯化的微生物	单室空气阴极 MFC（12 mL），无防水处理的碳布阳极（2 cm²），防水处理的碳布阴极（7 cm²）	0.71
木糖	6.7 mmol/L	混合菌	单室空气阴极 MFC（12 mL），无防水处理的碳布阳极（2 cm²），防水处理的碳布阴极（7 cm²）	0.74
木糖和腐殖酸	10 mmol/L	生活污水	双室 MFC，碳纸电极（76.5 cm²）	0.06
人工废水内含葡萄糖和谷氨酸盐	300 mg/L	厌氧污泥	无膜 MFC，圆柱体容器内，阳极（465 cm²）在底部，阴极（89 cm²）在顶部，阳极和阴极均为石墨毡	0.02
啤酒厂废水	2240 mg/L	啤酒厂废水	单室空气阴极 MFC，无防水处理的碳布阳极（7 cm²），防水处理的含铂碳布阴极	0.2
啤酒厂废水	600 mg/L	厌氧混合菌	单室空气阴极 MFC，碳纤维阳极	0.18
巧克力厂废水	1459 mg/L COD	活性污泥	双室 MFC，石墨棒电极（16.485 cm²），铁氰化物阴极液	0.302
生活废水	600 mg/L	厌氧污泥	双室无中介体 MFC，平板石墨电极（50 cm²）	0.06
食品加工废水	1672 mg/L	厌氧污泥	双室 MFC，碳纸电极（22.5 cm²）	0.05
肉类加工废水	1420 mg/L	生活废水	单室 MFC（28 mL），碳纸电极（25 m²/m³）	0.115
纸类回收利用废水	2.452 g/L	稀释的纸类回收利用废水	单室 MFC，碳纤维毛刷阳极（5418 m²/m³），毛刷电极	0.25
富含蛋白质的废水	1.75 g/L COD	嗜温厌氧污泥	双室 MFC，石墨棒为电极（65 cm²）	0.008
实际城市废水	330 mg/L	生活废水	分开的阳极室（1000 cm³）和阴极室（100cm³）以盐桥连接，石墨柱状阳极（20cm³）	0.018
淀粉加工废水	4852 mg/L COD	淀粉加工废水	单室 MFC，碳纸阳极（25cm²）	0.09
养猪废水	8320 mg/L COD	养猪废水	单室 MFC（28 mL），Toray 碳纸阳极（25 m²/m³）和碳布阴极	0.015
人工合成矿山废水	0.007 mol/L Fe²⁺	曝 N₂ 和 CO₂ 混合气含有 NaCl 和 NaHCO₃ 的基质	双室 MFC，碳布阳极（7 cm²）和镀铂碳布阴极	0.064
人工合成废水	12.1 g/L COD	厌氧产氢混合菌群	双室 MFC，石墨板电极（83.56 cm²）	0.086
人工合成废水	16 g COD/d	UASB 反应器中的颗粒污泥	无膜，无中介体的 MFC，玻碳电极（160 cm²）	0.017
人工合成废水	510 mg/L	在 MFC 中经过驯化的微生物	双室 MFC，不锈钢阳极（170 cm²）和石墨棒阴极（150 cm²）	0.008
人工合成废水加入糖浆与尿素	1000 mg/L	污水处理厂厌氧菌	双室 MFC，铜线为阳极（20.1 cm²），镀金铜线为阴极	0.005
废水加入乙酸	1600 mg/L	生活污水	沉入水中的 MFC，浸入式阳极（碳纸，16 cm²）和厌氧反应器中的空气阴极	0.08

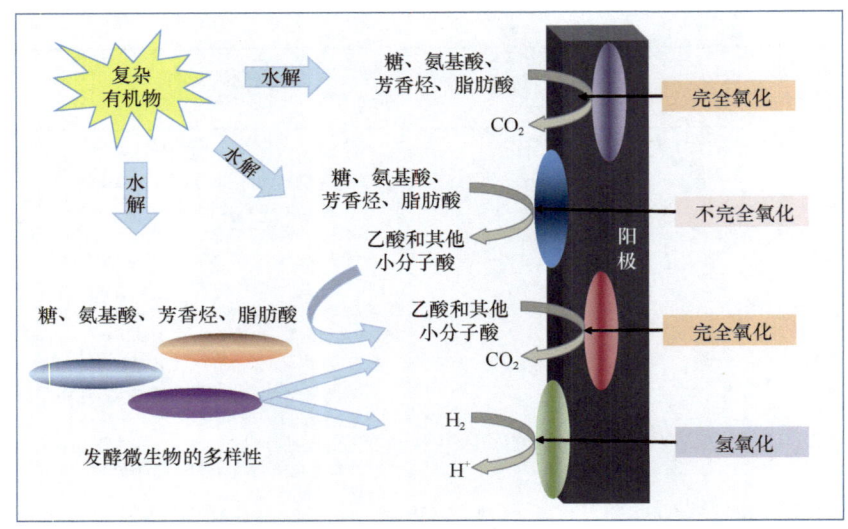

图 7-2 复杂有机物在微生物燃料电池中转化为电流的示意图（Lovley, 2008）
Fig. 7-2 Simplified model for the conversion of complex organic fuels to electricity (Lovley, 2008)

Chae 等（2009）对以乙酸、丁酸、丙酸和葡萄糖为底物的 MFC 进行了库仑效率和电力输出的比较，其库仑效率依次为 72.3%、43.0%、36.0%和 15.0%。

二、阳极还原

阳极还原（电子由微生物细胞内传递至阳极表面）是 MFC 产电的关键步骤，也是制约产电性能的最大因素之一。目前，已发现且研究证实的阳极电子传递方式主要有 4 种：①直接接触传递；②纳米导线辅助远距离传递；③导电物质；④电子穿梭体传递。这些电子传递方式的详述请参考第六章第一节产电呼吸基本原理。

三、外电路电子传输

在 MFC 中转移至阳极的电子经由外电路传输至阴极，表现形式为电流和电压的输出（图 7-3）。外电路负载的高低影响 MFC 内部燃料的消耗、微生物代谢、内部电子转移等，从而影响电池的运行情况。Menicucci 等（2006）研究表明，负载高时，电流较低，内部产生的电子足够用于外电路传输，负载对电子的阻碍为主要限制因素，故电流较稳定，内部消耗较小，且输出电压较高；而负载低时，电流较高，内部电子的产生和传递速度低于外部电子传递，电池内阻及传质阻力为主要限制因素，故电流变化较大，内部消耗较多，此时输出电压较低。因此，作者认为在现阶段 MFC 的实验中，可根据 MFC 的不同选择适合的负载，而在将来的实际应用中，应根据负载的不同选择适合的 MFC。

四、质子迁移

底物被微生物氧化产生电子的同时会产生质子，质子在 MFC 中从阳极室向阴极室

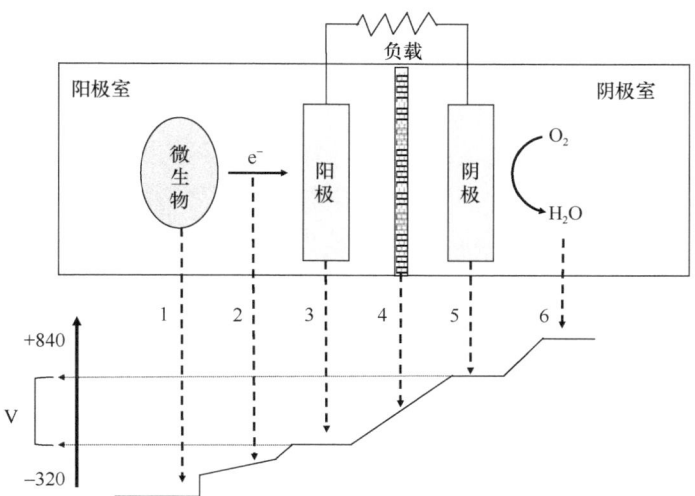

图 7-3 微生物燃料电池电子转移过程中的电压损失（Rabaey and Verstraete, 2005）。1. 微生物电子传递过程的损失；2. 电解液导致的损失；3. 阳极损失；4. MFC 内阻和膜的阻值带来的损失；5. 阴极损失；6. 电子受体还原反应带来的损失

Fig. 7-3　Potential losses during electron transfer in a MFC (Rabaey and Verstraete, 2005). 1. Loss owing to bacterial electron transfer; 2. Losses owing to electrolyte resistance; 3. Losses at the anode; 4. Losses at the MFC resistance (useful potential difference) and membrane resistance losses; 5. Losses at the cathode; 6. Losses owing to electron acceptor reduction

迁移，此过程直接影响电池的内阻。影响质子传递的因素很多，主要有底物和电解液的离子浓度、质子交换膜的内阻、MFC 的构造等。在底物充足的条件下，电池扩散内阻是由阳极产生的质子不能有效地传递到阴极形成的（He et al., 2006）。相关研究发现，高浓度的缓冲液可以在某种程度上减弱质子交换的限制（Gil et al., 2003），同时提高离子强度可以增加溶液电导率，从而可以降低电解质对质子传递的阻力，降低电池内阻提高电池的能量输出（Liu et al., 2005）。

在传统 MFC 中，质子交换膜是质子或其他离子迁移的通道，其作用在于维持电极两端 pH 的平衡以有效传输质子，使电极反应正常进行，同时抑制反应气体向阳极渗透。质子交换膜的好坏与性质直接关系到 MFC 的工作效率及产电能力。

理想的质子交换膜应具备：可将质子高效率传递到阴极和可阻止底物或电子受体的迁移。目前使用较多的是 Nafion 膜，它是一种全氟磺酸质子交换膜，具有较高的离子传导性（10^{-2} S/cm）。Min 等（2005）采用盐桥的方式来替代交换膜，但 MFC 的功率密度比使用膜降低了 2 个数量级。Liu 和 Logan（2004）以葡萄糖和废水为燃料研究了无膜 MFC，最大输出功率比采用 Nafion 膜的 MFC 分别提高 1.9 倍和 5.2 倍，但电池的库仑效率有所降低。去除质子交换膜可减少质子向阴极传递的阻力，从而降低电池内阻提高电池输出；但同时没有膜的隔离作用，阴极室电子受体易于进入阳极室，消耗部分燃料，减少电能的转化导致库仑效率下降。

五、阴极反应

电子经由外电路到达阴极，与阴极室中的氧化态物质即电子受体（如氧气等）及阳极迁移的质子在阴极表面发生还原反应，氧化态物质被还原。电子受体在电极上的还原速率是决定电池输出功率的重要因素，对于该步骤的研究主要集中在电极和电子受体两方面。

阴极通常采用石墨、碳布或碳纸为基本材料，但直接使用效果不佳（特别是以氧为电子受体时），可通过附着高活性催化剂得到改善。催化剂可降低阴极反应活化电势，从而加快反应速率。如载铂电极更易结合氧，催化其与电极反应。Oh 等（2004）研究发现，单独使用石墨作电极的 MFC 输出电能仅为表面镀铂石墨电极的 22%。但铂昂贵的价格限制了其在实际中的应用，其他阴极催化剂的研究进展将在本章第三节详述。

电子受体的种类影响阴极反应，最常用的电子受体为氧气，可分为气态氧和水中溶解氧两种。氧气作为电子受体，具有氧化电势较高、廉价易得，且反应产物为水、无污染等优点。对于以溶解氧为受体的 MFC，当溶氧未达到饱和时，氧浓度是反应的主要限制因素（Pham et al.，2004）。目前，较多研究是直接将载铂阴极暴露于空气中，构成空气阴极单室 MFC。此设计可减少由于曝气投入的能耗，且可有效解决传递问题，提高氧气的还原速率（Cheng et al.，2006），增加电能输出。在这些以氧气为电子受体的电池系统中，氧气向阳极的扩散现象值得关注。其发生会使兼性和好氧微生物消耗部分燃料，同时抑制厌氧微生物的代谢，导致库仑效率的降低。Liu 和 Logan（2004）研究发现无膜 MFC 比 Nafion 膜 MFC 扩散至阳极室的氧气增加约 3 倍，即使在 Nafion 膜 MFC 中，也有约 28% 的葡萄糖被微生物因好氧代谢而消耗。研究发现在以氧气作为电子受体的 MFC 中添加溶氧去除剂维持阳极厌氧环境，如半胱氨酸的添加可使电能产率约提高 14%（Logan et al.，2005）。

除氧气外，铁氰化物作为最终电子受体也较常使用，其与氧相比具有更大的传质效率和较低的活化电势，可获得更大的输出功率。Oh 等（2004）用铁氰化钾溶液作为电子受体比用溶氧缓冲溶液的输出功率高 50%~80%。但它的缺点是无法再生，需要不断补充，且长期运行不稳定，因此不适于实际应用。此外，高锰酸钾、过氧化氢等具有强氧化性，均可用作电子受体，但同样存在不可再利用等问题。近期研究发现了一些新型电子受体，如 Rhoads 等（2005）以生物矿化的氧化锰沉积于石墨电极表面作为反应物，电流密度比以氧为氧化剂时高约两个数量级，测量其标准氧化还原电势达（384.5±64.0）mV。表 7-4 小结了 MFC 中的阴极反应。

表 7-4 微生物燃料电池的阴极反应
Tab. 7-4 Cathodic reaction in microbial fuel cells

阴极反应类型	E_0/V
$O_2 + 4H^+ + 4e^- \longrightarrow 2H_2O$	1.229
$O_2 + 2H^+ + 2e^- \longrightarrow H_2O_2$	0.695
$Fe(CN)_6^{3-} + e^- \longrightarrow Fe(CN)_6^{4-}$	0.361
$MnO_2(s) + 4H^+ + 2e^- \longrightarrow Mn^{2+} + 2H_2O$	1.229
$MnO_4^- + 4H^+ + 3e^- \longrightarrow MnO_2 + 2H_2O$	1.70
$Fe^{3+} + e^- \longrightarrow Fe^{2+}$（pH 为酸性）	0.77
$Cr_2O_7^{2-} + 14H^+ + 6e^- \longrightarrow 2Cr^{3+} + 7H_2O$	1.33
$S_2O_8^{2-} + 2e^- \longrightarrow 2SO_4^{2-}$	2.01

第二节　微生物燃料电池（MFC）构型

与其他类型燃料电池类似，MFC 的基本结构为阴极室和阳极室。根据阴极室结构的不同，MFC 可分为双室型和单室型两类；根据电池中是否使用质子交换膜又可分为有膜型和无膜型两类。本书主要介绍双室 MFC 和单室 MFC。

一、双室 MFC

双室型的结构是 MFC 的典型构型（图 7-4），主要由电极、阳极室、阴极室及两室之间的分隔材料组成。H 形（图 7-4A）和立方形（图 7-4B）双室 MFC 的部件简单，组装容易，常被用来研究各种影响电池性能的基本参数。上流式 MFC（upflow microbial fuel cell，UMFC）是 UASB 与 MFC 的结合体，两种不同的反应器主要是由威斯康辛大学密尔沃基分校贺震团队（He et al., 2006）设计（图 7-4C）。Ringeisen 等（2006）将传统的双室 MFC 微型化（图 7-4D），由两个总容积各为 1.2 cm^3 的反应室组成，由于该系统阴阳极室几乎粘在一起，可以减小两者之间的距离，从而使质子可以最大限度地通过质子交换膜，因此该装置比传统的两室 MFC 具有更高的电子传递效率。这种微型 MFC 具有体积小、产电高的优点，适用于军事、国土安全及医学领域。

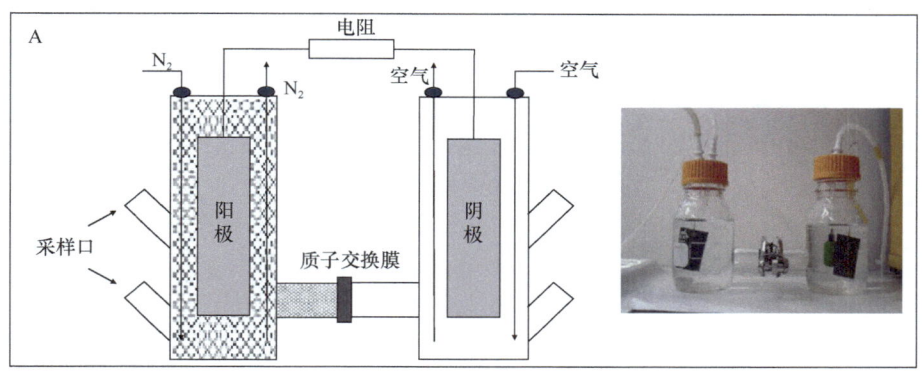

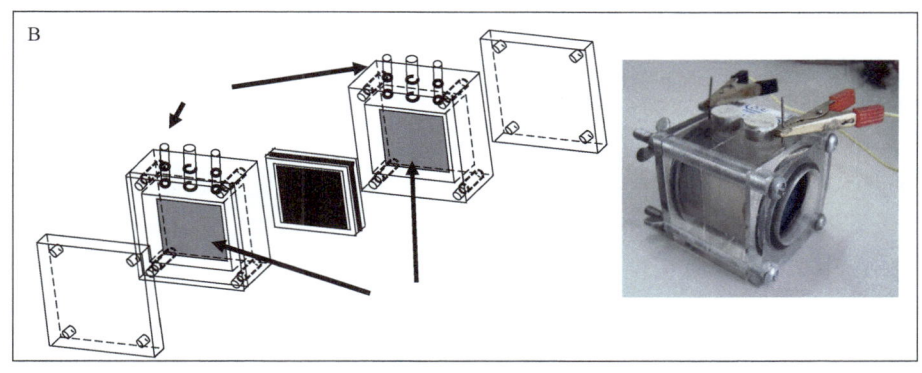

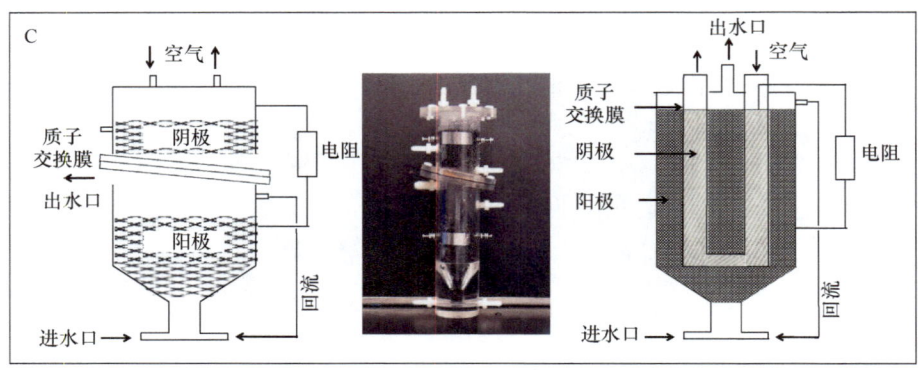

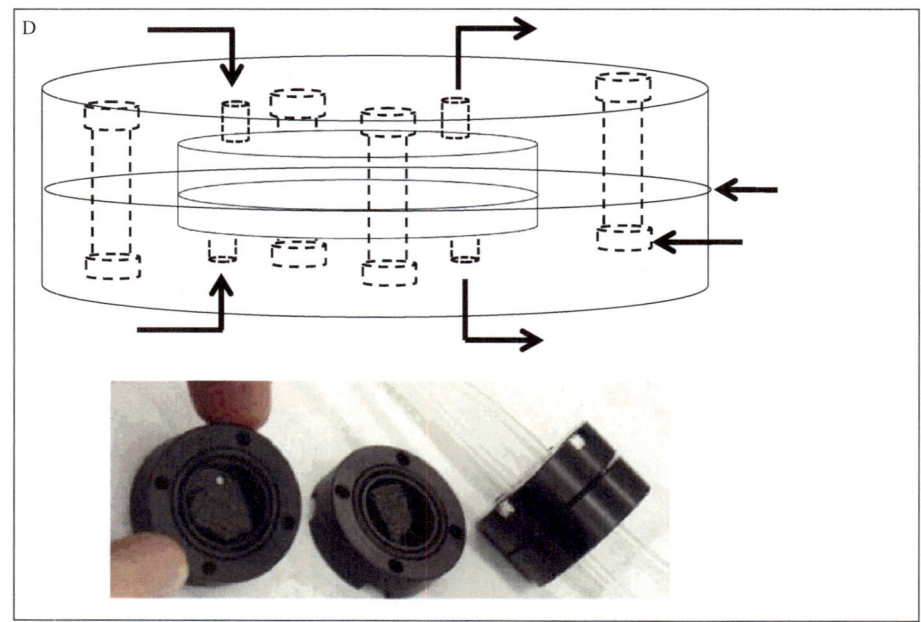

图 7-4 双室微生物燃料电池构型（Du et al., 2007）。圆柱形（A），矩形（B），圆柱形或 U 形的上升流阴极室构型（C）和小型 MFC（D）

Fig. 7-4　Schematics of two-compartment MFC (Du et al., 2007) in cylindrical shape (A), rectangular shape (B), upflow configuration with cylindrical or U-shape shape cathodic compartment (C), Mini-MFC (D)

二、单室 MFC

双室 MFC 的缺点是内阻大、阴极需要曝气而消耗能量。2004 年美国宾夕法尼亚州立大学的 Liu 和 Logan 教授开发了一种简单实用单室 MFC——空气阴极 MFC。这种设计是省略阴极室而将质子交换膜捆绑在镀有金属催化剂的阴极上，放入阳极室构成阳极室的一壁，阴极直接暴露于空气中，空气中的 O_2 直接传递给阴极。典型单室 MFC 的结构如图 7-5 所示。这种单室 MFC 降低了由阴极超电势导致的内阻、降低了整体的成本和运行费用。其缺点主要有以下几点：①阴极氧气还原反应需要使用金属铂作为催化剂才能取得较好的催化效果，价格昂贵的催化剂极大地增加了电池的成本；②阳极液直接与催化剂接触，阳极底物的代谢产物有可能导致催化剂中毒；③氧气进入阳极室使得阳

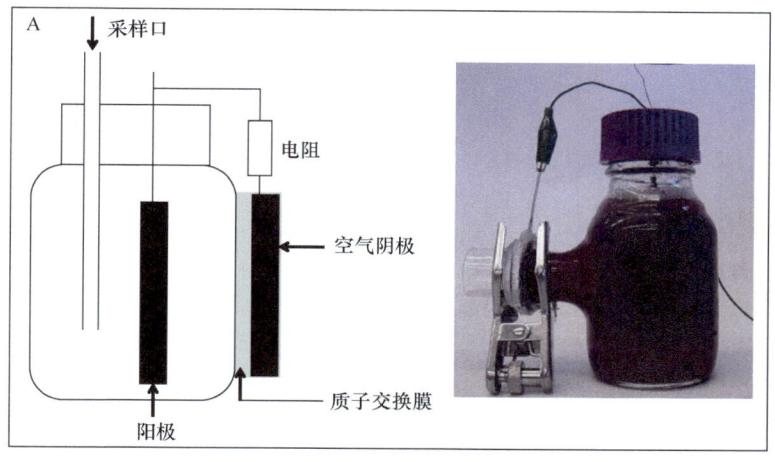

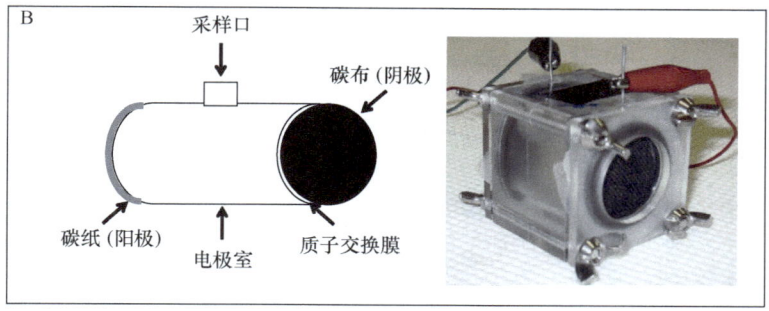

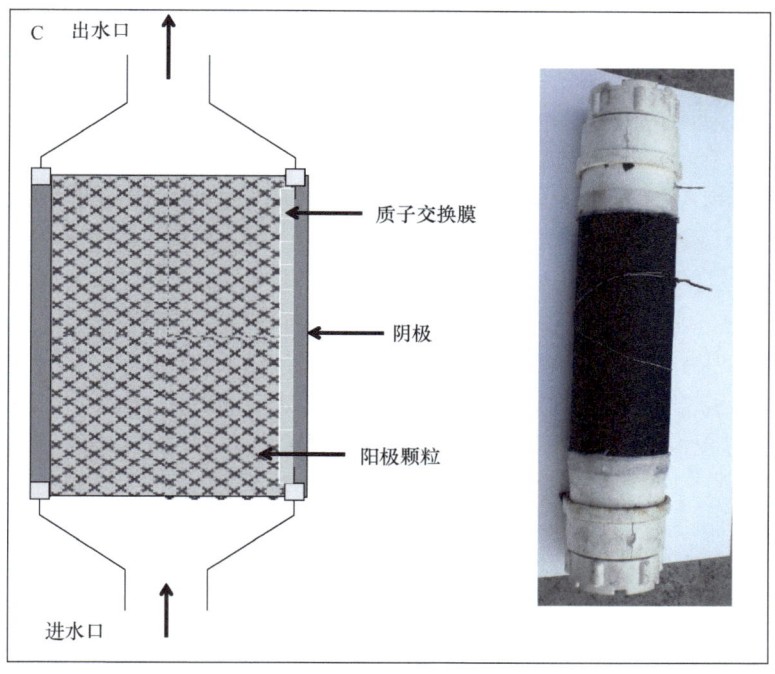

图 7-5 单室微生物燃料电池结构（Du et al., 2007）
Fig. 7-5 Schematics of single-compartment MFC (Du et al., 2007)

极液的溶解氧含量升高,影响阳极厌氧微生物的活性,使电极上的微生物种群发生变化。这种不利影响主要表现为电池的库仑效率低。

第三节 微生物燃料电池(MFC)材料

一、隔膜

隔膜主要用于双室 MFC,具有分开阳极室和阴极室的溶液、允许阳极产生的质子扩散到阴极的能力。质子膜和阳离子交换膜是目前使用最广泛的 MFC 隔膜材料,而用于水处理和水质净化的其他膜材料如阴离子交换膜、双极膜、微滤膜、超滤膜、多孔滤料等也都可用于 MFC。

最早应用于 MFC 的质子膜是 Nafion 膜(美国杜邦公司生产),具有良好的质子扩散性能,但其价格昂贵(1400 美元/m^2)。阳离子交换膜允许质子通过,价格相对便宜,由美国 MI 公司生产的 Ultrex CMI 7000 是使用最广泛的阳离子交换膜。与 Nafion 膜相比,抗污染能力更强,机械强度更大,但缺点是内阻较高。因为包括质子在内的所有阳离子都能通过阳离子交换膜,所以当溶液中其他阳离子(Na^+、K^+、NH_4^+、Ca^{2+}、Mg^{2+})的浓度远高于质子浓度时,这些非质子的阳离子传递优先于质子(Rozendal et al., 2006)。如果质子不能及时传递至阴极,其他阳离子则被迫迁移至阴极以保证电荷平衡。在这种情况下,MFC 阳极溶液的 pH 会随反应而降低,影响产电微生物的活性,而阴极溶液的 pH 会随反应而升高,导致质子到催化剂的传质受阻。这些非质子的阳离子传递会极大影响 MFC 的性能,也是阳离子交换膜作为 MFC 隔膜材料最主要的缺陷。

阴离子交换膜作为隔膜材料,MFC 的质子传递机制如下:在电场的作用下,每当有一定量的电子通过外电路从阳极流向阴极时,就会有等量的负离子从阴极经阴离子交换膜进入阳极,整个 MFC 系统电荷保持守恒。Kim 等(2007b)发现质子也可通过磷酸根这类 pH 缓冲物质传递至阴极。美国 MI 公司生产的 Ultrex AMI 7001 膜是目前使用最多的阴离子交换膜,缺点在于阻隔底物扩散的作用较弱而且容易发生变形。

微滤膜和超滤膜的孔径比离子交换膜大,不仅是阴阳离子的通道,水和其他小分子化合物也能穿透,而多孔滤料(如多孔织布、玻璃纤维滤膜、尼龙筛网、J-Cloth 等)的孔径比微孔滤膜大。良好的通透性是这些材料的优点也是缺点,质子扩散性能好,但对底物和溶解氧扩散的阻隔作用弱,这会导致 MFC 系统的库仑效率低下。Kim 等(2007c)根据质量守恒方程,计算了 O_2 和乙酸盐在阳/阴离子交换膜、超滤膜中的传质系数和扩散系数(表 7-5)。表 7-6 总结了各种不同类型的膜作为 MFC 隔膜材料的主要优缺点。

二、阳极材料

阳极是产电微生物的附着载体,也是阳极电子传递的关键位点,因此阳极材料不仅影响产电微生物的附着量,也影响电子从微生物向阳极的传递。基于阳极的功能,应选择吸附性能好、导电性能好的电极材料。另外阳极材料还需具备内阻小、良好生物相容性和化学稳定性(Xie et al., 2015)。目前有多种材料可以作为阳极,可分为金属或非金属,金属电极如不锈钢或铂,非金属电极则大部分以碳为基材。

表 7-5　运用阳离子交换膜（CEM）、阴离子交换膜（AEM）以及微滤膜（UF）检测微生物燃料电池中氧气和乙酸的传质系数和扩散系数（CEM=CMI7000，AEM=AMI7001）（Kim et al., 2007c）
Tab. 7-5　Mass transfer coefficient and diffusivities of oxygen and acetate measured for cation (CEM), anion (AEM) and ultrafiltration (UF) membranes used in MFC tests (CEM=CMI 7000 and AEM=AMI 7001)（Kim et al., 2007c）

膜属性	CEM (Nafion)	CEM (CMI)	AEM (AMI)	UF-0.5K	UF-1K	UF-3K
厚度/cm	0.019	0.046	0.046	0.0265	0.0265	0.0265
氧气传质系数/($\times 10^{-4}$ cm/s)	1.3	0.94	0.94	0.19	0.41	0.42
氧气扩散系数/($\times 10^{-6}$ cm^2/s)	2.4	4.3	4.3	0.51	1.1	1.1
乙酸传质系数/($\times 10^{-6}$ cm/s)	4.3	1.4	5.5	0.89	16	27
乙酸扩散系数/($\times 10^{-9}$ cm^2/s)	0.82	0.66	2.6	0.24	4.2	7.2

表 7-6　不同类型隔膜材料的优缺点（谢珊等，2011）
Tab. 7-6　Advantages and disadvantages different types of separated material used in MFC（谢珊等，2011）

隔膜材料	H^+/OH^-穿透性	对电极pH的影响	阻隔氧气和底物的能力	抗微生物降解性	抗微生物附着性	内阻	价格
阳离子交换膜	较好	大	好	好	好	小	贵
阴离子交换膜	较好	较大	较好	好	好	小	贵
双极膜	较好	较小	好	好	好	较小	贵
微滤膜和超滤膜	好	无	较差	好	好	较大	适中
多孔滤料	好	无	差	较差	较差	较小	便宜

碳材料被认为是最佳的阳极材料，因为它们有良好的生物相容性，电导率高，比表面积大，且廉价易得。碳纸、碳布、碳（石墨）毡、碳（石墨）板和碳纤维布等（图 7-6），这些属于二维碳基材料，其中石墨板和石墨棒常被用作产电菌分离和产电微生物群落研究的阳极材料。Wang 等（2009）发现并报道了碳纤维布材料的成本只有碳布的 2.5%，功率密度（893 mW/m^2）却高出碳布材料（811 mW/m^2）10%，适合大规模 MFC 的应用。三维碳基材料，如颗粒堆电极和碳（石墨）刷电极能够为产电微生物的生长提供更大的表面积。石墨颗粒被广泛地应用于填充床 MFC 中，收集的电子由石墨棒导出。石墨（碳）刷是由钛丝束紧的石墨纤维组成，最大限度地增加阳极的比表面积且导电性良好，钛丝起到电子收集器的作用。在世界上首台大型化的微生物电解池（microbial electrolysis cell，MEC）系统中，使用的就是石墨刷状阳极（Logan，2010）。纳米碳材料也是非常理想的电极材料，其应用能增大阳极的微观表面积和 MFC 的输出功率，还可能在细胞与电极接触的微观界面上促进微生物向阳极的电子传递。目前已报道有碳纳米管、纳米碳纤维、石墨烯等，其中对碳纳米管的研究最为广泛，它具有特定的孔隙结构、极高的机械强度和韧性、很大的比表面积、很高的热稳定性和化学惰性、极强的导电性及独特的一维纳米尺度。然而，碳基材料也存在一些缺点：①过大的比表面会导致材料团聚；②有细胞内毒性，可能导致增殖抑制和细胞死亡，可通过修饰来减少细胞毒性。

对碳基阳极材料进行预处理，可以改变碳表面的物理化学特性，从而提高阳极性能。目前的预处理方法主要是高温氨气法和热处理。高温氨气法是在 700℃下以氦气为保护气，向密闭的马弗炉中通入 5%的氨气加热 60 min，以提高碳布的表面正电荷。热处理

图 7-6 MFC 阳极材料（碳布、碳板、石墨刷、碳毡）

Fig. 7-6 Anode materials used in MFC (carbon cloth, carbon plate, graphite brush, carbon felt)

方法是使用丙酮清洗（过夜），清洗后置于 450℃的马弗炉中加热 30 min，适用对象主要是碳纤维布、碳纤维刷等阳极材料。BET 和 XPS 分析表明，酸处理（用 200 g/L 的过硫酸铵和 100 mL/L 的硫酸浸泡 15 min）联合热处理后，阳极的比表面积增大了 7 倍，碳表面可能生成了胺基和质子化氮，促进了微生物向阳极的电子传递。

除以上碳基材料，导电聚合物是一种应用于 MFC 的新型电极材料，具有质量轻、可塑性强、稳定性好及电阻率可控等特点。Niessen 等（2004b）采用氟化聚苯胺作为阳极材料，不仅改善了铂中毒的问题，还提高了阳极的催化活性。在众多导电聚合物中，聚苯胺具有高电导率、易于合成、成本低的优点，聚吡咯具有良好的导电性、稳定性和生物相容性，都是十分有吸引力的电极材料。导电聚合物/碳纳米管复合材料在 MFC 中也有良好的应用前景。Zou 等（2010）用聚吡咯/碳纳米管复合材料作为阳极材料和 *E. coli* 的生物催化剂，没有使用电子介体的条件下 MFC 的输出功率可达 228 mW/m^2，其电池输出功率随着负载量的增加而增加，电化学分析表明改性聚吡咯/碳纳米管阳极的电化学性能比纯碳纸更好。

三、阴极催化剂

氧气具有较高的电极电势和容易获得等优点，是 MFC 最常用的阴极电子受体，但是氧还原是一个不可逆反应，其反应动力学慢，会造成阴极电势 0.3~0.4 V 的损失。使用催化剂可以有效地降低氧还原的过电位，根据阴极催化剂种类可以将 MFC 阴极分为非生物型阴极（abiotic cathode）和生物型阴极（biocathode）。这里主要介绍 MFC 非生物阴极催化剂，主要包括目前为止报道的铂（Pt）、过渡金属大环化合物、卟啉-金属氧簇超分子化合物、金属氧化物及炭黑等（表 7-7）。

金属 Pt 具有高电催化活性和化学稳定性，在酸性或碱性条件下均是最好的氧还原反应电催化剂，但是其价格昂贵、资源有限。虽然 Pt 被大量用于 MFC 实验室研究中，

表 7-7　不同非生物阴极型 MFC 产电效果（杨改秀等，2012）
Tab. 7-7　Electricity generation of MFCs with different abiotic cathodes（杨改秀等，2012）

电子受体	反应器类型	有机底物	体积/L	催化剂	10^3催化剂载量/（g/cm²）	最大功率或最大功率密度	参考文献
氧气（空气）	单室 MFC	牛肉膏和蛋白胨混合物	0.40	PbO_2/Ti		485 mW/m²	汪家权等，2009
氧气（空气）	单室 MFC	废水	0.15	MnO_2/graphite	8	30.8 W/m³	卢娜等，2009
溶解氧	双室 MFC	乙酸	0.25	10% Pt/C	0.5	0.097 mW	Oh et al., 2004
溶解氧	双室 MFC	半胱氨酸	0.25	Pt or Pt/Ru（1:1）	0.5	33 mW/m²	Logan et al., 2005
溶解氧	双室 MFC	人工废水	—	E-beam-deposited Pt	—	2500 mW/m²	Park et al., 2007
氧气（空气）	单室 MFC	乙酸	0.026	FePc-KJB	1	2011 mW/m²	Yu et al., 2007
溶解氧	双室 MFC	葡萄糖	0.45	PbO_2/Ti（Nafion）		78 mW/m²	Morris et al., 2007
氧气（空气）	单室 MFC	葡萄糖	0.425	β-MnO_2	8.0±0.2	(172±7) mW/m²	Zhang et al., 2009
氧气（空气）	单室 MFC	乙酸	0.07	Electrochemical deposition of MnO_x		772.8 mW/m³	Liu et al., 2010
氧气（空气）	单室 MFC	乙酸	0.6	Co-OMS-2	0.5	180 mW/m²	Li et al., 2010
氧气（空气）	单室 MFC	乙酸	0.05	XC-72R carbon	0.5	170 mW/m²	Duteanu et al., 2010
氧气（空气）	单室 MFC	葡萄糖	0.012	Ppy/C	1	401.8 mW/m²	Yuan et al., 2010
氧气（空气）	单室 MFC	葡萄糖	0.006	Co/Fe/N/CNTs	1	751 mW/m²	Deng et al., 2010
氧气（空气）	单室 MFC	葡萄糖	0.012	Ppy/C	1	401.8 mW/m²	Yuan et al., 2010
氧气（空气）	单室 MFC	葡萄糖	0.006	Co/Fe/N/CNTs	1	751 mW/m²	Deng et al., 2010

但是其对 MFC 的实际应用是非常有限的，因此开发高效廉价的氧还原催化剂是加速 MFC 应用的重要研究方向。过渡金属大环化合物对氧还原的催化活性历史悠久，特别是过渡金属卟啉和酞菁化合物。过渡金属的种类对氧还原的电催化活性起决定性作用，过渡金属酞菁化合物对氧还原的电催化活性按 Fe、Co、Ni 和 Cu 的顺序依次减弱（Schulenburg et al., 2006）。已有研究表明，热解法制备的铁酞菁（FePc）及钴卟啉（CoTMPP）对氧还原的催化特性，接近于商用Pt/C催化剂（Zhao et al., 2005）。Yu等（2009）报道了在中性 pH 条件下，金属大环化合物作为 MFC 的阴极催化剂，其对氧还原的催化性能要高于 Pt。过渡金属大环化合物材料价格也较昂贵，制备工艺复杂（需要高温热处理等）。同时，由于中间产物 H_2O_2 对催化剂结构有破坏作用，会降低催化剂稳定性。另外，由于大环类的脱金属作用比较强，这类催化剂在酸性条件下稳定性较差，适用于在中性或碱性条件下运行的 MFC。

目前报道的可作为 MFC 阴极催化剂的金属氧化物主要有 PbO_2 和 MnO_2 等。Morris 等（2007）在双室 MFC 中比较了 Pt 和 PbO_2 作为阴极催化剂的性能，发现 PbO_2-MFC 的产能效率是 Pt-MFC 的 2~4 倍，在产能相同的条件下，PbO_2 电极成本比 Pt 电极要低 2~17 倍。MnO_2 在碱性条件下对氧还原有较好的催化活性，作为一种良好的阴极材料已被广泛地应用于一次电池、二次电池，尤其是碱性燃料电池和金属空气电池中。催化原理是由于 Mn(Ⅲ)/Mn(Ⅳ)在反应过程中起到媒介体的作用，首先 Mn(Ⅳ)失去 e^- 还原为 Mn(Ⅲ)，Mn(Ⅲ)在溶液中被 O_2 氧化成 Mn(Ⅳ)，形成循环。Zhang 等（2009）通过简单的水热法成功地制备 α-、β-、γ-三种晶型的 MnO_2，三种晶型的 MnO_2 对氧还原均具有很好的电催化活性，其中 β-MnO_2 的催化活性最强，这是由其自身较大的 BET 表面积和较高的平均氧化态值决定的。载 8 mg/cm² β–MnO_2 催化剂的 MFC 产电量相当于载 0.5 mg/cm² Pt 催化剂 MFC 产电量的 64.2%，由于 MnO_2 材料的价格比 Pt 低很多，因此其更具有应用前景。

第四节　MFC 放大及应用中试

一、MFC 的放大

近几年来由于高效产电细菌、空气阴极、离子交换膜阴极及非铂阴极催化剂等先进电极材料的应用，加上运行参数的优化，使 MFC 性能飞速提高，最高输出功率已从最初的 mW/m^3 级提高到目前的 $10\sim100\ W/m^3$。但是，离一般认为实际应用需达到的稳定输出功率（$1\ kW/m^3$）仍有较大差距。MFC 的理论开路电压只有 1.14 V［以 NADH（烟酰胺腺嘌呤二核苷酸，–0.32 V）与纯氧（+0.82 V）的电极电势计算］。考虑电池内阻等因素的影响，MFC 实际输出的电压小于其理论值。另外，受底物中进行传递的电子总量及转换为电流的传递电子总量（即库仑效率）的限制，输出电流也往往不能满足实际需求。然而，输出电压和输出电流完全可以通过串联/并联方式装配成微生物燃料电池堆（microbial fuel cell stack，MFC 电池堆）来提高。将燃料电池单体串联，可以提高总输出电压，并联则可以提高总输出电流，通过将不同数量燃料电池单体串联或并联，就可以获得需要的电压、电流，从而满足实际应用的需要。

将 MFC 单体放大到电池堆是一项系统工程，面临着巨大的挑战。迄今为止，已报道唯一投入使用的 MFC 电池堆是美国海军研究中心研制的，用作海洋气象自动浮标站的 MFC 供电系统。其稳定输出功率为 36 mW（每年发电量相当于 26 节碱性干电池），但造价昂贵，约花费 2500 美元。

近年来，以 Aelterman 等（2006）为代表的一些学者就微生物燃料电池堆进行了研究，这里对他们的研究进行了简单的归纳总结（表 7-8）。这些电池堆的单体均为空气阴极 MFC，这也充分说明了空气阴极单室 MFC 构型已受到研究者的重视。研究者采用不同的电池堆结构，MFC 单体的数量 2~24 节不等（图 7-7A，图 7-7B，图 7-7C，图 7-7F）。Wang 等（2009）、Shimoyama 等（2008）、Aelterman 等（2006）皆将若干相同的 MFC 单体放入同一室内，构成一个相对方便管理的电池堆整体。Wang 等（2009）通过巧妙的设计，在整体两侧分别设置两个 MFC 单体，而进水呈蜿蜒状流过每个 MFC 单体（图 7-7B），使反应器不需要额外的进出水管道，简化了结构，也减少了开支。Oh 和 Logan（2007）的 MFC 电池堆有两个电池单体，用一个石墨板连接相邻的正负电极，形成双极板（bi-polar plate，图 7-7A），这样可以避免由于使用金属线连接产生的较大电阻而带来电压上较多的损失。此外，Zhuang 和 Zhou（2009）采用聚氯乙烯（PVC）管，其作为电池堆的主体，使两节单体共用一个管道，中间用球阀控制水力是否连通（图 7-7F）。这样的设计使反应器共享一个水流供入通道，获得推流式的进水方式，同时只产生位于电池堆尾部的唯一出水终端。因而巧妙地避免了复杂的水力分配（进出）系统，较好地简化了结构，有利于 MFC 单体的放大。

表 7-8 微生物燃料电池堆结构和产电效果
Tab. 7-8 Structures and electricity generation of Microbial Fuel Cell Stacks

	电极材料	产电及出水效果	参考文献
2 节空气阴极,用石墨双极板相连(图 7-7A)	阳极:碳纸;阴极:碳纸,一侧涂含铂的碳(0.5 mg Pt/cm^2,10% Pt)	串联:23 W/m$^{3[a]}$、460 Mw/m$^{2[b]}$	Oh and Logan, 2007
4 节空气阴极,置于电池堆整体的两侧,使水流呈蜿蜒状(图 7-7B)	阳极:网状玻璃碳;阴极:两种,①10%的 Pt/C 混合体和 5% Nafion 溶液;②质子交换膜和同①的 Pt/C 混合体,热压在碳纸上	并联:22.8 W/m$^{3[a]}$;串联:14.7 W/m$^{3[a]}$,4 个 MFC 单体的库仑效率:40.4%±5.8%	Wang et al., 2009
12 个扁平盒子置于无氧的溶液池里,每个盒子里面有 2 个空气阴极 MFC,共 24 个(图 7-7C)	阳极:石墨毡;阴极:空气阴极,刷 4 层聚四氟乙烯(0.7 mg/cm^2)膜:质子交换膜	串联:有机负荷率为 5.8 kgCOD/(m^3·d)时,129 W/m$^{3[a]}$、899 mW/m$^{2[b]}$,库仑效率 28%,COD 去除率 93%;有机负荷率 2.9 kgCOD/(m^3·d)时,117 W/m$^{3[a]}$、797 mW/m$^{2[b]}$,库仑效率 48%;COD 去除率 95%	Shimoyama et al., 2008
3 节,通过管道首尾相连,并回流(图 7-7D)	膜:质子交换膜	MFC 单体:1822 μW/cm$^{2[b]}$;进水 COD 为 7050 mg/L,4 天后去除率为 79.4%	Gálvez et al., 2009
12 个室,每 2 个室组成 1 个电池,共 6 个(图 7-7E)	阳极和阴极:皆为石墨杆(直径 5mm)及石墨颗粒;阴极液:铁氰化钾溶液 膜:阳离子交换膜	并联:228 W/m$^{3[a]}$,库仑效率 77.8%;串联:248 W/m$^{3[a]}$,库仑效率 14.8%	Aelterman et al., 2006
2 节,共用 1 个圆形聚氯乙烯管道,通过球阀控制水力连通(图 7-7F)	阳极:石墨毡;阴极:空气阴极,热压碳纤维布与阳离子交换膜,制成膜阴极组,催化剂为二氧化锰(8.0 mg/cm^2)	串联:1.27 W/m$^{3[a]}$	Zhuang and Zhou, 2009

注:[a]体积功率密度(单位:W/m^3);[b]面积功率密度(单位:W/m^2)

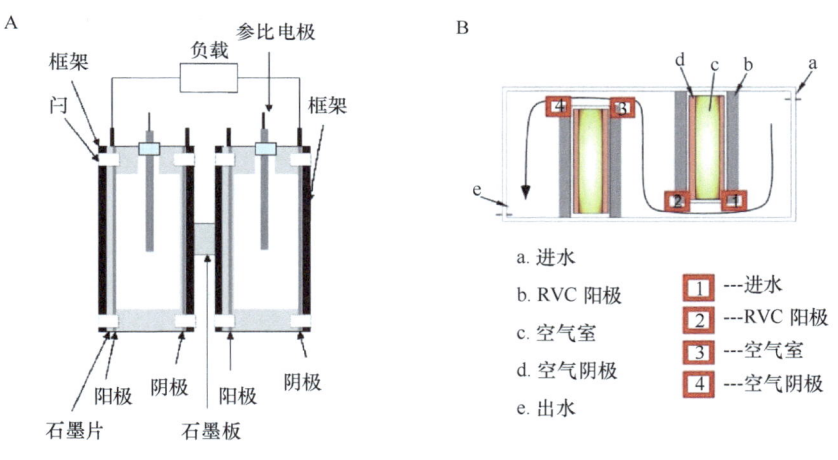

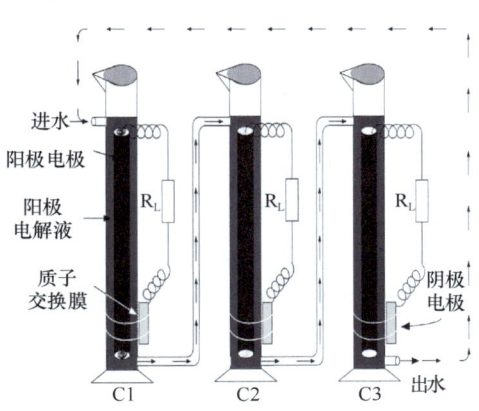

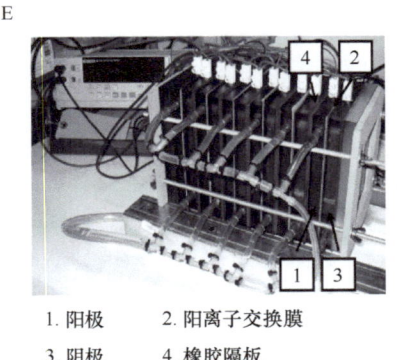
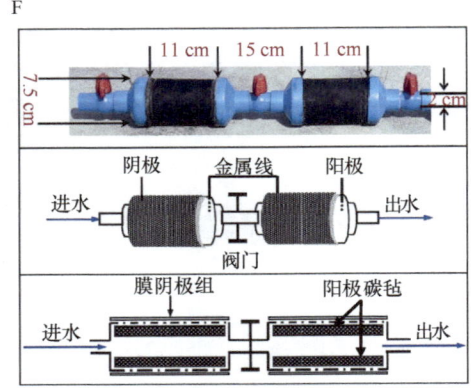

1. 阳极　　2. 阳离子交换膜
3. 阴极　　4. 橡胶隔板

图 7-7　微生物燃料电池堆结构图（Oh and Logan, 2007；Wang et al., 2009；Shimoyama et al., 2008；Aelterman et al., 2006；Zhuang and Zhou, 2009）

Fig. 7-7　Schematics of microbial fuel cell stacks (Oh and Logan, 2007; Wang et al., 2009; Shimoyama et al., 2008; Aelterman et al., 2006; Zhuang and Zhou, 2009)

MFC 作为一种有潜力的废物处置技术，为实现实际应用，在简化 MFC 结构的同时，还必须解决燃料的进出问题，即有机废物的进入与处理后水的流出方式。当 MFC 单体放大成堆时，还必须考虑电池的可扩展性，包括单体数量上的扩展及体积上的扩展。此外，为满足实际需求，对日处理污水量和产电量要求也相对较高，因此所需 MFC 单体的数量和体积也可能较大，这就需要通过对材料的合理使用及对结构的合理设置，特别是 MFC 单体之间水力和电力连接的合理配置来实现 MFC 电池堆结构的易扩展性。

二、MFC 技术应用的瓶颈问题

从 1911 年生物产电概念的提出到现在 MFC 技术的各种初步应用，MFC 技术经历了很多突破性的进步。尽管如此，MFC 技术要达到真正的大规模实际应用仍然还有一段较长的距离。目前，影响和制约 MFC 技术的主要瓶颈有以下几个方面。

1）产电微生物是 MFC 的基础，直接电子传递是产电微生物与阳极电极之间进行电子传递最有效的方式，发掘高效的直接电子传递型产电微生物、优化阳极室的微生物群落是促进阳极电子传递过程改善电池功率输出的关键。目前还有很多关于生物膜的工作有待开展，例如，引发微生物生成纳米导线进行直接电子传递的机制是什么？如何控制生物膜的进化过程？

2）阳极上的生物膜形成后对阳极液的更换往往需要较长的适应周期，这些不利于 MFC 技术向废水处理方向发展，目前到达与活性污泥法相匹敌的水利停留时间和处理效果还有相当大的距离。

3）双室 MFC 阴极室的电子受体（如铁氰化钾）需要不断补给，在实际应用中是不可行的。从 MFC 结构上看，单室型空气阴极 MFC 是最可行的方案。但是空气阴极 MFC 的放大存在很多技术问题，如对隔膜材料的机械性能、密封性能的挑战。尽管目前有很多不同的 MFC 反应器构型，但是仍然欠缺适合大规模 MFC 的优化系统构型。

4）氧气作为阴极电子受体是 MFC 技术推向实际应用的最好选择。但是氧还原反应的热力学和动力学过程低效缓慢,极大影响电池性能。目前大部分用于氧还原催化剂的成本仍然偏高,一些高效催化剂存在工艺复杂和技术含量高的特点,难以用于大规模放大。另外,大部分催化剂的研究主要着眼效率而较少考虑长期稳定性能,稳定性差的催化剂将极大增加系统成本。

5)目前为止大多数研究是以确定的底物如葡萄糖和乙酸钠进行生物产电,尽管也有一些实际的废水成功用于电池发电,但是它们多为含有简单的有机物小分子或者是富含营养物的废水(如啤酒废水)。对于实际生产、生活中的各种废水,含量最多的是蛋白质,还有很多不确定物质,利用 MFC 技术进行实际废水的处理仍然缺乏经验。

6)除以上几点,MFC 系统的高成本是它无法与现有的水处理技术和产能方式竞争的根本原因。如何找到合适的电极材料、隔膜材料、催化剂材料能同时满足经济、高效是 MFC 技术达到最终目标的关键。

三、应用案例

(一)为海底电力设备提供电能

最接近实用的一种微生物电池是底泥微生物燃料电池(benthic unattended generator 或 sediment microbial fuel cell),利用水底沉积物来发电。海洋底部的淤泥富含有机物质,包括死去的动植物,是一个由亿万年的历史累积起来的巨大的燃料库。海洋底部之上的海水则富含氧气。海底的表面生活着一层薄薄的耗氧微生物,相当于 MFC 中的质子交换膜,其特性就是将阴极和阳极分开。工作原理为:电池阳极埋在海洋底部淤泥中,产电微生物在上面繁殖氧化淤泥中的有机物,这个过程中产生的电子被微生物传递到阳极,电子通过电路流向阴极,与水中的氧一起产生反应。

Tender 等(2008)将底泥微生物燃料电池放置在海军研究实验室附近的波托马克河中,为一个气象学浮标(功率 17 mW、监测气温、气压、相对湿度和水温等)提供电源。这是 MFC 代替常规电池用作海面上气象监测仪及传输系统的电力来源的第一例。与其他燃料电池一样,Tender 的底泥微生物燃料电池也有两个电极,阳极沉入海底淤泥中,阴极悬停在海底的上方。阳极是厚板石墨;阴极羽毛状的石墨长丝,可以形象地称为"瓶刷"。

图 7-8A 是为用于搜集海洋大气数据的气象浮标,图 7-8B 是为气象浮标供电的底泥微生物燃料电池的第一代单体实物照片,电池是由长 61 cm、宽 61 cm、厚 2.5 cm 的石墨板组装而成的,石墨板上均匀分散着直径为 2.54 cm 的圆孔。6 个电池并联用作海底水下发电机,为气象浮标充电(图 7-8C,图 7-8D)。第一代 BMFC 连续为气象浮标提供稳定电能达到 7 个月,功率密度为 3.5 W/m^2。图 7-8E 和图 7-8F 为第二代底泥微生物燃料电池的实物照片,阳极是由 12 块石墨板(30.5 cm × 30.5 cm × 0.32 cm)组装而成,阴极是一根长 1 m 的石墨瓶刷,单体成本约为 500 美元,第二代 BMFC 与第一代 BMFC 产生的持续功率密度相当。

Tender 等(2008)认为整个过程是沉积物上的有机物同海水中的氧气间产生的净反应,该过程实现了化学能向电能的转化。由于海洋沉积物和水的量是惊人的,所以底泥微生物燃料电池能获得的能量似乎永远不会用完。因此,微生物燃料电池的使用时间将

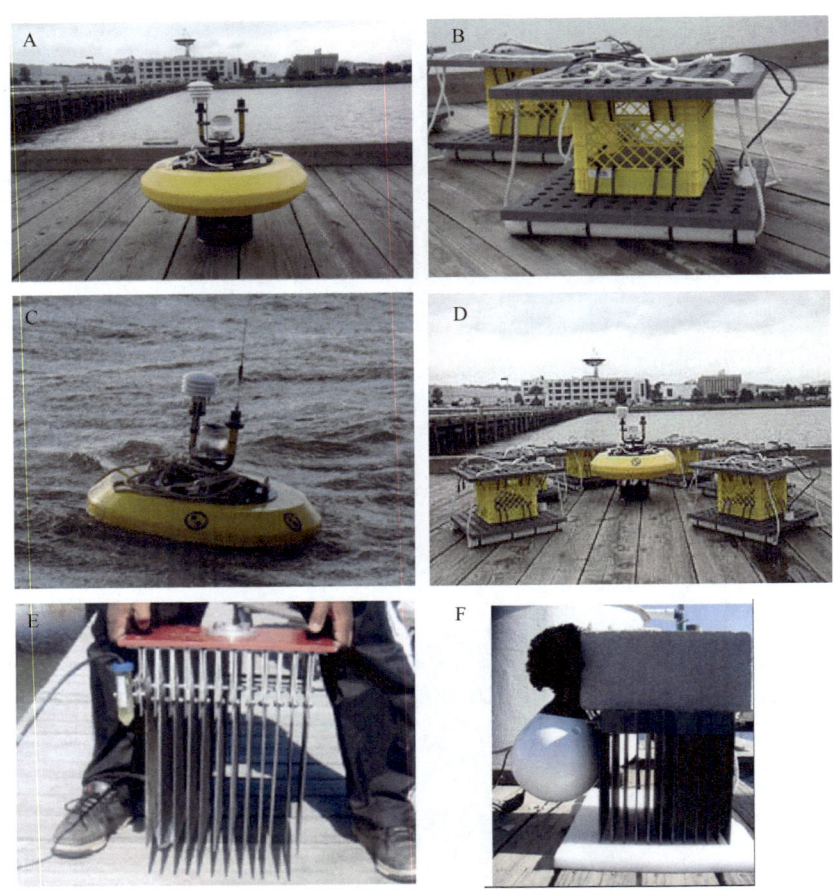

图 7-8 为气象浮标供电的底泥微生物燃料电池实物图（Tender et al., 2008）
Fig. 7-8 Photos of sediment microbial fuel cells producing electric energy for meteorological buoy
(Tender et al., 2008)

远远超过今天为海洋传感器供电的电池的使用时间。海军和其他机构未来可使用微生物燃料电池为传感器网络提供能量，以跟踪监测海洋船舶流量，发现漏油，研究鱼类种群，评估水质和执行其他任务。海军的一些人认为 MFC 最终可用来为无人水下载具的电池充电。MFC 可以定在海底，作为下潜式供电站；或者可以整合到无人水下载具上。不过现在的目标是扩大 MFC 的规模，满足更大的传感器的电力需求。

（二）盘管式电池堆点亮 LED 显示器

Zhuang 等（2012）设计了一种易扩展的电池堆栈，已运行的系统是由 40 个管式 MFC 组成。以一根 0.2 cm 厚的镂空 PVC 管为骨架，制备 5 个管式 MFC 电池单体，每个电池单体阳极室大小为 5.0 cm（直径）× 17.0 cm（长），体积 295 mL，阳极室通过隔板分开。每个电池单体阳极室之间通过硅胶管连接，阳极液从一个进水口进入，通过 MFC 阳极室、硅胶管到达最后一个电池单体出水口，具体结构如图 7-9 所示。将 8 个这样的 PVC 管通过管道接口首尾相接，构成了一个双层盘管式电池堆（图 7-10）。在该系统中，各阳极室相互连通，可实现统一进出料。

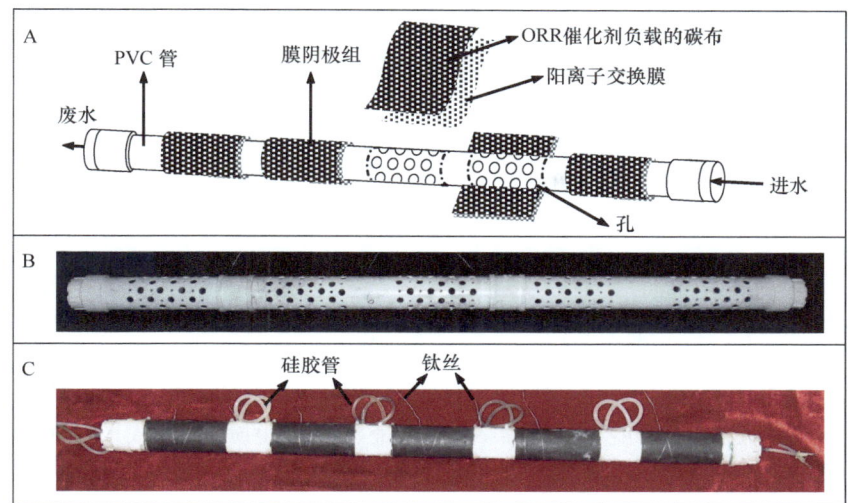

图 7-9 可扩展的包含 5 个 MFC 单体的 MFC 堆。(A) 原理图；(B) 框架实物图；(C) 整个堆栈的实物图

Fig. 7-9 Scalable MFC stack consisting five individual MFC. (A) schematic diagram; (B) photograph of the framework; (C) photograph of the furnished stack

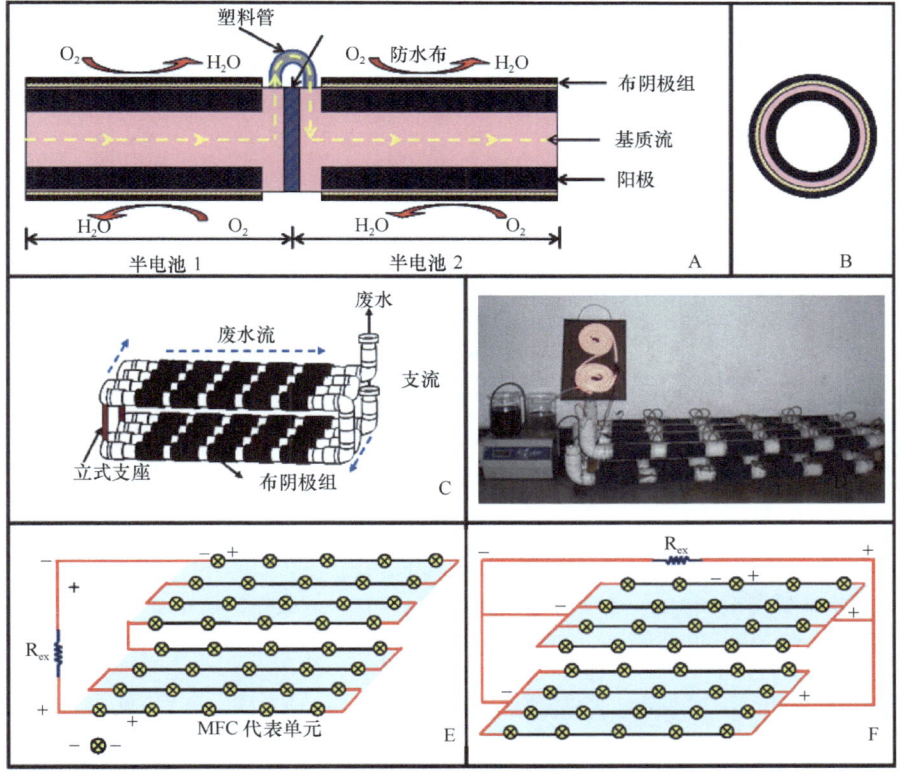

图 7-10 MFC 的纵向剖面图（A）；MFC 的横截面图（B）；MFC 堆的原理图（C）；MFC 堆给 LED 显示屏供电的实物图片（D）；MFC 堆串联原理图（E）；MFC 堆并联原理图（F）（Zhuang et al., 2012）

Fig. 7-10 Longitudinal-section view of two half MFC cells (A); Cross-section view of a single MFC (B); Schematic diagram of the MFC stack (C); Photograph of the MFC stack system powering a LED panel (D); Scheme of the MFC stack in series connection (E); Scheme of the MFC stack in series-parallel connection (F) (Zhuang et al., 2012).

设计具有如下优点：①可连续稳定运行，维护简便；②空气阴极，无需通气耗能；③盘管式易扩展，结构紧凑，占地面积少；④电池所使用的材料经济实用，总体造价低。

为期半年的连续运行实验表明，在串联条件下，输出功率密度最高可达 4.1W/m^3，COD 去除率可达 87%，可持续点亮 LED 字牌。

参 考 文 献

卢娜, 周奔, 邓丽芳, 等. 2009. MnO$_2$ 为阴极催化剂的微生物燃料电池处理淀粉废水研究. 应用基础与工程科学学报, **17**(增刊): 65-73.

汪家权, 李晨, 谭茜. 2009. 二氧化铅阴极单室微生物燃料电池处理有机废水研究. 水处理技术, **35**: 84-86.

谢珊, 欧阳科, 黎丽华. 2011. 膜在微生物燃料电池分隔材料中应用的研究进展. 水处理技术, **37**: 15-18.

杨改秀, 孔晓英, 孙永明, 等. 2012. 微生物燃料电池非生物阴极催化剂的研究进展. 应用化学, **29**: 123-128.

Aelterman P, Rabaey K, Pham T H, et al. 2006. Continuous electricity generation at high voltages and currents using stacked microbial fuel cells. Environ Sci Technol, **40**: 3388-3394.

Bond D R, Lovley D R. 2003. Electricity production by *Geobacter sulfurreducens* attached to electrodes. Appl Environ Microbiol, **69**: 1548-1555.

Bond D R, Holmes D E, Tender L M, et al. 2002. Electrode-reducing microorganisms that harvest energy from marine sediments. Science, **295**: 483-485.

Chae K J, Choi M J, Lee J W, et al. 2009. Effect of different substrates on the performance, bacterial diversity and bacterial viability in microbial fuel cells. Biores Technol, **100**: 3518-3525.

Chaudhuri S K, Lovley D R. 2003. Electricity generation by direct oxidation of glucose in mediatorless microbial fuel cells. Nat Biotechnol, **21**: 1229-1232.

Cheng S, Liu H, Logan B E. 2006. Increased performance of single-chamber microbial fuel cells using an improved cathode structure. Electrochem Commun, **8**: 489-494.

Choi Y, Jung E, Kim S, et al. 2003. Membrane fluidity sensoring microbial fuel cell. Bioelectrochemistry, **59**: 121-127.

Choo Y F, Lee J, Chang I S, et al. 2006. Bacterial communities in microbial fuel cells enriched with high concentrations of glucose and glutamate. J Microbiol Biotechnol, **16**: 1481-1484.

Delaney G M, Bennetto H P, Mason J R, et al. 1984. Electron-transfer coupling in microbial fuel cells. 2. Performance of fuel cells containing selected microorganism-mediator-substrate combinations. J Chem Technol Biotechnol, **34**: 13-27.

Deng L, Zhou M, Liu C, et al, 2010. Development of high performance of Co/Fe/N/CNT nanocatalyst for oxygen reduction in microbial fuel cells. Talanta, **81**: 444-448.

Du Z, Li H, Gu T. 2007. A state of the art review on microbial fuel cells: A promising technology for wastewater treatment and bioenergy. Biotechnol Adv, **25**: 464-482.

Duteanu N, Erable B, Senthil Kuma M S, et al. 2010. Effect of chemically modified vulcan XC-72R on the performance of airbreathing cathode in a single-chamber microbial fuel cell. Bioresour Technol, **101**: 5250-5255.

Gálvez A, Greenman J, Ieropoulos I. 2009. Landfill leachate treatment with microbial fuel cells: scale-up through plurality. Bioresour Technol, **100**: 5085-5091.

Gil G C, Chang I S, Kim B H. 2003. Operational parameters affecting the performance of a mediatorless microbial fuel cell. Biosens Bioelectron, **18**: 327-334.

Grzebyk M, Pozniak G. 2005. Microbial fuel cells (MFCs) with interpolymer cation exchange membranes. Sep Purif Technol, **41**: 321-328.

Habermann W, Pommer E H. 1991. Biological fuel cells with sulphide storage capacity. Appl Microbiol Biotechnol, **35**: 128-133.

He Z, Wagner N, Minteer S D, et al. 2006. An upflow microbial fuel cell with an interior cathode: assessment of the internal resistance by impedance spectrscopy. Environ Sci Technol, **40**: 5212-5217.

Holmes D E, Bond D R, O'Neill R A, et al. 2004. Microbial communities associated with electrodes harvesting electricity from a variety of aquatic sediments. Microbial Ecol, **48**: 178-190.

Ieropoulos I A, Greenman J, Melhuish C, et al. 2005. Comparative study of three types of microbial fuel cell. Enzyme Microb Tech, **37**: 238-245.

Jong B C, Kim B H, Chang I S, et al. 2006. Enrichment, performance, and microbial diversity of a thermophilic mediatorless microbial fuel cell. Environ Sci Technol, **40**: 6449-6454.

Kim B H, Chang I S, Gadd G M. 2007b. Challenges in microbial fuel cell development and operation. Appl Microbiol Biotechnol, **76**: 485-494.

Kim B H, Kim H J, Hyun M S, et al. 1999b. Direct electrode reaction of Fe(III)-reducing bacterium, *Shewanella putrefaciens*. J Microbiol Biotechnol, **9**: 127-131.

Kim B H, Park H S, Kim H J, et al. 2004. Enrichment of microbial community generating electricity using a fuel-cell-type electrochemical cell. Appl Microbiol Biotechnol, **63**: 672-681.

Kim H J, Hyun M S, Chang I S, et al. 1999a. A microbial fuel cell type lactate biosensor using a metal-reducing bacterium, *Shewanella putrefaciens*. J Microbiol Biotechnol, **9**: 365-367.

Kim I S, Chae K J, Choi M J, et al. 2008. Microbial fuel cells: recent advances, bacterial communities and application beyond electricity generation. Environ Eng Res, **13**: 51-65.

Kim J R, Cheng S, Oh S E, et al. 2007c. Power generation using different cation, anion and ultrafiltration membranes in microbial fuel cells. Environ Sci Technol, **41**: 1004-1009.

Kim J R, Jung S H, Regan J M, et al. 2007a. Electricity generation and microbial community analysis of alcohol powered microbial fuel cells. Bioresour Technol, **98**: 2568-2577.

Lee S A, Choi Y, Jung S, et al. 2002. Effect of initial carbon sources on the electrochemical detection of glucose by *Gluconobacter oxydans*. Bioelectrochemistry, **57**: 173-178.

Li X, Hu B X, Suib S, et al. 2010. Manganese dioxide as a new cathode catalyst in microbial fuel cells. J Power Sources, **195**: 2586-2591.

Liu H, Logan B E. 2004. Electricity generation using an air-cathode single chamber microbial fuel cell in the presence and absence of a proton exchange membrane. Environ Sci Technol, **38**: 4040-4046.

Liu H, Cheng S A, Logan B E. 2005b. Production of electricity from acetate or butyrate using a single-chamber microbial fuel cell. Environ Sci Technol, **39(12)**: 658-662.

Liu H, Cheng S, Logan B E. 2005a. Power generation in fed-batch microbial fuel cells as a function of ionic strength, temperature, and reactor configuration. Environ Sci Technol, **39(14)**: 5488-5493.

Liu X W, Sun X F, Huang Y X, et al. 2010. Nano-structured manganese oxide as a cathodic catalyst for enhanced oxygen reduction in a microbial fuel cell fed with a synthetic wastewater. Water Res, **44**: 5298-5305.

Liu Z D, Lian J, Du Z W, et al. 2006. Construction of sugar-based microbial fuel cells by dissimilatory metal reduction bacteria. Chin J Biotech, **21**: 131-137.

Logan B E. 2008. Microbial Fuel Cells. New York: John Wiley & Sons.

Logan B E. 2010. Scaling up microbial fuel cells and other bioelectrochemical systems. Appl Microbiol Biotechnol, **85**: 1665-1671.

Logan B E, Murano C, Scott K, et al. 2005. Electricity generation from cysteine in a microbial fuel cell. Water Research, **39**: 942-952.

Lovley D R. 2008. The microbe electric: conversion of organic matter to electricity. Curr Opin Biotechnol, **19**: 1-8.

Menicucci J, Beyenal H, Marsili E, et al. 2006. Procedure for determining maximum sustainable power generated by microbial fuel cells. Environ Sci Technol, **40**: 1062-1068.

Min B, Cheng S, Logan B E. 2005. Electricity generation using membrane and salt bridge microbial fuel cells. Water Res, **39**: 1675-1686.

Morris J M, Jin S, Wang J, et al. 2007. Lead dioxide as an alternative catalyst toplatinumin microbial fuel cells. Electrochem Commun, **9**: 1730-1734.

Niessen J, Schröder U, Rosenbaum M, et al. 2004b. Fluorinated polyanilines as superior materials for electrocatalytic anodes in bacterial fuel cells. Electrochem Commun, 6: 571-575.

Niessen J, Schröder U, Scholz F. 2004a. Exploiting complex carbohydrates for microbial electricity generation - a bacterial fuel cell operating on starch. Electrochem Commun, 6: 955-958.

Oh S E, Logan B E. 2007. Voltage reversal during microbial fuel cell stack operation. J Power Sources, 167: 11-17.

Oh S E, Min B, Logan B E. 2004. Cathode performance as a factor in electricity generation in microbial fuel cells. Environ Sci Technol, 38: 4900-4904.

Pant D, van Bogaert G, Diels L, et al. 2010. A review of the substrates used in microbial fuel cells (MFCs) for sustainable energy production. Bioresour Technol, 101: 1533-1543.

Park D H, Zeikus J G. 1999. Utilization of electrically reduced neutral red by *Actinobacillus succinogenes*: physiological function of neutral red in membrane-driven fumarate reduction and energy conservation. Bacteriol, 181: 2403-2410.

Park D H, Zeikus J G. 2000. Electricity generation in microbial fuel cells using neutral red as an electronophore. Appl Environ Microb, 66: 1292-1297.

Park D H, Zeikus J G. 2002. Impact of electrode composition on electricity generation in a single-compartment fuel cell using *Shewanella putrefaciens*. Appl Microbiol Biotechnol, 59: 58-61.

Park D H, Kim B H, Moore B, et al. 1997. Electrode reaction of *Desulfovibrio desulfuricans* modified with organic conductive compounds. Biotechnol Tech, 11: 145-158.

Park D H, Laivenieks M, Guettler M V, et al. 1999. Microbial utilization of electrically reduced neutral red as the sole electron donor for growth and metabolite production. Appl Environ Microbiol, 65: 2912-2917.

Park H I, Mushtaq U, Perello D, et al. 2007. Effective and low-cost platinum electrodes for microbial fuel cells deposited by electron beam evaporation. Energy Fuels, 21: 2984-2990.

Park H S, Kim B H, Kim H S, et al. 2001. A novel electrochemically active and Fe(III)-reducing bacterium phylogenetically related to *Clostridium butyricum* isolated from a microbial fuel cell. Anaerobe, 7: 297-306.

Pham C A, Jung S J, Phung N T, et al. 2003. A novel electrochemically active and Fe(III)-reducing bacterium phylogenetically related to *Aeromonas hydrophila*, isolated from a microbial fuel cell. FEMS Microbiol Lett, 223: 129-134.

Pham T H, Jang J K, Chang I S, et al. 2004. Improvement of cathode reaction of a mediatorless microbial fuel cell. J Microbiol Biotechnol, 14: 324-329.

Phung N T, Lee J, Kang K H, et al. 2004. Analysis of microbial diversity in oligotrophic microbial fuel cells using 16S rDNA sequences. FEMS Microbiol Lett, 233: 77-82.

Potter M C. 1911. Electrical effects accompanying the decomposition of organic compounds. Proc Roy Soc London Ser B, 84: 260-276.

Rabaey K, Boon N, Hofte M, et al. 2005. Microbial phenazine production enhances electron transfer in biofuel cells. Environ Sci Technol, 39: 3401-3408.

Rabaey K, Boon N, Siciliano S D, et al. 2004. Biofuel cells select for microbial consortia that self-mediate electron transfer. Appl Environ Microb, 70: 5373-5382.

Rabaey K, Verstraete W. 2005. Microbial fuel cells: novel biotechnology for energy generation. TRENDS in Biotechnology, 23(6): 291-298.

Reimers C E, Stecher H A, Westall J C, et al. 2007. Substrate degradation kinetics, microbial diversity, and current efficiency of microbial fuel cells supplied with marine plankton. Appl Environ Microbiol, 73(21): 7029-7040.

Rhoads A, Beyenal H, Lewandowshi Z. 2005. Microbial fuel cell using anaerobic respiration as an anodic reaction and biomineralized manganese as a cathodic reactant. Environ Sci Technol, 39: 4666-4671.

Ringeisen B R, Henderson E, Wu P K, et al. 2006. High power density from a miniature microbial fuel cell using *Shewanella oneidensis* DSP10. Environ Sci Technol, 40: 2629-2634.

Rismani-Yazdi H, Carver S M, Christy A D, et al. 2008. Cathodic limitations in microbial fuel cells: An overview. J Power Sources, 180: 683-694.

Rozendal R A, Hamelers H V M, Buisman C J N. 2006. Effects of membrane cation transport on pH and microbial fuel cell performance. Environ Sci Technol, 40(17): 5206-5211.

Schröder U, Nieben J, Scholz F, 2003. A generation of microbial fuel cells with current outputs boosted by more than one order of magnitude. Angew Chem Int Ed, **42**: 2880-2883.

Schulenburg H, Hilgendorff M, Dorbrandt I, et al. 2006. Oxygen reduction at carbon supported ruthenium-selenium catalysts: selenium as promoter and stabilizer of catalytic activity. J Power Sources, **155(1)**: 47-51.

Shimoyama T, Komukai S, Yamazawa A, et al. 2008. Electricity generation from model organic wastewater in a cassette-electrode microbial fuel cell. Appl Microbiol Biotechnol, **80(2)**: 325-330.

Tender L M, Gray S A, Groveman E, et al. 2008. The first demonstration of a microbial fuel cell as a viable power supply: Powering a meteorological buoy. J Power Sources, **179**: 571-575.

Thurston C F, Bennetto H P, Delaney G M, et al. 1985. Glucose metabolism in a microbial fuel cell. Stoichiometry of product formation in a thionine-mediated Proteus vulgaris fuel cell and its relation to Coulombic yields. J Gen Microbiol, **131**: 1393-1401.

Vega C A, Fernandez I. 1987. Mediating effect of ferric chelate compounds in microbial fuel cells with *Lactobacillus plantarum*, *Streptococcus lactis*, and *Erwinia dissolvens*. Bioelectrochem Bioenerg, **17**: 217-222.

Wang B, Han J I. 2009. A single chamber stackable microbial fuel cell with air cathode. Biotechnol Lett, **31**: 387-393.

Wang X, Cheng S, Feng Y, et al. 2009. Use of carbon mesh anodes and the effect of different pretreatment methods on power production in microbial fuel cells. Environ Sci Technol, **43**: 6870-6874.

Xie X, Criddle C, Cui Y. 2015. Design and fabrication of bioelectrodes for microbial bioelectrochemical systems. Energy Environ Sci, **8**: 3418-3441.

Yu E H, Cheng S A, Scott K, et al. 2007. Microbial fuel cell performance with non-Pt cathode catalysts. Power Sources, **171**: 275-281.

Yu E H, Cheng S, Logan B E, et al. 2009. Electrochemical reduction of oxygen with iron phthalocyanine in neutral media. Appl Electrochem, **39**: 705-711.

Yuan Y, Zhou S G, Zhuang L. 2010. Polypyrrole/carbon black composite as a novel oxygen reduction catalyst for microbial fuel cells. Power Sources, **195**: 3490-3493.

Zhang L X, Liu C S, Zhuang L, et al. 2009. Manganese dioxide as an alternative cathodic catalyst to platinum in microbial fuel cells. Biosens Bioelectron, **24**: 2825-2829.

Zhao F, Harnisch F, Schröder U, et al. 2005. Application of pyrolysed iron(II) phthalocyanine and coTMPP based oxygen reduction catalysts as cathode materials in microbial fuel cells. Electrochem Commun, **7**: 1405-1410.

Zhuang L, Zhou S. 2009. Substrate cross-conduction effect on the performance of serially connected microbial fuel cell stack. Electrochem Commun, **11**: 937-940.

Zhuang L, Yuan Y, Wang Y, et al. 2012. Long-term evaluation of a 10-liter serpentine-type microbial fuel cell stack treating brewery wastewater. Bioresour Technol, **123**: 406-412.

Zou Y J, Pisciotta J, Baskakov I V. 2010. Nanostructured polypyrrole-coated anode for sun-powered microbial fuel cells. Bioelectrochemistry, **79**: 50-56.

第八章 MXC 技术

MFC 是微生物催化阳极氧化过程产生电能的生物电化学系统典范，可以利用废水作为燃料从而将废水处理和能量回收相结合是 MFC 发展的最大潜力。基于此，以往研究主要关注阳极微生物氧化有机物过程。近年来，许多学者开始致力于扩展生物电化学系统的应用范围，使其不仅仅局限于电能产生。生物电化学系统应用范围的扩展，主要通过引入新的阴极催化剂或改进反应器结构来实现。经过许多学者的共同努力，已经将生物电化学系统的功能从简单产电扩展至制备高能量值的化学物质、脱盐、电合成和生物电芬顿等新技术。经改进或新组装的生物电化学系统被统称为 MXC，其中 X 代表不同类型的技术及应用。本章将重点讨论 MXC 各种技术的基本原理、发展趋势及存在的主要问题。

第一节 微生物电解池产氢技术

一、基本原理

微生物电解池（microbial electrolysis cell，MEC）是在 MFC 基础上发展起来的，以微生物为催化剂在氧化有机物的同时释放 H_2 的装置（Logan et al., 2008）。与 MFC 相似，MEC 同样存在微生物氧化底物产生电子的过程，这些电子与同步产生的质子结合形成 H_2，这个过程是热力学的吸热反应，因而与电解水制备 H_2 过程相似需要外加电压来辅助实现产氢过程。但是，MEC 系统产氢过程所需要施加的外电路电压明显低于电解水所需最低理论电压（1.23 V），这主要是因为有机物在微生物作用下分裂为质子和电子是一个热力学有利过程，从而降低了体系产氢所需的能量。电解水制氢技术具有清洁的优势，但所需电压高。生物制氢中一种较常见的制氢方式为发酵制氢，该制氢技术在实际生产过程中 1 mol 葡萄糖最多产生 2~3 mol H_2（Fang and Liu, 2002），其余的能量则贮存在乙酸、丁酸等小分子有机酸中，且该发酵过程反应条件高、能耗高、底物利用不完全，因而不具有高效的实际应用价值。MEC 制氢技术具有高效、节能、环保等优势。采用 MEC 制氢技术 1 mol 葡萄糖可以产生 7.1 mol H_2，且反应条件温和、能耗低、可持续性强（Das and Veziroglu, 2008）。

MEC 通常由阳极室、阴极室和质子交换膜等组成。阳极微生物将反应器中的底物氧化，产生氢离子和电子，所产生的电子微生物电子传递链传递到 MEC 的阳极，并由外电路经导线传至 MEC 的阴极，氢离子则通过质子交换膜或者直接传递到阴极，在较低电压的电源作用下阴极室中的氢离子接受电子，生成 H_2（Call and Logan, 2008），如图 8-1 所示。

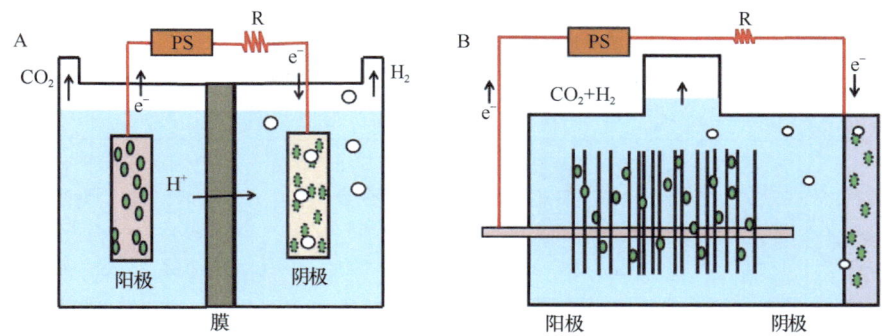

图 8-1 微生物电解池产氢的工作原理图（Logan et al., 2008a, 2008b）。
（A）双室反应器；（B）单室反应器

Fig. 8-1　Schematic of MEC for H$_2$ generation (Logan et al., 2008a, 2008b).
(A) Double-chamber reactor; (B) Singe-chamber reactor

以乙酸为例，反应方程式如下：

$$阳极：CH_3COOH+2H_2O \longrightarrow 2CO_2+8H^++8e^-$$

$$阴极：8H^++8e^- \longrightarrow 4H_2$$

$$总反应：CH_3COOH+2H_2O \longrightarrow 2CO_2+4H_2$$

在 MEC 体系下，实现产氢所需最低理论外加电压可以通过能斯特方程计算获得。例如，在中性条件下，微生物阳极催化乙酸氧化电位为 E_{an}= –0.3 V，而 H$^+$ 阴极还原成 H$_2$ 的电位为 E_{ca}= –0.414 V，此时电池的电压 E_{cell}=E_{ca}–E_{an}=(–0.414 V)–(–0.3 V)= –0.114 V。电池电压为负，说明这个产氢的反应不能自发进行。只有外电路提供不低于 0.114 V 电压时，MEC 系统中的阴极才能生成 H$_2$（Liu et al., 2005），然而实际上由于阴极过电位的存在，需要外加更大的电压才能真正实现阴极产氢。

二、MEC 产氢系统设计与运行

由于 MEC 是在 MFC 基础上改进而来的，而 MFC 已有多年的发展历程，且在多方面已经很成熟，为 MEC 的发展应用奠定了很好的基础。总体来说，MEC 产氢系统的阳极材料、微生物产电反应等方面与 MFC 基本一致，包含了产电微生物在阳极氧化有机物产生电子的过程，因而 MEC 产电微生物的富集可以通过预先运行 MFC 实现。可以被微生物直接利用于 MFC 产电的有机物几乎同样可以用于 MEC 系统的产氢，目前利用纯物质，如乙酸盐、纤维素、葡萄糖等为底物的 MEC 的研究都取得了较高的产氢率和能源回收率，其中能量回收率（η_w）都大于 100%。有少数关于利用实际生活污水、养猪废水、糖发酵产氢后的出水进行 MEC 产氢的文献报道，取得了一定的成果。表 8-1 列举了部分 MEC 的产氢性能，其中利用 MEC 处理生活污水，可使 COD、BOD 的去除率达到 90% 以上，但产氢效果不理想（Wagner et al., 2009）。这主要是由于实际废水成分较复杂，微生物种类多样，且受到系统中阳阴极材料、膜及产氢装置等方面的限制，需要进一步深化研究。

表 8-1　不同底物 MEC 产氢性能的比较
Tab. 8-1　The comparison of MEC hydrogen production performance with different substrates

氧化底物	外加电压/V	阴极催化剂	H_2 产量 R_{H_2} /%	H_2 产生速率/ $[m^3/(m^3 \cdot d)]$	参考文献
甘油	0.9	platinum（铂）	79±18	2.0±0.4	Selembo et al., 2009a
甘油	0.5	platinum（铂）	64±15	0.8±0.08	Selembo et al., 2009a
甘油副产物	0.9	platinum（铂）	65±14	0.41±0.13	Selembo et al., 2009a
甘油副产物	0.5	platinum（铂）	45±15	0.14±0.06	Selembo et al., 2009a
葡萄糖	0.9	platinum（铂）	88±5	1.87±0.3	Selembo et al., 2009a
葡萄糖	0.5	platinum（铂）	51±4	0.83±0.18	Selembo et al., 2009a
乙酸	0.45	platinum（铂）	60-78	0.37	Liu and Logan, 2005
乙酸	0.8	platinum（铂）	96	3.12±0.2	Call et al., 2009
乙酸	0.6	不锈钢（镍合金）	52	0.76	Selembo et al., 2009b
乙酸	0.9	不锈钢	61	1.5	Selembo et al., 2009b
乙酸	0.9	platinum（铂）	47	0.68	Selembo et al., 2009b
秸秆废液	0.7	graphite granules（石墨颗粒）	78	0.61	Thygesen et al., 2011
生活污水	0.5	platinum（铂）	42	(7.0±0.2) mg/L	Ditzig et al., 2007

MEC 与 MFC 最大不同之处来自于阴极反应，MEC 的阴极反应是电子与质子反应产生 H_2。为了消除氧气阴极反应产生的干扰，因而需对 MFC 反应器构型进行改进，使其保持厌氧条件。图 8-2 列举了比较常用的实验室规模的 MEC 反应器，其外形有圆形、方形、管式和瓶式等。按照其有无质子交换膜，可以分为单室反应器和双室反应器，按照其流动方式可以将反应器分为间歇型和流动型等。单室反应器和双室反应器各有其优点和不足。单室反应器由于其简单的结构，降低了设备的成本，由于阳极和阴极的距离小因而减小了设备的内阻，提高了 H_2 产率。但是单室反应器会使得阴极产生的 H_2 扩散到阳极，被甲烷菌等利用从而降低 H_2 产率，因此在实验过程中应及时采取适当方法收集 H_2。双室反应器则由于质子交换膜的存在，减少了阴极 H_2 的扩散，从而提高 H_2 产率，但是由于结构复杂，设备的内阻高，H_2 产率低，且成本较高，难以大型化。

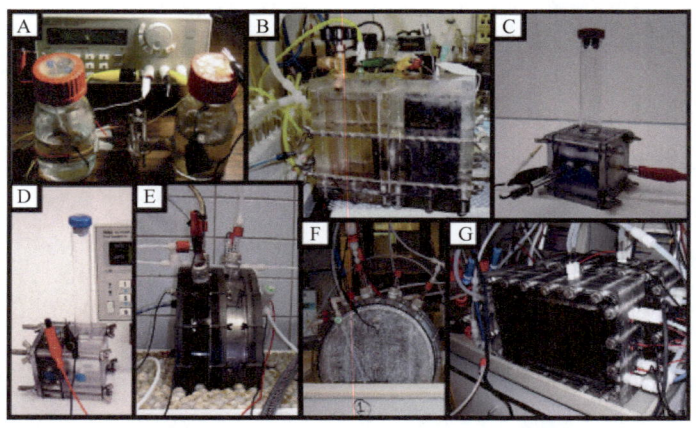

图 8-2　不同构型的 MEC 反应器（Logan et al., 2008）
Fig. 8-2　Typical MEC reactors for H_2 generation (Logan et al., 2008)

MEC 的产氢反应是在阴极上发生,而普通碳电极的析氢反应是很慢的,需要较高的超电势。与空气阴极反应相似,通常通过附着贵金属 Pt 作为催化剂来降低析氢电位。Pt 一直被认为是 MEC 制氢技术中最有效的催化剂。Call 和 Logan(2008)在外加电压 0.8 V 的条件下,以碳布涂布负载 0.5 mg/cm^2 的 Pt/C 为催化剂,获得的 H_2 产率为 3.12 m^3/(m^3·d),阴极 H_2 回收率为 96%,能量回收率为 75%,这是目前为止最大的 H_2 产率。但是,由于 Pt 催化剂价格昂贵,导致成本较高,因此需要寻找廉价的可替代 Pt 的催化剂,开发低成本的非 Pt 阴极催化剂成为 MEC 研究的一个热点。美国宾夕法尼亚州立大学的 Bruce Logan 团队开发了一系列低成本 MEC 阴极催化剂,例如,他们发现不锈钢和镍粉等电极能够代替 Pt 作为阴极催化剂(Call et al., 2009;Selembo et al., 2010)。另有研究发现微生物也可以代替 Pt 催化阴极析氢反应,称为生物阴极(biocathode)。Rozendal 等(2008)报道了从产电生物膜转化为催化 H_2 还原生物膜的方法,并发现生物阴极产氢的效率达 49%。表 8-1 详细比较了各种阴极催化剂的性能及其催化的 MEC 产氢效率。

此外,外电路电压供给系统是 MEC 运行中的必要要素。MEC 需要一个外加电压提供能量才得以进行产氢。外压的供给设备有 2 种:电源装置和稳压器。电源装置是将其正极与 MEC 阳极相连,负极与阴极相连,这种装置可以自动调节连接到 MEC 中的实际电压。稳压器是先设定正极电势,然后将工作电极连接到阳极,反电极和参比电极接到阴极。该装置可以控制阳极或阴极电势或设定特定的电流,因此可用于考察阴极、阳极反应,但其价格昂贵。不管是采用电源装置还是稳压器,都需要额外的能量来维持系统的运行,使 MEC 能量产生方式受到质疑。据此,需要多研究开始致力于开发可持续或绿色能源作为外电路电压源。Sun 等(2008)设计了 MFC-MEC 耦合装置,以 MFC 所产的电能供给电压,促进 MEC 产氢,实现了能量的自给。另外,Chae 等(2009)报道了利用燃料敏化太阳能电池作为供电装置,实现了将太阳能直接转换成 H_2 的过程,并且该 MEC 装置在无阴极 Pt 催化剂时,仍然具有很高的产氢效率。

MEC 产氢新技术能耗低,能产生清洁能源 H_2;处理废水时产泥量低,可降低剩余污泥处理费用;能够将有机物彻底氧化,能量利用率高;又能限制恶臭气体的排放,因此该技术在废水处理、清洁能源 H_2 的生产方面具有很好的发展前景。但 MEC 实际应用还存在很大的经济和技术挑战,如膜、阳阴极材料、反应装置等问题,因此还要从以下几个方面进行研究:①优化阳极材料,增强产电微生物的活性及电子传递能力;②开发新的阴极材料,降低阴极析氢反应电势,改善 MEC 性能;③改进 MEC 装置,以降低投资和运行成本;④鉴定系统中活性微生物,并探讨其机制,为 MEC 进一步发展奠定理论基础;⑤抑制产甲烷菌的活性,提高产氢效率等;⑥制备的 H_2 混有大量的甲烷和 CO_2 等其他气体,因而需要对产生的 H_2 进行纯化处理,才能获得真正可以利用的 H_2。H_2 纯化处理必然是一个耗能过程,增加产氢的成本。此外,实际废水成分复杂,其中微生物种类更是多样,如何增强对复杂有机物的降解和控制系统中微生物的反应,也成为以后 MEC 研究的重要内容。

第二节 微生物电合成系统

一、基本原理

除了在产氢方面的应用,MEC 还广泛应用于重金属去除(Qin et al., 2012;Huang et al., 2015)、硝酸盐去除(Clauwaert et al., 2009;Yu et al., 2015)、卤代烃脱氯(Lohner and Tiehm, 2009)及燃料和化学制品的合成。其中,MEC 在合成能源物质方面的应用具有更重要的应用价值,尤其是利用 MEC 驱动微生物代谢,将温室气体 CO_2 去除同时产生附加值更高的燃料或化学制品,正受到科研工作者的强烈关注(Lovley and Nevin, 2013)。这种微生物直接利用电能将 CO_2 还原转化为附加值更高化学制品的生物能源技术称为微生物电合成(microbial electrosynthesis, MES),所获得的化学燃料或有机化合物产品被称为电化学生物商品(electrobiocommodities)。MES 工作原理基本与微生物电解制氢相似,可以简单描述为微生物在外电路辅助下接受电子利用 CO_2 合成化合物的过程。其工作原理如图 8-3 所示。MES 包括阳极和阴极,两个电极被质子膜分隔开,阳极反应是微生物催化氧化有机物或简单的水氧化产生电子的反应,而关键的生物电合成反应发生在阴极,电子的流动跟 MEC 相似,依靠外电路电能降低电子传递的壁垒。其中,MES 的阴极反应最为关键,并且较复杂。微生物催化 CO_2 还原合成有机化合物过程可以通过不同途径(图 8-3):①微生物直接利用阳极传递的电子将 CO_2 还原成有机物;②质子接受阳极电子还原为 H_2,CO_2 化学还原为甲酸,然后 H_2 或甲酸作为电子供体,CO_2 作为电子受体被微生物还原成有机化合物。

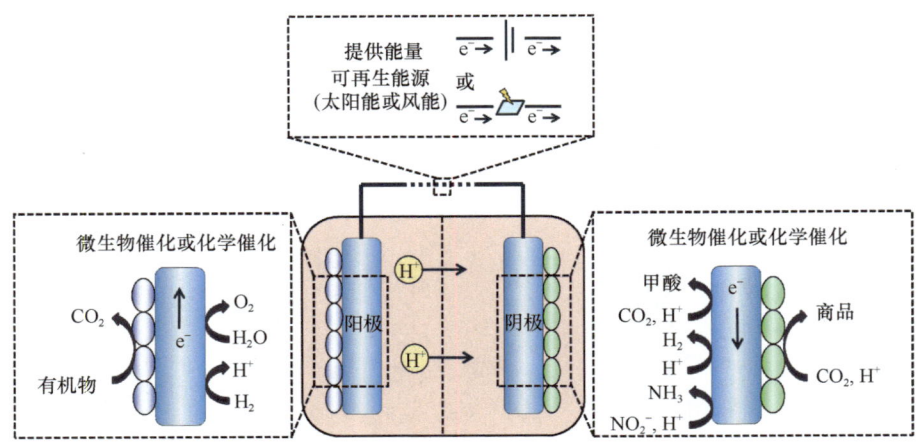

图 8-3 微生物电合成系统示意图(Rabaey and Rozendal, 2010)
Fig. 8-3 Schematic of microbial electrosynthesis systems (Rabaey and Rozendal, 2010)

二、微生物

微生物利用电能催化还原 CO_2 的关键是电子如何从电极传递至微生物,何种微生物具有这种利用电极电子获取生长和代谢所需能量的方式。具有这种能力的微生物包括产甲烷菌和产乙酸菌等。

1. 产甲烷菌

甲烷是一个非常好和易于分离的燃料,所以最直接生产化合物的方式是将 CO_2 转化成甲烷。产甲烷菌能够有效利用 H_2 或电化学还原的甲基红为电子供体将 CO_2 还原成甲烷(Cheng et al., 2009;Villano et al., 2010)。另有报道证明,产甲烷菌能够利用电极传递的电子用于 CO_2 还原(Villano et al., 2013;Luo et al., 2014),但在很多研究中都能检测到 H_2,所以很难判断是利用第一种方式还原 CO_2(Marshall et al., 2012)。近年,有证据显示某些产甲烷菌通过生物或矿物接触直接接受其他微生物产生的电子,印证了产甲烷菌能够从胞外接受电子的结论(Kato et al., 2012;Liu et al., 2012)。但是,产甲烷菌的代谢途径难以人为改造,将限制产甲烷菌作为催化剂在 MES 中的应用。

2. 产乙酸菌

产乙酸菌被证明是一类非常好并可用于将 CO_2 转化成各种附加值比甲烷更高的多碳有机化合物的生物催化剂(Kopke et al., 2011;Schiel-Bengelsdorf and Durre, 2012)。在自然条件下,产乙酸菌通过 Wood-Ljungdahl 路径利用 H_2 作为电子受体将 CO_2 还原成乙酸(Fast and Papoutsakis, 2012)。Wood-Ljungdahl 路径是一种厌氧方式,被证明是最高效的利用 H_2 为电子受体将 CO_2 还原成有机化合物的方式,也是唯一耦合能量存储的自养固碳方式(Bar-Even et al., 2011)。利用 Wood-Ljungdahl 路径的产能效率很低,大约 95%的碳和电子转入了合成细胞外的小分子有机物质,而非生物质(Fast and Papoutsakis, 2012)。

产乙酸菌在 MES 中的应用,并不是只依赖于电化学合成的 H_2 或者甲酸作为电子的载体。研究发现,许多产乙酸菌能够直接从电极接受电子,从而用于 MES 系统中的 CO_2 还原(Nevin et al., 2010, 2011)。例如,*Sporomusa ovata* 生物膜能够接受石墨阴极电子还原 CO_2,主要产物是乙酸和少量 2-氧代丁酸。合成这些化合物的电子回收率超过 85%,说明 Wood-Ljungdahl 路径是非常高效产有机物的方式(Nevin et al., 2010)。此外,其他 *Sporomusa* 属微生物、*Morella thermoacetica* 和 *Clostridium* 属微生物都具有利用 CO_2 电合成有机酸的能力(Nevin et al., 2011)。含有一定丰度 *Acetobacterium* 属微生物的混合生物膜也具有还原 CO_2 电合成有机酸的能力(Marshall et al., 2012)。但是,纯菌 *Acetobacterium woodii* 不能进行电合成,这可能是因为纯菌 MES 系统中不能产生 H_2,而混合菌系统中产生了 H_2(Marshall et al., 2012)。

三、电能来源

MES 与 MEC 相似,需要外加电压来驱动电子的流动,因而也可以利用电源装置或稳压器为系统提供能量来源。另外,Lovley 研究组报道了一种利用太阳能作为外能量来源,驱动 CO_2 还原生物电合成有机物的方法(Nevin et al., 2010)。如图 8-4 所示,太阳能电池与 MES 进行装置,成功实现了将太阳能转化成化学能储存在有机化合物中。因为这个过程的总反应与生物的光合作用将 CO_2 和水转化成 O_2 的过程非常相似,所以基于太阳能的 MES 被称为人工光合作用。但是,基于 MES 的人工光合作用系统具有更大潜力,能高效地将太阳能和 CO_2 转化成目标有机化合物。这主要是因为:①太阳能电池技术比生物光合作用更能高效捕获太阳能；②直接产生或微生物排泄释放有机产物可以减少用于生物质制备有机物的能量输入和废弃物的产生；③MES 比生物光合作用系统对环境和场地要求更低，MES 可以在偏远和环境恶劣地区正常运行。

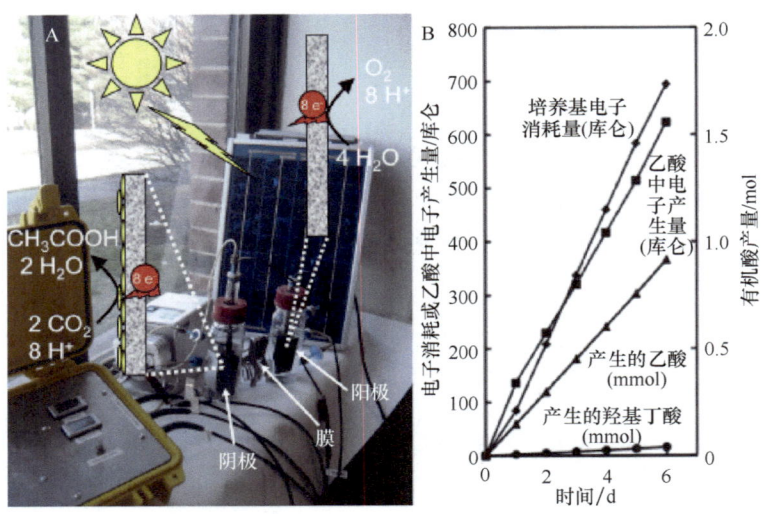

图 8-4　太阳能驱动的 H 形 MES 反应器（A）；电子消耗和 S. ovata 生物膜催化的生物电合成产物随时间的变化情况（B）（Nevin et al., 2010）

Fig. 8-4　(A) Solar-powered H-cell device for supplying cathode biofilms of S. ovata electrons derived from water; (B) Electron consumption and product formation by a representative S. ovata biofilm over time (Nevin et al., 2010)

四、电子传递方式

电子从微生物传递至固态电子受体的机制，已经进行了大量研究。但是，其相反过程——即电子如何从电极等传递至微生物胞内，目前相关研究比较缺乏。有研究认为，利用电极提供的能力可以改变或驱动微生物的发酵过程，这种现象也被称为电发酵。但是，从电极电势方面考虑，呼吸过程电子受体中点电位通常高于发酵过程电子受体电位，而在 MES 系统中施加在阴极的电势通常高于电发酵过程所施加的电势，所以在这两种过程中微生物从电极获得电子的方式存在差异。电子从电极传递至微生物胞内过程较复杂，目前认为主要存在以下几种方式（图 8-5）。

1）H_2 介导的电子传递。在 MES 系统中，很容易在阴极产生 H_2，H_2 可以在不影响微生物完整性的情况下驱动微生物的代谢（Clauwaert，2008）。H_2 驱动微生物代谢被认为是微生物产甲烷过程或其他化合物的第一步。但是，H_2 驱动微生物代谢的缺点也比较鲜明，主要是因为 H_2 水溶性较低，从而使微生物代谢过程的化合物转化效率较低。此外，在无催化剂负载的电极上，H_2 产生的过电位很高，需要施加比较高的外电压。

2）电子穿梭体介导的电子传递。与阳极电子传递过程相似，电子穿梭体也可以有效地将电子从固体电极传递至微生物胞内。跟 H_2 介导的电子传递相比，电子穿梭体往往水溶性比较好，因而可以更加有效传递电子。另外，电子穿梭体可以降低电极过电位、可以根据电子穿梭体中点电位选择适合体系的最佳电子穿梭体、有效电子穿梭体可以循

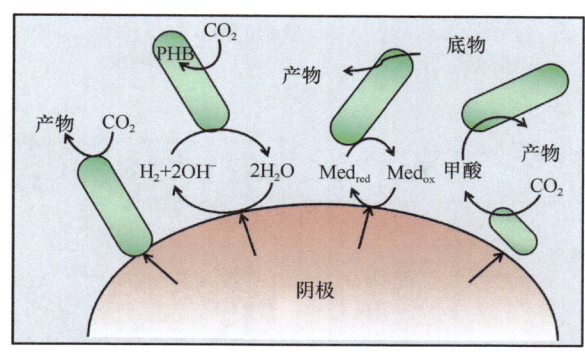

图 8-5　电子从电极传递至微生物的机制示意图（Rabaey and Rozendal, 2010）
Fig. 8-5　Mechanisms for electron transfer from electrodes to microorganisms (Rabaey and Rozendal, 2010)

环使用。电子穿梭体最大缺点是其对微生物的毒性和在流动体系中的不断损失。

3）直接电子传递。在 MES 系统中，最重要的电子传递方式应该是直接电子传递。研究者从 *Geobacter metallireducens* 催化还原硝酸盐、*Sporomusa ovata* 还原 CO_2 成乙酸和丁酸等的实验中，证实了电子可以不经过任何介体直接从电极传递至胞内（Nevin et al., 2010；Gregory et al., 2004）。这种传递方式可以克服 H_2 或电子穿梭体子运移过程中的扩散问题，利用生成产物的工程化处理。

4）中间产物介导电子传递。在以上电子传递基础上，微生物从电极获取了大量电子，合成一定量的甲酸或乙酸，这些小分子质量有机酸可以被体系中的其他微生物利用，用于产生分子质量更大的产物（Carothers et al., 2009）。

第三节　微生物脱盐燃料电池

微生物脱盐燃料电池（microbial desalination cell, MDC）是一项以 MFC 为基础的另一项拓展技术。2009 年，清华大学曹效鑫等在环境科学与工程权威杂志 *Environmental Science & Technology* 首次提出了 MDC 实现在脱盐的同时利用废水产生电能的概念，并被评为该年度环境技术领域的重大贡献（Cao et al., 2009）。这一概念的提出得到国内外众多学者的重视，并且进行了深入的研究。凭借 MDC 脱盐的同时，处理废水并产能，MDC 技术势必将得到不断的推广和应用，为节能减排、治理污染作出重要的贡献，成为构建能源节约型社会，走能源可持续发展道路的重要基础。

一、基本原理

MDC 是在 MFC 的阳极室和阴极室之间加上阳离子交换膜和阴离子交换膜，形成一个中间脱盐室。在 MDC 中，阳极上的产电微生物消耗阳极室废水中的有机物产生电子并放出质子时，由于质子无法穿过紧邻阳极的阴离子交换膜，中间脱盐室中的阴离子就会转移入阳极室以保持电荷平衡。而阳极产生的电子通过外电路到达阴极室，中间脱盐室的阳离子即通过紧邻阴极的阳离子交换膜转移到阴极室。在这个过程中，中间脱盐室的盐水在没有任何外加压力和电场的条件下得到了淡化，与此同时，MDC 阳极室的废水得到了净化处理,并且产生了电能(Cao et al., 2009;Betts, 2009)。图8-6为MDC结构示意图。

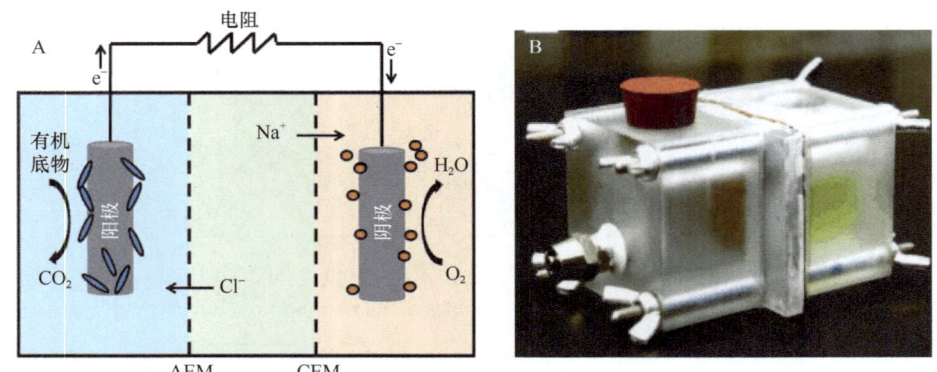

图8-6 用于水软化的MDC装置运行示意图(A)和实物图(B)
(AEM=阴离子交换膜,CEM=阳离子交换膜)(Cao et al., 2009)
Fig. 8-6 Schematic (A) and photographic picture (B) of a MDC system for water softening (AEM= anion exchange membrane, CEM=cation exchange membrane)(Cao et al., 2009)

二、研究进展

MDC与常规的MFC的主要差别在于,MFC使用一张离子交换膜或者不用离子交换膜,而MDC使用两张离子交换膜。在阳膜和阴膜之间的盐水在电场的作用下,阳离子通过阳膜迁入阴极室,阴离子通过阴膜迁入阳极室,达到脱盐的效果(Cao et al., 2009)。MDC目前引起了广泛的关注,众多学者围绕这一技术开展了一系列研究。主要集中在如何提高MDC运行效率和功能拓展方面。

1. 提高MDC运行稳定性

MDC系统运行过程中,产电微生物在阳极氧化有机物释放电子的同时会产生质子,导致阳极pH下降,而阴极的质子被消耗以后pH逐渐升高。较低的阳极pH会降低产电微生物的活性,而较高的阴极pH则会增加氧气还原电势损失。因而为了得到更好的脱盐和产电效果,稳定MDC的运行状态,需要维持阴阳极的pH保持恒定或变化较小。增大反应器体积、增加缓冲溶液浓度或外加酸碱来稳定阴阳极pH是常采用的方法。另外,Qu等(2012)提出循环MDC的概念(图8-7A,图8-7B),在该系统中,阴阳极溶液在外部蠕动泵的驱动下在阴阳室之间进行循环,这样阳极的低pH溶液可以中和阴极的高pH溶液,从而避免了两极出现较大的pH波动。利用该系统,MDC的输出功率从(508±11)mW/m^2提高到(776±30)mW/m^2;脱盐效率从25%±3%提高到了37%±2%。结果表明,MDC反应器中pH调控是十分重要的。

2. 提高MDC脱盐效率

曹效鑫等所提出的MDC装置中,由于采用了不可再生的铁氰化钾阴极,MDC脱盐效率和实用性都较低。为了提供脱盐效率,许多学者对MDC进行了改良。例如,Chen

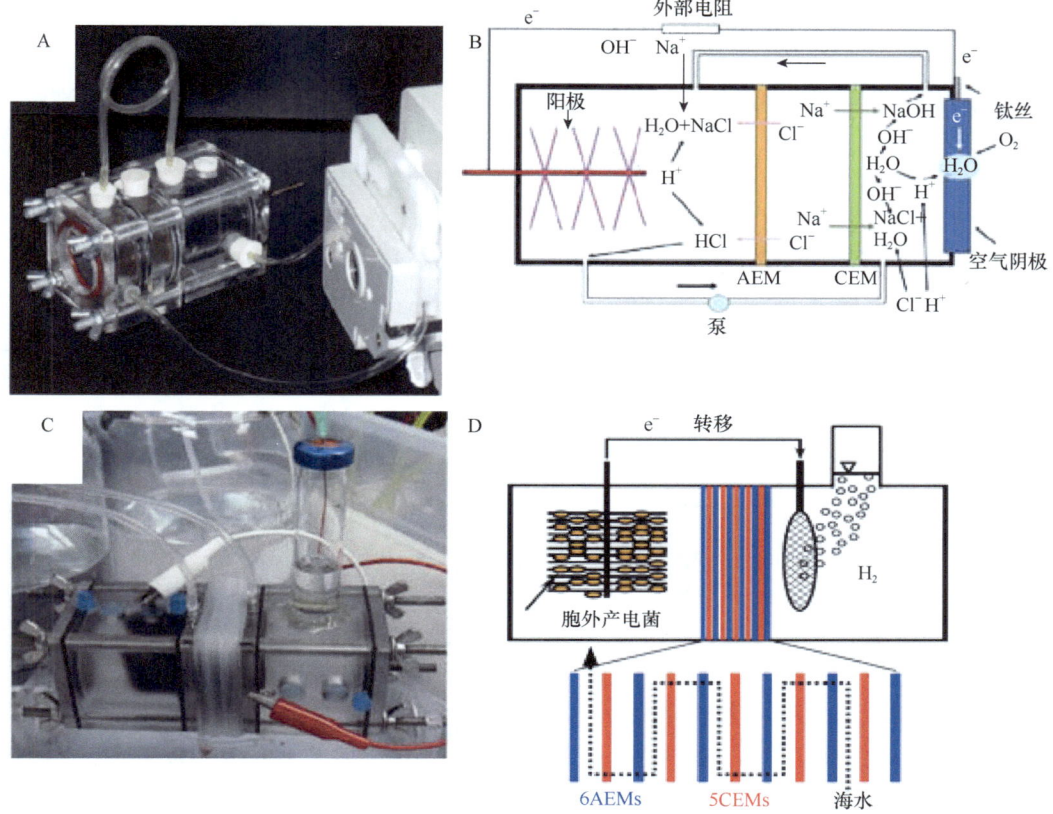

图 8-7　三室、空气阴极再循环 MDC 系统实物图（A）和示意图（B）（Chen et al., 2011）；
微生物反向电渗析池制 H_2 的实物图（C）和示意图（D）（Kim and Logan, 2011c）

Fig. 8-7　Picture (A) and schematic (B) of the three-chamber, air-cathode a recirculation microbial desalination cell (rMDC)(Chen et al., 2011); picture (C) and schematic design (D) of microbial reverse-electrodialysis electrolysis cell for H_2 production (Kim and Logan, 2011c)

等（2011）构建了堆叠型微生物脱盐电池（SMDC），他们重点研究了不同脱盐单元数、外阻值、盐溶液循环流速对 SMDC 产电特性和脱盐特性的影响，根据脱盐速率计算公式的预测结果，当脱盐单元数为 6 时，SMDC 脱盐速率达到最大。在此基础上，他们还考察了盐水循环速率对 SMDC 产电特性和脱盐特性的影响。结果表明增大循环盐溶液的流速使 SMDC 的总内阻下降，产电特性和脱盐特性得到提升。在脱盐单元数为 6 的最优 SMDC 构型和最佳运行条件（外阻 5 Ω，盐水循环流速 19.5 mL/min）下，获得脱盐速率达 0.2387 g/h，高于已有研究结果。

3. MDC 功能拓展

目前，对 MDC 功能拓展主要集中于将 MEC 的产氢功能与 MDC 的脱盐功能相结合。在 MDC 的两端施加同向稳定外加电压，在 MDC 的阴极营造厌氧环境，即可在脱盐的同时收获 H_2，从而实现污水处理、脱盐和产氢的三合一功效，这类装置称为微生物电解脱盐电池（microbial electrolysis and desalination cell, MEDC）（Luo et al., 2011）。MEDC 可以解决 MDC 运行中产电不稳定和产生 H_2 纯度不高等诸多问题。研究表明，在施加外电压 0.8 V 的条件下，实验室规模的 MEDC 产氢率可以达到 1.5 m³/(m³·d)，同时脱盐效率高达 98.8%。

此外，为了获取高的 MFC 电量输出和高的脱盐效率，Kim 和 Logan（2011a, 2011b）借鉴 MDC 构型，可以通过膜堆叠成功构建了一个包含 5 组 CEM/AEM 的膜堆叠型 MFC 系统（图 8-7C），该系统产生的功率密度达 4.3 W/m²，远高于未组装膜堆叠结构 MFC 的能量输出。高功率输出主要源自于两部分：①阳极微生物氧化有机物产生的电能；②堆叠结构中盐浓度差产生的能量。同样的系统，Kim 和 Logan（2011c）应用于无需外加电压下 MEC 产生 H_2（图 8-7D），该系统中膜堆叠产生的电压达 0.5~0.6 V，完全可以满足常规 MEC 系统中所需的外加能源。该系统中，H_2 产生的速率可以达 0.8~1.6 m³H_2/(m³ 阳极液·d)，H_2 回收率和电子回收率可以达到约 80%。

众所周知，地球上超过 97%的水都积聚在海洋中无法被利用。世界上 1/4 的人口使用冰雪融化后的水，3/4 的人使用地表水和地下水，这些水加起来不到地球总水量的 0.4%。供人类饮用的优质淡水缺乏，如今已成为一个越来越严峻的问题。废水处理和脱盐技术，是人类获取更多可用水的重要途径，利用 MDC 的脱盐技术，做海水处理的前期处理，用于农田灌溉，甚至更进一步制取饮用水，能有效缓解水资源短缺问题。与现有的绝大部分脱盐技术不同，MDC 的脱盐过程仅需要利用 MFC 中阳极微生物氧化有机物产生的电能，不需任何其他的外加能量，并且有的脱盐率可高达 90%（表 8-2），具有良好的脱盐前景。此外，凭借着 MDC 脱盐的同时，处理废水并产能，MDC 技术势必将得到不断的推广和应用，为节能减排、治理污染作出重要的贡献，成为构建能源节约型社会，走能源可持续发展道路的重要基础。当然，我们也需要看到，MDC 技术正处于起步阶段，距离其实际应用还有很多难题需要解决。

表 8-2 MDC 脱盐系统性能比较
Tab. 8-2 The performance comparison of MDC desalination system

MES 的种类	阳极氧化电子供体	阴极还原电子受体	主要产物	脱盐效果	参考文献
微生物脱盐电池（MDC）	任何可生物降解的物质	氧气、铁氰化钾、有机质或其他氧化剂	脱盐淡水	90%	Cao et al., 2009
盐碱废水微生物电解池（MSC）	乙酸盐	H_2	处理盐碱废水、电子	21%~84%	Kim and Logan, 2013a
渗透微生物脱盐电池（OsMDC）	乙酸盐、木糖、废水	氧气、铁氰化钾和质子	脱盐淡水、电子	约 28%	Zhang et al., 2011; Kim and Logan, 2013b
电容吸附微生物脱盐电池（cMDC）	乙酸盐	铁氰化钾	脱盐淡水	69.4%	Forrestal et al., 2012a
离子交换树脂微生物脱盐电池（RMDC）	乙酸盐	氧气	脱盐淡水、电子	25%~36%	Morel et al., 2012
电解微生物脱盐电池（MEDC）	乙酸盐	质子	H_2、脱盐淡水	98.8%	Luo et al., 2011
电解微生物脱盐和化学生产电池（MEDCC）	乙酸盐	氧气	脱盐淡水、氢氧化钠、盐酸	46%~86%	Chen et al., 2012a
电容微生物脱盐电池（MCDC）	乙酸盐	氧气	脱盐淡水	109%	Forrestal et al., 2012b
电容、消电离、MFC（CDI-MFC）	乙酸盐	铁氰化钾	脱盐淡水	79%	Yuan et al., 2012

续表

MES 的种类	阳极氧化电子供体	阴极还原电子受体	主要产物	脱盐效果	参考文献
上流式微生物脱盐电池（UMDC）	乙酸盐	氧气	脱盐淡水、电子	94.3%±2.7%	Jacobson et al., 2011
堆叠式微生物脱盐电池（SMDC）	乙酸盐	氧气	脱盐淡水、电子	72.1%~99.4%	Chen et al., 2011
再循环微生物脱盐电池（rMDC）	木糖	氧气	脱盐淡水、电子	25%~55%	Qu et al., 2012
淹没式微生物脱盐、脱氮电池（SMDDC）	乙酸盐	硝酸盐	电子、氮气	90.5%	Zhang and Angelidaki, 2013

第四节 生物电芬顿系统

芬顿（Fenton）氧化法是一种目前应用较广泛的高级氧化技术。1894 年，法国科学家芬顿首次发现，酸性条件下 H_2O_2 在 Fe^{2+} 的催化作用下可有效地将酒石酸进行氧化。后人将 H_2O_2 和 Fe^{2+} 命名为芬顿试剂。它能够有效地将传统废水处理技术无法去除的难降解有机物进行氧化去除。根据 Fenton 法的形成机制不同，可以分为普通芬顿法、光芬顿法和电芬顿法。其中，电芬顿法中的电解反应能够提供稳定的 H_2O_2 来源、反应简单、无二次污染，已广泛用于难降解有机废水的处理。其基本原理是在酸性溶液中，通过电解方式发生氧化还原反应生成 H_2O_2，H_2O_2 与 Fe^{2+} 反应生成具有极强氧化能力的自由基 $\cdot OH$，$\cdot OH$ 将有机物彻底降解为 CO_2 和水。但是，电芬顿法需要外加电源，并且利用率低、能耗大、成本高，限制了该技术的应用。因此，构建能够自我维持的新型生物电芬顿技术成为研究的热点。

一、生物电芬顿系统工作原理

以氧气为电子受体的空气阴极 MFC，阴极主要发生氧气还原生成水的反应，但是该反应受实际环境的影响，常伴随着 2 个电子转移的反应生成 H_2O_2，如果在阴极引入 Fe^{2+} 与产生的 H_2O_2 反应形成芬顿试剂，该系统被称为生物电芬顿系统（Zhu and Ni, 2009）。其工作原理如图 8-8 所示，生物电芬顿系统的构型与双室 MFC 构型完全相同，阳极主要发生微生物氧化有机物产生电子，并将电子传递至电极的反应，阴极反应则包括：①氧气接受阳极生成的电子还原成 H_2O_2；②氧化铁接受阳极生成的电子还原成 Fe^{2+}；③原位产生的 H_2O_2 与 Fe^{2+} 反应生成 $\cdot OH$；④$\cdot OH$ 与难降解有机物反应生成 CO_2 和水。主要反应方程式如下：

阳极反应：

$$(CHO)_n + H_2O \longrightarrow nCO_2 + nH^+ + ne^-$$

阴极反应：

$$O_2 + 2H^+ + 2e^- \longrightarrow H_2O_2$$

$$FeO_x + H^+ + e^- \longrightarrow Fe^{2+}$$

$$Fe^{2+} + H_2O_2 \longrightarrow Fe^{3+} + OH\cdot + OH^-$$

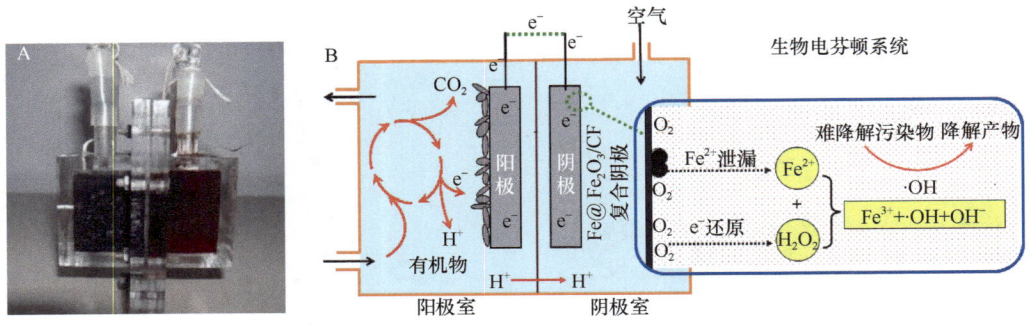

图 8-8　基于 MFC 的生物电芬顿脱色系统实物图（A）和结构示意图（B）
Fig. 8-8　Picture (A) and schematic (B) of a bioelectro-Fenton system for RhB degradation

二、生物电芬顿系统的发展状况

与传统电芬顿技术相比，MFC 驱动的生物电芬顿系统具有无需外源电力、可自我维持运行的优点。目前，对于生物电芬顿系统的研究才开始起步，但已经得到越来越多研究者的重视。其中，研究的方向主要为新型电极材料的探索和对不同有机污染物的降解。根据不同阴极材料反应机制的不同，目前应用于生物电芬顿的阴极材料可以分为两类。

1. 仅产生 H_2O_2 的电极

早期研究，主要是利用 MFC 驱动阴极产生 H_2O_2，而 Fe^{2+} 通过外源添加方式引入系统。该方法对电极要求不高、成本低廉、操作简单，低成本的碳布、碳毡都能满足要求。但是，普通碳电极阴极产 H_2O_2 速率较低，且阴极要求较强的酸性条件，这些均不利于生物电芬顿系统的实际应用。为此，Feng 等（2010a）提出利用聚吡咯（Ppy）/2,6-二磺酸蒽醌（AQDS）改性碳毡电极，最终 H_2O_2 产生量从 0.63 mg/L 升高到 2.86 mg/L，并且实现了中性环境下的芬顿反应。

2. 同时产生 H_2O_2 和 Fe^{2+} 的电极

为了使生物电芬顿系统更加趋于实际应用，研究者考虑铁结合在阴极电极上，制备出各种复合电极，阴极可以利用自身的电化学反应，同时产生 H_2O_2 和 Fe^{2+}，这样做的优点是主要对阴极进行曝气操作，减少了外加的操作步骤，也减少了对阴极液的污染。例如，Feng 等（2010b）制作了新型的 CNT/r-FeOOH 复合材料作为阴极对橙黄Ⅱ进行降解；Zhuang 等（2010）研发了 $Fe@Fe_2O_3$/CF（碳毡）电极，实现阴极对罗丹明 B 的降解；Li 和 Lu（2010）制作了涂布磁黄铁矿的石墨阴极，利用从磁黄铁矿释放的 Fe^{2+} 和阴极还原氧气产生的 H_2O_2 对垃圾渗滤液进行了降解。现将目前关于 MFC 驱动的生物电芬顿的研究列于表 8-3。从表 8-3 可以发现，不同类型 MFC 的降解效果和产电量各不相同，但是，对不易进行生物降解的有机物均有显著的降解作用。

表 8-3　生物电 Fenton 系统研究结果

Tab. 8-3　The research results of bioelectro-Fenton systems

阴极材料	反应物	脱色率	TOC 降解率	pH	最大功率密度	文献
碳毡	对硝基苯酚	12 h 后为 100%	96 h 后为 85%	3.0	143 mW/m^2	Zhu and Ni, 2009
光谱净化石墨棒	苋紫溶液	1 h 后为 76.4%	2 h 后为 56%	3.0	28.3 mW/m^3	Fu et al., 2010
Ppy/AQDS 修饰碳毡	橙黄 II	8 h 后为 92%	30 h 后为 100%	7.0	823 mW/m^2	Feng et al., 2010a
CNT/γ-FeOOH 复合材料	橙黄 II	14 h 后为 100%	43 h 后为 100%	7.0	312 mW/m^2	Feng et al., 2010b
Fe@Fe$_2$O$_3$/NCF 复合阴极	罗丹明 B	12 h 后为 95%	12 h 后为 90%	3.0	159.2 mW/m^2	Zhuang et al., 2010
附着磁黄铁矿的石墨阴极	垃圾场滤出液	45 d 后为 77%	45 d 后为 78%	5.4	4.3 mW/m^3	Li and Lu, 2010
Fe@Fe$_2$O$_3$/CF	猪场废水	2 d 后 59.8%~65%	2 d 后为 35.1%~38.4%	3.0	3.1~7.9 mW/m^3	Xu et al., 2011
石墨棒	酸性绿 50 和结晶紫	9 h 后分别为 94% 和 83%	9 h 后分别为 82% 和 70%	2.0	0.78 mW/m^3	Fernández de Dios et al., 2013
铂	活性艳红 X-3B（ABRX3）	48 h 后为 85%		7.0	234 mW/m^2	Sun et al., 2009
石墨粒	酸性橙 7	0.31~3.75 h 后为 35%~78.7%		7.0	(0.31±0.03)mW/m^3	Mu et al., 2009
碳毡	甲基橙、金橙 I、金橙 II	3 h 后为 84.5%		3.0	34.77 mW/m^2	Liu et al., 2009
石墨颗粒	刚果红	14.8 h 后为 55%			364.5 mW/m^2	Li et al., 2010
铂	刚果红	36 h 后大于 98%		7.0	103 mW/m^2	Cao et al., 2010
石墨	甲基橙	24 h 后为 73.4%		7.3±0.2	(0.13±0.03) A/m^2	Ding et al., 2010

第五节　微生物太阳能电池

微生物太阳能电池（microbial solar cell，MSC）是结合了生物光合作用与微生物产电过程的燃料电池系统的总称。具有光合作用能力的植物、微生物、藻类和人工光合作用系统都可以用于与 MFC 的产电过程相结合，所以这类型的系统有许多不同名称，如植物燃料电池、微生物光电太阳能电池、太阳能驱动的 MFC（solar-powered microbial fuel cell）和光生物电化学燃料电池等（Strik et al., 2011）。尽管各系统的名称不同，但这些 MSC 系统的基本原理都类似，主要包括如图 8-9 所示 4 个步骤：①有机物质的光合成；②有机物质转入阳极室；③产电微生物阳极有机物产生电子；④阴极接受电子，从而产生电流。

一、植物-MFC

2008 年，最早出现了有关植物与 MFC（plant-based MFC, PMFC）相结合的报道（Schamphelaire et al., 2008）。其基本原理是（图 8-10）：植物光合作用在根系分泌有机

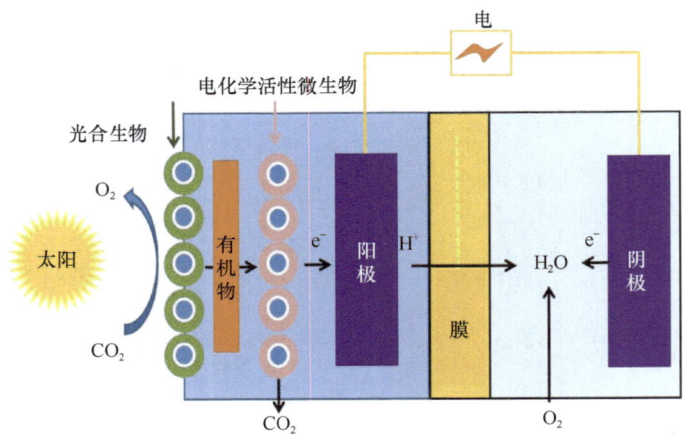

图 8-9 微生物太阳能电池结构示意图（Strik et al., 2011）[1]
Fig. 8-9 Schematic of a Microbial solar cell for electricity generation (Strik et al., 2011)

图 8-10 基于 MFC 的稻田产电系统（Kaku et al., 2008）。（A）植物-MFC 系统结构示意图；（B）系统安装与启动；（C）系统运行；（D）水稻根系穿过阳极碳毡

Fig. 8-10 The paddy-field power-generating system (Kaku et al., 2008). (A) Schematic illustration showing positions of the anode and cathode relative to rice plants; (B) The power-generating system immediately after starting the operation (May 16th); (C) The power-generating system in operation (June 23rd); (D) The backside of an anode graphite felt showing that rice roots penetrated the anode (August 7th)

酸小分子物质，然后这些物质被埋于植物根部附近的 MFC 阳极微生物利用，氧化产生电子，电子在阴极消耗，形成回路产生电流（Kaku et al., 2008）。PMFC 的构型与底泥 MFC 非常相似，不同的是 PMFC 中引入植物的光合作用光程。PMFC 最大的优点是：①MFC 运行所需的阳极有机物可以从植物的根部源源不断地获得；②光能在植物和微生物的协同作用下，直接转换成电能。现有研究表明，基于淡水植物的 PMFC 最大功率输出可以达数十毫瓦每平方米，而基于海水植物最大功率输出则可以高达数百毫瓦每平方米（Helder et al., 2010）。

水生植物是 PMFC 的主要选择，这些植物包括芦苇草、水稻、大米草和荻芦竹等。选择合适的植物，是有效提高 PMFC 功率输出的重要途径。通常，水生植物对溶液电导率很敏感，例如，当水体溶液电导率大于 0.6 S/m 时，水稻生长将受到抑制（Zeng et al., 2003），从而影响 PMFC 的运行，而海水植物能够耐受较高的盐度，所以基于海水植物的 PMFC 可以通过提高电解质的离子强度方法，从而提高 PMFC 的输出功率。

植物根部积累的水溶性渗出物成分复杂，但葡萄糖占总渗出物的 90%。葡萄糖是最适合 MFC 产电的有机物之一，迄今为止以葡萄糖为燃料的 MFC 产生了最高能量输出。此外，植物能够将大气中的氧气通过通气组织输送至植物根部，以维持根部的需求，因而根部周围在释放有机物的同时，还会释放大量的 O_2。当这些 O_2 扩散至阳极时，将直接接受阳极氧化有机物产生的电子，最终影响 PMFC 的功率输出。为了利用植物的这一特性，Chen 等（2012b）构建了一种 PMFC，将阴极置于植物根部附近，使其能够直接利用根部释放的 O_2，据此构建的 PMFC 能够作为生物传感器实时监测土壤中 O_2 浓度。

微生物菌落分析表明，*Natronocella acetinitrillica*、Beijerinckiaceae 和 *Rhizobiales bacterium* 是水稻-PMFC 阳极生物膜的优势微生物（Kaku et al., 2008）。其中，*Rhizobiales bacterium* A48 已经被证实具有铁还原功能，因而其可能在 PMFC 产电中发挥重要作用。*Rhodobacter gluconicum* 是阴极优势微生物，可以预测该微生物在阴极的氧化过程发挥重要作用。

PMFC 与 MFC 一样，有望为解决偏远地区的电能供给问题提供新的选择；将来还可以为野外小型科学仪器提供电能；也可以作为传感器指示湿地的污染物和生物需要量等。此外，MFC 已经证明可以令铵盐在阳极还原、硝酸根在阴极还原，所以 PMFC 还可以用于加速湿地铵盐和硝酸盐的去除。最重要的是，已有数据显示 PMFC 能够有效抑制湿地和水稻土的甲烷排放，这将成为 PMFC 的核心应用，使其吸引更多关注（Deng et al., 2012）。

二、蓝藻-MFC

蓝藻-MFC（algae-based MFC）是将蓝藻置于 MFC 的极室中，利用蓝藻通过光合作用产生的有机物或者氧气而实现将光能向电能转化的自养型生物电化学系统。其基本原理是（图 8-11）（Zhang et al., 2011；Xiao et al., 2012）：①阳极氧化有机物产生 CO_2；②CO_2 蓝藻捕获用于光合作用产生 O_2 和有机物；③蓝藻光合作用产生的 O_2 接受阳极产生的电子，在阴极被还原，有机物被阳极微生物利用产生 CO_2；④以上过程不断循环，从而实现了光能向电能转化的自养型生物电化学系统。

早期研究表明，*Anabaena* 属和 *Synechocystis* 属等蓝藻能利用萘醌作为一种中介体介导电子从细胞内转移到电极上（Tanaka et al., 1988；Yagishita et al., 1997），并且发现暗期胞内糖原的氧化反应消耗了氧气从而增加了电能的输出；但是光照期蓝藻产生的氧气抑制了厌氧菌分解底物，从而限制了电能的产生。另外，Malik 等（2009）利用海藻在沉积型 MFC（SMFC）的上覆水层中进行光合作用，产生的氧气用来催化阴极的还原反应，而同时产生的有机物质被用作碳源供阳极污泥中厌氧微生物的生长；因而实现了自养型生物电化学系统将光能向电能的转化，但缺点是 SMFC 的内阻一般比极室 MFC 大。Velasquez-Orta 等（2009）尝试将蓝藻干燥研磨成粉末直接作为营养物质供厌氧菌分解产电，但是蓝藻的营养成分复杂，因而 MFC 的库仑效率很低（2.8%），于是他们将蓝藻固定在一个反应器内，经过暗周期的处理使其产生易于被利用的代谢产物（如羧酸），从而提高库仑效率。也有研究者在对蓝藻的研究中发现其在二氧化碳受限的情况下会产生导电的纳米线（Gorby et al., 2006），这些纳米线与 *G. sulfurreducens* 和 *S. oneidensis* 产生的纳米线类似，这可能也是蓝藻产电机制之一。

进一步将蓝藻-MFC 的利用率提高，在利用光产能的同时可以处理污水是蓝藻-MFC 的良好应用前景之一。Wang 等（2010）将蓝藻置于双室 MFC 的阴极室中，并且用一根导管将两室连通，让阳极的微生物分解葡萄糖产生的二氧化碳通过导管到达阴极室，使蓝藻通过光合作用将二氧化碳固定，同时产生氧气用于阴极的还原反应；此装置在去除温室气体 CO_2 的同时，不用外加能量来实现曝气催化阴极的还原反应，从而达到了绿色产能的目的。Xiao 等（2012）构建了用于处理污水的一体化生物光电化学系统（integrated photobioelectrochemical system，IPBS）（图 8-11B），该装置将整个 MFC 置于生长了蓝藻的生物反应器中，废水作为反应基质。经过一年的实验，IPBS 去除了 92%的 COD、98%的氨氮、82%的磷酸盐并且产藻量达 128 mg/L，MFC 最大输出功率为 2.2 W/m^2；同样的蓝藻利用二氧化碳进行光合作用并提供氧气还原质子生成水，这样就起到缓冲溶液的作用，使蓝藻生长环境的 pH 适宜。此外，有研究者将蓝藻 MFC 应用于污水处理，将蓝藻的光合作用与污水处理耦合，替代了传统的曝气处理，而且不需要加入中介体和昂贵的催化剂。蓝藻构成的电池经过进一步发展有望成为光利用率更高的太阳能电池。

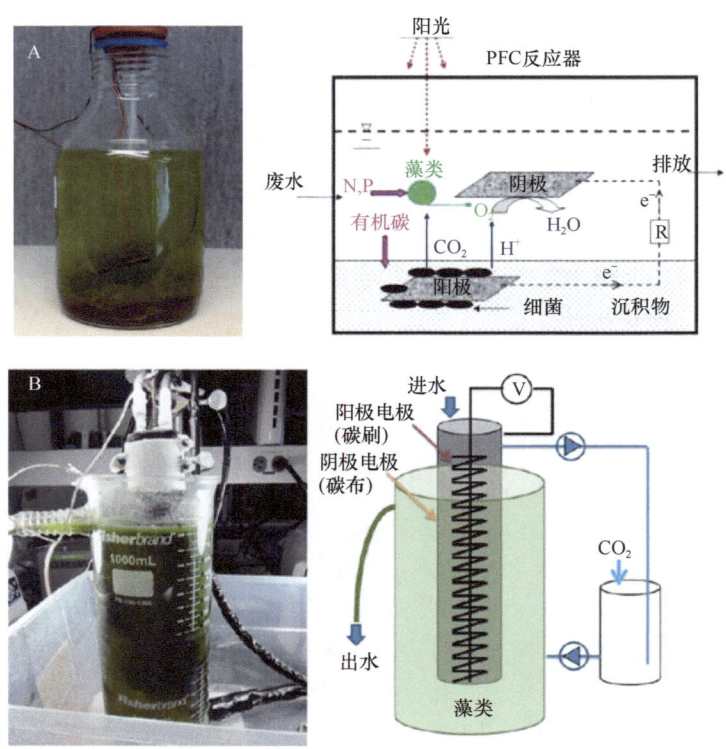

图 8-11　单室蓝藻 MFC 系统实物图和结构示意图（A）（Zhang et al., 2011）；流动型双室蓝藻 MFC 系统实物图和结构示意图（B）（Xiao et al., 2012）

Fig. 8-11　Picture and schematic of a single-chamber algae-based MFC (A) (Zhang et al., 2011); Picture and schematic of a flow-type double-chamber algae-based MFC for electricity generation and wastewater Treatment (B) (Xiao et al., 2012)

三、光合细菌 MFC

光合细菌（photosynthetic bacteria, PSB）是地球上最早出现具原始光能合成体系的原核生物。广义上的光合细菌有两种，一种是好氧性的蓝藻，进行放氧性光合作用；一种是生活在缺氧环境中的绿色和紫色光合细菌，进行非放氧性光合作用。狭义上仅仅指的是后者，即厌氧环境下进行光合作用并且不生成氧气的细菌。光合细菌可将氨（NH_3）、亚硝酸（NO_2）和硫化氢（H_2S）转化为生长所需要的养分。近年来，研究人员提出利用光合微生物作为 MFC 的生物催化剂。

本节主要是阐述狭义上的光合细菌 MFC。他们的反应中心都是叶绿体。叶绿体在吸收光波后放出电子，这个电子被电子受体接受后，传递给另一种叶绿体，在这种叶绿体中接受电子的同时，产生一个 ATP 分子。利用某种中介体将用于产生 ATP 的能量夺走，接着，该中介体到达电极同时释放电子。这个光合途径有电子的传递，能够使光合作用正常进行。这种作用原理如同氧化磷酸化中的阻断剂，阻止 ATP 的形成，将化学能转化为热能，而在光合细菌 MFC 中，化学能转化为电能。

2008 年，Logan 小组从 MFC 中分离到一株产电菌 *Rhodopseudomonas palustris* DX-1，是一株光合细菌（图 8-12A）（Xing et al., 2008），Logan 等认为对于 *Rhodopseudomonas palustris* DX-1 而言，生物膜的直接电子传递在整个产电过程中起关键作用。曹效鑫等使用混合污泥接种，将双室型 MFC 置于光照条件下（图 8-12B）（Cao et al., 2008），进行光合产电菌的定向富集，产电性能的研究表明光照富集后的光合 MFC 比黑暗对照组输出功率明显提高；他们推测由于光合细菌的特殊电子传递路径，降低了电子供体的实际电势，从而增加产电菌获能并促进 MFC 产电性能的大幅提高。该研究还采用了克隆文库的方法对产电菌中的主要类群进行了分析，结果显示 α-变形菌的比例大幅上升，从富集前的 15.3% 上升到 51.2%，其中 α-变形菌中又有 62% 的克隆子集中于 *Rhodobacter* 属和 *Rhodopseudomonas* 属两类，它们是典型的厌氧紫色非硫光合细菌。通过测定不同条件下 MFC 的极化曲线，他们进一步证明该光合 MFC 的电子传递机制为介体传递型；阳极室微生物自身分泌的电子介体在电子传递过程中发挥重要作用。

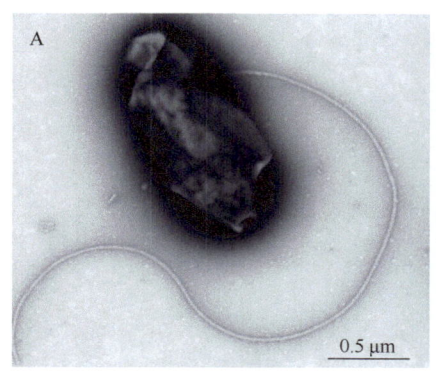 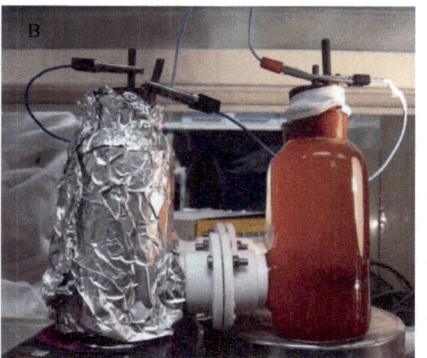

图 8-12　光合产电菌 *Rhodopseudomonas palustris* DX-1 透视电镜图（A）；光合细菌-MFC 图（B）

Fig. 8-12　TEM image of *Rhodopseudomonas palustris* DX-1 (A);
Picture of a photosynthetic bacteria-based MFC (B)

光合细菌 MFC 具有重大的意义。进行非放氧光合作用的紫色和绿色光合细菌可以在光线黯淡、氧气缺乏的深海中生活，其做成的电池驱动装置可以在海底自己供能。

第六节　应　用　案　例

一、案例一：以乙酸钠为底物的电化学辅助微生物产氢（Liu and Logan, 2005）

（一）研究目的

在完全厌氧的微生物燃料系统中，直接利用细菌完全氧化可生物降解的有机质产生的质子和电子产生 H_2，与传统电解水产氢方式相比，减少产氢需要的能量。

（二）材料与方法

双室 MFC，两室之间用 Nafion 质子膜隔开。阳极材料是纯碳布，而阴极碳纸材料上面涂有 0.5 mg Pt/cm^2。采用传统的废水对电池的阳极进行接种。用气相色谱仪测定阴极 H_2 的浓度。同时通过计算库仑效率，得出 1 mol 乙酸盐能够提供的电子数。

（三）研究结果

理论上，外加电压大于 110 mV 时，能够促使阴极产生 H_2。可实际上由于电极的过电压，需要更大的电压。外加电压大于 250 mV 时，对 MFC 系统产氢进行了实时监控。如图 8-13A 所示，电流密度随外加电压（250 mV）上升到 850 mV，功率密度也从 0.15 A/m^2 上升到 0.88 A/m^2。阳极电势随着外加电压的升高而降低，从 –291 mV 降到 –275 mV。图 8-13B 所示，H_2 的回收效率达到 90% 以上，库仑效率在 60%~78% 随外加电压变化。假设 1 mol 乙酸盐最多产生 4 mol H_2，78% 的库仑效率，并且 92% 以上电流用于氢的回收，总产氢量为 2.9 mol H_2/mol 乙酸盐。

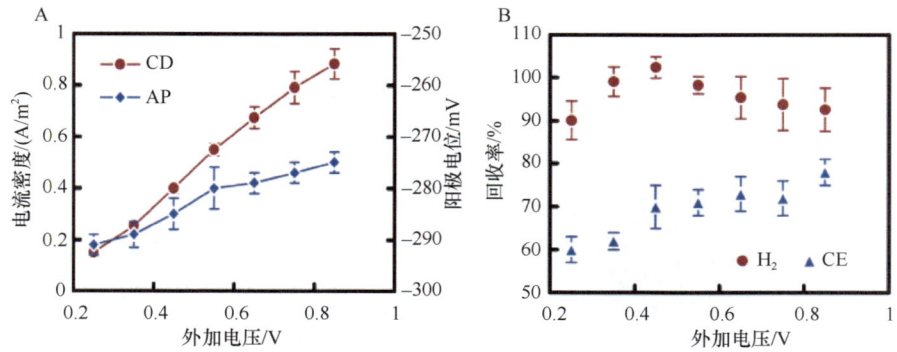

图 8-13　双室产氢系统中电流密度和阳极电势随外加电压的变化情况（A）；H_2 的回收率与库仑效率的随外加电压的变化情况（B）

Fig. 8-13　Current density (CD) and anode potential (AP) increased with the applied voltage in a two-chambered hydrogen generating system (A); Hydrogen recovery and Coulombic efficiency (CE) as a function of the applied voltage in a two-chambered hydrogen generating system (B)

（四）主要结论

首先，微生物氧化有机质能够为产氢提供足够的能源；其次，传统上阳极需要贵重金属作为催化剂推动水电解系统，在该系统中被微生物的生物催化作用所取代；最后，有机物发酵产生的副产物能够促进 H_2 的产生。尽管库仑效率和功率密度依赖于底物属性，但是通过这个电化学辅助系统，能够利用各种可生物降解的有机物产生 H_2。

二、案例二：一种新的脱盐微生物脱盐电池（Cao et al., 2009）

目前，海水淡化技术是在使用质子膜的强压下进行的操作，属于能源密集型。该研究报道了一种新的海水脱盐技术，它完成脱盐不需要电能的输入或使用高压，并且可以直接利用有机物质作为海水淡化的燃料。通过在 MFC 的阳极和阴极之间加入两个离子交换膜，创建一个脱盐的中间室。阴离子交换膜（AEM）紧贴阳极，阳离子交换膜（CEM）紧贴阴极。当阳极的细菌产生电流时，在中间室的离子向两电极转移。海水脱盐过程在中间室中进行。用小规模的实验模型对这种技术进行了验证。

（一）研究目的

通过在微生物脱盐电池（microbial desalination cell, MDC）中构造一个中间室，进行海水淡化研究，发现一种只利用可生物降解的有机物和细菌的海水淡化的新技术。并考察 MDC 的产电和脱盐效果。

（二）材料与方法

1. MDC 的构造

MDC 的结构类似于立方形状的 MFC。AEM 与 CEM 将阳极室与阴极室隔开，构造出一个脱盐的中间室。阳极室和阴极室的体积为 27 mL，而中间室的体积为 3 mL。阳极室培养液是 1.6 g/L CH_3COONa 作为电子供体，营养缓冲液为每升中含有 4.4 g KH_2PO_4、3.4 g $K_2HPO_4·3H_2O$、1.5 g NH_4Cl、0.1 g $MgCl_2·6H_2O$、0.1 g $CaCl_2·2H_2O$、0.1 g KCl、10 mL 微生物和 10 mL 矿物质。阴极室培养液是铁氰化钾作为电子受体，每升溶液中包括 16.5 g $K_3Fe(CN)_6$、9.0 g KH_2PO_4、8.0 g $K_2HPO_4·3H_2O$。中间室主要是含不同浓度 NaCl（5 g/L、20 g/L、35 g/L）的需要被脱盐的海水。

2. MDC 的运行和实验过程

MDC 的阳极室接种用乙酸钠作为电子供体的活性阳极混合菌。在进行实验前，输出电压需要达到 600 mV，并且循环超过 10 个周期。主要通过电导率仪（SG3-ELK, Mettler Toledo）测定海水的导电性，电感耦合等离子体原子发射光谱（ICP-AES，IRIS Intrepid Ⅱ XSP, Thermal）测定溶液中 K^+ 和 Na^+ 的浓度，以及电化学阻抗（EIS, CHI660A）测定溶液的电阻。

（三）研究结果

如图 8-14 所示，初始盐浓度为 20 g/L（外电路电阻为 200 Ω），MDC 正常运行同时，最大输出电压为 600 mV，最大电流为 3 mA。在中间脱盐室脱盐过程中，3 个不同浓度的溶液脱盐率分别为（88±2）%（5 g/L）、（94±3）%（20 g/L）和（93±3）%（35 g/L）。在开路的对照组中，溶液的电导率变化很小。在 MDC 中，电流密度相对较小，因此可以对分解水的极限电流补偿忽略不计，同时从电极室到中间室的反扩散离子可以忽略。由于中间室与阳极室（阴极室）之间存在较大的浓度差，存在一定的渗透作用，对海水淡化起积极作用。

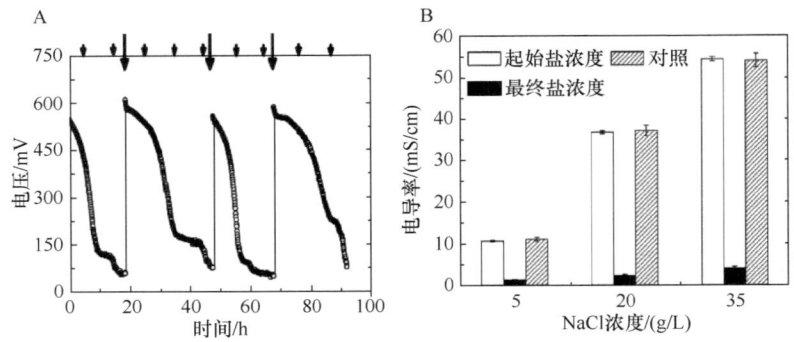

图 8-14　MDC 的电压-时间曲线图，其中中间室的起始盐浓度为 20 g/L（长箭头表示盐溶液加入的位置，短箭头表示阳极液替换的位置）(A)；不同起始盐浓度条件下，中间脱盐室溶液电导率的变化情况（B）
Fig. 8-14　Voltages generated in tests using the three-chamber MDC with an initial salt concentration in the middle chamber of 20 g/L (Large arrows indicate salt solution replacement; small arrows indicate anolyte replacement)(A); Change of solution conductivity in the middle desalination chamber over complete batch cycles with different initial salt concentrations (B)

（四）主要结论

经过上述实验表明，通过 MDC 能利用细菌将污浊的盐水变为饮用水并发电。在没有电能的输入或外部水压的情况下，经过 1 周期的海水脱盐过程，盐分的去除率可达到 90% 以上。即使海水浓度高达 35 g/L 时，同样能够进行海水淡化。传统的电渗透由于需要高能量，所以它最多能够淡化 6 g/L 的海水。研究发现，MDC 内电阻增加的速度比预期的溶液电导率更加迅速，可能是由于双电层增加了膜/溶液界面的电阻。内阻的增加将会限制脱盐效率和 MDC 整体的性能，所以需要进一步研究以提高 MDC 性能。

三、案例三：阳极 COD 去除耦合阴极染料脱色的新型生物电芬顿系统研究

（一）研究目的

本研究以 Fe@Fe_2O_3/碳毡复合材料作为阴极的双室 MFC 为研究对象，探究在同一 MFC 单元内实现阳极 COD 去除和阴极难降解污染物降解的同步进行；通过改变电路闭合条件测定其降解动力学和化学计量效率，探索 MFC 对污染物的降解效率。

（二）材料和方法

以非催化碳毡（NCF）、NCF/Fe^{2+} 溶液、Fe@Fe_2O_3/碳毡复合材料 3 种阴极材料分别组成 MFC，以啤酒厂废水预培养的 MFC 微生物为菌种，阳极为连续添加的啤酒厂废水（COD 2.13 g/L），阴极为合成的罗丹明 B（RhB）染料废水（15 mg/L），比较 3 种 MFC 对污染物的降解效果。改变外电路负载的大小（5~5000 Ω），利用 16 通道电压收集器采

集 MFC 的输出信号,并检测 MFC 中 RhB、H_2O_2 及 COD 的变化。

(三)研究结果

如图 8-15A 所示,在开路条件下,以非催化碳毡(NCF)、NCF/Fe^{2+} 溶液为阴极的两种 MFC 中 RhB 浓度保持不变,而在 Fe@Fe_2O_3/碳毡 MFC 中,RhB 浓度下降了 52%,这可能是因为零价铁与氧反应产生了活性氧自由基。在外电阻为 1000 Ω 的闭合回路条件下,非催化碳毡(NCF)、NCF/Fe^{2+} 溶液、Fe@Fe_2O_3/碳毡 3 种 MFC 对 RhB 的脱色效率分别达到了 38%、63%、79%。如图 8-15B 所示,随着生物电 Fenton 系统的持续运行,位于 550 nm 处的 RhB 紫外光谱吸收峰逐渐降低。同时,脱色效果与生物电 Fenton 系统的电流和功率密切相关,系统的输出电流越高和功率密度越大,脱色效果越好(图 8-15C,图 8-15D)。这些结果说明,在 Fe@Fe_2O_3/碳毡 MFC 中,RhB 脱色效率的增加是因为电池产生的 H_2O_2 与 Fe^{2+} 发生 Fenton 反应产生了大量活性氧族。一级反应速率方程拟合结果表明,3 种 MFC 对 RhB 的脱色过程符合一级动力学方程。

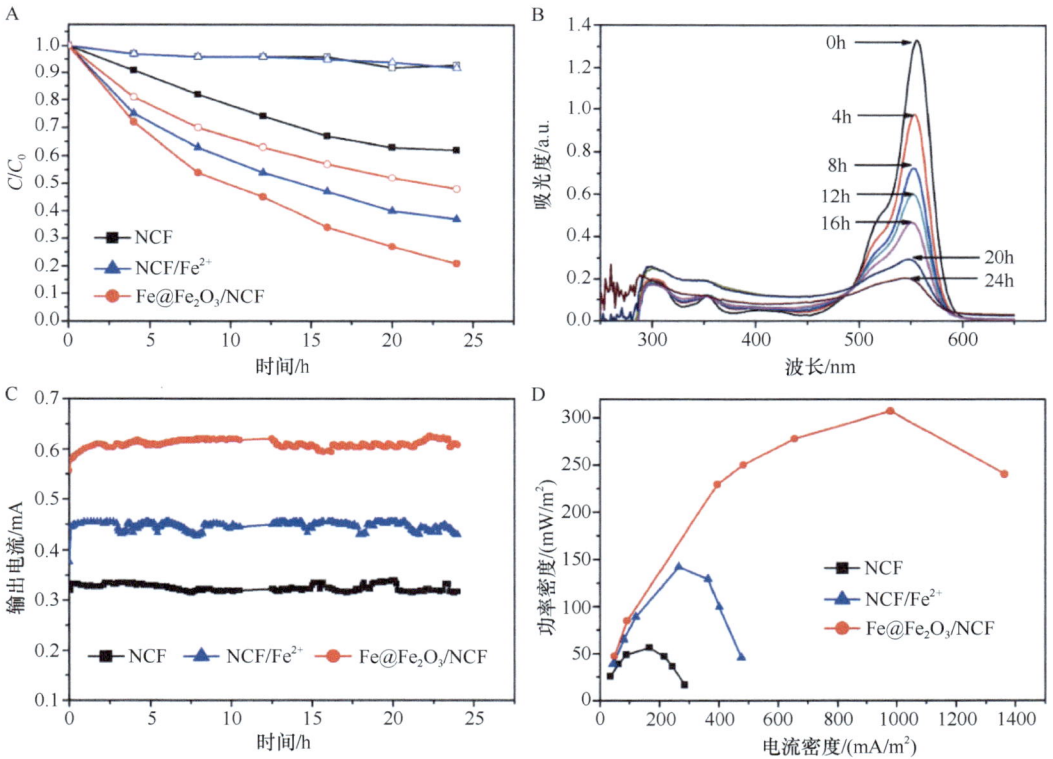

图 8-15 NCF、Fe^{2+}/NCF and Fe@Fe_2O_3/NCF 电池的 RhB 脱色效果(空心符:开路条件;实心符:1000 Ω 电阻负载条件)(A);Fe@Fe_2O_3/NCF 电池中 RhB 的紫外-可见光谱(B);3 个电池的电流-时间曲线(C);3 个电池的功率密度曲线(D)

Fig. 8-15 Decolorization of RhB for the NCF, NCF/Fe^{2+} and Fe@Fe_2O_3/NCF cells (open symbols: under open-circuit condition; solid symbols: close-circuit conditions with an external resistor of 1000 Ω)(A); UV-vis spectra changes of RhB in the Fe@Fe_2O_3/NCF cell (B); Current output curves as a function of incubation time for the three cells (C); Power density curves as a function of current density for the three cells (D)

(四) 主要结论

该生物电芬顿 MFC 系统成功地实现了阳极 COD 去除和阴极染料降解的同步进行。本结果表明，RhB 的脱色和矿化作用高度依赖于阴极的电流密度；在短路条件下，Fe@Fe_2O_3/碳毡复合电极 MFC 在 12 h 内可去除 95%的 RhB 和 90%的 TOC，其脱色速率常数和化学计量效率分别可达 0.26 h^{-1} 和 8.2%。利用 Fe@Fe_2O_3/碳毡复合电极组装的双室 MFC，可构建出具有降解生物难降解有机污染物能力的生物电芬顿系统。该 MFC 与以前的 MFC 相比具有如下优势：①Gore-TEX 布是一种价廉的隔离材料，可防止 H_2O_2 对膜的降解作用；②Fe@Fe_2O_3/碳毡复合电极制作简单，避免了复杂结构的纳米材料的合成；③Fe@Fe_2O_3/碳毡复合电极 MFC 可控地释放芬顿反应剂，并来源于空气的阴极氧反应产生 H_2O_2。

参 考 文 献

Bar-Even A, Noor E, Milo R. 2011. A survey of carbon fixation pathways through a quantitative lens. J Exp Bot, **63**: 2325-2342.

Betts K. 2009. Using microbes and wastewater to desalinate water. Environ Sci Technol, **43**: 6895-6895.

Call D, Logan B E. 2008. Hydrogen production in a single chamber microbial electrolysis cell lacking a membrane. Environ Sci Technol, **42**: 3401-3406.

Call D, Merrill M, Logan B E. 2009. High surface area stainless steel brushes as cathodes in microbial electrolysis cells (MECs). Environ Sci Technol, **43**: 2179-2183.

Cao X, Huang X, Boon N, et al. 2008. Electricity generation by an enriched phototrophic consortium in a microbial fuel cell. Electrochem Commun, **10**: 1392.

Cao X, Huang X, Liang P, et al. 2009. A new method for water desalination using microbial desalination cells. Environ Sci Technol, **43**: 7148-7152.

Cao Y Q, Hu Y Y, Sun J, et al. 2010. Explore various co-substrates for simultaneous electricity generation and Congo red degradation in air-cathode single-chamber microbial fuel cell. Bioelectrochemistry, **79**: 71-76.

Carothers J M, Goler J A, Keasling J D. 2009. Chemical synthesis using synthetic biology. Curr Opin Biotechnol, **20**: 498-503.

Chae K J, Choi M J, Kim K Y, et al. 2009. A solar-powered microbial electrolysis cell with a platinum catalyst-free cathode to produce hydrogen. Environ Sci Technol, **43**: 9525-9530.

Chen S, Liu G, Zhang R, et al. 2012a. Development of the microbial electrolysis desalination and chemical-production cell for desalination as well as acid and alkali productions. Environ Sci Technol, **46**: 2467-2472.

Chen X, Xia X, Liang P, et al. 2011. Stacked microbial desalination cells to enhance water desalination efficiency. Environ Sci Technol, **45**: 246565-246570.

Chen Z, Huang Y C, Liang J H, et al. 2012b. A novel sediment microbial fuel cell with biocathode in rice rhizosphere. Bioresour Technol, **108**: 55-59.

Cheng S, Xing D, Call D F, et al. 2009. Direct biological conversion of electrical current into methane by electromethanogenesis. Environ Sci Technol, **43**: 3953-3958.

Clauwaert P. 2008. Combining biocatalyzed electrolysis with anaerobic digestion. Water Sci Technol, **57**: 575-579.

Clauwaert P, Desloover J, Shea C, et al. 2009. Enhanced nitrogen removal in bio-electrochemical systems by pH control. Biotechnol Lett, **31**: 1537-1543.

Das D, Veziroglu N T. 2008. Advances in biological hydrogen production processes. Int J Hydrogen Energy, **33**: 6046-6057.

Deng H, Chen Z, Zhao F. 2012. Energy from plants and microorganisms: Progress in plant–microbial fuel cells. Chem Sus Chem, **5**: 1006-1011.

Ding H R, Li Y, Lu A H, et al. 2010. Photocatalytically improved azo dye reduction in a microbial fuel cell with rutile-cathode. Bioresour Technol, **101**: 3500-3505.

Ditzig J, Liu H, Logan B E. 2007. Production of hydrogen from domestic wastewater using a bioelectrochemically assisted microbial reactor (BEAMR). Int J Hydrogen Energ, **32**: 2296-2304.

Fang H H P, Liu H. 2002. Effect of pH on hydrogen production from glucose by a mixed culture. Bioresour Technol, **82**: 87-93.

Fast A G, Papoutsakis E T. 2012. Stoichiometric and energetic analyses of non-photosynthetic CO_2-fixation pathways to support synthetic biology strategies for production of fuels and chemicals. Curr Opin Chem Eng, **1**: 380-395.

Feng C H, Li F B, Liu H Y. 2010a. A dual-chamber microbial fuel cell with conductive film-modified anode and cathode and its application for the neutral electro-Fenton process. Electrochimica Acta, **55**: 2048-2054.

Feng C H, Li F B, Mai H J, et al. 2010b. Bio-electro-Fenton process driven by microbial fuel cell for wastewater treatment. Environ Sci Technol, **44**: 1875-1880.

Fernández de Dios M A, del Campo A G, Fernández F J, et al. 2013. Bacterial-fungal interactions enhance power generation in microbial fuel cells and drive dye decolourisation by an *ex situ* and *in situ* electro-Fenton process. Bioresour Technol, **148**: 39-46.

Forrestal C, Xu P, Jenkins P E, et al. 2012a. Microbial desalination cell with capacitive adsorption for ion migration control. Bioresour Technol, **120**: 332-336.

Forrestal C, Xu P, Ren Z. 2012b. Sustainable desalination using a microbial capacitive desalination cell. Energ Environ Sci, **5**: 7161-7167.

Fu L, You S J, Zhang G Q, et al. 2010. Degradation of azo dyes using *in-situ* Fenton reaction incorporated into H_2O_2-producing microbial fuel cell. Chern Eng J, **160**: 164-169.

Gorby Y A, Yanina S, McLean J S, et al. 2006. Electrically conductive bacterial nanowires produced by *Shewanella oneidensis* strain MR-1 and other microorganisms. Proc Natl Acad Sci USA, **103**: 11358-11363.

Gregory K B, Bond D R, Lovley D R. 2004. Graphite electrodes as electron donors for anaerobic respiration. Environ Microbiol, **6**: 596-604.

Helder M, Strik D P B T B, Hamelers H V M, et al. 2010. Concurrent bio-electricity and biomass production in three plant-microbial fuel cells using *Spartina anglica*, *Arundinella anomala* and *Arundo donax*. Bioresour Technol, **101**: 3541-3547.

Huang L, Wang Q, Jiang L, et al. 2015. Adaptively evolving bacterial communities for complete and selective reduction of Cr(VI), Cu(II), and Cd(II) in biocathode bioelectrochemical systems. Environ Sci Technol, **49**: 9914-9924.

Jacobson K S, Drew D M, He Z. 2011. Efficient salt removal in a continuously operated upflow microbial desalination cell with an air cathode. Bioresour Technol, **102**: 376-380.

Kaku N, Yonezawa N, Kodama Y, et al. 2008. Plant/microbe cooperation for electricity generation in a rice paddy field. Appl Microbiol Biotechnol, **79**: 43-49.

Kato S, Hashimoto K, Watanabe K. 2012. Methanogenesis facilitated by electric syntrophy via (semi) conductive iron-oxide minerals. Environ Microbiol, **14**: 1646-1654.

Kim Y, Logan B E. 2011a. Microbial reverse electrodialysis cells for synergistically enhanced power production. Environ Sci Technol, **45**: 5834-839.

Kim Y, Logan B E. 2011b. Series assembly of microbial desalination cells containing stacked electrodialysis cells for partial or complete seawater desalination. Environ Sci Technol, **45**: 5840-5845.

Kim Y, Logan B E. 2011c. Hydrogen production from inexhaustible supplies of fresh and salt water using microbial reverse-electrodialysis electrolysis cells. Proc Nat Acad Sci, **108**: 16176-16181.

Kim Y, Logan B E. 2013a. Simultaneous removal of organic matter and salt ions from saline wastewater in bioelectrochemical systems. Desal, **308**: 115-121.

Kim Y, Logan B E. 2013b. Microbial desalination cells for energy production and desalination. Desal, **308**: 122-130.

Kopke M, Mihalcea C, Bromley J C, et al. 2011. Fermentative production of ethanol from carbon monoxide. Curr Opin Biotechnol, **22**: 320-325.

Li Y, Lu A H. 2010. Microbial fuel cells using natural pyrrhotite as the cathodic heterogeneous Fenton catalyst towards the degradation of biorefractory organics in landfill leachate. Electrochem Commun, **12**: 944-947.

Li Z J, Zhang X W, Lin J, et al. 2010. Azo dye treatment with simultaneous electricity production in an naerobic–aerobic sequential reactor and microbial fuel cell coupled system. Bioresour Technol, **101**: 4440-4445.

Li Z, Zhou S G, Li Y T. 2010. *In situ* Fenton-enhanced cathodic reaction for sustainable increased electricity generation in microbial fuel cells. J Power Sources, **195**: 1379-1382.

Liu F, Rotaru A E, Shrestha P M, et al. 2012. Promoting direct interspecies electron transfer with activated carbon. Energy Environ Sci, **5**: 8982-8989.

Liu H, Grot S, Logan B E. 2005. Electrochemically assisted microbial production of hydrogen from acetate. Environ Sci Technol, **39**: 4317-4320.

Liu L, Li F B, Feng C H. 2009. Microbial fuel cell with an azo-dye-feeding cathode. Appl Microbial Biotechol, **85**: 175-183.

Logan B E, Rozendal R A, Hamelers H V M, et al. 2008. Microbial electrolysis cells for high yield hydrogen gas production from organic matter. Environ Sci Technol, **42**: 8630-8640.

Lohner S T, Tiehm A. 2009. Application of electrolysis to stimulate microbial reductive PCE dechlorination and oxidative VC biodegradation. Environ Sci Technol, **43**: 7098-7104.

Lovley D R, Nevin K P. 2013. Electrobiocommodities: powering microbial production of fuels and commodity chemicals from carbon dioxide with electricity. Curr Opin Biotechnol, **24**: 385-390.

Luo H, Jenkins P E, Ren Z. 2011.Concurrent desalination and hydrogen generation using microbial electrolysis and desalination cells. Environ Sci Technol, **45**: 340-344.

Luo X, Zhang F, Liu J, et al. 2014. Methane production in microbial reverse-electrodialysis methanogenesis cells (MRMCs) using thermolytic solutions. Environ Sci & Technol, **48(15)**: 8911-8918.

Malik S, Drott E, Grisdela P, et al. 2009. A self-assembling self-repairing microbial photoelectrochemical solar cell. Energy Environ Sci, **2**: 292-298.

Marshall C W, Ross D E, Fichot E B, et al. 2012. Electrosynthesis of commodity chemicals by an autotrophic microbial community. Appl Environ Microbiol, **78**: 8412-8420.

Morel A, Zuo K, Xia X, et al. 2012. Microbial desalination cells packed with ion-exchange resin to enhance water desalination rate. Bioresour Technol, **118**: 43-48.

Mu Y, Korneel R, Rozendal R A, et al. 2009. Decolorization of azo dyes in bioelectrochemical systems, Environ Sci Technol, **53**: 5137-5243.

Nevin K P, Hensley S A, Franks A E, et al. 2011. Electrosynthesis of organic compounds from carbon dioxide is catalyzed by a diversity of acetogenic microorganisms. Appl Environ Microbiol, **77**: 2882-2886.

Nevin K P, Woodard T L, Franks A E, et al. 2010. Microbial electrosynthesis: feeding microbes electricity to convert carbon dioxide and water to multicarbon extracellular organic compounds. Mbio, **1**: e00103-e00110.

Qin B, Luo H, Liu G, et al. 2012. Nickel ion removal from wastewater using the microbial electrolysis cell. Bioresour Technol, **121**: 458-461.

Qu Y P, Feng Y G, Wang X, et al. 2012. Simultaneous water desalination and electricity generation in a microbialdesalination cell with electrolyte recirculation for pH control. Bioresour Technol, **106**: 89-94.

Rabaey K, Rozendal R A. 2010. Microbial electrosynthesis revisiting the electrical route for microbial production. Nat Rev Microbiol, **8**: 706-716.

Rozendal R A, Jeremiasse A W, Hamelers H V M, et al. 2008. Hydrogen production with a microbial biocathode. Environ Sci Technol, **42**: 629-634.

Schamphelaire L D, Bossche L V D, Dang H S, et al. 2008. Microbial fuel cells generating electricity from rhizodeposits of rice plants. Environ Sci Technol, **42**: 3053-3058.

Schiel-Bengelsdorf B, Durre P. 2012. Pathway engineering and synthetic biology using acetogens. FEBS Lett, **586**: 2191-2198.

Selembo P A, Merrill M D, Logan B E. 2009b. The use of stainless steel and nickel alloys as low-cost cathodes in microbial electrolysis cells. J Power Sources, **190**: 271-278.

Selembo P A, Merrill M D, Logan B E. 2010. Hydrogen production with nickel powder cathode catalysts in microbial electrolysis cells. Int J Hydrogen Energy, **35**: 428-437.

Selembo P A, Perez J M, Lloyd W A, et al. 2009a. High hydrogen production from glycerol or glucose by electrohydrogenesis using microbial electrolysis cells. Int J Hydrogen Energ, **34**: 5373-5381.

Strik D P B T B, Timmers R A, Helder M, et al. 2011. Microbial solar cells: applying photosynthetic and electrochemically active organisms. Trends Biotechnol, **29**: 41-49.

Sun M, Sheng G P, Zhang L, et al. 2008. An MEC-MFC-coupled system for biohydrogen production from acetate. Environ Sci Technol, **42**: 8095-8100.

Sun J, Hu Y Y, Bi Z, et al. 2009. Simultaneous decolorization of azo dye and bioelectricity generation using a microfiltration membrane air-cathode single-chamber microbial fuel cell. Bioresour Technol, **100**: 3185-3196.

Tanaka K, Kashiwagi N, Ogawa T. 1988. Effects of light on the electrical output of bioelectrochemical fuel-cells containing *Anabaena variabilis* M-2: mechanism of the post-illumination burst. J Chem Technol Biotechnol, **42**: 235-240.

Thygesen A, Marzorati M, Boon N, et al. 2011. Upgrading of straw hydrolysate for production of hydrogen and phenols in a microbial electrolysis cell (MEC). Appl Microbiol Biot, **89**: 855-865.

Velasquez-Orta S B, Curtis T P, Logan B E. 2009. Energy from algae using microbial fuel cells. Biotechnol Bioeng, **103**: 1068-1076.

Villano M, Aulenta F, Ciucci C, et al. 2010. Bioelectrochemical reduction of CO_2 to CH_4 via direct and indirect extracellular electron transfer by a hydrogenophilic methanogenic culture. Bioresour Technol, **101**: 3085-3090.

Villano M, Scardala S, Aulenta F, et al. 2013. Carbon and nitrogen removal and enhanced methane production in a microbial electrolysis cell. Bioresour Technol, **130**: 366-371.

Wagner R C, Regan J M, Oh S E, et al. 2009. Hydrogen and methane production from swine wastewater using microbial electrolysis cells. Wat Res, **43**: 1480-1488.

Wang X, Feng Y J, Liu J, et al. 2010. Sequestration of CO_2 discharged from anode by algal cathode in microbial carbon capture cells (MCCs). Bioresour Technol, **25**: 2639-2643.

Xiao L, Young E B, Berges J A, et al. 2012. Integrated photo-bioelectrochemical system for contaminants removal and bioenergy production. Environ Sci Technol, **46**: 11459-11466.

Xing D, Zuo Y, Cheng S, et al. 2008. Electricity generation by *Rhodopseudomonas palustris* DX-1. Environ Sci Technol, **42**: 4146-4151

Xu Nan, Zhou S G, Yuan Y, et al. 2011. Coupling of anodic biooxidation and cathodic bioelectro-Fenton for enhanced swine wastewater treatment. Bioresour Technol, **102**: 7777-7783.

Yagishita T, Sawayama S, Tsukahara K I, et al. 1997. Behavior of glucose degradation in *Synechocystis* sp. M-203 in bioelectrochemical fuel cells. Bioelectrochem Bioenerg, **43**: 177-180.

Yu L, Yuan Y, Chen S. et al. 2015. Direct uptake of electrode electrons for autotrophic denitrification by *Thiobacillus denitrificans*. Electrochem Commun, **60**: 126-130.

Yuan L, Yang X, Liang P, et al. 2012. Capacitive deionization coupled with microbial fuel cells to desalinate low-concentration salt water. Bioresour Technol, **110(2)**: 735-738.

Zeng L H, Lesch S M, Grieve C M. 2003. Rice growth and yield respond to changes in water depth and salinity stress. Agr Water Manage, **59**: 67-75.

Zhang Y F, Noori J S, Angelidaki I. 2011. Simultaneous organic carbon, nutrients removal and energy production in a photomicrobial fuel cell (PFC). Energy Environ Sci, **4**: 4340-4346.

Zhang Y, Angelidaki I. 2013. A new method for *in situ* nitrate removal from groundwater using submerged microbial desalination-denitrification cell (SMDDC). Water Res, **47**: 1827-1836.

Zhu X P, Ni J R. 2009. Simultaneous processes of electricity generation and *p*-nitrophenol degradation in a microbial fuel cell. Electrochem Commun, **11**: 274-277.

Zhuang L, Zhou S G, Yuan Y, et al. 2010. A novel bioelectro-Fenton system for coupling anodic COD removal with cathodic dye degradation. Chem Eng J, **163**: 160-163.

第九章 原位生物修复技术

第一节 原位生物修复技术简介

一、定义

生物修复指利用天然存在的或特定培养的微生物在可调控环境条件下将环境污染物降解和转化的处理技术。主要因素包括微生物、环境条件（如 pH、氧化还原电位、温度、湿度、养分）、化合物的结构和特性（图 9-1）。原位生物修复（*in-situ* bioremediation）是指对受污染的介质（土壤、水体）不作搬运或输送，直接向污染介质投放 N、P 等营养物质和供氧，促进介质中土著微生物或特异功能微生物的代谢活性，降解污染物。原位微生物修复技术主要有：生物通风法（bioventing）、生物强化法（enhanced-bioremediation）、土地耕作法（land farming）和化学活性栅修复法（chemical activated bar）等几种。

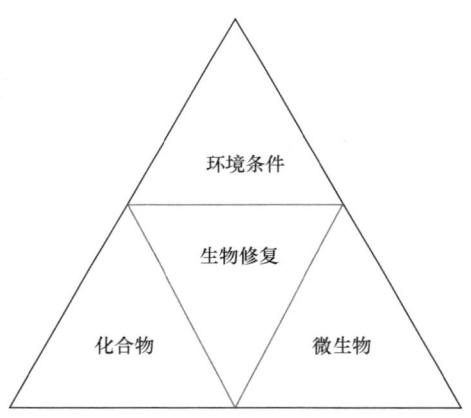

图 9-1 生物修复要素及其相互关系
Fig. 9-1 Biodegradation triangle

二、微生物代谢

在原位生物修复过程中，微生物对物质进行各种转化作用的生理学基础是其新陈代谢活动，主要分为好氧呼吸、厌氧呼吸和发酵（表 9-1）。这些代谢方式最核心的区别在于是否消耗分子氧，所有的好氧呼吸都是以氧气作为电子受体，厌氧呼吸是以可氧化的无机或有机物作为电子受体。有机物通过好氧或厌氧代谢的最终产物一般都为 CO_2 和 H_2O。发酵与厌氧呼吸的区别是发酵不需要外界提供电子受体。

表 9-1　微生物代谢模式（好氧呼吸、厌氧呼吸和发酵）
Tab. 9-1　Summary of metabolism modes (aerobic respiration, anaerobic respiration and fermentation)

电子供体	电子受体	最终产物
好氧呼吸		
有机物	O_2	CO_2、H_2O
NH_4	O_2	NO_2^-、NO_3^-、H_2O
Fe^{2+}	O_2	Fe^{3+}
S^{2-}	O_2	SO_4^{2-}
厌氧呼吸		
有机物	NO_3^-	N_2、CO_2、H_2O
有机物	SO_4^{2-}	S^{2-}、CO_2、H_2O
H_2	SO_4^{2-}	S^{2-}、H_2O
H_2	CO_2	CH_4、H_2O
发酵		
有机物	有机物	有机物、CO_2、CH_4

好氧代谢是生物界的一种最普遍和最重要的生物氧化和高效产能方式。特点是呼吸底物按常规方式脱氢后，该氢经一条完整的呼吸链（即电子传递链）各载体逐级传递，最终被外源的分子氧所接受而生成水，同时释放腺苷三磷酸（ATP）形式的能量。厌氧代谢是指微生物在无氧或缺氧的条件下进行的产能效率较低的特殊呼吸，其特点是底物脱氢后，经过部分呼吸链，把氢交给氧化态的无机物（个别为有机物延胡索酸）。根据呼吸链末端最终氢受体的不同，可以把无氧呼吸分为以下 5 种类型：硝酸盐呼吸、硫酸盐呼吸、硫呼吸、碳酸盐呼吸和延胡索酸呼吸。发酵是指在没有外源最终电子受体的条件下，化能异养型微生物细胞对能源有机化合物的氧化与内源（已经经过该细胞代谢的）有机化合物的还原相耦合，一般并不发生经包含细胞色素等的电子传递链上的电子传递和电子传递磷酸化，而是通过底物（激酶的底物）水平磷酸化来获得代谢能 ATP；能源有机化合物释放电子的一级电子载体 NAD，以 NADH 的形式直接将电子交给内源的有机电子受体而再生成 NAD，同时将后者还原为发酵产物（不完全氧化的产物）。在发酵条件下，有机物只是部分被氧化，因此，只释放出一小部分的能量。

三、有机物转化

有机物的转化可以分为两种：矿化（mineralization）和共代谢（co-metabolism）。矿化是将有机物完全无机化的过程（转化为 H_2O、CO_2 和无机盐等），是与微生物生长包括分解代谢与合成代谢过程相关的过程。被矿化的化合物作为微生物生长的基质及能源。通常只有部分有机物被用于合成菌体，其余部分形成代谢产物，如 CO_2、CH_4、H_2O 等。矿化也可以通过多种微生物的协同作用完成，每种微生物在污染物的彻底转化过程中满足自身的生长需要。

与矿化不同，微生物共代谢化合物的能力并不促进其本身的生长，不导致细胞质量或能量的增加。微生物共代谢是指微生物利用一种容易降解的物质作为支持生长的营养基质,而同时降解另一种物质,但是后一种物质的降解并不支持微生物的生长。前者通常称为第一基质,而后者称为第二基质或者共代谢基质,且往往是难降解的污染物质。污染物共降解的产物不能作为营养被同化为细胞质,有些共代谢中间产物对细胞具有毒性抑制作用,但是共代谢产物可能被其他微生物所利用。关于共代谢的机制目前尚不十分清楚,但共代谢现象的存在已得到普遍证实。

四、污染物反应机制

微生物降解和转化土壤中有机污染物,主要通过以下基本反应类型来实现(表 9-2)。

表 9-2 微生物降解污染物的反应机制
Tab. 9-2 Microbial reactions and pathways

反应类型	实例
脱卤反应	$Cl_2C{=\!\!=}CHCl+H^+ \longrightarrow ClHC{=\!\!=}CHCl+Cl^-$
水解反应	$RCO{-\!\!-}OR'+H_2O \longrightarrow RCOOH+R'OH$
裂解反应	$RCOOH \longrightarrow RH+CO_2$
氧化反应	$CH_3CHCl_2+H_2O \longrightarrow CH_3CCl_2OH + 2H^+ + 2e^-$
还原反应	$CCl_4+H^++2e^- \longrightarrow CHCl_3+Cl^-$
脱卤化氢反应	$CCl_3CH_3 \longrightarrow CCl_2CH_2+HCl$
置换反应	$CH_3CH_2Br+HS^- \longrightarrow CH_3CH_2SH+Br^-$

1)氧化作用:①醇的氧化;②醛的氧化;③甲基的氧化;④氧化去烷基化;⑤硫醚的氧化;⑥过氧化;⑦芳环裂解;⑧杂环裂解;⑨环氧化等。

2)还原作用:①乙烯基的还原;②醇的还原;③芳环羟基化。也有醌类还原、双键和三键还原作用等。

3)基团转移作用:①脱羧作用;②脱卤作用;③脱烃作用。还存在脱氢、卤脱水反应及卤原子移动等。

4)水解作用:主要包括酯类、胺类、磷酸酯及卤代烃等的水解类型。

5)其他反应类型:包括酯化、缩合、氨化、乙酰化及双键断裂等。

第二节 基于胞外呼吸的生物修复原理

基于胞外呼吸的生物修复的核心是胞外呼吸菌,其原理是在适宜的环境条件下促进或强化天然存在的或所培养的胞外呼吸菌的微生物代谢功能,从而达到降低有毒污染物活性或降解成无毒物质的目的。

对胞外呼吸菌这个微生物群的认识始于 1987 年第一个具有 Fe(III)还原活性的金属还原地杆菌(*Geobacter metallireducens*)的成功分离(Lovley and Phillips, 1988)。大量文献已证实海洋沉积物、淡水沉积物、蓄水层等环境中都存在大量的胞外呼吸菌,其在细菌域和古菌域几乎都有分布。胞外呼吸菌的多样性及其在各种淹水环境中的广泛分布,使人们认识到其在环境中的重要性。研究发现胞外呼吸菌的代谢能力强,不仅可以利用纤维素等有机物为碳源,还可利用各种有机酸、烃类化合物、芳香族化合物作为碳源和能源。胞外呼吸菌不仅可以还原多种形态的 Fe(III)、MnO_2，还可以利用 O_2、NO_3^-、NO_2^-、S^0 和一些腐殖酸作为最终电子受体。此外，胞外呼吸菌还可以还原许多痕量金属盐，如 $Cr_2O_7^{2-}$、AsO_3^-、SeO_4^{2-}，以及高价放射性金属，如 U(VI) 和 Tc(VII)。表 9-3 列出了铁还原菌与环境污染物生物修复的直接关系。如图 9-2 所示，胞外呼吸菌对众多环境污染物的降解和转化具有巨大的潜力。

表 9-3　铁还原菌与环境污染物生物修复的直接关系

Tab. 9-3　Microbially Catalyzed contaminant remediation by Fe(III)-reducing microorganisms

	反应物	产物
	有机物氧化偶联铁还原	
1	甲苯 + 36 Fe(III) + 21 H_2O	7 HCO_3^- + 36 Fe(II) + 43 H^+
	高价溶解态金属离子还原为低价态非溶解态金属离子	
2	U(VI) + H_2^a	U(IV) + 2H^+
3	Cr(VI) + 3/2 H_2	Cr(III) + 3H^+
4	Se(II) + [3 H_2]^b	Se(0) + 6H^+
5	Pb(II) + [H_2]	Pb(0) + 2H^+
6	Tc(VII) + [3/2 H_2]	Tc(IV) + 3H^+
	高价溶解态金属离子还原为低价态挥发态金属	
7	Hg(II) + [H_2]	Hg(0) + 2H^+

注：a. H_2 表示分子氢；b. [H_2] 表示从不同有机电子供体产生的 2 个电子

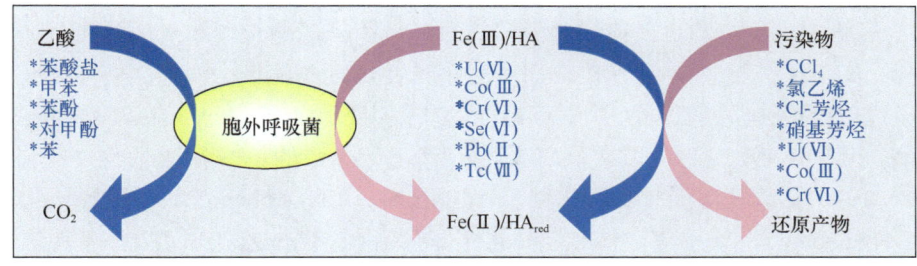

图 9-2　胞外呼吸菌在环境污染物降解和转化过程的作用

Fig. 9-2　Role of Fe(III)-reducing microorganisms in the bioremediation of organic and inorganic contaminants

一、污染物作为电子供体

胞外呼吸菌在碳源利用上具有广谱性，可以利用的电子供体的种类较多，主要有 H_2、乙酸等有机酸及其盐类、糖类、芳香烃类、腐殖质物质、Fe(II) 等。短链有机酸如甲酸盐、乙酸盐、丙酮酸盐、丙酸盐、丁酸盐、乳酸盐、琥珀酸盐、柠檬酸盐、苹果酸盐、延胡索酸盐、戊酸盐等都可作为碳源和电子供体，被胞外呼吸菌氧化分解，生成小分子有机物或者完全矿化为 CO_2。在自然环境中，可供铁还原菌利用的电子供体主要为与沉积物一起沉积的复杂有机物。易维洁等（2009）研究了厌氧微生物利用葡萄糖、果糖、心肌糖、山梨醇糖、淀粉和纤维素作为唯一碳源时对 Fe(III) 还原过程的影响。如图 9-3 所示，厌氧环境中，这些复杂有机物首先被发酵型微生物分解，所产生的发酵产物则成为铁还原菌所能利用的电子供体。因此，胞外呼吸菌驱动的厌氧呼吸能促进有机碳的矿化。

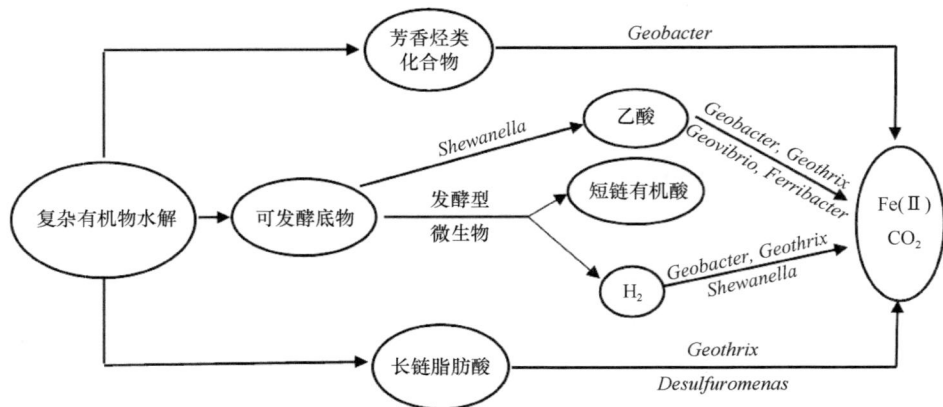

图 9-3　厌氧环境中有机物降解耦联铁还原（Lovley，2002）
Fig. 9-3　Oxidation of organic matter coupled to Fe(Ⅲ) reduction in aquatic sediments and subsurface environments (Lovley, 2002)

大部分胞外呼吸菌可以利用芳香烃类物质作为电子供体。作为一种重要的环境污染物，芳香烃类化合物是可致癌或有潜在致癌性的物质，其毒性强且结构较稳定，属于难降解有机物。统计数据显示，芳香族化合物的全球年产量高达百万吨，这些物质在生产和使用的过程中，有害物质不可避免地泄露到环境中，影响土壤和水体的质量，危害生态系统安全，造成严重的环境污染。研究发现，在厌氧条件下，铁还原菌能偶联 Fe(Ⅲ) 还原和芳香烃的氧化降解过程，从中获得能量支持生长。*Geobacter metellireducens* GS-15 是在纯培养研究中发现的可以在厌氧条件下氧化芳香烃的第一种微生物（Lovley and Lonergan, 1990）。地杆菌能厌氧氧化甲苯（toluene）、苯酚（phenol）、对甲酚（*p*-cresol）、苯酸盐（benzoate）、苯甲醇（benzylalcohol）、苯甲醛（benzaldehyde）、羟基苯甲酸盐（*p*-hydroxybenzoate）、对羟基苯甲醇（*p*-hydroxybenzylalcohol）、羟基苯甲醛（*p*-hydroxybenzaldehyde）。基质代谢和铁还原作用的化学计量研究显示，GS-15 能够以 Fe(Ⅲ) 作为唯一电子受体，将所有芳香族基质完全氧化为 CO_2，公式如下：这些反应式正负电子不等？

$$苯酸盐 + 30\ Fe(Ⅲ) + 19\ H_2O \longrightarrow 7\ HCO_3^- + 30\ Fe(Ⅱ) + 36\ H^+$$
$$甲苯 + 36\ Fe(Ⅲ) + 21\ H_2O \longrightarrow 7\ HCO_3^- + 36\ Fe(Ⅱ) + 43\ H^+$$
$$苯酚 + 28\ Fe(Ⅲ) + 17\ H_2O \longrightarrow 6\ HCO_3^- + 28\ Fe(Ⅱ) + 34\ H^+$$
$$对甲酚 + 34\ Fe(Ⅲ) + 20\ H_2O \longrightarrow 7\ HCO_3^- + 34\ Fe(Ⅱ) + 41\ H^+$$

足够证据显示，类似 GS-15 的微生物的新陈代谢过程是去除受污染的地下水中芳香族化合物的重要代谢方式。

二、污染物作为电子受体

胞外呼吸菌所利用的电子受体有 Fe(Ⅲ)、Mn(Ⅳ)、硝酸盐、硫酸盐、腐殖质、有机氯、重金属等，因此，胞外呼吸菌具有重要的环境功能。目前，异化金属还原过程已逐渐应用于生物冶金（如锰、钴、镍、铀、金的生物浸取）、重金属离子（如铬、钒、钴、镍、铀、铜、汞等）污染的生物治理及持久性有机物污水的生物降解。

研究表明，在厌氧条件下，伴随微生物铁/腐殖质还原过程的进行不仅可以使高价金属元素还原，还可改变其金属元素在环境中的移动性、毒性及放射性。Fe(III)/腐殖质呼吸能促进 U(VI)、Cr(VI)、Ag(I)、Au(III)、Hg(II)、V(V)、Sr(II)、Co(II)等重金属离子的还原转化（Gu et al., 2005；Gu and Chen, 2003）。

研究发现，*Desulfuromonas chloroenthenica*（Krumholz et al., 1996；Krumholz, 1997）、*Desulfuromonas michiganensis*（Sung et al., 2003）和某些地杆菌科铁还原菌株能够使四氯乙烯（tetrachloroethene，PCE）脱掉 2 个氯生成二氯乙烯（*cis*-1,2-dichloroethene, *cis*-DCE）并耦合乙酸的氧化。此外，*Trichlorobacter thiogenes*（De Wever et al., 2000）、*Anaeromyxobacter dehalogens*（He and Sanford, 2003）、某些 *Desulfitobacterium* 和粘细菌科（Myxobacteria）的铁还原菌（Lovley et al., 1998；Niggemyer et al., 2001；Finneran et al., 2002；Shelobolina et al., 2003）具有脱氯活性，详细见表 9-4。值得一提的是，在有机氯污染的地下环境中，Fe(III)还原与有机氯脱氯能够同时进行，铁氧化物的存在并不能抑制铁还原菌对有机氯的还原脱氯（He and Sanford, 2003；Sung et al., 2003）。此前，人们对铁还原菌的特性研究并没有包括其对有机氯还原能力这一项，因此很有可能还有更多具有脱氯活性的铁还原菌没有被发现。

表 9-4 具有脱氯活性的铁还原菌

Tab. 9-4 Fe(III)-reducing bacteria capable of dechlorination

脱氯铁还原菌	电子供体	电子受体*	参考文献
Anaeromyxobacter dehalogens	Ac	Fe(III)-cit、Fe(III)-P、PCIO、Fum、Nitrate、Nitrite、O_2、OHP	He and Sanford, 2003
Comamonas Koreensis	Cit、Glyc、Glu、Suc	AQDS、Hem、Goe、PCIO、Lep、2,4-D	Wang et al., 2009；Wu et al., 2010
Desulfitobacterium frappieri strain PCP-1	Lac	Fe(III)-P、PCIO、As(V)、Fum、Mn(IV)、Se(VI)、S^0、SO_3^{2-}、$S_2O_3^{2-}$、PCP、2,3,4,5-TTCP、2,3,5,6-TTCP、2,3,4-TCP、2,3,5-TCP、2,3,6-TCP、2,4,5-TCP、2,4,6-TCP、3,4,5-TCP、3,5-DCP、2,6-DCP、2,4-DCP	Bouchard et al., 1996；Niggemyer et al., 2001
Desulfitobacterium frappieri strain G2	Buty、BtOH、Cit、EtOH、For、H_2、Lac、Mal、Pyr	Fe(III)-cit、Fe(III)-NTA、Fe(III)-P、PCIO、Smectite、AQDS、Fum、Nitrate、SO_3^{2-}、$S_2O_3^{2-}$、U(VI)、TCE、PCE	Shelobolina et al., 2003
Desulfitobacterium hafniense	Lac	PCIO、Fe(III)-P、As(V)、Fum、Mn(IV)、Nitrate、S^0、SO_3^{2-}、$S_2O_3^{2-}$、Se(VI)、2,4,5-TCP、2,4,6-TCP、PCP、2,4-DCP、3,5-DCP、2,6-DCP、3-Cl-4-OHPA、2,3,4,5-TTCP、2,3,4,6-TTCP、2,3,4-TCP、2,3,5-TCP、2,3,6-TCP、3,4,5-TCP	Niggemyer et al., 2001
Desulfitobacterium metallireducens	Lac、For	Fe(III)-cit、Fe(III)-NTA、AQDS、Humics、Mn(IV)、Cr(VI)、$S_2O_3^{2-}$、S^0、Selenite、TCE、PCE、3-chloro-4-HPE	Finneran et al., 2002
Desulfuromonas chloroenthenica	Ac、Pyr	Fe(III)-NTA、PCE、TCE、Fum、S^{2-}	Krumholz et al., 1996；Krumholz, 1997
Desulfuromonas michiganensis	Ac、Fum、Lac、Mal、Pyr、Succ	PCIO、Fe(III)-cit、Fum、Mal、S^0、PCE、TCE	Sung et al., 2003

续表

脱氯铁还原菌	电子供体	电子受体*	参考文献
Klebsiella pneumoniae	Cit、Glu、Glyc、Suc	AQDS、Hem、Goe、PCIO、Lep、CT	Li et al., 2009a
Pantoea agglomerans	For、Lac、Glyc、Cit、Glu、Suc	AQDS、Hem、Goe、PCIO、Lep、DDT、PCP	武春媛等，2010
Shewanella decolorationis	Lac、Glu	Fe(III)-Cit、Goe、Nitrate、$S_2O_3^{2-}$、DDT	Li et al., 2009b
Trichlorobacter thiogenes	Ac	Fe(III)-NTA、Fe(III)-P、Fum、S^0、TCA	Nevin et al., 2007

注：* 电子受体：2,4-D. 2,4-dichlorophenoxyacetic acid，2,4-二氯苯氧乙酸；CT. carbon tetrachloride，四氯化碳；DCP. dichlorophenol，二氯苯酚；DDT. 1,1,1-trichloro-2,2-bis (*p*-chlorophenyl) ethane，滴滴涕；OHP. ortho-substituted halophenols，邻卤代苯酚；PCP. pentachlorophenol，五氯苯酚；PCE. tetrachloroethylene，四氯乙烯；TTCP. tetrachlorophenol，四氯苯酚；TCE. trichloroethylene，三氯乙烯；TCA. trichloroacetic acid，三氯乙酸；TCP. trichlorophenol，三氯苯酚；OHPA，HPE. hydroxyphenylacetate，羟基苯乙酸

周顺桂、李芳柏等建立了胞外呼吸菌-氧化铁-有机氯反应新体系，发现具有铁还原和腐殖质还原功能的克雷伯氏菌 L17（*Klebsiella pneumoniae* L17）也具有四氯化碳呼吸脱氯功能，它能以葡萄糖为电子供体，直接将其 CCl_4 转化为三氯甲烷；同时，它也兼具间接脱氯活性，即 L17 菌通过还原溶解针铁矿产生吸附态 Fe(II)，将 CCl_4 还原为三氯甲烷，使脱氯转化动力学提高 1.2 倍。

三、电子中介体强化修复过程

Fe(III)/腐殖质可以充当电子穿梭体，参与微生物和有机污染物之间的电子往返传送（图 9-4），从而促进偶氮染料、硝基芳香化合物和多卤代污染物的微生物还原转化

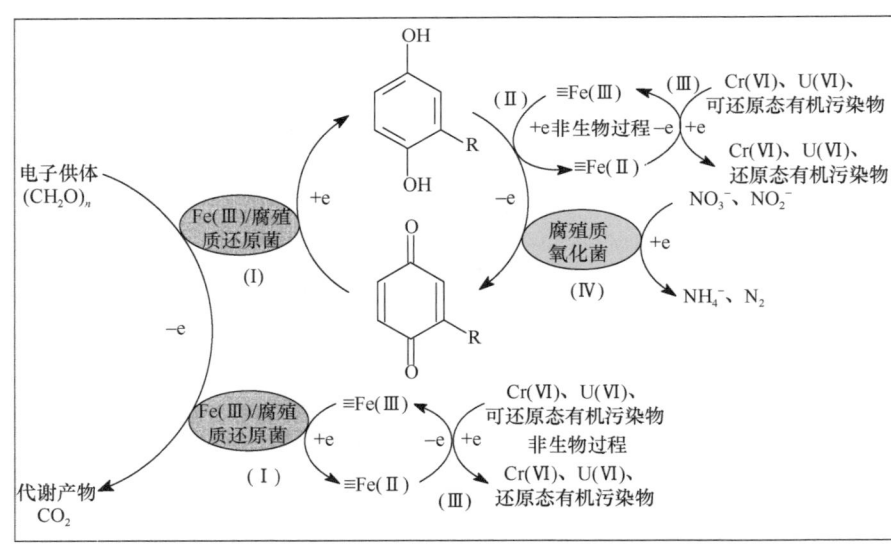

图 9-4 Fe(III)/腐殖质呼吸介导 Fe(III)、U(VI)、Cr(VI)、NO_3^-/NO_2^- 及有机污染物转化机制（Bhushan et al., 2006；Cervantes et al., 2004；Holman et al., 2002；Hong et al., 2007；Kim and Pfaender, 2005；Xu et al., 2006；ven der Zee and Renske, 2001）

Fig. 9-4 Model for mechanism by which Fe(III)/humus respiration accelarate Fe(III), U(VI), Cr(VI), NO_3^-/NO_2^- and organic pollutant reduction (Bhushan et al., 2006; Cervantes et al., 2004; Holman et al., 2002; Hong et al., 2007; Kim and Pfaender, 2005; Xu et al., 2006; ven der Zee and Renske, 2001)

（Bhushan et al.，2006；Cervantes et al.，2004；Holman et al.，2002；Hong et al.，2007；Kim and Pfaender，2005；Xu et al.，2006；ven der Zee and Renske，2001）。ven der Zee 和 Renske（2001）研究表明，在用 UASB（升流式厌氧污泥床反应器）处理偶氮染料废水的过程中加入少量 AQDS，可以明显加速偶氮染料 RR2 的偶氮键的断裂，0.24 mmol/L 的 AQDS 就可使脱色率增加 6 倍。AQDS 也能促进希瓦氏菌 *S. cinica* D14^T 对偶氮染料苋菜红的还原脱色（Xu et al.，2006）。AQDS 和 HA 作为电子穿梭体，还能促进厌氧菌 *Clostridium* sp. EDB2 降解三硝基苯甲硝胺（RDX）（Bhushan et al.，2006）。此外，有文献报道 HA 能明显缩短微生物降解多环芳烃（PAH）的延滞期，从而加快 *Mycobacterium* sp. JLS 对 PAH 的降解速率（Holman et al.，2002）。在腐败希瓦氏菌（*S. putrefaciens* CN32）还原 Cr(VI) 的体系中加入少量 HS，能明显加强 Cr(VI) 的还原速率，28 h 就有 50%的 Cr(VI)被还原，而对照只有 10%的 Cr(VI)被还原（Gu and Chen，2003）。

第三节 应用领域

一、石油烃类污染土壤的原位修复

石油的开采、冶炼、使用和运输过程的污染和泄漏事故，以及含油废水的排放、石油制品的挥发、不完全燃烧物飘落等引起一系列土壤及地下水石油污染问题。特别是石油开采过程产生的落地原油，已成为土壤矿物油污染的重要来源，而且石油类污染物经包气带土层进入地下水造成污染。通常将石油类污染物称为非水相流体（NAPL），苯、甲苯、乙苯和二甲苯（简称 BTEX）是水石油类污染物中最常见的组分。

在厌氧条件下，胞外呼吸菌能氧化芳香烃偶联 Fe(III)还原，鉴于铁氧化物在土壤中的广泛分布，这种降解机制对 BTEX 等石油烃类污染物在土壤或地下水的迁移扩散有重要的制约作用。这种芳香烃的厌氧降解过程可以通过以下途径得到提高：①添加溶解态 Fe(III)，目的是增加微生物可利用性电子受体 Fe(III)（Lovley et al.，1994，1996a）；②添加如腐殖质类的电子穿梭体，其作用是加速微生物与不溶性 Fe(III)的电子传递过程，提高 Fe(III)还原效率（Lovley et al.，1996b）。研究显示，利用以上的强化措施，即使是最难降解的单芳族烃苯，在厌氧条件下也能被快速降解。

另一个强化 BTEX 或有机污染物降解的途径是在污染区为胞外呼吸菌提供电子受体——电极，用来代替土壤中的铁氧化物或腐殖质等胞外电子受体（Zhang et al.，2010）。在这种条件下，胞外呼吸菌如 *Geobacter metallireducens* 或混合微生物，能利用电极作为电子受体厌氧氧化芳香烃类有机物。使用电极的好处是可以同时将污染物（芳香烃在降解之前被电极吸附）、降解微生物、电子受体富集在同一地点。与外源添加 Fe(III)等电子受体的强化措施相比，电极不需要周期性补给。一种最简单的方法是在污染场地插入一根导电棒，其在地理位置上贯穿好氧区和厌氧区，其在功能上既是阳极电极又是阴极电极。这种"电化学通气管"(electrochemical snorkel)装置最早是用于废水处理（Erable et al.，2011），且用于石油烃类污染土壤修复也非常有效。如图 9-5 所示，导电棒插入污染区，微生物在厌氧污染区域生长，氧化苯或者其他有机污染物，氧化过程中产生的电子流向导电棒，并传递至好氧区的导电棒（阴极），电子最终传递至好氧区的电子受体——氧气。这个装置不仅可以用于修复污染水体沉积物、人工湿地、地下水，还可以用于垃圾填埋场或湿地的甲烷减排。甲烷减排的原理是胞外呼吸菌氧化物有机物产生的电子有一部分流向导电棒，从而造成流向产甲烷过程的电子减少，因此产生的甲烷量减少（Lovley, 2011）。

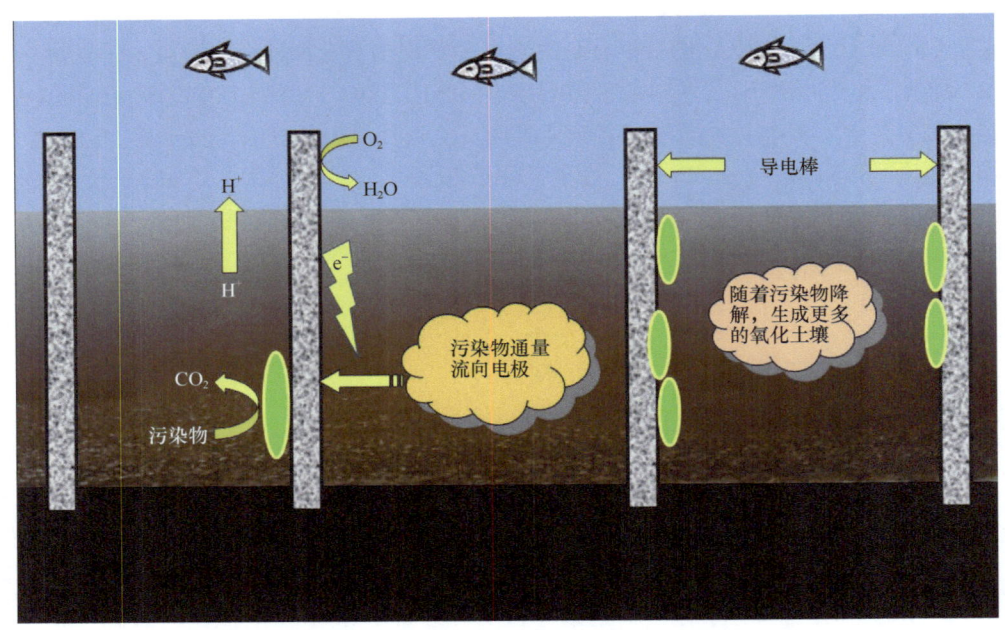

图 9-5 利用"电化学通气管"原位生物修复有机物污染土壤（Lovley, 2011）
Fig. 9-5 Subsurface snorkel for stimulating bioremediation of organic contaminants (Lovley, 2011)

深入理解石油烃类化合物的降解机制对优化利用"电化学通气管"的土壤原位修复方法有非常重要的意义。目前的分子生物学研究表明，驱动 BTEX 氧化偶联 Fe(III) 还原过程的优势微生物是 *Geobacter* 属（Lovley et al., 1989；Rooney-Varga et al., 1999；Anderson and Lovley, 1999；Röling et al., 2001；Staats et al., 2011），已有多株属于 *Geobacter* 属的纯菌能够有效地降解芳香族化合物（Lovley and Lonergan, 1990；Prakash et al., 2010；Coates et al., 1996）。正因为胞外呼吸菌是整个生物修复过程的核心驱动力，因此可通过富集胞外呼吸菌提高土壤修复效率。Snoeyenbos-West 等（2000）的研究显示，在沙地沉积物中添加不同有机电子供体（乙酸、乳酸、甲酸、葡萄糖、苯甲酸等）或电子穿梭体（AQDS、腐殖质）可以促进胞外呼吸菌的微生物代谢过程，*Geobacter* 属菌数量明显增加，成为沉积物中的微生物优势菌群。

二、重金属原位修复

目前，全世界平均每年约排放 Hg 1.5 万 t、Cu 340 万 t、Pb 500 万 t、Mn 1500 万 t、Ni 100 万 t。土壤重金属污染具有移动性差、滞留时间长、不能被微生物降解的特点；当有害重金属积累到一定程度，不仅会导致土壤退化、农作物产量和品质下降，还可以通过径流、淋失作用污染地表水和地下水，并可能直接毒害植物或通过食物链途径危害人体健康。微生物修复重金属污染土壤的主要作用原理是：①微生物可以降低土壤中重金属的毒性；②微生物可以吸附并积累重金属；③微生物可以改变根际微环境，从而提高植物对重金属的吸收、挥发或固定效率。

重金属可作为微生物呼吸过程中的电子受体，虽然金属还原过程不能达到最终去除重金属的效果，但是会对重金属的溶解性、生物可利用性和流动性产生影响。胞外呼吸菌可以利用除 Fe(III)以外的许多有毒重金属和类金属，如 Mn(IV)、Cr(VI)、Co(III)、As(V)、Se(V)等，以及放射性元素 U(VI)、Tc(VII)、V(V)等（Lovley et al., 1993, 1991；Anderson et al., 2003；Tebo and Obraztsova, 1998；Kashefi and Lovley, 2000；Fredrickson et al., 2000；Lloyd et al., 2000；Bernad et al., 2004；Niggemyer et al., 2001），从而对这些有毒金属起到还原解毒或还原固定的作用。例如，*Geobacter* 属被证实能以 U(VI)作为电子受体，将溶解态的 U(VI)还原成非溶解态的 U(IV)，并在还原过程中获得生长所需的能量。图 9-6 为地下水铀污染的原位微生物修复技术示意图（Lovley, 2002）：污染地下水中含有溶解氧和溶解态的 U(VI)，添加外源简单有机物如乙酸后，微生物迅速消耗易还原的电子受体氧气和硝酸根，当氧气和硝酸根耗尽后，微生物开始偶联乙酸氧化和金属还原过程。事实表明，即使在铀污染场地，Fe(III)仍然是丰度最高的金属电子受体。但是，微生物在还原 Fe(III)的同时也能将 U(VI)还原成 U(IV)，形成 U(VI)-Fe 氧化复合物或铀矿晶体沉淀从而将铀原位固定。

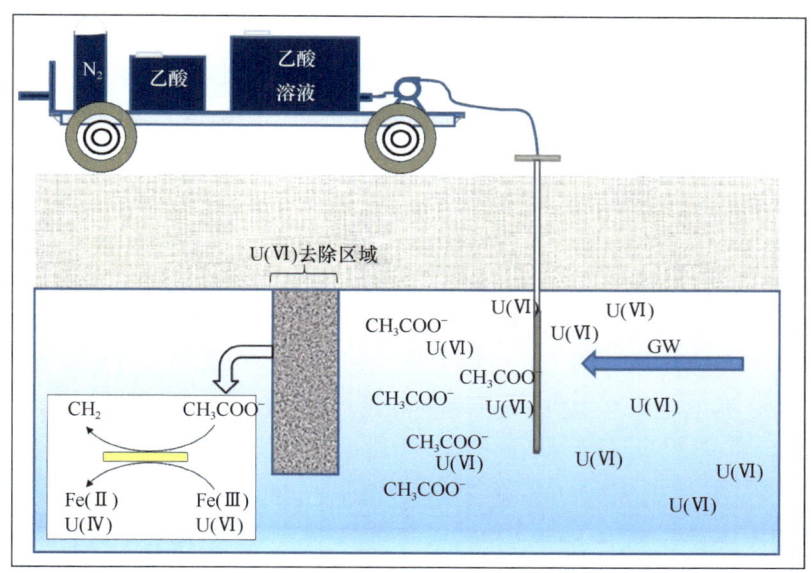

图 9-6 地下水铀污染的原位微生物修复技术（Lovley, 2002）
Fig. 9-6 Strategy for bioremediation of uranium-contaminated groundwater (Lovley, 2002)

美国能源部在田纳西州橡树岭市的 Y-12 设施区有一处典型的铀污染区域，美国斯坦福大学和橡树岭国家实验室等的实验结果证实了在厌氧条件下原位还原固定地下水体中污染铀的可行性（吴唯民等，2011）。污染区的土著微生物以人为注入的乙醇为电子供体，把地下水和沉积物中的 U(VI)还原为不溶解的 U(IV)，使之原位固定化，而还原的 U(IV)主要以 U(VI)-Fe 复合物的形态存在。通过预处理和长期间隔的方式注入乙醇溶液，地下水中铀的浓度从 40~60 mg/L 降至 0.03 mg/L 以下，达到了美国环保署饮用水的标准。16S rDNA 克隆文库的分析结果显示，地下水和沉积物中可能参与还原 U(VI)反应的微生物包括硫酸盐还原菌中的脱硫弧菌（*Desulfovibrio*）、*Desulfoporosinus*、脱硫肠状菌（*Desulfotomaculm*），以及铁还原菌中的地杆菌、*Anaeromyxobacter*、土丝菌（*Geothrix*）。上述微生物在生物修复过程中可以直接还原 U(VI)或者通过其代谢产物 Fe(II)和 S(II)间接还原地下水和沉积物中的 U(VI)。实验室及前期野外实验研究显示，这种还原机制可有效地阻止铀在地下的进一步污染和扩散，便于铀的集中及最终回收。这种修复方法同时也适合其他重金属污染物，如 Tc(VII)、Cr(VI)、Co(III)、Se(V)等。

三、微生物脱氯

有机氯化合物是指氯代有机化合物，是一类典型的环境污染物，主要包括氯代脂肪烃（如四氯化碳、三氯甲烷）、氯代芳香烃（如五氯酚、六氯苯）、苯以外的氯代环状化合物（如六六六）、有机氯农药（如DDT）、多氯联苯及二噁英类化合物。这些有机氯污染物一方面来自农业生产，如大量生产施用于土壤和作物中的杀虫剂；另一方面通过工业生产、金属冶炼和垃圾焚烧将其带入环境中。有机氯大多具有强烈的"三致"（致癌、致畸、致突变）效应，但其结构稳定，易造成环境残留并引起污染。一旦进入环境中，将在水体、土壤和底泥等环境介质及生物体中长期残留，时间可长达数年甚至数十年。

电极可作为胞外呼吸菌的胞外电子受体，也可作为胞外呼吸菌的电子供体。在 MFC 中，胞外呼吸菌在阳极室氧化有机物并把释放出的电子传递给阳极，此时阳极是电子受体。同时胞外呼吸菌也能从极化电极上接受电子。如 *Geobacter sulfurreducens* 和 *Geobacter metallireducens* 可从极化石墨电极上接受电子，用于还原电势较高的电子受体，如延胡索酸、硝酸、U(IV)等。Strycharz 等（2008）发现，当在电极上施加–300 mV 电压时（vs SHE 标准氢电极），*Geobacter lovleyi* 能以电极作为电子供体，在 72 h 内将 PCE 还原为顺-1,2-二氯乙烯（*cis*-DCE）。近年来，研究人员从受有机氯污染的土壤和河流底泥中提取到可以高效降解 TCE 的厌氧脱氯菌种，这些菌种在厌氧条件下把 TCE 作为电子受体，以其他还原性物质（如甲醇、乙酸盐、氢气等）为电子供体，将 TCE 还原为乙烯等产物，但脱氯过程中还原性物质的加入会给地下水和土壤修复带来二次污染和安全隐患，限制了微生物在污染修复中的应用。Aulenta 等（2009）的研究发现，TCE 厌氧脱氯菌可以以极化电极（–450 mV vs 标准氢电极）作为电子供体，将 TCE 还原脱氯为 *cis*-DCE 及少量的氯乙烯和乙烯。这些可以利用电极作为电子供体的脱氯微生物给土壤和地下水的修复提供了新的途径，机制如图 9-7 所示（Lovley and Nevin, 2011）。与传统的物理化学修复与生物修复技术相比，该土壤原位修复技术具备以下优点：①其原理和结构适合土壤的原位修复；②结合微生物和电化学两个过程，使土壤修复的速度大大加快；③可不向土壤添加外源物质，利用土壤自身的成分实现土壤修复；④设备成本较低，并且能耗很低（只需施加微电压）。

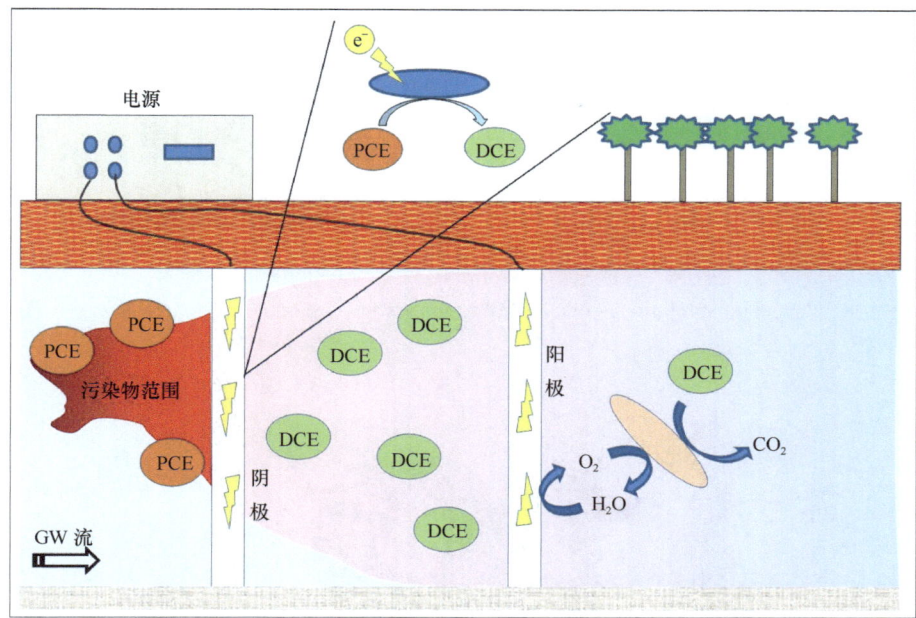

图 9-7 地下有机氯污染物的还原脱氯和好氧矿化脱氯产物（Lovley and Nevin, 2011）
Fig. 9-7 Strategy for sequentially stimulating reductive dechlorination and aerobic degradation of partially dechlorinated products in the subsurface with solar power (Lovley and Nevin, 2011)

第四节 应 用 案 例

一、插入式微生物燃料电池原位修复河道底泥（Yuan et al., 2010）

（一）"插入式"微生物燃料电池构建

1. 布阴极组构建

"布+镍基导电漆"阴极组构建过程如下：称取聚偏氟乙烯（PVDF）粉末溶于 N-甲基吡咯烷酮（PVDF：N-甲基吡咯烷酮=1 g：15 mL），搅拌混合后均匀涂刷于机械性能较好的结构致密的帆布的一面，在自然条件下风干 12 h，再在 80℃下烘干 1 h；称取镍导电漆与电解二氧化锰（镍导电漆：电解二氧化锰=15：1），超声分散 15 min 后，均匀涂布于布基材料的另一面，在自然条件下风干 12 h，再在 90℃下烘干 1 h，烘干后的材料即为"布+镍基导电漆"阴极组（图 9-8），此阴极组 PVDF 载量约为 2.0 mg/cm^2，MnO$_2$ 载量约为 1.0 mg/cm^2。

2. 插入式 MFC 单体的构建

选一根圆柱形 PVC 塑料管为微生物燃料电池（MFC）的骨架，在 PVC 管骨架上打孔，孔直径 1 cm；以布阴极组包裹骨架镂空段，布阴极的碳布侧在内，紧贴 PVC 管，然后用碳毡包裹阴极组，该碳毡作为 MFC 阳极，钛丝分别从阴极和阳极导出，完成后即得微生物燃料电池。结构示意图如图 9-9 所示，制作工艺如图 9-10 所示。

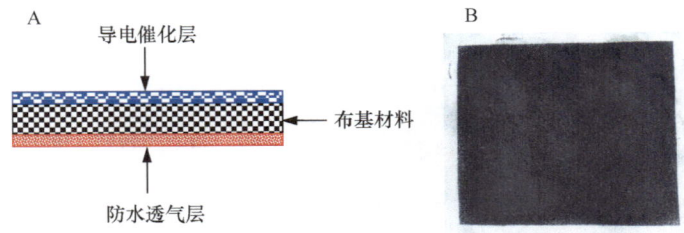

图 9-8 布阴极组结构示意图（A）和实物图（B）
Fig. 9-8 Schematic of cloth-cathode assembly (A) and picture of cloth-cathode assembly (B)

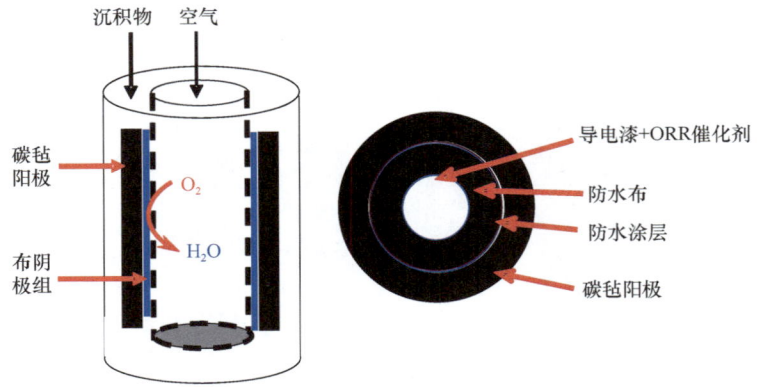

图 9-9 插入式 MFC 结构示意图
Fig. 9-9 Details of the construction of a tubular air-cathode -MFC

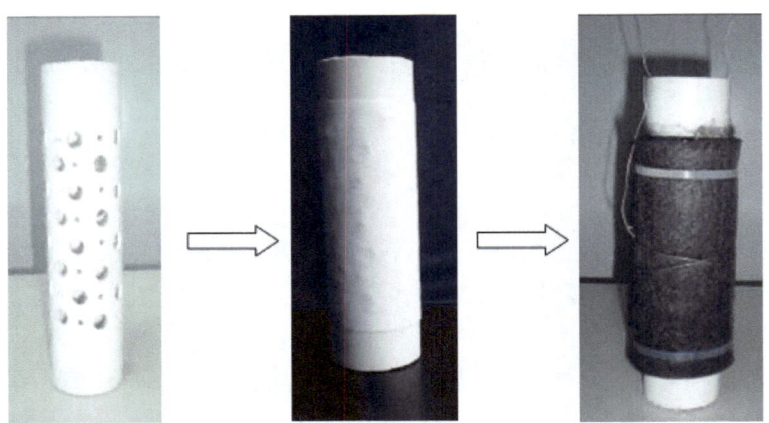

图 9-10 插入式 MFC 单体的制作流程图
Fig. 9-10 Construction procedure for a tubular air-cathode MFC

（二）"插入式"微生物燃料电池原位修复河道底泥

将按照上述流程构建的"插入式"微生物燃料电池封闭的一端插入淹水污染土壤或底泥中，阳极与污染土壤或底泥接触形成阳极室，厌氧微生物在阳极室富集、繁殖和驯化。未封闭的一端露出水面，保证阴极室充满空气。阴阳极均按照常规技术设导线引出，构成回路。实验过程中底泥中蒸发损失的水分可以通过滴加去离子水补充。污染土壤或河涌底泥原位生物修复原理为：MFC 阳极与污染土壤或河涌底泥直接接触，在产电微生物作用下，污染土壤或河涌底泥中有机物被消耗的同时产电。下面为原位修复河道底泥的实例。

插入河道底泥的 MFC 运行稳定后测定其输出电压，根据 MFC 极化曲线计算出输出功率密度及底泥 COD 变化。图 9-11 为外接不同电阻下 MFC 的功率曲线图。从图 9-11 可以看出，外接 30 Ω 时 MFC 最大输出功率密度最大，远高于外阻为 100 Ω 和 1000 Ω 的 MFC。表 9-4 为不同外阻条件下 MFC 产电情况表。从表 9-5 可以看出，外阻为 30 Ω 时，其最大输出功率密度为（107.1±8.6）mW/m^2，内阻 20 Ω，COD 去除率可达 48.2%，库仑效率为 17.9%，均好于外接电阻为 100 Ω 及 1000 Ω 的 MFC。

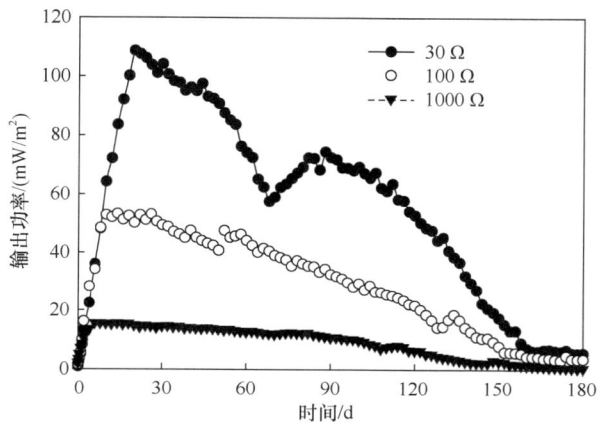

图 9-11　不同外接电阻下 MFC 的功率曲线图

Fig. 9-11　Power density versus time curve from the TAC-MFC with various external loadings

表 9-5　不同外接电阻下 MFC 的产电性能及 COD 去除率

Tab. 9-5　Effect of external resistance on performance characteristics of MFC

外接电阻/Ω	开路电压/mV	输出功率/(mW/m^2)	内阻/Ω	COD 去除率/%	库仑效率/%
30	703.2±7.1	107.1±8.6	20	48.2	17.9
100	714.7±3.2	57.5±3.1	25	36.5	10.6
1000	722.5±2.1	16.3±1.2	30	18.4	6.5
开路	835.8±0.6	0	—	4.5	0

通过 180 天的运行后发现河道底泥 pH、氧化还原电位、底泥有机质（loss on ignition, LOI）、易氧化有机质（readily oxidizable organic matter, ROOM）和酸挥发性硫化物（acid volatile sulfide, AVS）等指标都发生显著变化（表 9-6）。电池的外阻为 30 Ω 时，底泥的 LOI 下降了 33.1%，ROOM 下降了 36.0%，而插入开路电池的底泥的 LOI 和 ROOM 的变化非常微小，这说明微生物燃料电池有利于底泥有机质的厌氧降解。另外 3 个闭路电池处理中底泥 AVS 的去除率都超过了 94%。研究表明，硫氧化细菌如 *Desulfobulbus* 属和 *Desulfocapsa* 属在阳极生物膜上大量存在，能以溶解态的和非溶解态的硫化物作为电子供体，把代谢过程中产生的电子传递至阳极产电。前期研究显示硫酸还原菌在氧化还原电位–100 mV 以下时生长良好并有利于产 H$_2$S，而微生物燃料电池提高了底泥的氧化还原电位，有利于抑制 H$_2$S 的生成，消除了底泥的恶臭问题。这些实验结果表明微生

物燃料电池不仅可氧化底泥中的有机物，还可通过提升氧化还原电位来抑制底泥中产 H_2S 过程的发生，是一种有效的原位底泥生物修复技术，其机制如图 9-12 所示。

表 9-6　微生物燃料电池处理后底泥质量评价参数变化

Tab. 9-6　Changes of pH and sediment quality parameters under closed- and open-circuit conditions after 6 months of operation from the start of experiment

	pH	氧化还原电位/mV	LOI/%	ROOM/%	AVS/（mg/g）
原始沉积物	7.23	−162.5±9.6	12.64±0.15	5.03±0.11	6.85±0.28
开路条件	6.97	−169.2±10.5	12.25±0.19	4.86±0.12	6.80±0.17
闭路（30 Ω）	6.18	+245.7±72.8	8.46±0.34	3.22±0.21	0.35±0.04
闭路（100 Ω）	6.31	+216.2±26.7	9.11±0.35	3.83±0.19	0.32±0.03
闭路（1000 Ω）	6.52	+185.6±12.9	9.93±0.12	4.39±0.25	0.36±0.02

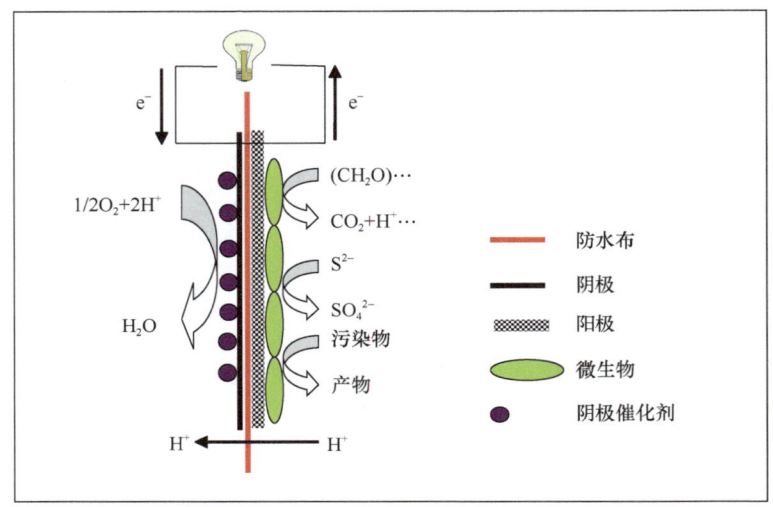

图 9-12　微生物燃料电池原位修复污染土壤（底泥）机制示意图

Fig. 9-12　Possible mechanisms of bioremediation of sediments in MFC including organic matter, sulfide, and other potential pollutants oxidation

二、极化电极作为电子供体进行生物还原脱氯（Aulenta et al., 2009）

（一）生物电化学装置

生物电化学体系装置由 2 个大小相同的硼硅酸盐玻璃瓶构成，2 个瓶由 Nafion117 质子交换膜隔开。质子交换膜在使用前要进行 H_2O_2（30%）、0.5 mol/L H_2SO_4 和去离子水煮沸预处理。阴极（工作电极）材料为碳纸，电极面积为 50 mm×10 mm，阳极（对电极）材料为 2 cm² 的铂板。电极在使用前需在去离子水中反复浸泡。参比电极为饱和 Ag/AgCl 电极（+199 mV vs SHE），放置于阴极室。整个实验温度为 25℃。

加入阴极室的混合菌液按照下面的方法培养：在 2 L 硼硅酸盐玻璃瓶中加入少量海泥及 1.5 L 的培养基[$(NH_4)_2Cl$ 0.5 g/L、$MgCl_2·H_2O$ 0.1 g/L、K_2HPO_4 0.4 g/L、$CaCl_2·H_2O$ 0.05 g/L、10 mL 微量元素、1 mL 维生素、15 mL $NaHCO_3$（10%，w/V）]，反应器密闭并搅拌。每隔 1 周向反应器添加 0.75 mmol TCE 和 1.64 mmol H_2。在每次重复添加 TCE

和 H_2 前，以 70∶30 N_2/CO_2 的厌氧气曝气反应器，并用新鲜的培养基代替反应器中 450 mL 旧的培养基。富集培养 4 周后将混合菌加入阴极室。

（二）生物还原脱氯效果

当未对阴极施加电压时，TCE 不发生还原脱氯，未检测出 TCE 的还原产物；当对阴极施加–450 mV（vs SHE）的电压时，反应器出现了还原电流，微生物开始迅速降解 TCE（图 9-13A）。经过 3 天的反应，检测到 TCE 的还原产物顺二氯乙烯 [*cis*-dichloroethylene，*cis*-DCE，(83.9±8.0)%]、氯乙烯 [vinyl chloride，VC，(3.5±2.0)%] 及乙烯（ethene）和乙烷（ethane）[(12.6±7.0)%]（图 9-13B）。因为 *Dehalococcoides* 属是目前已知的唯一能将 TCE 降解为 *cis*-DCE 的微生物，因此 *Dehalococcoides* 属在该脱氯反应中的地位十分重要。当阴极室的接种微生物为 *Geobacter lovleyi* 时，TCE 的降解情况与混合菌基本相同，但 *cis*-DCE 是唯一检测到的脱氯产物（图 9-13）。

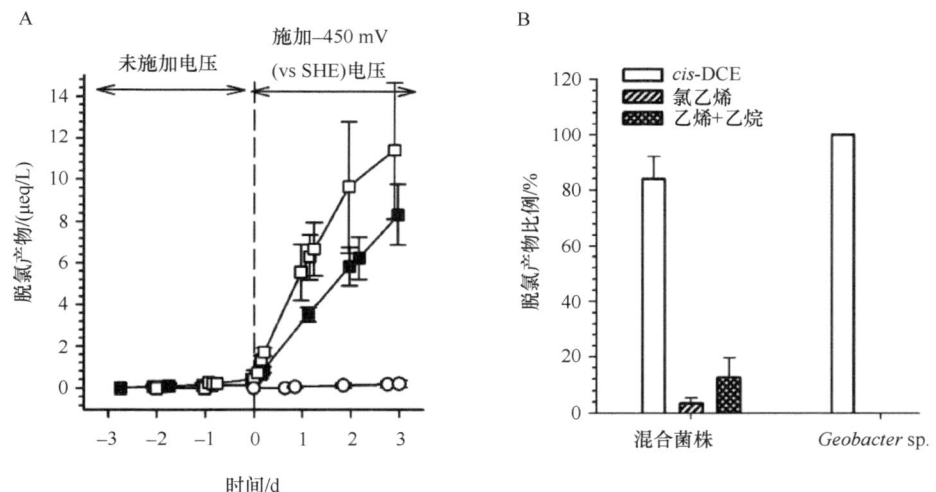

图 9-13　A. 分批试验中生物电化学电池阴极室中 TCE 脱氯产物的累积。（□）*Geobacter lovleyi*；（■）混合菌株；（○）无菌对照。B. 经–450 mV（vs SHE）电极极化 3 天后，TCE 脱氯产物比例

Fig. 9-13　A. Accumulation of TCE dechlorination products in the cathodic chamber of the bioelectrochemical cell during batch experiments. (□) *Geobacter lovleyi*; (■) mixed culture; (○) abiotic control. B. Molar distribution of formed TCE dechlorination products after 3 days of electrode polarization at –450 mV (vs SHE)

同时，在未接种微生物的对照反应器中没有检测到 TCE 的降解产物，这也说明了在施加电压的条件下反应器里的脱氯过程是一个微生物催化的过程。此外，所有反应器中的电化学产氢速率要低于微生物脱氯速率 1000 倍，这足以排除 H_2 在脱氯过程中作为电子受体的可能性。通过循环伏安法测试发现，混合菌自身分泌了一种电子中介体，帮助电子从电极传递给微生物并实现 TCE 的脱氯还原。

三、利用地杆菌原位修复铀污染地下水（Anderson et al., 2003）

（一）修复场地及实验设计

修复的场地位于美国科罗拉多来复一个废弃的铀矿处理厂；其地下水中铀的浓度在

0.4~1.4 µmol/L，溶解氧浓度低于 0.2 mg/L，并未检测到硝酸根；地下水流速大约为 0.82 m/d，水力传导系数为 54 m/d，孔隙率为 0.27，水力梯度为 0.04 m/m。

如图 9-14 所示，修复场地铺设了两排直径为 3.2 cm 的竖井（共 20 根），每个井的安装深度至地下 6.1 m，贯穿整个含水层（2.4 m），同时在深度为 1.5~6.1 m 装有过滤器。每个井内设有 3 根不锈钢注射管（直径 0.3 cm），并设置于不同深度。为了观察地下变化，15 个观察井分 3 排安装在实验井的下游方向来观察井的安装深度，且过滤层的安装方式与实验井相同。

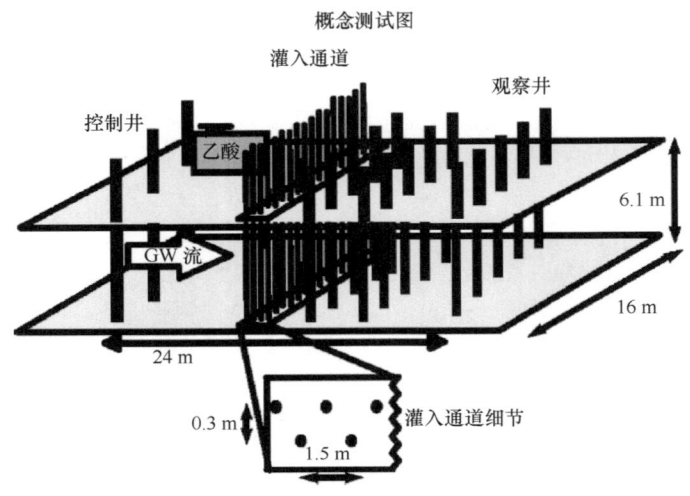

图 9-14　污染场地地下水铀原位修复设计图

Fig. 9-14　Concept and layout of the *in situ* test plot installed at the Old Rifle UMTRA site in Rifle, Colo

盛乙酸的容器是一个容积为 2120 L 的不锈钢罐，内装取自上游井的地下水，添加乙酸钠（100 mmol/L）和溴化钾（10 mmol/L）后曝气通氮去除氧气，溶液在 0.1 atm①的 N_2 气氛中保存。乙酸的添加流速设为 1~3 mL/min，相当于向水层中添加 1%~3%的乙酸（体积比）。

（二）U(Ⅵ)的去除

添加乙酸 9 天后，相对于上游观察井，实验井内的 U(Ⅵ)浓度开始明显下降；部分实验井的 U(Ⅵ)浓度在 50 天后降低至 0.18 µmol/L（UMTRA 最高允许排放浓度）。实验观察显示，U(Ⅵ)的降解与 pH 的变化无关，但与 Fe(Ⅱ)的累积趋势是一致的；观察到的另一个规律是：U(Ⅵ)浓度的升高与 Fe(Ⅱ)浓度的降低及乙酸浓度过低是同时出现的。

微生物群落分析结果显示（图 9-15），上游观察井的微生物群落结构在整个实验期间变化不显著，其优势微生物群落为 β-Proteobacteria，其中地杆菌和硫酸还原菌的数量较少。相反，乙酸的添加使得实验井内的地杆菌大量富集，同时也降低了其微生物群落的多样性。添加乙酸 17 天后，地杆菌所占的比例高达 87%。在反应的前 39 天内，地杆菌的丰度都在 50%以上，而其他 U(Ⅵ)还原菌，如希瓦氏菌属（*Shewanella*）和脱硫弧菌属（*Desulfovibrio*）则未检测到。实验井微生物群落结构在 39 天后由地杆菌占优势演变为硫酸还原菌占优势，地杆菌的比例在 52 天时已降低至 35%，而且微生物多样性也

---

① 1 atm=1.013×10⁵ Pa

相应提高，到添加乙酸 80 天后，地杆菌的数量降低至 7%，而取而代之的优势微生物是脱硫杆菌（Desulfobacteraceae）。

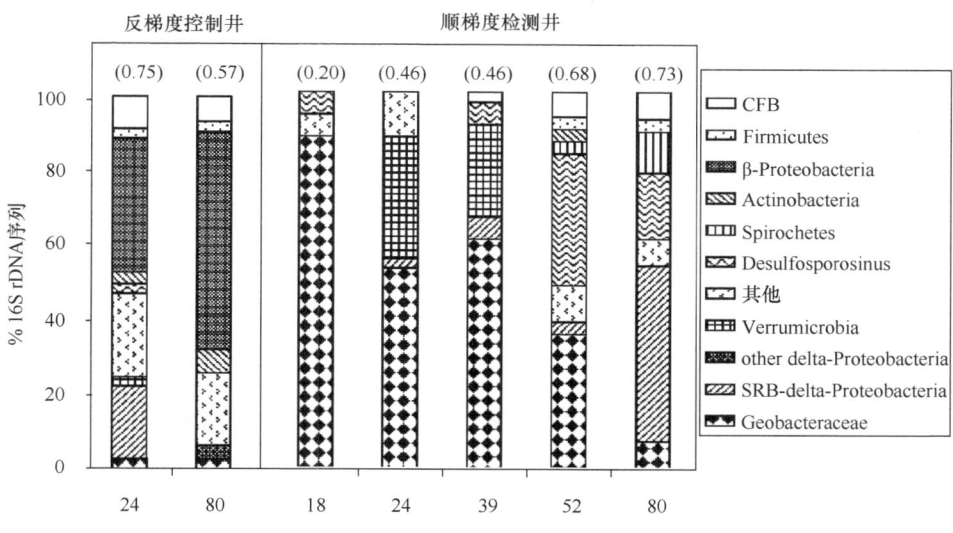

图 9-15　微生物群落分析（代表性观察井 M-07）

Fig. 9-15　Clone library analyses of changes in the groundwater microbial community from a representative downgradient well (M-07) within the second row of monitoring wells compared to data from an upgradient control well (B-02) during the experiment. The results are compiled from sequences of at least 30 clones analyzed for each time point. Calculated diversity values (Shannon-Weaver index) are provided in parentheses at the top of each clone library. Similar results were obtained from a nearby downgradient well

这些结果证明原位加强地杆菌的活性可有效促进污染地下水 U(VI) 的去除。乙酸的添加促进地杆菌的生长，U(VI) 得到有效去除；当环境不再适合地杆菌生长时，硫酸还原菌开始大量增殖，U(VI) 的去除效率会随之降低。同时伴随着实验井中 Fe(II) 浓度的累积增加，这表明 U(VI) 的还原与 Fe(III) 的还原相关联，其还原驱动力都为地杆菌。以上实验表明原位生物修复 U(VI) 污染地下水的可行性，地杆菌作为 U(VI) 还原的最重要的微生物，如何在长期修复过程中保持地杆菌的活性是生物修复的关键技术。

参 考 文 献

吴唯民, Carley J, Watson D, 等. 2011. 地下水铀污染的原位微生物还原与固定：在美国能源部田纳西橡树岭放射物污染现场的试验. 环境科学学报, **31**: 449-459.

武春媛, 李芳柏, 周顺桂, 等. 2010. 成团泛菌 MFC-3 的分离鉴定及其腐殖质/Fe(III)呼吸特性研究. 环境科学, **31**: 239-245.

易维洁, 曲东, 朱超, 等. 2009. 3 株铁还原细菌利用不同碳源的还原特征分析. 西北农林科技大学学报, **37**: 181-186.

Anderson R T, Lovley D R. 1999. Naphthalene and benzene degradation under Fe(III)-reducing conditions in petroleum-contaminated aquifers. Bioremediation J, **3**: 121-135.

Anderson R T, Vrionis H A, Ortiz-Bernad I, et al. 2003. Stimulating the *in situ* activity of *Geobacter* species to remove uranium from the groundwater of a uranium-contaminated aquifer. Appl Environ Microbiol, **69**: 5884-5891.

Aulenta F, Canosa A, Reale P, et al. 2009. Microbial reductive dechlorination of trichloroethene to ethene with electrodes serving as electron donors without the external addition of redox mediators. Biotechnol Bioeng, 103: 85-91.

Bernad I O, Anderson R T, Vrionis H A, et al. 2004. Vanadium respiration by *Geobacter metallireducens*: novel strategy for *in situ* removal of vanadium from Groundwater. Appl Environ Microbiol, 70: 3091-3095.

Bhushan B, Halasz A, Hawari J. 2006. Effect of iron(III), humic acids and anthraquinone-2, 6-disulfonate on biodegradation of cyclic nitramines by *Clostridium* sp. EDB2. J Appl Microbiol, 100: 555-563.

Bouchard B, Beaudet R, Villemur R, et al. 1996. Isolation and characterization of *Desulfitobacterium frappieri* sp. nov., an anaerobic bacterium which reductively dechlorinates pentachlorophenol to 3-chlorophenol. Int J Syst Bacteriol, 46: 1010-1015.

Cervantes F J, Vu-Thi-Thu L, Lettinga G, et al. 2004. Quinone-respiration improves dechlorination of carbon tetrachloride by anaerobic sludge. Appl Microbiol Biotechnol, 64: 702-711.

Coates J D, Phillips E J P, Lonergan D J, et al. 1996. Isolation of *Geobacter* species from diverse sedimentary environments. Appl Environ Microbiol, 62: 1531-1536.

De Wever H, Cole J R, Fettig M R, et al. 2000. Reductive dehalogenation of trichloroacetic acid by *Trichlorobacter thiogens* gen. nov., sp. nov. Appl Environ Microbiol, 66: 2297-2301.

Erable B, Etcheverry L, Bergel A. 2011. From microbial fuel cell (MFC) to microbial electrochemical snorkel (MES): maximizing chemical oxygen demand (COD) removal from wastewater. Biofouling, 27: 319-326.

Finneran K T, Forbush H M, VanPraagh C V G, et al. 2002. *Desulfitobacterium metallireducens* sp. nov., an anaerobic bacterium that couples growth to the reduction of metals, humics, and chlorinated compounds. Int J Syst Evol Microbiol, 52: 1929-1935.

Fredrickson J K, Kostandarithes H M, Li S W, et al. 2000. Reduction of Fe(III), Cr(VI), U(VI), and Tc(VII) by *Deinococcus radiodurans* R1. Appl Environ Microbiol, 66: 2006-2011.

Gu B H, Chen J. 2003. Enhanced microbial reduction of Cr(VI) and U(VI) by different natural organic matter fractions. Geoehim et Cosmochim Ac, 63: 3575-3582.

Gu B H, Yan H, Zhou P, et al. 2005. Natural humics impact uranium bioreduction and oxidation. Environ Sci Technol, 39: 5268-5275.

He Q, Sanford R A. 2003. Characterization of Fe(III) reduction by *Anaeromxyobacter dehalogens*. Appl Environ Microbiol, 69: 2712-2718.

Holman H Y, Nieman K, Sorensencharlesd D L, et al. 2002. Catalysis of PAH biodegradation by humic acid shown in synchrotron infrared studies. Environ Sci Technol, 36: 1276-1280.

Hong Y G, Guo J, Xu Z C, et al. 2007. Humic substances act as electron acceptor and redox mediator for microbial dissimilatory azoreduction by *Shewanella decolorationis* S12. J Microbiol Biotechnol, 17: 428-437.

Kashefi K, Lovley D R. 2000. Reduction of Fe(III), Mn(IV), and toxic metals at 100℃ by *Pyrobaculum islandicum*. Appl Envrion Microbiol, 66: 1050-1056.

Kim H S, Pfaender F K. 2005. Effects of microbially mediated redox conditions on PAH-soil interactions. Environ Sci Technol, 39: 9189-9196.

Krumholz L R. 1997. *Desulfuromonas chloroethenica* sp. nov. uses tetrachloroethylene and trichloroethylene as electron acceptors. Internat J Syst Bacteriol, 47: 1262-1263.

Krumholz L R, Sharp R, Fishbain S S. 1996. A freshwater anaerobe coupling acetate oxidation to tetrachloroethylene dehalogenation. Appl Environ Microbiol, 62: 4108-4113.

Li F B, Li X M, Zhou S G, et al. 2009b. Enhanced reductive dechlorination of DDT in an anaerobic system of dissimilatory iron-reducing bacteria and iron oxide. Environ Pollut, 158: 1733-1740.

Li X M, Zhou S G, Li F B, et al. 2009a. Fe(III) oxide reduction and carbon tetrachloride dechlorination by a newly isolated *Klebsiella pneumoniae* strain L17. J Appl Microbiol, 106: 130-139.

Lloyd J R, Sole V A, Van Praagh C V G, et al. 2000. Direct and Fe(II)-mediated reduction of technetium by Fe(III)-reducing bacteria. Appl Environ Microbiol, 66(9): 3743-3749.

Lovley D R. 2002. Dissimilatory metal reduction: From early life to bioremediation. ASM News, 68:

231-237.

Lovley D R. 2011. Live wires: direct extracellular electron exchange for bioenergy and the bioremediation of energy-related contamination. Energy Environ Sci, **4**: 4896-4906.

Lovley D R, Lonergan D J. 1990. Anaerobic oxidation of toluene, phenol, and *p*-cresol by the dissimilatory iron-reducing organism GS-15. Appl Environ Microbiol, **56**: 1858-1864.

Lovley D R, Nevin K P. 2011. A shift in the current: New applications and concepts for microbe-electrode electron exchange. Curr Opin Biotech, **22**: 441-448.

Lovley D R, Phillips E J P. 1988. Novel mode of microbial energy metabolism: Organic carbon oxidation coupled to dissimilatory reduction of iron or manganese. Appl Environ Microbiol, **54**: 1472-1480.

Lovley D R, Coates J D, Blunt-Harris E L, et al. 1996a. Humic substances as electron acceptors for microbial respiration. Nature (Letters), **382**: 445-447.

Lovley D R, Fraga J L, Blunt-Harris E L, et al. 1998. Humic substances as a mediator for microbially catalyzed metal reduction. Acta Hydrochim Hydrobiol, **26**: 152-157.

Lovley D R, Giovannoni S J, White D C, et al. 1993. *Geobacter metallireducens* gen-nov. sp. nov., a microorganism capable of coupling the complete oxidation of organic compounds to the reduction of iron and other metals. Arch Mlcroblol, **159**: 336-344.

Lovley D R, Jo Baedecker M, Lonergan D J, et al. 1989. Oxidation of aromatic contaminants coupled to microbial iron reduction. Nature, **339**: 297-299.

Lovley D R, Phillips E J P, Gorby Y A, et al. 1991. Microbial reduction of uranium. Nature, **350**: 413-416.

Lovley D R, Woodward J C, Chapelle F H. 1994. Stimulated anoxic biodegradation of aromatic hydrocarbons using Fe(III) ligands. Nature, **370**: 128-131.

Lovley D R, Woodward J C, Chapelle F H. 1996b. Rapid anaerobic benzene oxidation with a variety of chelated Fe(III) forms. Appl Environ Microbiol, **62**: 288-291.

Nevin K P, Holmes D E, Woodard T L, et al. 2007. Reclassification of *Trichlorobacter thiogenes* as *Geobacter thiogenes* comb. nov. Int J Syst Evol Microbiol, **57**: 463-466.

Niggemyer A, Spring S, Stackenbrandt E, et al. 2001. Isolation and characterization of a novel As(V)-reducing bacterium: implication for arsenic mobilization and the genus *Desulfitobacterium*. Appl Environ Microbiol, **67**: 5568-5580.

Prakash O, Gihring T M, Dalton D D, et al. 2010. *Geobacter daltonii* sp. nov., an Fe(III)-and uranium(VI)-reducing bacterium isolated from a shallow subsurface exposed to mixed heavy metal and hydrocarbon contamination. Int J Syst Evol Microbiol, **60**: 546-553.

Röling W F M, van Breukelen B M, Braster M, et al. 2001. Relationships between microbial community structure and hydrochemistry in a landfill leachate-polluted aquifer. Appl Environ Microbiol, **67**: 4619-4629.

Rooney-Varga J, Anderson R T, Fraga J L, et al. 1999. Microbial communities associated with anaerobic benzene degradation in a petroleum-contaminated aquifer. Appl Environ Microbiol, **65**: 3056-3063.

Shelobolina E S, VanPraagh C G, Lovley D R. 2003. Use of ferric and ferrous iron containing minerals for respiration by *Desulfitobacterium frappieri*. Geomicrobiol J, **20**: 143-156.

Snoeyenbos-West O L, Nevin K P, Anderson R T, et al. 2000. Enrichment of *Geobacter* species in response to stimulation of Fe(III) reduction in sandy aquifer sediments. Microb Ecol, **39**: 153-167.

Staats M, Braster M, Roling W F M. 2011. Molecular diversity and distribution of aromatic hydrocarbon-degrading anaerobes across a landfill leachate plume. Environ Microbiol, **13**: 1216-1227.

Strycharz S M, Woodard T L, Johnson J P, et al. 2008. Graphite electrode as a sole electron donor for reductive dechlorination of tetrachloroethene by *Geobacter lovleyi*. Appl Environ Microbiol, **74**: 5943-5947.

Sung Y, Ritalahti K M, Sanford R A, et al. 2003. Characterization of two tetrachloroethene-reducing, acetateoxidizing bacteria and their description as *Desulfuromonas michiganensis* sp. nov. Appl Environ Microbiol, **69**: 2964-2974.

Tebo B M, Obraztsova A Y. 1998. Sulfate-reducing bacterium grows with Cr(VI), U(VI), Mn(IV), and Fe(III)as electron acceptors. FEMS Microbiol Lett, **162**: 193-198.

ven der Zee F P, Renske H M. 2001. Application of redox mediators to accelerate the transformation of reactive azo dyes in anaerobic bioreactors. Dutch Governor Econecol Technol, **75**: 691-701.

Wang Y B, Wu C Y, Wang X J, et al. 2009. The role of humic substances in the anaerobic reductive dechlorination of 2, 4-dichlorophenoxyacetic acid by *Comamonas koreensis* strain CY01. J Hazard Mater, **164**: 941-947.

Wu C Y, Zhuang L, Zhou S G, et al. 2010. Fe(III)-enhanced anaerobic degradation of 2, 4-dichlorophenoxyacetic acid by a dissimilatory Fe(III)-reducing bacterium *Comamonas koreensis* CY01. FEMS Microbiol Ecol, **71**: 106-113.

Xu Z C, Hong Y G, Luo W. 2006. The effects of the humic substances on azpreduction by *Shewanella* spp. Acta Microbiol Sin, **46**: 591-597.

Yuan Y, Zhou S, Zhuang L. 2010. A new approach to *in situ* sediment remediation based on air-cathode microbial fuel cells. J Soils Sediments, **10**: 1427-1433.

Zhang T, Gannon S M, Nevin K P, et al. 2010. Stimulating the anaerobic degradation of aromatic hydrocarbons in contaminated sediments by providing an electrode as the electron acceptor. Environ Microbiol, **12**: 1011-1020.

第十章 生物电化学器件

微生物胞外呼吸作用广泛存在于厌氧环境，其在生物地球化学循环、环境修复和生物产电方面发挥了积极作用。胞外呼吸过程复杂，涉及呼吸链电子传递、胞外电子转移、能量产生途径等一系列科学问题，该过程的研究拓展了许多新的应用领域。例如，以微生物燃料电池为载体，微生物胞外呼吸能够将有废水有机物中的化学能直接转化为清洁电能。此外，微生物胞外呼吸原理还可以用于设计各种微生物电化学器件。例如，根据微生物产电呼吸可以研制出 BOD 传感器、水质毒性传感器、微生物计算器件和微生物电容器件等。这些基于微生物产电呼吸的生物电化学器件在环境监测、生物计算和生物能源等领域有着广泛的应用前景。

第一节 BOD 传感器

生化需氧量（biochemical oxygen demand，BOD）是表征水体受有机污染的综合性指标，被广泛应用于河流、湖泊等水体的水质监测和污水处理厂的运行控制。BOD 是水质监测的重要指标。现行标准主要采用 5 天 BOD（BOD_5）测定法，此方法具有适用范围广和对设备要求低等优点。但是，该方法检测过程烦琐、耗时长且重现性较差，不适合用于实时在线检测。为克服传统 BOD_5 测定法的不足，发展了许多 BOD 快速测定方法，包括稀释接种法、检压式库仑法、测压法、平台值法、生物污泥快速法和微生物电极法等。其中，微生物电极法使用最为广泛。虽然微生物电极法可缩短测定时间，其响应信号与 BOD 之间也具有较好的相关性，但由于微生物膜容易污染，从而导致其稳定性较差，同时需要对溶氧电极进行周期性的清洗和替换。这些缺点在一定程度上限制了微生物电极法的使用。

一、基本原理

微生物燃料电池（MFC）是以微生物为催化剂，将污水有机物中的化学能直接转化为清洁电能的理想装置。在通常条件下，MFC 转化率一定，电池的库仑产量（电流对时间的积分面积）与底物 BOD 质量浓度存在线性关系。在贫氧条件下，当有机物质含量低于一定数值时，MFC 的最大电流与 BOD 质量浓度成正比，因而通过测量电池电流即可实现 BOD 的在线检测（图 10-1）。MFC 型 BOD 传感器相较于其他方法具有稳定性好和维护要求低等优点。

MFC 型 BOD 传感器采用电化学活性生物膜作为其敏感元件，以微生物燃料电池作为信号转换元器件。根据所用电池的阴极室结构不同，可分为单室型和双室型。目前，正在研究的 MFC 型 BOD 传感器一般是双室型结构（图 10-2），即阴、阳两室由质子交换膜分开。

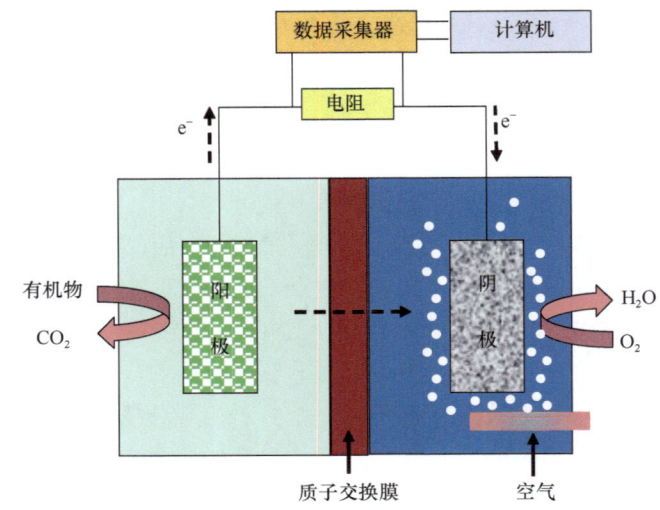

图 10-1 MFC 型 BOD 传感器原理（Sharma and Kundu, 2010）
Fig. 10-1 Principle of MFC-type BOD sensor (Sharma and Kundu, 2010)

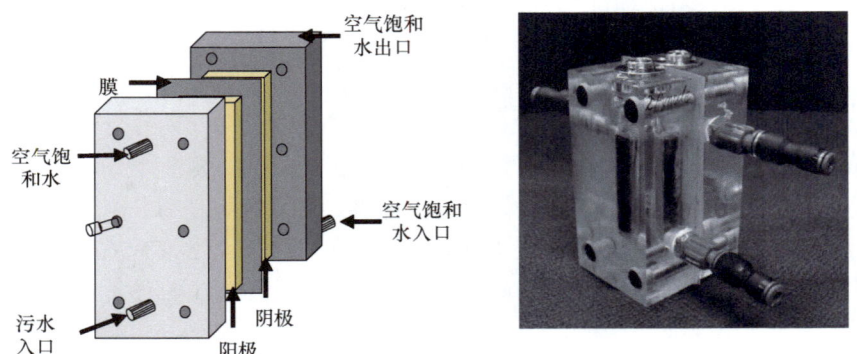

图 10-2 MFC 反应器结构及实物（Kim et al., 2006）
Fig. 10-2 MFC reactor configuration (Kim et al., 2006)

二、具体实现形式

（一）产氢 MFC 型 BOD 传感器

产氢型 MFC 型 BOD 传感器利用铂电极和产氢微生物构建，如图 10-3 所示。在厌氧条件下，产氢微生物催化分解有机物产生氢气及甲酸、乙酸、乳酸等发酵产物，氢气和发酵产物可被铂电极氧化并产生电流，电池的稳态电流与底物 BOD 质量浓度成正比。Karube 等（1977）用凝胶将产氢微生物丁酸梭菌（*C. butyricum*）固定于铂电极表面，构建了产氢 MFC 型 BOD 传感器，当生化需氧量<300 mg/L 时，电池的稳态电流与生化需氧量成正比。Karube 利用该传感器测定了屠宰场、食品厂和酒精厂废水中的 BOD，与 BOD_5 法测定结果的相对误差<10%。

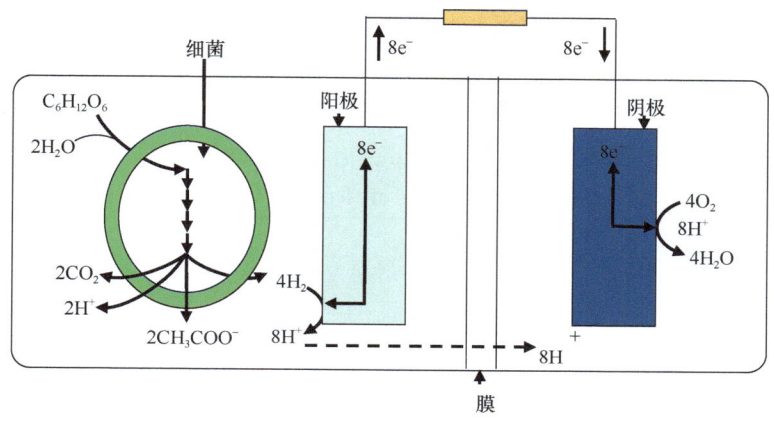

图 10-3 产氢 MFC 型 BOD 传感器（佟萌等，2008）
Fig. 10-3 Hydrogen production MFC-type BOD sensor (佟萌等, 2008)

（二）有介体 MFC 型 BOD 传感器

在微生物燃料电池中，氧化还原介体可加速阳极电子传递并提高电池转化率。Bennetto（1983）和 Thurston 等（1985）以劳氏紫为介体，利用 *Proteus vulgaris* 或 *E. coli* 构建的有介体微生物燃料电池（图 10-4），其转化率可达 50% 以上，且电池的库仑产量与底物浓度有关，说明该电池可用于构建 BOD 传感器。虽然在这些传感器中添加电子传递中间体可以增强电子传递，但由于电子传递中间体通常对微生物有毒害作用，因而难以长期保持传感器的稳定运行。同时，由于电子传递中间体流失，使得这些传感器也不能在线检测生化需氧量。

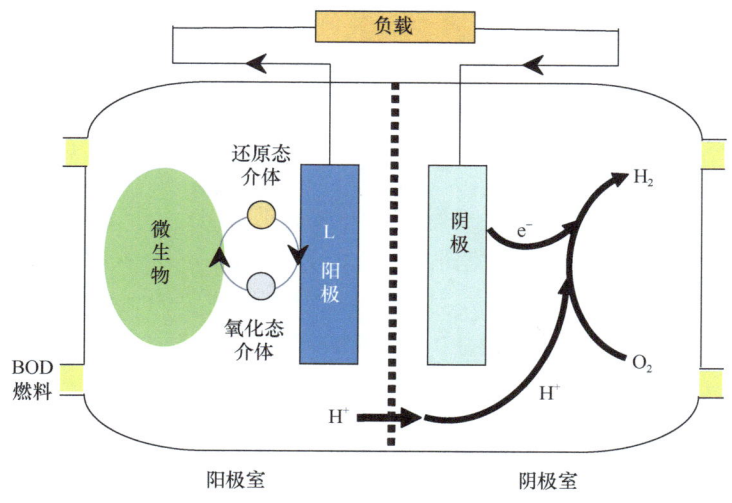

图 10-4 有介体 MFC 型 BOD 传感器（Chang et al., 2006）
Fig. 10-4 Mediator MFC-type BOD sensor (Chang et al., 2006)

（三）无介体 MFC 型 BOD 传感器

近年来，人们从污水和活性淤泥中富集了腐败希瓦氏菌（*S. putrefaciens*）、铁还原红育菌（*R. ferrireducens*）及硫还原地杆菌（*G. metallireducens*）等电化学活性微生物，见表 10-1。它们能将电子直接传递至阳极，可用于构建无介体微生物燃料电池。无介体微生物燃料电池有较强的稳定性，更适合作为 BOD 传感器。

表 10-1 产电微生物种类及来源
Tab. 10-1 Species and sources of electricity producing microbe

来源	细菌	电子供体
土壤	*Shewanella putrefaciens*	乳酸
河湾沉积物	*Rhodoferax ferrireducens*	葡萄糖、乙酸和乳酸
河流底泥	*Geobacter sulfurreducens*	乙酸
河流底泥	*Geobacter metallireducens*	苯环类
海底沉积物	*Geopsychrobacter electrodiphilus*	乙酸等
海底沉积物	*Desulfobulbus propionicus*	丙酸、乳酸、丙酮酸
厌氧消化污泥	*Acromonas hydrophila*	酵母浸出液

Kim 等（2003）以污水为燃料，从厌氧活性淤泥中富集电化学活性微生物，并构建了无介体微生物燃料电池型 BOD 生物传感器，该传感器的产电量与生化需氧量在 20~206 mg/L 具有很好的线性关系（相关系数 $R^2 = 0.99$）。当生化需氧量为 206.4 mg/L 时，电池的响应时间约为 10 h。Chang 等（2004）利用活性淤泥富集电化学活性微生物，以富含葡萄糖和谷氨酸的人造废水为燃料，构建了微生物燃料电池型 BOD 传感器，并实现了对样品生化需氧量的连续检测。当进样流量为 0.35 mL/min，且样品中生化需氧量为 20~100 mg/L 时，电池的输出电流与生化需氧量成正比，相对误差<10%。改变样品质量浓度，在 60 min 电流可重新达到稳定。Kim 等（2003）将设计的微生物燃料电池型 BOD 传感器应用于污水处理厂，以验证其原位、实时、在线检测能力。污水流经澄清池后进入电池阳极，电池的输出电流迅速升高，且产电量与污水生化需氧量成正比（$R^2 = 0.97$）。传感器可长期保持高灵敏度和操作稳定性，样品测定时间为 45 min。

上述大部分无介体微生物燃料电池型 BOD 传感器主要用于测定高生化需氧量废水，不适合测定低生化需氧量废水。Chang 等（2005）通过增强阴极反应和降低氧扩散，并富集贫营养微生物的无介体微生物燃料电池来测量 BOD 小于 10 mg/L 的样品。在连续操作下，该传感器的 BOD 的线性范围在 2.0~10.0 mg/L，对 BOD 为 2 mg/L 的样品响应时间为 60 min。Moon 等（2004）用富集了贫营养微生物的无介体微生物燃料电池型 BOD 传感器，甚至能检测到 BOD 为 0.5 mg/L 的样品。这些类型的传感器可用于在线检测地表水或二级出水的 BOD。

第二节 毒性传感器

目前，世界各国对人接触、使用和排放的各类化学物质的生物安全性都予以高度重视，大多采用毒性测试的方法进行分析评价。迄今为止，环境污染物的测定主要有理化方法和生物学方法。传统的理化分析方法能定量分析污染物中主要成分的含量，但不能直接、全面地反映各种有毒物质对环境的综合影响。水体中毒性污染物质的富集，会对水生生态系统造成影响,有些毒性物质在很低浓度水平时亦显示出对水生生物强烈的毒害作用,因此,以水生生物为受试对象的生物毒性测试能弥补理化检测在这方面存在的不足(表10-2)。近年来,以微生物为受试对象的毒性检测方法因微生物具有生物机体小、种群数量大、生长繁殖快、保存简单、对环境变化反应快,并且同高等动物有着类似的物理化学特征和酶作用过程等特点得以迅速发展。许多研究表明毒性物质对微生物的胞外呼吸具有抑制作用。有毒物质浓度或者毒性强度与电流骤减幅度之间存在一定关系。据此,可开发基于胞外呼吸菌的毒性检测传感器。

表 10-2 传统水质毒性检测方法的比较(何芬等,2008)
Tab. 10-2 Traditional measurment methods of water toxicity (何芬等, 2008)

检测方法	检测原理	优点	缺点
鱼类毒性实验	水体有毒物质对鱼类游动抑制效应	可用于现场检验,现象直观,易观察	实验周期长、需大量材料和多次重复实验
蚤类毒性实验	有毒物质对水蚤生长发育与活动的抑制效应	实验现象直观,易观察	测试灵敏度低、实验时间长、指示生物保存难
植物和藻类毒性实验	水体中有毒物质抑制植物和藻类光合/呼吸作用	以植物和藻类的生长抑制效应作为测试指标,准确可靠	工作量大,测定周期长、指示生物保存难
发光细菌	检测水体有毒物质对发光细菌发光强度变化	检测快速,技术发展较成熟,操作已程序化	灵敏度较差、重现性较低、指示生物保存困难

一、基本原理

毒性传感器原理如图 10-5 所示。一旦有毒物质进入电池的阳极,电化学活性微生物的代谢受到有毒物质的抑制,造成传递到阳极的电子减少,导致电池产生的电流骤减,而电流的降低程度与有毒物质的浓度存在一定的关系,据此可检测样品的毒性。韩国生物工程系统公司开发的生物毒性监测系统 HATOX-2000 产品就是基于上述原理制成。

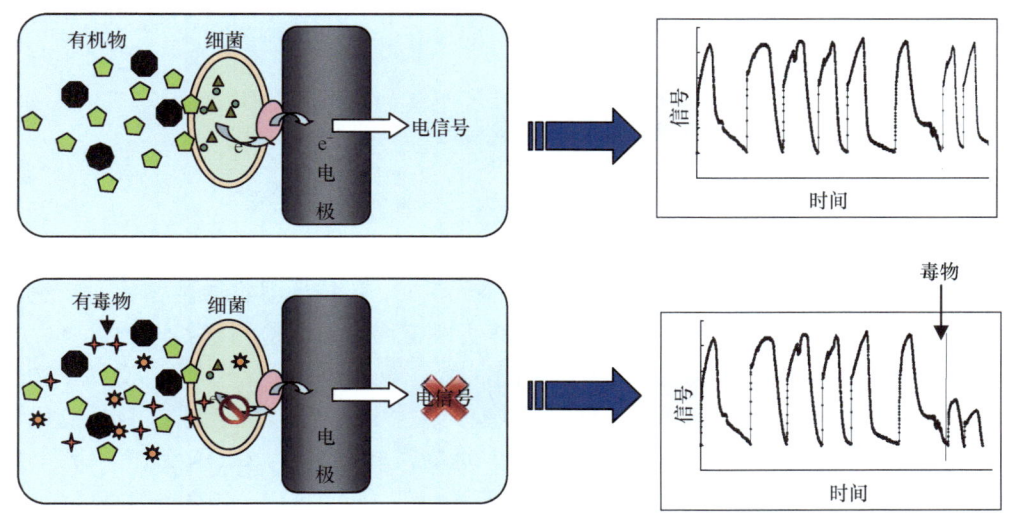

图 10-5 水质毒性检测传感器工作原理
Fig. 10-5 Principle of water toxicity detection sensor

二、具体实现形式

（一）MFC 型毒性传感器

Kim 等（2003）利用 MFC 构建了毒性物质检测系统。该检测系统能分别检测到 0.04 mg/L Cr^{6+}、0.03 mg/L Hg、0.04 mg/L Pb^{2+} 及 0.04 mg/L 苯。Kim 等（2007）利用 MFC 构建了一个新的毒性检测系统，并用于现场、在线监控水中的有毒物质。当有毒物质如有机磷化合物、Pb 及 Hg 和多氯化联二苯等进入到该系统后，电池的电流迅速下降，1 mg/L 的这些有毒物质的抑制率分别达到 61%、46%、28%和 38%。Dávila 等（2011）设计了基于微加工技术基础上的简易实用的生物电化学毒性传感器，甲醛的检测限可达 0.1%，如图 10-6 所示。Wang 等（2012a）设计了基于生物电化学系统的毒性传感器检测水样中甲醛的含量，其检测范围在 0.01%~0.10%。

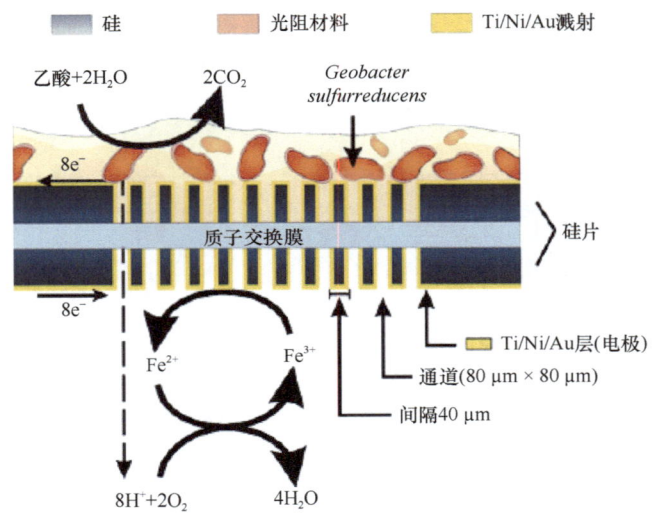

图 10-6　MFC 型毒性检测传感器（Dávila et al., 2011）
Fig. 10-6　MFC-based toxicity sensor (Dávila et al., 2011)

（二）电流型毒性传感器

Sudhakara Prasad 等（2009）将 *Shewanella* sp.直接修饰在丝网印刷碳电极表面制备成功了无氧化还原介体的微生物传感器（图 10-7）。该传感器将微生物代谢产生电子直接转移至电极，通过监测电流变化就能够实现有毒物质的检测，如过氧化氢、亚硒酸盐和亚硝酸盐等。Wang 等（2012b）以嗜冷菌（*Psychrobacter* sp.）为感受微生物设计了电流型重金属检测传感器。该传感器主要基于毒性物质对嗜冷菌属微生物细胞代谢的抑制作用，具有稳定性好、灵敏度高的特点。重金属离子 Cu^{2+}、Cd^{2+}、Zn^{2+}、Cr^{6+}、Hg^{2+} 及 Pb^{2+} 对 *Psychrobacter* sp.的 EC_{50} 值分别为 2.6 mg/L、47.3 mg/L、10.9 mg/L、14.0 mg/L、0.8 mg/L 和 110.1 mg/L。王学江等（2009）采用聚碳酸酯膜固定大肠杆菌（*E. coli* Top10）制备 Cell Sense 微生物传感器。该传感器测得 Hg^{2+}、Cu^{2+}、Zn^{2+}、邻氯苯酚和对硝基苯酚对 *E. coli* 的 EC_{50} 分别为 0.6 μg/mL、3.1 μg/mL、5.8 μg/mL、180 μg/mL 和 94 μg/mL。

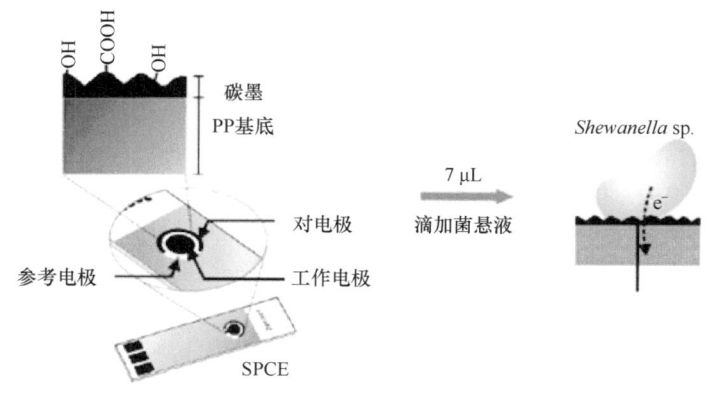

图 10-7　电流型毒性传感器（Sudhakara Prasad et al., 2009）
Fig. 10-7　Amperometric sensors toxicity (Sudhakara Prasad et al., 2009)

第三节　生物计算器件

生物计算机（biological computer）也称仿生计算机，是近几十年来诞生的计算机分支，是最有潜力的年轻领域之一。逻辑门是计算机信息处理的基本单元，这些广泛应用于硅基计算机逻辑运算的概念也可以用生物分子来实现。相对于传统计算机的以电压形式形成的逻辑开关，生物计算机利用生物分子的开关特性来实现数据的计算和储存。生物化学体系的开关特性可以应用于建立新型生物计算逻辑门，见表 10-3。

表 10-3　生物计算逻辑门操作（TerAvest et al., 2011）
Tab. 10-3　Biocomputing logic gate operation (TerAvest et al., 2011)

逻辑门名称及符号		逻辑功能	应用
"与"门		有 0 出 0，全 1 出 1	细胞、酶、DNA
"与非"门		有 0 出 1，全 1 出 0	细胞、酶、DNA
"或"门		有 1 出 1，全 0 出 0	细胞、酶、DNA
"或非"门		有 1 出 0，全 0 出 1	细胞、酶、DNA
"同或"门		同出 1，异出 0	细胞、酶、DNA
"非"门		0 出 1，1 出 0	细胞、酶、DNA

当前生物分子逻辑计算主要通过 DNA 和生物酶来实现，具有设计简单和易于实现的优点，但是生物酶分子容易失活，基于酶的逻辑门稳定性较差。针对这些问题，采用微生物取代酶作为核心部件，构建微生物逻辑门系统，有以下优点：①对环境要求低，酶活性受环境的影响很大，仅能在某些特定的环境条件下工作，而细菌对环境的适应能力强。②细菌能够自我再生。酶的寿命短而且不能自我再生，但是细菌在合适的条件下可以不断地自我再生。这使得利用细菌来取代酶之后，大大延长了使用寿命。③成本低（李中坚，2012）。

目前，已报道的微生物逻辑门大多采用大肠杆菌表达荧光蛋白，以荧光作为输出信号。尽管这种微生物荧光逻辑门具有特异性高和信号增强的优点，但是它需要荧光检测和信号转换技术才能将信号传输到用户界面。此外，基于荧光的逻辑门还受背景荧光干扰和荧光漂白影响。电活性微生物能够氧化有机物通过电极直接输出电流信号。以电活性微生物构建逻辑门，可实现电信号的直接输出，从而避免了传统微生物荧光逻辑门所存在的信号转换问题。将电化学活性微生物作为核心部件引入到 MFC 系统中，利用 MFC 自我供电的特性，还可搭建自驱动、无需外供能量的生物逻辑门器件。

一、基本原理

在 MFC 中，电化学活性生物催化氧化有机物产生电子并且将电子由胞内传递至胞外。该产电呼吸过程较为复杂，包括了一系列酶催化降解代谢和复杂的电子传递。此外，产电呼吸产生的电流信号可以准确、原位、实时地反映整个装置中各种参数的变化。据此，可以构建以电化学活性微生物为感应核心的微生物传感器。如果以多路感应信号作为输入信号，如群感效应分子、编码产电呼吸中关键酶的基因和电子供/受体，并根据不同信号之间的逻辑关系来控制其电流的产生，我们就可以建造一种基于电活性微生物的逻辑门元件（图 10-8）。该类逻辑门元件直接输出电信号，具有自我供电和智能逻辑控制的优点。

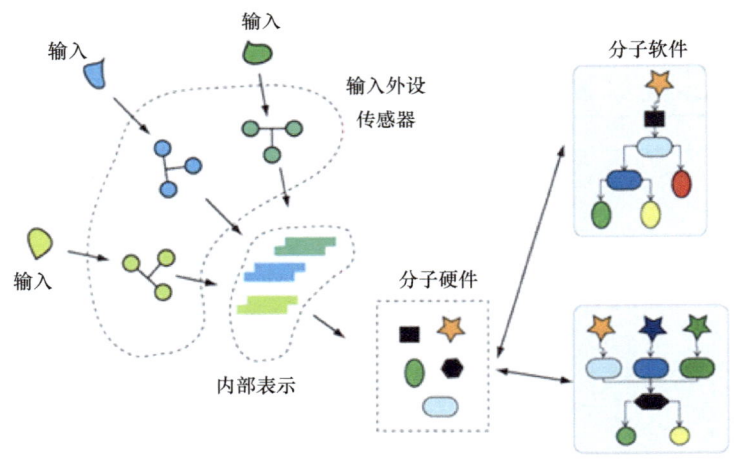

图 10-8　微生物逻辑计算原理（Benenson，2009）
Fig. 10-8　Priciple of microbial logic gate (Benenson, 2009)

二、具体实现形式

（一）基于群感效应的生物逻辑门

群感效应是指微生物根据环境中细胞密度，自身分泌信号分子来控制微生物密度的调控系统。构建基于群感效应原理的逻辑门可以对微生物产电呼吸作用进行逻辑控制。Li 等（2011）以 3-oxo-HSL 和 C4-HS 分子作为输入信号，*P. aeruginosa* PA14 *las*Ⅰ/*rhl*Ⅰ双变异菌株产生的电流作为输出信号，构建逻辑"与"门来控制 BES 中电流的生成（图

10-9）。该变异菌株不能自身分泌 3-oxo-HSL 和 C4-HS 分子，但是具有 LasR 和 RhlR 两种受体蛋白，依然可以感应这两种群感效应信号分子。当 P. aeruginosa PA14 lasⅠ/rhlⅠ双变异菌株感应到这两种信号同时存在时，phz 基因被群感效应层级系统激活，开始产生吩嗪类物质电子介体，进而使得系统产生的电流上升。当细菌仅仅感应到一种信号分子或没有感应到信号分子时，phz 基因不能被激活或者仅能被部分激活，所以产生的电子介体浓度相对较低，BES 产生的电流水平较低。

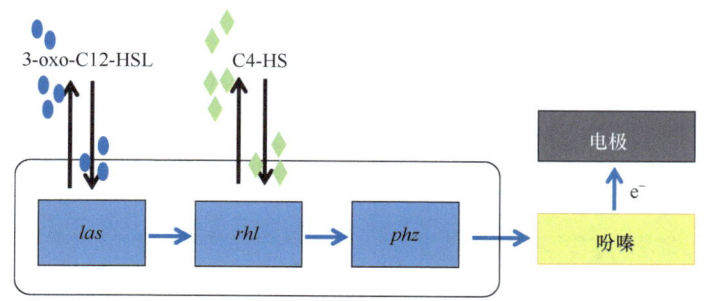

图 10-9　基于群感效应的微生物逻辑门器件（Li et al., 2011）
Fig. 10-9　Qroup's sense-based microbial logic gate device (Li et al., 2011)

（二）基于功能基因的生物逻辑门

微生物胞外呼吸包括了有机物氧化降解代谢和电子胞外转移过程。若以该过程中关键酶基因作为输入信号，根据不同信号之间的逻辑关系可以对微生物胞外呼吸进行智能调控。例如，在 S. oneidensis 阴极还原 DMSO 反应中，编码环腺苷酸（cAMP）合成和 cAMP 受体蛋白激活的两个酶基因 cyaA 和 cyaC 是调控 DMSO 还原酶活性的关键基因。Arugula 等（2012）以 cyaA 和 cyaC 基因为输入信号，S. oneidensis 突变株阴极还原 DMSO 产生电流为输出信号，构建生物分子逻辑与门来控制 DMSO 阴极还原电流的产生（图 10-10）。在该生物逻辑计算中，当信号 cyaA 和 cyaC 只有一个出现时，S. oneidensis 突变株 DMSO 还原酶没有被激活，因此不能还原 DMSO，其输出电流为 0；而 cyaA 和 cyaC

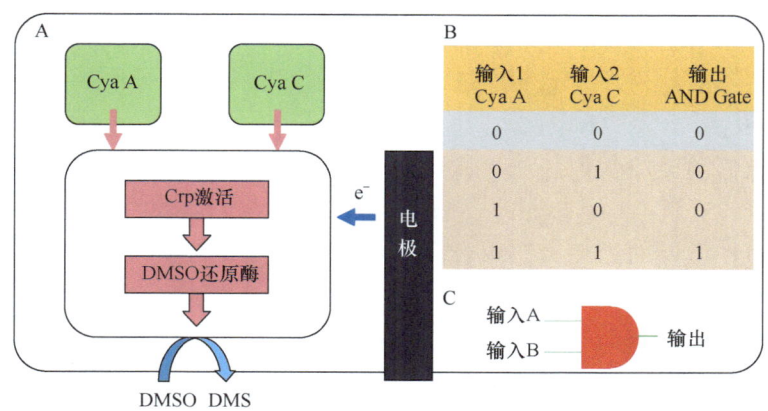

图 10-10　基于功能基因的逻辑门器件（Arugula et al., 2012）
Fig. 10-10　Funtional gene-based logic gate device (Arugula et al., 2012)

同时出现激活了突变株 DMSO 还原酶，因此能够将 DMSO 还原成 DMS 并且获得电流输出。该系统是基于电活性微生物的全细胞生物逻辑器件应用于环境领域（如对废水中各种有机污染物进行监控、检测和降解）的范例。

（三）基于电子交换的生物逻辑门

在 MFC 中，乙酸氧化和电活性生物膜催化氧分子还原均能产生电流，而且电子在生物膜和电极之间可以进行可逆转移。据此，Yuan 等（2012）设计了生物膜-电极可逆电子传递生物逻辑门（图 10-11）。该逻辑操作以乙酸钠和氧气作为输入信号，以微生物膜产生的电流作为输出信号。通过施加不同电势，可以实现 XOR、AND-OR 和 OR-AND 逻辑门运算。由于采用生物膜，该系统具有稳定性和可放大性，在废水处理、生物发电和环境修复领域有广泛应用前景。

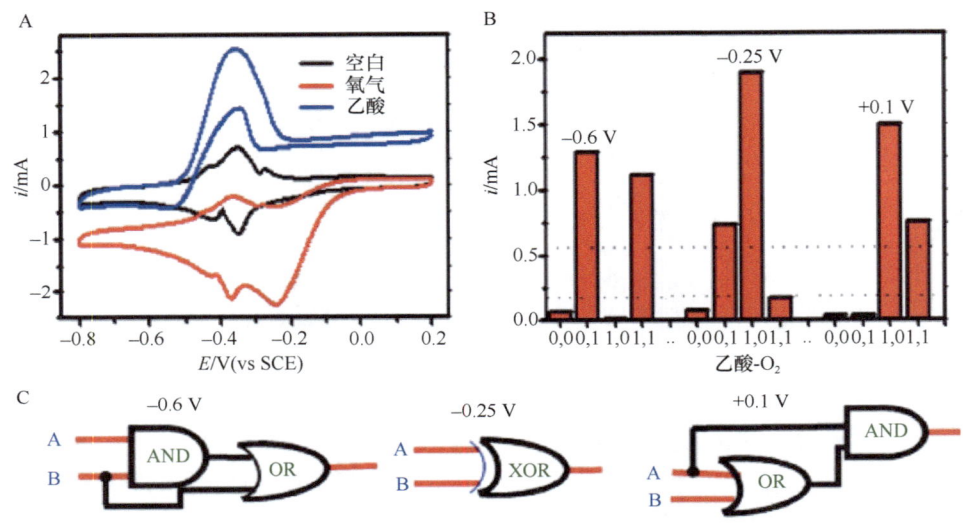

图 10-11　基于电子交换的逻辑门器件（Yuan et al., 2012）

Fig. 10-11　Electronic exchange-based logic gate device (Yuan et al., 2012)

第四节　电　容　器　件

超级电容器的组成结构与化学电池非常相似，是由正负电极、电解液、隔膜、集电极等组成的层状结构。Evans（1995）提出了混合电容器的概念，利用双电层电容和赝电容两种不同的贮能机制组合提高电容器的能量密度。近年来，许多氧化还原活性电极材料被应用于混合电容器研制。Sattarahmady 等（2013）将血清蛋白纳米颗粒包覆于炭糊电极表面制成生物电容器，显著提高了炭糊材料电容器电容密度。鉴于生物材料具有价格低廉、环境友好的特点，将其应用于贮能装备的制造，可显著地增强性能。电活性生物膜具有制备简单、自我修复和可重复使用的优点，结合遗传工程和新型电极材料，有望研制出基于生物膜的超级电容器。

一、基本原理

胞外电子传递机制研究显示，存在于胞外呼吸菌内膜、周质和外膜上的细胞色素 c（Cyt c）铁血红素基团能够在不同氧化态之间较大的氧化还原电位窗口范围内快速转换。这些性质使得细胞色素 c 能够介导电子的快速、长距离传递。此外，研究表明电活性微生物膜除了含有丰富细胞色素 c 外，还有大量纳米导线。这表明电活性生物膜不仅具有临时贮存电子的能力，还有转移电子的能力。根据这些特点，以电活性生物膜作为电极材料可制备出的电化学器件有望实现电荷贮存和记忆功能，如图 10-12 所示。电活性生物膜在生物电化学器件研究中具有广泛应用前景，如电荷贮存器件、生物记忆器件和超级电容器等。

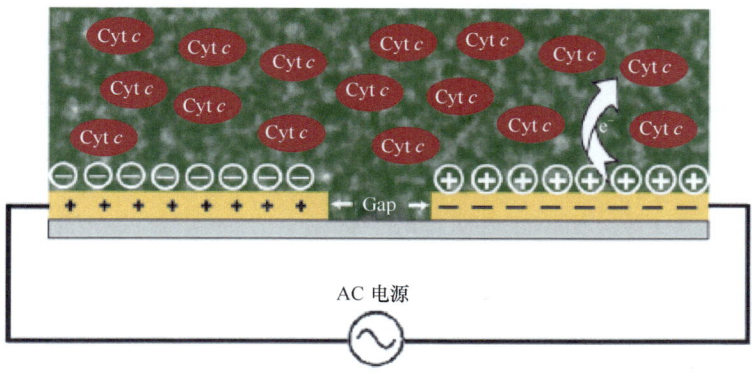

图 10-12　基于电活性生物膜的生物电容器（Malvankar et al., 2012）
Fig. 10-12　Electrochemical active biofilm-based biocapacitor (Malvankar et al., 2012)

二、具体实现形式

（一）超级电容器

电活性生物膜在缺乏外源电子供体情况下，能够贮存氧化有机物所产生的电子。Malvankar 等（2012）根据 *Geobacter sulfurreducens* 电活性生物膜具有细胞色素 c 含量高和导电性好的特点，制备了基于 *G. sulfurreducens* 生物膜的超级电容器，如图 10-13 所示。该电容器具有低自放电、高充放电的优点。

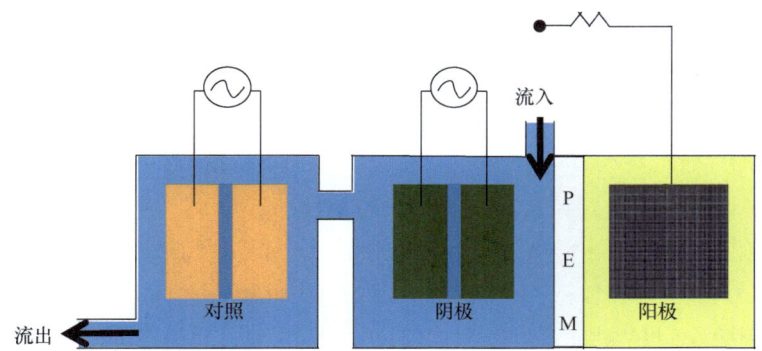

图 10-13　微生物超级电容器件（Malvankar et al., 2012）
Fig. 10-13　Microbial supercapacitor (Malvankar et al., 2012)

复合纳米材料作为电极材料可以显著改善生物电容的性能。Lv 等（2014）以 RuO_2 纳米颗粒修饰的导电聚吡咯复合膜为阳极材料制备 MFC 型生物电容器，如图 10-14 所示。该电容器具有长期充放电性能，运行 30 天 10 个循环电容仅损失 6%。

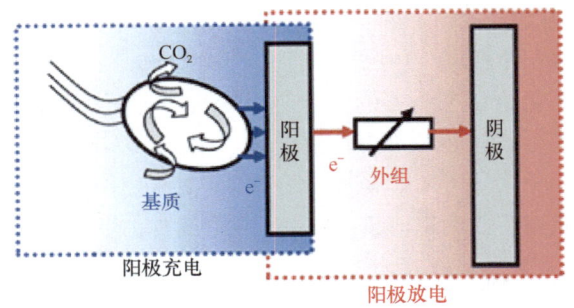

图 10-14　MFC 型微生物电容器件（Lv et al., 2014）
Fig. 10-14　MFC-based microbial capacitor (Lv et al., 2014)

（二）生物记忆器件

电活性生物膜具有氧化还原特性和电子转移能力，可应用于生物存贮设备研究。Yuan 等（2013）设计了一种基于电化学生物膜和生物还原石墨烯的新型生物存贮器件。由于细胞色素 c 的电化学特性，该器件具有"读入"和"擦除"功能（图 10-15）。此外，由于生物膜与石墨烯的协同效应，该器件的电荷贮存和释放性能得到显著的改善，其电流信号高于基于蛋白质生物存贮器件两个数量级。

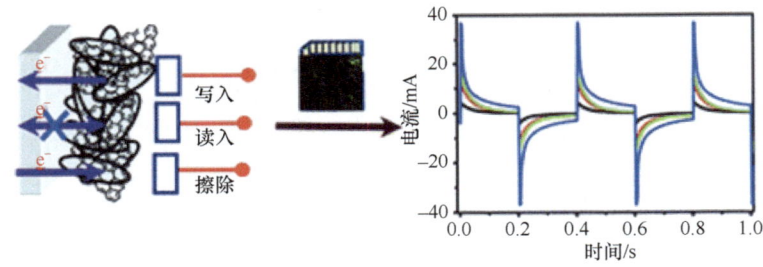

图 10-15　生物记忆器件（Yuan et al., 2013）
Fig. 10-15　Bio-memory device (Yuan et al., 2013)

第五节　植入式医用电池

目前，植入式医疗制备电源研究取得较大进展，如人们已提出用电磁转换、压电、热电、超声波、形状记忆合金和生物燃料等方法从人体外部或自身获取能量。其中，生物燃料方式获取电能具有研究意义和实际应用价值。近年来，已经有大量的基于酶电极的生物燃料电池被研制出来。美国国家工程院院士、得克萨斯大学 Heller 教授领导的研究小组开发了可植入生物体内的生物燃料电池（Chen et al., 2001；Mano et al., 2002，2003）。图 10-16 为 Heller 教授研究小组研发的可植入生物体内的生物燃料电池工作原理示意图。该生物燃料电池以人体体液为燃料，以葡萄糖氧化酶和胆红素氧化酶功能化碳纤维材料作为阳极和阴极，具有体积小、功率密度高及反应条件温和的优点。但是，酶寿命较短且容易受到蛋白质等生物大分子的交联而失活，酶电极电池长期运行稳定性差。根据微生物燃料电池原理，利用人体自身微生物菌群和有机物构建 MFC 取代酶电极电池有望找到持续和安全的电能供应。

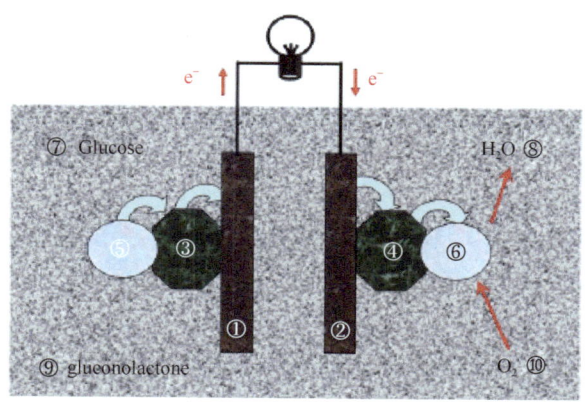

图 10-16　酶燃料电池原理示意图（马龙，2009）

①燃料电池阳极；②燃料电池阴极；③阳极氧化还原聚合物；④阴极氧化还原聚合物；⑤葡萄糖氧化酶（Gox）；⑥胆红素氧化酶（BOD）；⑦葡萄糖分子（Glucose）；⑧水分子（H_2O）；⑨葡萄糖酸内酯分子（Gluconolactone）；⑩氧分子（O_2）

Fig. 10-16　Scheme of enzyme-based fuel cell (马龙, 2009)

①anode; ②cathode; ③redox polymer in anode; ④redox polymer in cathode; ⑤gox; ⑥BOD; ⑦glucose; ⑧H_2O; ⑨gluconolactone; ⑩O_2

一、基本原理

鉴于人类与微生物存在密切的共生关系，以及人体肠道不同部位存在氧气浓度梯度的特点，在人体肠道不同部位放置电极可构建 MFC 作为植入式医用设备电源。MFC 型植入式医用电池原理是人体肠道微生物的产电呼吸代谢，即在产电微生物作为生物催化剂作用下，肠道内容物中有机物发生降解代谢，输出电流（图 10-17）。电池阳极可采用柔韧性、导电性、稳定性和生物相容性好的材料，阴极布置于氧气浓度较高的肠道部位，利用肠道蠕动实现连续燃料供给。微生物燃料电池利用肠道微生物与内容物持续产生电能，具有较长的寿命。

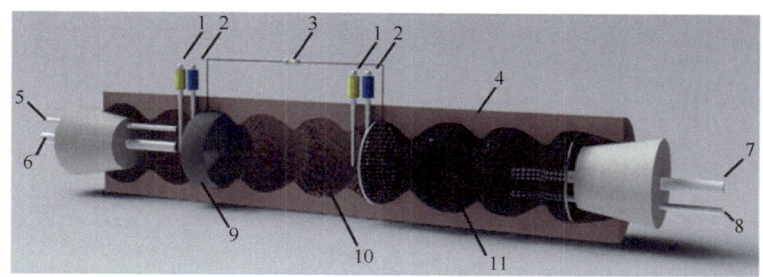

图 10-17　面向可植入式医疗设备微生物燃料电池示意图（Dong et al., 2012）

1. ORP 传感器；2. pH 传感器；3. 外接电阻；4. 模拟横结肠；5. 进料口；6. 阴极区采样口；7. 阳极区采样口；8. 液体出口；9. 阴极板；10. 模拟结肠腔；11. 阳极板

Fig. 10-17　Scheme of MFC for implantable medical devices (Dong et al., 2012)

1. ORP transducer; 2. pH transducer; 3. external resistance; 4. simulated transverse colon; 5. feed inlet; 6. sampling port of cathodic area; 7. sampling port of anodic area; 8. liquid outlet; 9. cathodic plate; 10. simulated colonic haustra; 11. anodic plate

二、具体实现形式

Han 等（2010）设计了一种面向植入式医疗设备供电的 MFC（图 10-18）。该 MFC 阳极采用螺旋状、具有导电性的生物相容性材料贴于横结肠道内壁；阴极采用长条形与阳极相同的材料，置于横结肠的中部，利用横结肠不同部位氧气浓度梯度和肠道微生物的代谢作用产生电能。该电池体积较小，不会影响肠道的消化吸收功能和原有的微生物群落结构。肠道内电化学活性微生物附着于阳极表面，阴极则附着有催化电子受体接受电子的微生物，人体肠道蠕动推动内容物持续通过阳极和阴极区，阳极微生物将其中的有机物电子转移给阳极并且通过连接线路输送到阴极，同时质子通过大肠内容物从阳极传递到阴极，从而实现持续稳定地生产电流。MFC 不仅具有较长的使用寿命和安全性，还能够持续产生电能，有望在生物医学工程领域得到广泛的应用。

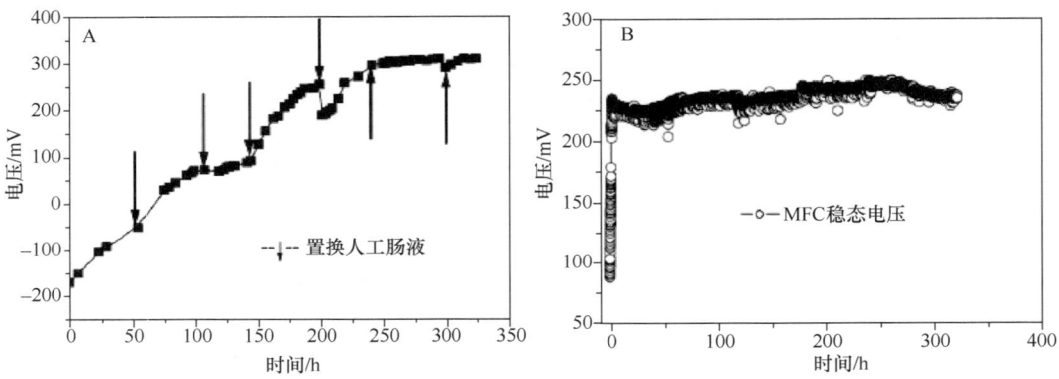

图 10-18 微生物燃料电池启动及稳定电压输出（Han et al., 2010）。（A）MFC 运行初始几个周期，外部电阻 500 Ω 时的电压输出；（B）MFC 处于稳定状态的典型周期时产生的电压（外部电阻 300 Ω）
Fig. 10-18 Microbial fuel cell start-up and stable voltage output (Han et al., 2010). (A) Voltage outputs of MFC with external resistance of 500 Ω during initial several cycles. (Arrows showed the replacement of SIF at the end of each cycle); (B) Voltage generation of MFC in a typical cycle at stable state (external resistance of 300 Ω)

第六节　应　用　案　例

一、污水 BOD 检测

MFC 型 BOD 检测系统，如图 10-19 所示。检测过程如下列步骤。

（一）人工配水、清洗液与废水样品

人工配水：以 BOD 为（200±10）mg/L 的 GGA 溶液作为标准溶液，通过稀释得到不同 BOD 值的人工配水，用磷酸缓冲液调节 pH 至 7.0±0.1，–20℃冷藏，备用。阳极液更换前通氮气 30 min，保持阳极室厌氧环境。

阳极清洗液：不含谷氨酸和葡萄糖的 GGA 溶液。每次注入前通氮气 30 min。

废水样品：采自灌溉污水，采用传统 5 天 20℃培养法测定 BOD_5。

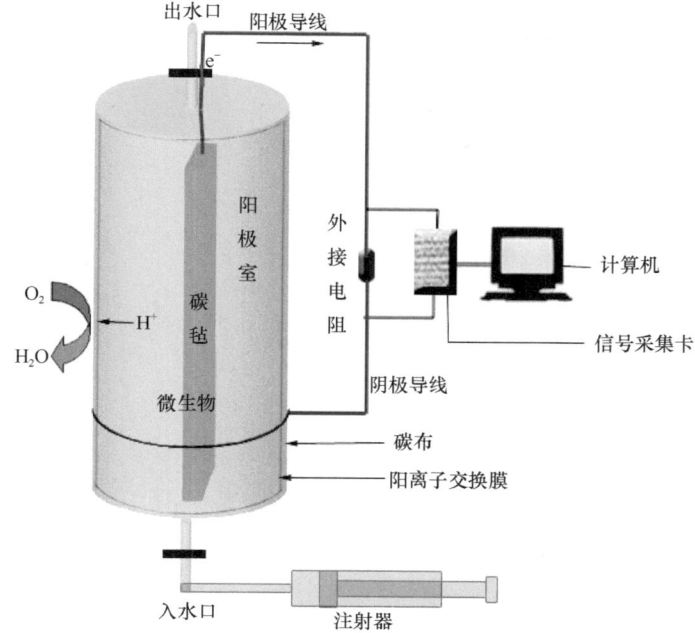

图 10-19　MFC 型 BOD 检测系统（吴锋等，2009）
Fig. 10-19　MFC-based BOD measurement system (吴锋等, 2009)

（二）微生物驯化

以 GGA 溶液（pH 7.0±0.1，BOD 值为 200 mg/L）为阳极液，以运行并正常产电的 MFC 阳极液作为接种物（接种量 10%），置于 30℃人工气候箱中恒温培养，外接 3000 Ω，在线记录输出电压。当电压降至 30 mV 时，向阳极室更换 20 mL GGA 溶液，经 5 个周期后，电池的输出电压达到稳定，微生物驯化与电池启动完毕。

（三）样品测定

待 MFC 运行稳定后，用 20 mL 阳极清洗液清洗 MFC 阳极室，当输出电压降至 50 mV 时用注射器缓缓注入 GGA 溶液或废水样品 20 mL，检测（2 h）完毕后再次用清洗液清洗，进入第 2 轮检测。注入清洗液是为了清洗 MFC 阳极室内残留 GGA 溶液或样品废水，迅速降低输出电压，使样品测定的初始条件一致，减少误差。

（四）计算

记录输出电压，计算相应电流 I 和电量 Q：

$$I = U/R；\quad Q = I \times t$$

式中，Q 为电量，U 为输出电压，R 为外接电阻。根据 GGA 标准溶液的 BOD 值与其 MFC 输出电量存在正比例关系，依此建立线性方程。根据输出电压计算电量，代入线性方程计算 BOD 值。

（五）检测结果

如图 10-20 所示，在标准溶液 BOD 浓度为 5~50 mg/L 时，传感器检测的结果与 BOD_5

显著相关（$R^2 = 0.9992$），并且此 BOD 浓度范围内，电压记录的波形重现性好。

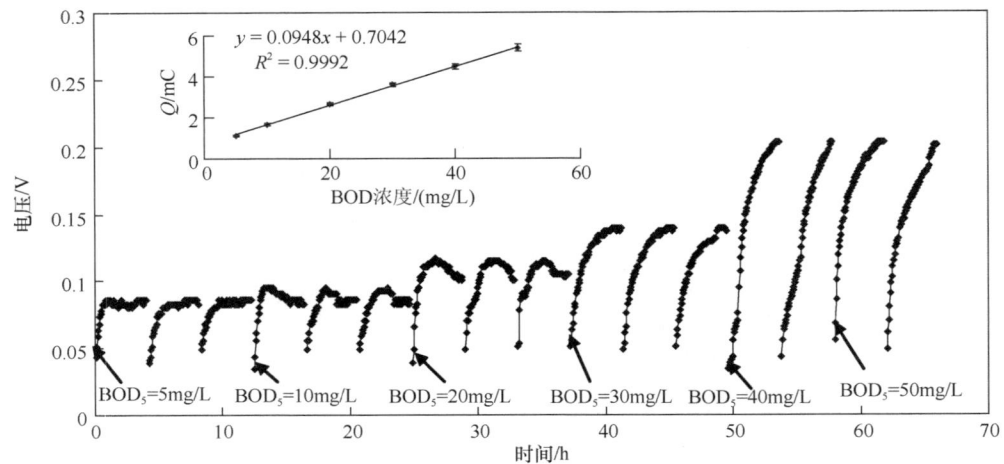

图 10-20　传感器测定标准溶液的电压-时间关系图（吴锋等，2009）
Fig. 10-20　The voltage-time graph of standard solution measurement (吴锋等, 2009)

从水样测定结果（表 10-4）可以看出，传感器测定值与 5 天 20℃培养法测定得的 BOD_5 值有很好的相关性，在传感器测量线性范围内（BOD 值 5~50 mg/L），相对误差均在 4% 以内，超出线性范围，则相对误差增大，最佳测定范围为 BOD 浓度 20~40 mg/L。

表 10-4　传感器测定值与 BOD_5 值对照（吴锋等，2009）
Tab. 10-4　BOD measured by sensor and BOD_5 method (吴锋等, 2009)

废水样品	BOD		相对误差
	传感器测定值/（mg/L）	BOD_5/（mg/L）	（平均值）/%
样品 1	21.6±1.0	21.1±1.2	2.4
样品 2	3.6±0.3	3.27±0.2	10.0
样品 3	93.4±9.8	94.8±11.2	1.5
样品 4	15.7±2.0	16.3±2.5	3.7
样品 5	15.7±1.5	15.3±1.8	2.6

二、镉离子毒性检测

（一）人工配水、清洗液

人工配水：葡萄糖与谷氨酸标准液（GGA 标准液），其 BOD 为（200±10）mg/L，pH 为 7.0±0.1，−20℃冷藏，备用。

含 Cd^{2+} 阳极液：取 $CdSO_4$ 溶液（Cd^{2+} 浓度为 100 mg/L）100~800 μL，GGA 溶液 20 mL，用阳极清洗液定容至 100 mL，得 Cd^{2+} 浓度为 0.1~0.8 mg/L 的阳极液。

阳极清洗液：不含谷氨酸和葡萄糖的 GGA 溶液。

（二）MFC 装置

单室 MFC 反应器作为生物毒性检测装置。以 GGA 溶液（pH 7.0±0.1，BOD 值为 200 mg/L）为阳极液，接种后置于 30℃人工气候箱中恒温培养，外接 6 kΩ，在线记录输出电压。当电压降至 50 mV 时，更换 20 mL 阳极室 GGA 溶液，经过 15 天，共 5 次的阳极液更换后，电池的输出电压达到稳定，电池启动完毕，进行各项测试。

（三）检测流程

如图 10-21 所示，待 MFC 启动并运行稳定后，用 20 mL 阳极清洗液清洗 MFC 阳极室，当输出电压降至 40 mV 时用注射器缓缓注入标准 GGA 溶液 20 mL（BOD = 40 mg/L），反应 4 h 后，注入 20 mL 清洗液，电压降至 40 mV 后再注入待测水样 20 mL，反应 4 h 后再次清洗，注入标准 GGA 溶液 20 mL，反应 4 h 后进入第 2 轮检测。注入清洗液是为了清洗 MFC 阳极室内残留 GGA 溶液或重金属离子，迅速降低输出电压，再次检测标准溶液是为了降低重金属离子对微生物的影响，使传感器恢复到检测前的状态，减少误差。

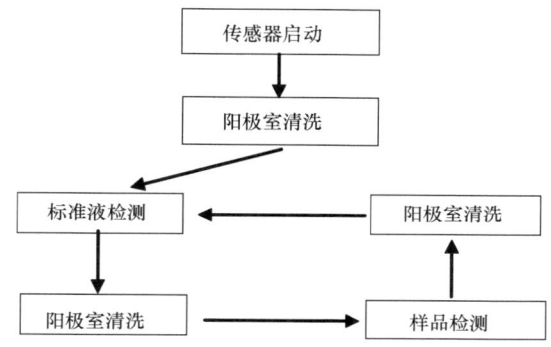

图 10-21　样品测定流程（吴锋等，2010）
Fig. 10-21　Sample measurement process（吴锋等, 2010）

（四）计算

每次检测完毕，计算产电量，并按下式计算产电抑制率。
$$R_i = (Q_1 - Q_2)/Q_1 \times 100\%$$
式中，R_i 为产电抑制率，Q_1 为不含有毒物质的 GGA 溶液产电量，Q_2 为含有毒物质的 GGA 溶液产电量。当 R_i = 20% 时，被检测溶液的有毒物质浓度为 IC_{20}（即 20%抑制浓度）。

（五）检测结果

由图 10-22B 可知，在 Cd^{2+} 浓度为 0.1~0.5 mg/L 时，其抑制率与 Cd^{2+} 浓度显著相关（R^2 = 0.8605），由图 10-22C 可知，镉离子 IC_{20} 值为 0.6 mg/L。

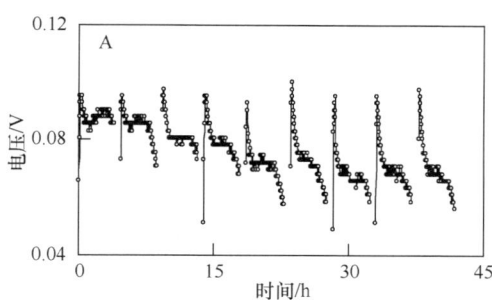

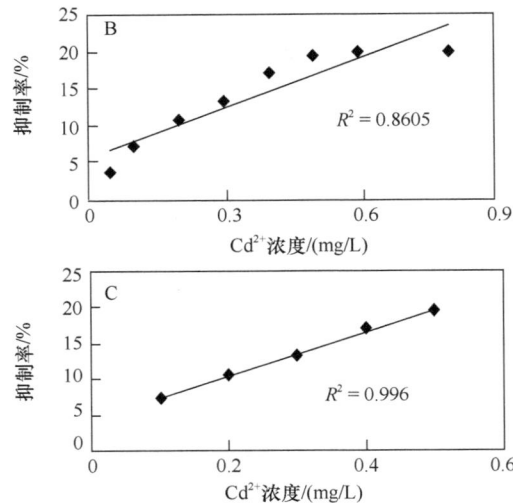

图 10-22 镉离子检测（吴锋等，2010）。(A) 传感器测定标液的电压-时间关系图；(B) 抑制率与 Cd^{2+} 浓度（0.1~0.5 mg/L）线性关系；(C) 抑制率与 Cd^{2+} 浓度（0.05~0.8 mg/L）线性关系

Fig. 10-22 Cadmium ion measurement (吴锋, 2010). (A) Voltage-time graph of standard solution measurement; (B) Linear relationship between inhibition rate and Cd^{2+} concentrations (0.1~0.5 mg/L); (C) Linear relationship between inhibition rate and Cd^{2+} concentrations (0.05~0.8 mg/L)

参 考 文 献

何芬, 李子龙, 晏恒, 等. 2008. 水质毒性检测方法的对比研究. 环境科学与管理, **33**: 128-130.

李中坚. 2012. 基于微生物电化学系统的废水处理技术研究. 杭州: 浙江大学博士学位论文.

马龙. 2009. 植入式医用生物燃料电池装置及试验研究. 长春: 吉林大学硕士学位论文.

佟萌, 杜竹玮, 李顶杰, 等. 2008. 微生物燃料电池型传感器在 BOD 检测中的应用进展. 环境监测管理与技术, **20**: 7-12.

王学江, 王虹, 赵建夫, 等. 2009. 基于大肠杆菌的 Cell Sense 生物传感器毒性分析性能研究. 环境科学, **30**: 1210-1214.

吴锋, 刘志, 周奔, 等. 2010. 单室 MFC 型生物毒性传感器对重金属离子的检测研究. 环境科学, **31**: 1596-1600.

吴锋, 刘志, 周顺桂, 等. 2009. 低成本单室微生物燃料电池型 BOD 传感器的研制. 环境科学, **30**: 3099-3103.

Arugula M A, Shroff N, Katz E, et al. 2012. Molecular AND logic gate based on bacterial anaerobic respiration. Chem Commun, **48**: 10174-10176.

Benenson Y. 2009. Biocomputers: from test tubes to live cells. Mol BioSyst, **5**: 675-685.

Bennetto H P. 1983. Microbial fuel cells. Life Chem Rep, **2**: 363-453.

Chang I S, Jang J K, Gil G C, et al. 2004. Continuous determination of biochemical oxygen demand using microbial fuel cell type biosensor. Biosens Bioelectron, **19**: 607-613.

Chang I S, Moon H, Jang J K, et al. 2005. Improvement of a microbial fuel cell performance as a BOD sensor using respiratory inhibitors. Biosens Bioelectron, **20**: 1856-1859.

Chang I, Moon H, Bretschger O, et al. 2006. Electrochemically active bacteria (EAB) and mediator-less microbial fuel cells. J Microbiol Biotechnol, **16**: 163-177.

Chen T, Barton S C, Binyamin G, et al. 2001. A miniature biofuel cell. J Am Chem Soc, **123**: 8630-8631.

Dávila D, Esquivel J P, Sabate N, et al. 2011. Silicon-based microfabricated microbial fuel cell toxicity sensor. Biosens Bioelectron, **26**: 2426-2430.

Dong K, Jia B, Yu C, et al. 2012. Microbial fuel cell as power supply for implantable medical devices: A novel configuration design for simulating colonic environment. Biosens Bioelectron, **41**: 916-919.

Evans D A. 1995. High energy density electrolytic capacitor. Space Electrochemical Research and Technology, Abstracts, **1**: 41.

Han Y, Yu C, Liu H. 2010. A microbial fuel cell as power supply for implantable medical devices. Biosens Bioelectron, **25**: 2156-2160.

Karube I, Matsunaga T, Mitsuda S, et al. 1977. Microbial electrode BOD sensors. Biotechnol Bioeng, **19**: 1535-1547.

Kim B H, Chang I S, Moon H. 2006. Microbial fuel cell-type biochemical oxygen demand sensor. *In*: Grimes C A, Dickey E C, Pishko M V. Encyclopedia of Sensors, vol. X. Valencia: American Scientific Publishers: 1-12.

Kim H J, Choi D W, Hyun M S, et al. 2003. Method and device for detecting toxic material in water using microbial fuel cell, PCT/KR2003/000854.

Kim M, Hyun M S, Gadd G M, et al. 2007. A novel biomonitoring system using microbial fuel cells. J Environ Monit, **9**: 1323-1328.

Li Z, Rosenbaum M A, Venkataraman A, et al. 2011. Bacteria-based AND logic gate: a decision-making and self-powered biosensor. Chem Commun, **47**: 3060-3062.

Lv Z, Xie D, Li F, et al. 2014. Microbial fuel cell as a biocapacitor by using pseudo-capacitive anode materials. J Power Sources, **246**: 642-649.

Malvankar N S, Mester T, Tuominen M T, et al. 2012. Supercapacitors based on *c*-type cytochromes using conductive nanostructured networks of living bacteria. Chem Phys Chem, **13**: 463-468.

Mano N, Mao F, Heller A. 2002. A miniature biofuel cell operating in a physiological buffer. J Am Chem Soc, **124**: 12962-12963.

Mano N, Mao F, Heller A. 2003. Characteristics of a miniature compartment-less glucose-O_2 biofuel cell and its operation in a living plant. J Am Chem Soc, **125**: 6588-6594.

Moon H, Chang I S, Kang K H, et al. 2004. Improving the dynamic response of a mediator-less microbial fuel cell as a biochemical oxygen demand (BOD) sensor. Biotechnol Lett, **26**: 1717-1721.

Sattarahmady N, Parsa A, Heli H. 2013. Albumin nanoparticle-coated carbon composite electrode for electrical double-layer biosupercapacitor applications. J Mater Sci, **48**: 2346-2351.

Sharma V, Kundu P. 2010. Biocatalysts in microbial fuel cells. Enzyme Microb Tech, **47**: 179-188.

Sudhakara Prasad K, Arun A E B, Rekha P E D, et al. 2009. A microbial sensor based on direct electron transfer at *Shewanella* sp. drop-coated screen-printed carbon electrodes. Electroanalysis, **21**: 1646-1650.

TerAvest M A, Li Z, Angenent L T. 2011. Bacteria-based biocomputing with cellular computing circuits to sense, decide, signal, and act. Energy Environ Sci, **4**: 4907-4916.

Thurston C, Bennetto H, Delaney G, et al. 1985. Glucose metabolism in a microbial fuel cell: Stoichiometry of product formation in a thionine-mediated *Proteus vulgaris* fuel cell and its relation to coulombic yields. J Gen Microbiol, **131**: 1393-1401.

Wang X, Gao N, Zhou Q. 2012a. Concentration responses of toxicity sensor with *Shewanella oneidensis* MR-1 growing in bioelectrochemical systems. Biosens Bioelectron, **43**: 264-267.

Wang X, Liu M, Wang X, et al. 2012b. *P*-benzoquinone-mediated amperometric biosensor developed with *Psychrobacter* sp. for toxicity testing of heavy metals. Biosens Bioelectron, **41**: 557-562.

Yuan Y, Zhou S, Yang G, et al. 2013. Electrochemical biomemory devices based on self-assembled graphene–*Shewanella oneidensis* composite biofilms. RSC Advances, **3**: 18844-18848.

Yuan Y, Zhou S, Zhang J, et al. 2012. Multiple logic gates based on reversible electron transfer of self-organized bacterial biofilm. Electrochem Commun, **18**: 62-65.

第十一章 天然生物地球电池效应：
形成机制与生态学意义

2002 年，Bond 等在 Science 发表文章，首先提出"沉积物微生物燃料电池"（sediment microbial fuel cell）的概念，它的原理是：在金属导线的连接作用下，阳极区的微生物氧化有机物产生的电子可以"穿过"细胞外膜而"长距离"传输给阴极区的氧气，偶联有机碳氧化/氧气还原反应的发生，从而产生电流（Bond et al., 2002）。2005 年，Reguera 等科学家在杂志 Nature 上发表了一篇开创性论文，他们发现某些微生物（如 *Geobacter sulfurreducens*）的菌毛具有导电性，并将其命名为"微生物纳米导线"（microbial nanowire）（Reguera et al., 2006）。2006 年，Gorby 等在 PNAS 上证实，*Shewanella oneidensis*、*Pelotomaculum thermopropionicum* 等也可产生类似的长达数十微米、直径约 100 nm 的可导电微生物纳米导线。2007 年，基于这种纳米导线介导的微生物胞外呼吸特性，Ntarlagiannis 与 Ball 等大胆推测：地表中可能存在无数个"纳米导电网络"构成的"天然生物地球电池"（biogeobattery）（Ball, 2007；Ntarlagiannis et al., 2007）。紧接着，丹麦科学家 Pfeffer 等（2012）在 Nature 上发表研究论文，他们采用微电极技术发现：通过天然电流的偶联，海底沉积物中硫化氢氧化反应与海水表面的氧气可发生空间隔离的氧化还原反应。这是地球表面生物地球电池（Biogeobattery）存在的第一个实验性证据，说明微生物产生的纳米导线可能在土壤中交织在一起，形成了类似现实世界的电网。

生物地球电池是一种发生在地球表层氧化/还原界面的自然现象，是微生物在厌氧区域氧化有机碳、硫化物等电子供体，产生的电子经胞外介体经"长距离"传输至好氧区，从而与空间上隔离的氧气等电子受体发生还原反应的过程。由于生物电流的偶联，使得过去认为因空间隔离而难以发生的氧化还原反应，可以快速、即时的进行。其科学本质是：通过微生物驱动电子流动，偶联空间上隔离的生物地球化学过程。Biogeobattery 一般发生在有机物丰富、具备氧化/还原界面的生境，如海底沉积物、有机物污染区域等。

Biogeobattery 的提出，改变了人们对自然界氧化还原反应的传统认识，为理解空间隔离的生物地球化学过程提供了新视角。天然电流的偶联，不仅解释了"远距离"（厘米尺度）的电子供体/受体间发生氧化还原反应的现象，而且还可发展成低成本的污染场地原位生物修复技术。Biogeobattery 的研究正成为国际上受关注的热点。本章从沉积物微生物燃料电池入手，论述天然生物地球电池的形成条件及其机制，从电池的电势、阳极、传导介质等方面详细介绍其研究方法；阐述了天然生物地球电池的生态学意义，并展望了今后的研究重点。

第一节 天然生物地球电池效应

一、"人工"生物地球电池

2002 年,Bond 等在 *Science* 上发表论文,将一块石墨板埋在海底沉积物中作为阳极,另一块石墨板浮放在上覆水中作为阴极,用金属导线连接阴极和阳极。经过 2~3 天,产生了 0.01 W/m² 的生物电流,基于此,他们首先提出"沉积物微生物燃料电池"的概念(Bond et al., 2002)。其原理为:沉积物中的有机碳作为电子供体(燃料)被阳极上的胞外产电菌氧化,产生的电子传递给阳极,然后通过外电路(金属导线)到达阴极,与阴极表面的质子和 O_2 反应生成水(图 11-1),从而产生电流。其反应式如下:

阳极反应(有机碳氧化):$(CH_2O)_n + nH_2O \longrightarrow nCO_2 + 4ne^- + 4nH^+$

阴极反应(氧气还原): $4e^- + O_2 + 4H^+ \longrightarrow 2H_2O$

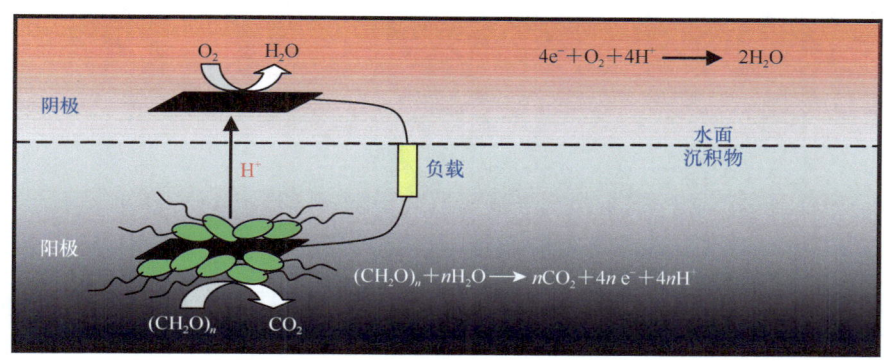

图 11-1 沉积物微生物燃料电池产电机制图(Bond et al., 2002)
Fig. 11-1 Model for electricity production in sediment microbial fuel cells (Bond et al., 2002)

该实验首次实现了沉积物厌氧有机碳氧化与上覆水中的溶解氧还原反应长距离的偶联,充分证实:通过金属导线的连接,空间上隔离的电子供体与电子受体完全可以在微生物驱动作用下发生氧化还原反应。

二、天然生物地球电池

理论上,Biogeobattery 的形成需要满足 4 个基本条件:氧化/还原界面、电子供体的微生物氧化及胞外传递、导电介质、电子受体的还原反应(Roden and Wetzel, 1996)。天然的生境中(沉积物、有机物污染区等)具有形成 Biogeobattery 的有利条件:①上述生境中,由于温度和气压的波动、干湿交替等多种作用,创造了无数个好氧/厌氧交替的微域界面(Liesack et al., 2000;Yuan et al., 2010)。②大量的有机质沉积在土壤中,在淹水条件下有机质分解不彻底,乙酸、乳酸、丁酸等有机酸累积(Chidthaisong and Conrad, 2000;Liesack et al., 2000);同时,存在类型多样的微生物(如 *Geobacter* 属、*Shewanella* 属、*Aeromonas* 属等)可在细胞内氧化有机物,产生大量胞外电子(Yang et al., 2005)。③一般来说,在淹水土壤或沉积物的 2 cm 深度以上,都能检测到氧气的存在。从氧化还原电位角度,氧气的标准电极电势为 1.229 V(标准氢电极为参比电极),是最容易被还原的物质;

因此，氧气无疑是环境最容易接受外界电子进而发生还原反应的电子受体。④自然界存在大量的可导电矿物［如金属氧化物、金属硫化物、金红石（TiO_2）、闪锌矿（ZnS）、针铁矿（α-FeOOH）等天然半导体矿物（鲁安怀等，2013）］、微生物纳米导线、长丝状微生物等都给电子的快速传递提供了传递介质。2011年，Lovley首次证实了 *Geobacter sulfurreducens* 产生的微生物纳米导线能长距离传导电子，其距离可为细菌体长的几千倍。

2007年，Ntarlagiannis 与 Ball 等向一根接种 *Shewanella oneidensis* MR-1 的石英砂柱底部持续地供给乳酸作为电子供体，让 O_2 自然扩散于砂柱顶部，结果检测到明显的生物电流信号，扫描电子显微镜证实在微生物之间和微生物与矿物之间形成了大量丝状的导电网络。说明微生物产生的纳米导线在土壤中交织在一起，形成了类似现实世界的电网（图11-2），从而构成了 Biogeobattery（Ball，2007；Ntarlagiannis et al.，2007）。

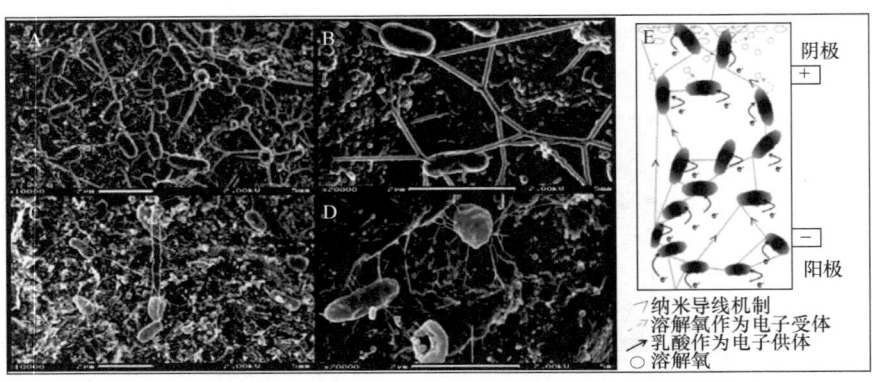

图 11-2 *S. oneidensis* MR-1 纳米导线（A）；纳米网络（放大倍数）（B）；变种 *S. oneidensis* MR-1 无纳米导线（C）；无纳米网络（放大倍数）（D）；Biogeobattery 概念模型（E）（Ntarlagiannis et al.，2007）
Fig. 11-2 Pilus-like appendages from *S. oneidensis* MR-1 (A); Close up image showing a network of cell-cell and cell-mineral connection (B); Pilus-like appendages from *S. oneidensis* mutant train showing thin and frail appendages and cells are visibly deteriorated (C, D); Conceptual biogeobattery model (E) (Ntarlagiannis et al., 2007)

Doherty 等（2010）利用自然电位法、大地电磁测量技术、16S rDNA 分子技术等方法证实：北爱尔兰 Porta 镇一个废弃的煤气厂形成 Biogeobattery。即深层受煤焦油污染的土壤中存在大量厌氧微生物，它们氧化这些有机物，产生电子经可导电的矿物、黏土层上传给浅层水中的氧。Biogeobattery 很好地解释了自然电位异常大于 800 mV 的原因，是微生物（包括氨氧化菌，如 *Nitrosolobus* spp.）在厌氧区氧化有机物产生大量的电子和 H^+ 累积所导致，同时大地电磁测量技术也证实该区域的阴极和阳极之间形成一个电场（Doherty et al.，2010）。

2010年，Nielsen 等发现海洋淤泥的表层存在快速的电子转移现象。然而淤泥是个比较致密的体系，离子和其他化学物质在其中移动得很慢，不能快速地转移电子。因此，他们推测是底泥中的某些微生物的作用驱动这种现象的发生。这些微生物可以通过菌丝连接在一起，形成一个网络，电子通过这个导电网络快速传递。然后他们用微电极技术结合质子平衡计算证实这个假设，即海水与海底沉积物之间形成了 Biogeobactery，在这个效应的作用下，底泥中 H_2S 可与上层溶液中的 O_2 发生直接的氧化还原反应，如图11-3所示。其具体电子转移途径为：H_2S→微生物→纳米导电网络→微生物→O_2。

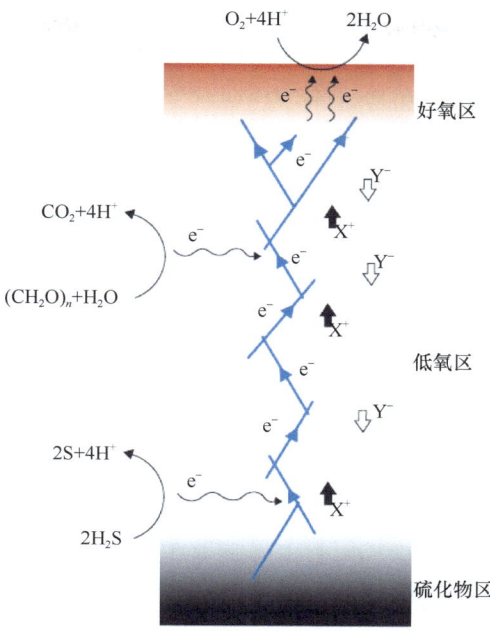

图 11-3 沉积物中电子流动驱动 Biogeobattery 的形成（Nielsen et al., 2010）
Fig. 11-3 Electric currents in sediment (Nielsen et al., 2010)

2012 年，Pfeffer 等在 *Nature* 发表文章，在海底沉积物中，发现了由长丝状细菌（Desulfobulbaceae）作为阴极/阳极中的电子传递介质构成的 Biogeobactery（图 11-4）。当长丝状细菌 Desulfobulbaceae 存在时，厌氧区硫化物浓度迅速下降，就像向沉积物快速通入了大量氧气，而海水中的氧分子扩散不能解析快速下降的硫化物。其根本原因是：

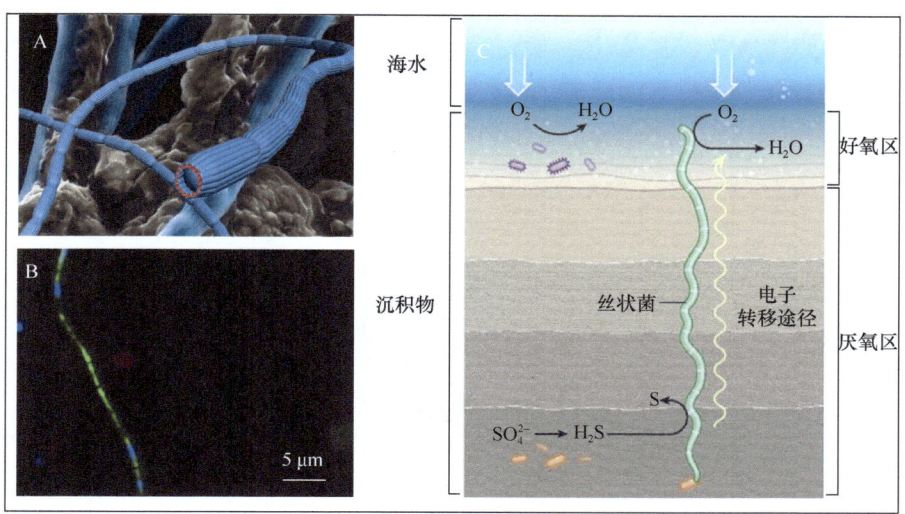

图 11-4 单个长丝状菌由多个细菌组成（A）；长丝状菌（B）；长丝状菌驱动形成的 Biogeobattery 概念模型（C）（Pfeffer et al., 2012）
Fig. 11-4 Multicellular filaments (A); Desulfobulbaceae (B); Conceptual biogeobattery model made by Desulfobulbaceae (C)(Pfeffer et al., 2012)

沉积物存在许多不同种类的长丝状细菌 Desulfobulbaceae，它们横跨沉积物的厌氧区和海水好氧区，一端伸长到厌氧区氧化硫化物，产生的电子通过菌体传输到海水中有氧区域的另一端（Pfeffer et al., 2012）。

这些研究结果说明 Biogeobattery 可能比较容易发生在有机物丰富、有机物污染的区域。在这些环境中，由于有机物大量存在，刺激了微生物的生长，特别是能氧化有机物同时产生胞外电子的胞外呼吸菌，它们为了适应环境，采取不同的方式将电子传递给电子受体，以此获得能量而得到繁殖和增长。因此形成了 Biogeobattery 效应这种自然现象。

第二节　天然生物地球电池形成机制

Biogeobattery 在本质上是微生物驱动的氧化还原反应，即电子供体/受体间的电子转移反应。按照传递介质的不同，其形成机制有 3 种：①纳米网络传递机制：在特定的条件下，微生物可在其细胞表面产生可导电的纳米导线，大量微生物通过纳米导线相互交织在一起，形成一个天然的导电网络，微生物胞外呼吸作用产生的电子通过这个网络将电子传递给上层溶液中的溶解氧，从而将氧化还原的两个半反应偶联起来，实现了电子的长距离传递（图 11-5A）。②导体矿物传递机制：微生物胞外呼吸产生的电子通过导体/半导体矿物传递给上层溶液中的溶解氧。导体矿物提供电子流动的通道，起到了连接氧化还原两个半反应的桥梁作用（图 11-5B），2015 年，Malvankar 等实验表明，黄铁矿可作为电子的传输导体，实现了电子的长距离传递。③长丝状导电细菌传递机制：2012 年，Nielsen 等在丹麦 Aarhus Bay 的上层海底沉积物中发现一种长丝状导电细菌 Desulfobulbaceae。这种细菌属于多细胞结构，单个细菌由成千上万的细胞组成，它们首尾相互堆积，形成如电缆般的多细胞细菌链，共享一个外膜；一端伸长到无氧的海底沉积物区域，一端连接到由海水中氧渗透而来的顶层有氧区域。通过这种方式，它能够氧化深层厌氧沉积物中的有机物（硫化物），并将所产生的电子通过周质间的导管传输给表层中的氧（图 11-5C）（Pfeffer et al., 2012）。

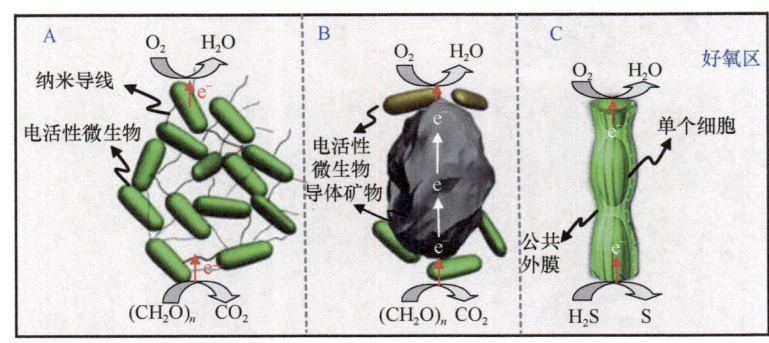

图 11-5　生物地球电池形成机制（唐家桓等，2015）。（A）微生物纳米网络；
（B）导体/半导体矿物；（C）长丝状导电细菌

Fig. 11-5　Schematics of electron transfer mechanism of biogeobactery （唐家桓等, 2015). (A) Microbial nanowires networks; (B) (Semi) Conductive mineral; (C) Filamentous bacteria

上述几种电子传递方式不是孤立存在的。从能量的角度分析，自然环境中的微生物会以能量最少的方式进行电子传递而繁殖增长。例如，可形成微生物与导电矿相互交织的网络进行电子传递，又或者是多种方式协同完成电子传递。

电子穿梭体介导的电子传递机制是微生物胞外呼吸的常见电子传递机制之一，即微生物可利用环境中的电子穿梭体或自身分泌的氧化还原物质，接受胞内的电子，并将其"运出"细胞，传递给胞外受体后，以氧化态返回细胞再次接受电子，如此往返穿梭于胞内和胞外，介导电子的传递。但是，目前还没有证据表明Biogeobattery也能通过电子穿梭体机制进行电子传递，可能与这些介体在土壤中的移动速度比较慢有关。

第三节 天然生物地球电池研究方法

目前，Biogeobattery的研究方法主要包括：电池电势的监测、阴/阳极的响应关系表征、传递介质的电阻测量等方法。Biogeobattery电势的检测主要是自然电位（self-potential，SP）方法（Revil et al., 2010），它是表征Biogeobattery是否形成的最直接手段。由于Biogeobattery发生在厘米尺度内，因此可以依靠微电极技术来表征阳极物质氧化与阴极还原的快速响应关系。另外，复电阻的大小直接影响了电池电势高低、电子传输速率等，通过研究复电阻的变化，可间接反映微生物增长与电流之间的关系。最后，微生物是驱动Biogeobattery形成的关键因子，它的繁殖生长必然会导致生物膜形成及土壤结构改变，通过超声波等技术可以对其进行表征。

一、自然电位

普通化学燃料电池和微生物燃料电池的氧化还原电对的电势可以通过能斯特方程来推测，对天然生物地球电池电势的检测，目前主要是自然电位方法（Revil et al., 2010）等。自然电位是地层中电化学作用和机械活动造成的，地下水是所有因素中的控制性因素。这些电位与矿体矿化、地质接触带岩石性质（矿物含量）的变化、有机质的生物电活动、溶蚀、地热和地下流体的压力梯度和其他一些类似的自然现象有关。归纳起来主要以下几种（Telford et al., 1990）：①流动电位；②扩散电位；③能斯特电位；④矿化电位（Nyquist and Corry, 2002）；⑤其他电位（Revil et al., 2010）等。

1）流动电位：当电阻率为ρ、黏滞系数为η的溶液通过毛细管或多孔介质时将会出现流动电位。在通道两端所产生的电位差为

$$E_k = -\frac{\xi \Delta P k \rho}{4\pi \eta} \tag{11-1}$$

式中，ξ是双层介质（固-液）中固体和液体之间的电位；ΔP是压力差；k是溶液介电常数。尽管一般来说流动电位效应不太重要，但也会偶尔产生一些与地形有关的较大异常。

2）扩散电位：它取决于不同浓度溶液中各种粒子迁移率的差别。它的值可由式（11-2）给出：

$$E_d = -\frac{R\theta(I_a - I_c)}{Fn(I_a + I_c)} \ln \frac{C_1}{C_2} \tag{11-2}$$

式中，R 是气体常数（8.31J/℃）；F 是法拉第常数（9.65×10⁴C/mol）；$θ$ 是绝对温度；n 是化合价；I_a 和 I_c 是阴离子和阳离子的迁移率；C_1 和 C_2 是溶液浓度。在 NaCl 溶液中，I_a/I_c=1.49，因此，25℃时，E_d= −11.6 ln（C_1/C_2）。

3）能斯特电位：当两个相同的电极浸入同一溶液中，它们之间无电位差。然而，如果溶液浓度不同，将会产生电位差，由式（11-3）给出：

$$Es = -\frac{R\theta}{Fn}\ln\frac{C_1}{C_2} \qquad (11\text{-}3)$$

若 n=1，$θ$ 为 298K，则 Es=−59.11 ln（C_1/C_2），单位是 mV。

4）矿化电位：矿体腐蚀产生的电位差。矿体在化学物质或其他作用下，在其表面发生氧化还原作用，从而产生电位差。大部分研究表明，自然电位发生大的异常通常在矿物沉积、尤其是埋藏硫矿的地区。有报道 2 V 或更大的异常（Nyquist and Corry, 2002）。

5）其他电位：①植物的根部是离子选择性吸收养分的部位，因此通常会引起自然电位异常，异常可达到几百毫伏。②微生物胞外电子转移产生的电位差（Revil et al., 2010）等。

自然电位的测量是以一个固定点作为参考，测量地表（或者是矿石体内）的电位分布。测量的设备是：两个不极化电极（如 Cu/CuSO₄ 电极或 Pb/PbCl₂ 电极）、一个高灵敏（约 0.1 mV）和高输入电阻（>10 MΩ）的电压表（Bigalke and Grabner, 1997；Corwin, 1990；Petiau, 2000）。Cu/CuSO₄ 电极和 Pb/PbCl₂ 电极的差别主要在于两者对温度的稳定性，Pb/PbCl₂ 电极随温度的变化为 0.2 mV/℃（Petiau, 2000）；Cu/CuSO₄ 电极随温度的变化为 0.7~0.9 mV/℃（Antelman et al., 1982）。我国学者陆阳泉等（1999）发明了 LGB 型固体不极化电极，该类型电极有电位差小、稳定性好、噪声低等特点，是测量自然电位比较理想的电极。Slater 等（2008）研究表明，Ag/AgCl 电极同样可以对生物地球电池有关的自然电位进行检测（图 11-6）。

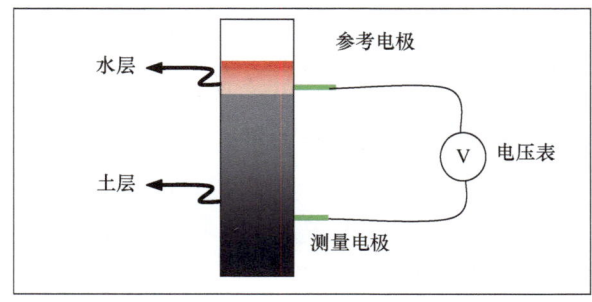

图 11-6　自然电位的测量

Fig. 11-6　Scheme for measuring self-potential

SP 异常意味着地下电流的流动（Minsley et al., 2007；Sill, 1983）。在垃圾填埋场等这些受有机物污染的区域，微生物的代谢活动是土壤中物质循环、自我恢复的主要动力（Lovley et al., 2004），微生物在土壤介质中形成生物膜，其中由具有纳米导线结构的微生物所形成的生物膜，可作为电子传递的媒介，实现电子长距离传递（Naudet et al., 2003；Ntarlagiannis et al., 2007）。2003 年，Naudet 等在法国东南部的城市利用自然电位法发现一个垃圾填埋场超过 400 mV 的自然电位异常，获得与实验室研究一致的结论：是由于微生物氧化有机物作用引起的。自然电位的异常意味着地下电流的流动（Minsley et al., 2007；Sill, 1983）。在垃圾填埋场等这些受有机物污染的区域，微生物的代谢活动是泥土中物质循环、自我恢复的主要动力（Lovley et al., 2004），微生物在泥土介质中形成生物膜，其中由具有纳米导线结构的微生物所形成的生物膜，因为其可以导电，起到了与硫矿一样的作用，作为电子传递的导体（Naudet et al., 2003；Ntarlagiannis et al., 2007）。

Ntarlagiannis 等（2007）研究了纳米导线与自然电位之间的关系，发现在能产生纳米导线生物膜（*Shewanella oneidensis* MR-1）的反应器中检测到（602±4）mV 的自然电位异常。相反，不能产生纳米导线（通过敲除纳米导线表达基因的方法实现）的反应器中，只检测到±10~15 mV 的自然电位异常。这是因为微生物氧化电子供体——乳酸以胞外呼吸的方式进行代谢活动，向环境中释放大量的电子，从而导致自然电位的异常；产生的电子通过纳米导线进行转移。Gorby 等（2006）也发现了同样的结果，说明自然电位与微生物的胞外电子转移有密切的关系，可以用自然电位对其进行表征和监测。

Hubbard 等（2011）为了探索 Biobeobattery 形成的证据，在一个充满沙和水铁矿混合物的圆筒中，培养 *Shewanella oneidensis* MR-1 微生物；实验成功地营造了一个氧化还原区域，使得水铁矿被氧化为磁铁矿，但整个实验过程中及不同深度的沙层中都没有检测到自然电位的异常，也没有发现 *Shewanella oneidensis* MR-1 形成纳米导线，实验过程中没有形成可以进行电子传递的导体，不能将下层厌氧区产生的电子传递到上层好氧区，说明生物地球电池的形成需要特殊的环境。这从侧面说明了自然电位的异常与生物地球电池有密切相关的联系。

然而，由于自然电位的来源有多方面，因此，有时候很难区别究竟是哪种来源。所以自然电位通常与其他方法结合，如复电阻、声波（Panthulu et al., 2001）、化学计量法（Nielsen et al., 2010）等。

Fachin 等根据 Biogeobattery 原理，构造了一个类似的模型（图 11-7）。他们研究发现，微生物在阳极区和阴极区产生了大量的纳米导线，并且阴极、阳极区域附近出现了较大的自然电位异常。结果说明了自然电位与微生物纳米导线、电子传递之间存在一定的联系。

Risgaard-Petersen 等对海底沉积物的研究发现，上层海水溶液中的氧被还原，无氧底泥中的硫化物被氧化，两个空间上分隔发生的氧化还原半反应，在天然电流的偶联作用下，引起硫离子、铁离子、钙离子的迁移和重新分配。上层溶液中 40%的氧气被消耗，无氧沉积物区的硫离子还原为硫酸盐沉淀，产生的质子迁移到上层的过程中，引起中部缺氧层的硫化铁和碳酸钙的溶解。而自然电位随着深度的下降，几乎线性增加，在深度为 15 mm 以下部分产生了 0.08 V/m 的稳定电场。在 16 mm 以下没有发生硫化物沉淀的区域自然电位下降到 0 V（Risgaard-Petersen et al., 2012）。由此说明了自然电位方法结合氧气的消耗量、离子计量法等方法，能很好地解析自然电位异常的原因及电子转移的发生，因而 SP 方法可用于推测天然电流的流动和 Biogeobattery 的形成与否。

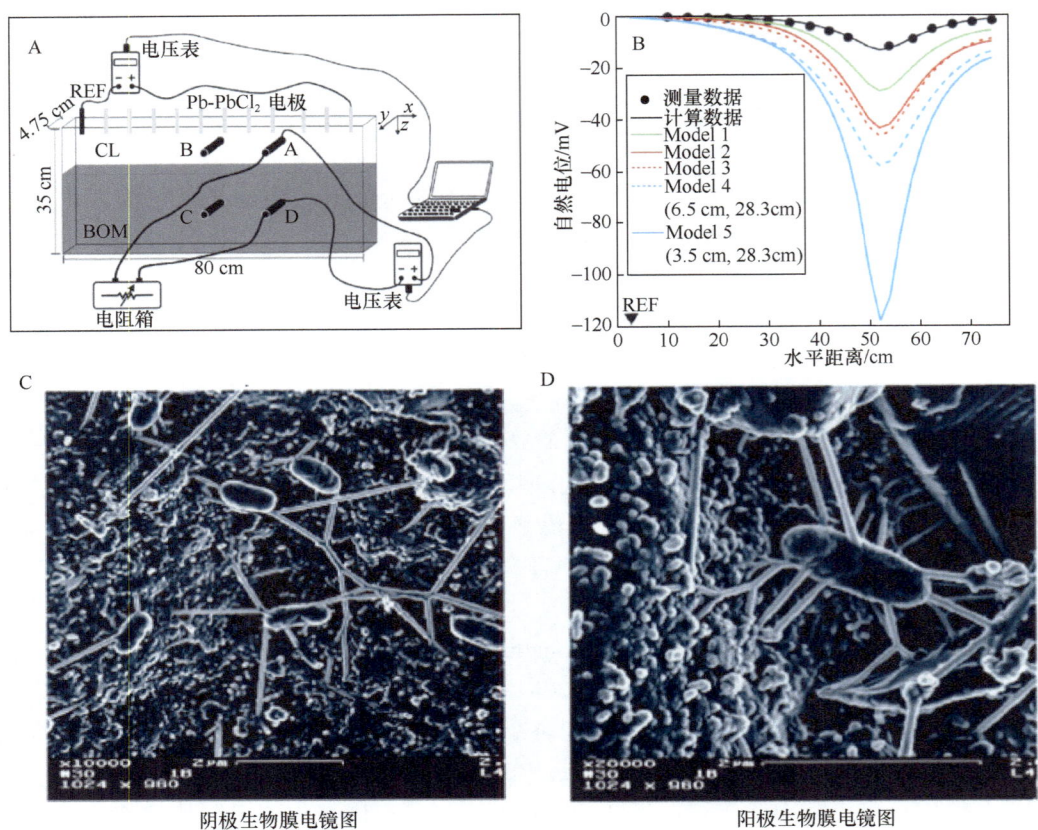

图 11-7 实验装置图（A）；SP 异常（B）；阴极区纳米网络（C）；阳极区纳米网络（D）（Fachin et al., 2012）
Fig. 11-7 Experiment setup (A); SP anomaly (B); Nanowire network from cathode (C); Nanowire network from anode (D) (Fachin et al., 2012)

二、复电阻

泥土由矿物颗粒构成，在颗粒之间存在不同的孔隙，在孔隙中含有空气和水，微生物吸附在颗粒或者孔隙中繁殖生长，改变了泥土的化学性质、改变了孔隙渗透率，从而改变了整个环境的电阻。因此，通过研究电阻的变化和微生物之间的关系，间接反映微生物繁殖增长与电流之间的关系。

复电阻用式（11-4）表示，由实部和虚部组成，实部和虚部与幅值及相位的关系分别见式（11-5）和式（11-6）。复电阻的测量采用四电极法（Slater and Lesmes, 2002；Vanhala and Soininen, 1995），电极较多采用 Ag/AgCl 不极化电极（Aal and Atekwana, 2010；Davis et al., 2006），其测量示意图如图 11-8 所示，M、N 为供电电极，A、B 为测量电极，R 为小电阻值电阻；测量其幅度和相位角，然后通过式（11-5）和式（11-6）计算复电阻的实部和虚部。

$$R = \sigma' + \sigma'' i \tag{11-4}$$

$$\sigma' = |\sigma|\sin\varphi \tag{11-5}$$

$$\sigma'' = |\sigma|\cos\varphi \tag{11-6}$$

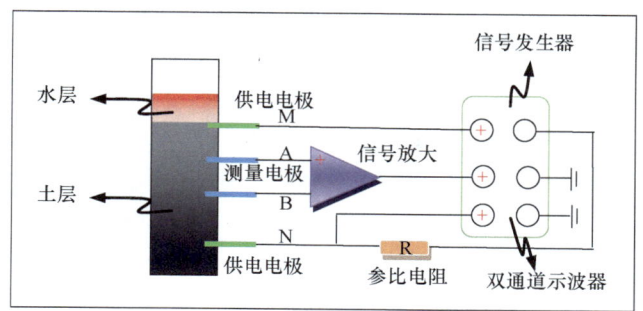

图 11-8 复电阻的测量（Revil et al., 2012）

Fig. 11-8 Schematic diagram of the experimental apparatus for measuring complex resistance (Revil et al., 2012a)

式中，σ' 为复电阻的实部；σ'' 为复电阻的虚部；σ 为幅度值，φ 为相位角。

在多年受到有机污染严重的地区，由于微生物作用，导致矿石的腐蚀和风化，结果增加了矿石的孔隙和土壤电阻，通过检测这些地区的电阻，从而反映微生物作用带来的影响（Atekwana et al., 2000, 2005）。微生物作用导致矿体的形成增加了土壤的导电性，或微生物自身形成纳米导线，这些细微的变化都能从电阻的改变中得到反映（Revil and Florsch, 2010）。研究发现微生物密度增加，相位下降（Abdel et al., 2004；Davis et al., 2006）。等量不同种类的微生物增长导致的相位差异有明显的差别，在低频段差别更大（Aal et al., 2006）。Leitch 和 Boone（2007）也发现同样的规律，NAH1 菌生长到 30 天导致相位下降了 50°，而 MATE10 菌只有 8°的下降。微生物在不同的载体上生长导致的复电阻的相位改变也不同。Williams 等（2005）发现微生物在矿物上生长相位下降了 20°，Aal 等（2006）发现微生物降解碳氢化合物导致阻抗相位下降了大约 10°。

2001 年，Lesmes 和 Frye 研究发现微生物作用增加了岩石界面的离子浓度和离子电荷密度，从而使岩石界面的电阻增大。Davis 在一个充满沙的圆筒中培养微生物，培养到 18~23 天，系统复电阻的虚部由 2.0×10^{-6} S/m 增加到 7.8×10^{-6} S/m，增加了 290%；到 40 天又慢慢降落到 2.0×10^{-6} S/m；结合电子扫描显微镜（SEM）图像，发现复电阻的虚部与生物膜的吸附速率（Watnick and Kolter, 2000）、死亡脱落（Mai-Prochnow et al., 2004）密切相关，即微生物吸附在载体上形成生物膜，复电阻的虚部增大，微生物从载体上脱落，复电阻的虚部下降（Davis et al., 2006）（图 11-9）。Aal 和 Atekwana（2010）也得到相同的规律：微生物吸附在沙上生长，8 天之前，复电阻的虚部增加比较缓慢，到 16 天，虚部增加了 20%，而到 24 天，增加了 127%，之后一直保持稳定的数值不变。

这些研究结果说明了土壤中微生物的代谢活动、生物膜的形成可以通过复电阻的实部和虚部间接表征，微生物纳米导线网络的形成降低了系统的复电阻，提高了电子的转移速率，从而减少了累积，结合 SP 可定性解析和推测地下电子的流动，间接说明 Biogeobattery 是否形成。

三、微电极

由于 Biogeobattery 发生的尺度较小（厘米尺度），如何准确地、无破坏地获得 Biogeobattery 的内部信息参数是至关重要的。随着微电极技术的应用，它已成为表征微

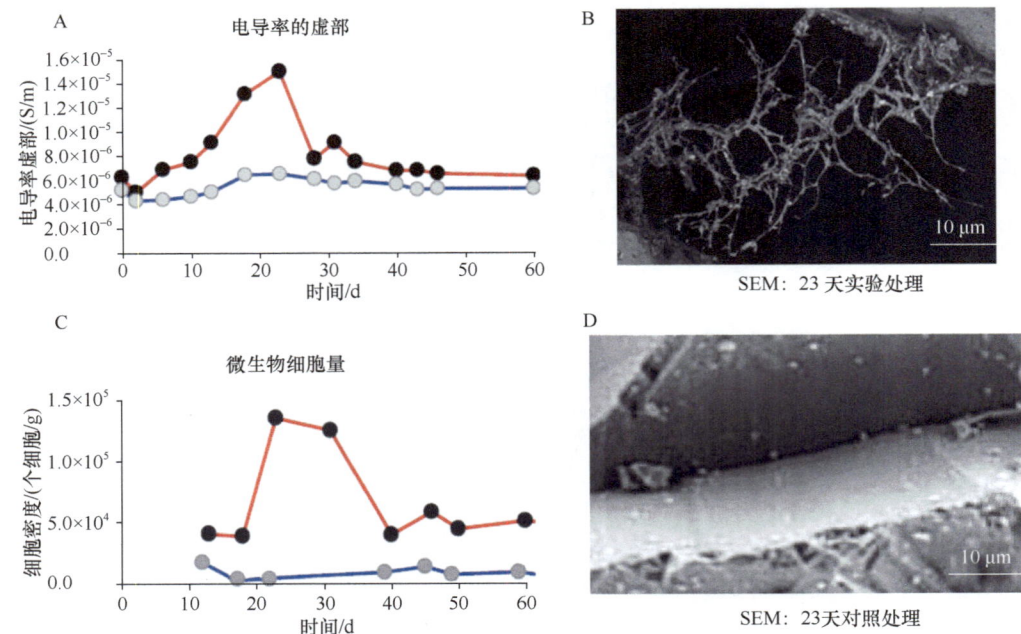

图 11-9 复电阻与生物膜的关系（Davis et al., 2006）。(A) 复电阻时间关系图；(B) 形成生物膜；(C) 微生物生长数据时间图；(D) 无生物膜（对照样）

Fig. 11-9 relationships between complex resistance and biofilms (Davis et al., 2006). (A) Relationship between imaginary conductivity and time; (B) Biofilms; (C) Relationship between microbial cell count and time; (D) Without biofilms (control)

环境的重要工具。这一技术改变了以往只对 Biogeobattery 进行宏观描述的状况，为深入地解析反应过程的机制创造了条件。其种类有：氧化还原电位（ORP）/pH/溶解氧（O_2）微电极、离子选择性微电极（ISE）、金电极等，这些微电极尖端直径通常小于 100 μm。在 Biogeobattery 的研究中，微电极的主要作用有以下几个方面。

1）测量阳极区域物质与阴极物质的相关关系。阳极有机物氧化必然关联相应的阴极还原过程，阳极区物质与阴极区物质的快速响应关系可通过微电极技术进行表征。Nielsen 等（2010）采用微电极技术发现：底泥中 H_2S 浓度与上层溶液中的 O_2 密切相关，结果如图 11-10 所示。底泥中 H_2S 浓度的增加与减少严格依赖上层溶液中的 O_2 浓度的增加与减少，它们的浓度变化是同时、同步、负相关的。

2）测量 Biogeobattery 作用对离子分布的影响。Ma 等（2008）研究表明，可利用 Au/Hg 微电极结合电化学循环伏安法原位、无破坏地表征不同深度 Fe(Ⅱ, Ⅲ)、Mn(Ⅱ, Ⅲ, Ⅳ)、S^{2-}、HS^- 等的浓度，以此表征和评估 Biogeobattery 效应。

3）微电极与其他技术的结合，对 Biogeobattery 进行测量。微电极与自然电位的结合就是一个很好的例子。Damgaard 等（2014）研制了由 Ag/AgCl 构成的微型自然电位电极，其尖端为 40~100 μm，并应用于测量由海底沉积物构成 Biogeobattery 的剖面电位，结果发现，在水土界面以下 2 mm 的深度内，自然电位出现了 2 mV 的异常，结果与 DO、pH、H_2S 的变化是一致的。

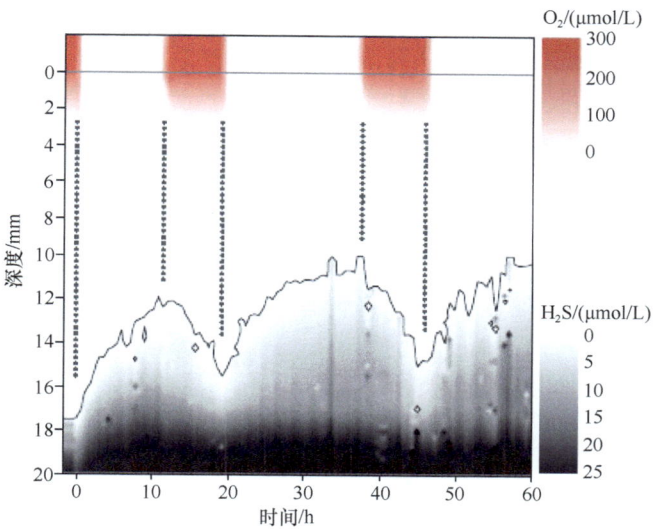

图 11-10　厌氧区 H_2S 的氧化与好氧区 O_2 的还原响应关系图（Nielsen et al., 2010）
Fig. 11-10　relationship between oxidation of H_2S and reduction of O_2 (Nielsen et al., 2010)

这些结果说明微电极技术是研究 Biogeobattery 形成机制及其效应的非常有用的工具。

四、超声波

超声波属于弹性波，是通过研究声波在井下岩层和介质中的传播特性，从而了解岩层的地质特性和井的技术状况的一种测井方法。超声波是研究岩石材料无损探伤的一个有效手段，在岩石材料中传播时，与岩石发生相互作用，穿透的波中携带了大量反应岩石特性的各种信息。长期以来，在常规的测井中，声波测井是用来获取地层孔隙度的最行之有效的方法。Biogeobattery 的实质是微生物在土壤中生长，改变了土壤的孔隙特征，而这些改变可通过超声波测井这一技术来表征。然而，由于 Biogeobattery 发生的空间距离尺度较窄（几厘米以内），从而导致很多技术难以被利用，甚至无法对其参数进行表征，在这种情况下，借鉴超声波测井，研究 Biogeobattery 就显得十分必要了。

超声波测量主要由超声波分析仪、步进器、容器等部件组成（图 11-11）。超声波分析仪可发射一个信号（如正弦波），经过发射器将电信号转换为压力信号，从而产生声波，声波在泥土样品中传播，由于与泥土、微生物的相互作用，其幅度、频率等特征参数有所改变，接收器接收通过样品的超声波，然后转换为电信号，接收到的信号经过处理（如傅里叶变换、小波处理等）就能反映这些细微的变化。

微生物在土壤中繁殖增长，必然改变了土壤生态系统的物质结构。例如，矿物的分解和沉淀（Williams et al., 2005）。研究结果表明：可以利用超声波技术对这些物质的变化进行原位监测（Li and Pyrak-Nolte, 1998）。Williams 等（2005）认为微生物的增加和生物膜的形成会改变介质孔隙的几何性质和介质密度，进而改变地下介质中声波的传播振幅和波速。Williams 和 DeJong 利用声学二维扫描的方法，发现生物膜会改变入射

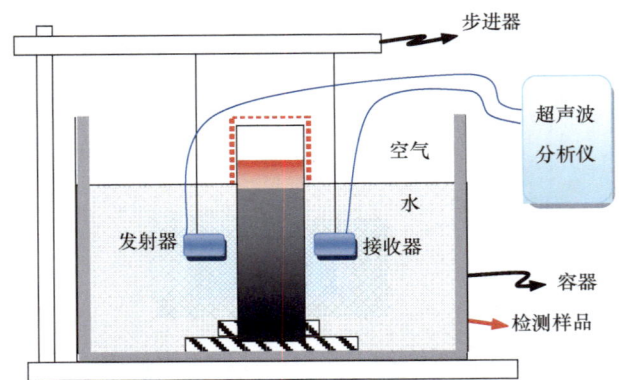

图 11-11 超声波测量装置示意图（Davis et al., 2010）

Fig. 11-11 Experimental configurations for measuring acoustic (Davis et al., 2010)

超声波的幅度，两者之间存在正相关性（DeJong et al., 2006）。因此，声波可用来表征生物膜的生长、发展、脱落等过程。

综上所述，目前，Biogeobattery 的研究手段比较缺乏，究其原因，一方面，可能是 Biogeobattery 发生微观尺度（厘米尺度），难以通过表面想象来观察；另一方面，没有直接检测土壤电流流动的技术手段。大量的研究表明，SP、复电阻、超声波等地球物理技术可对土壤中微生物的代谢活动进行有效的监测。因此，结合这些技术对 Biogeobattery 进行研究应该是个很有希望的尝试。

第四节　天然生物地球电池效应模型

1960 年，Sato 和 Mooney 根据大地中不同深度出现的电位异常，提出地球电池（geobattery）的经典效应模型，如图 11-12 所示。

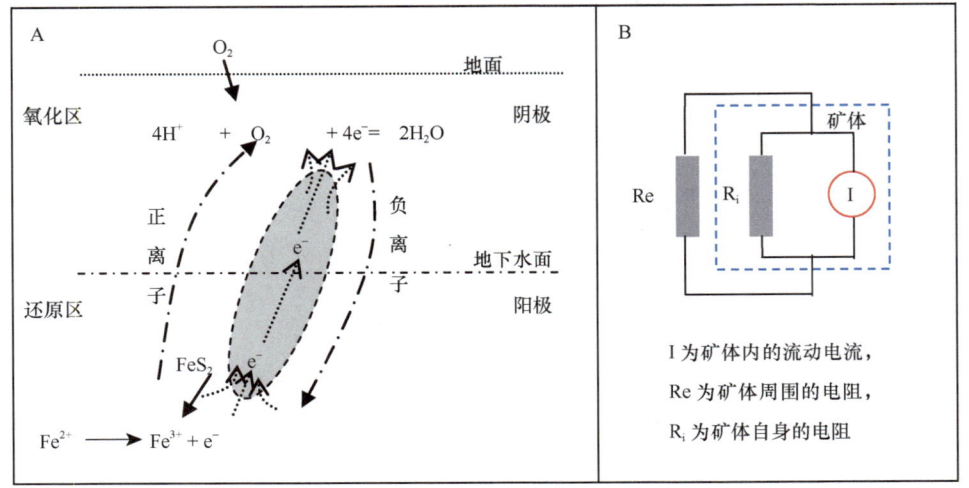

图 11-12　地球电池效应模型示意图（Revil et al., 2010）。（A）模型概念示意图；（B）等效电路图

Fig. 11-12　the model of geobattery (Revil et al., 2010). (A) Theory model; (B) Equivalent circuit

在埋藏有可导电矿体（如硫矿、铁矿）的地区存在大型地球电池，地下水位线以下是电池的阳极，水位线以上是阴极；在阳极端，由于微生物及自然腐蚀、风化等生物化学作用，矿体发生溶解，发生氧化反应，产生的电子通过矿体内部流到地下水位以上的阴极，与从地面上扩散进来的氧气发生还原反应。在这个效应模型中，矿体提供电子流动的通道，起到了连接电池两个半反应的桥梁作用，矿体周围产生的正负离子在电场的作用下，各自向电池两端扩散，形成外电路（图11-12）。电池的理想状态电势可通过式（11-7）计算：

$$\psi_+ - \psi_- \approx E_- - E_+ \quad (11\text{-}7)$$

式中，ψ_+ 为电池的阳极电势；ψ_- 为电池的阴极电势；E_- 为阴极氧化还原电位；E_+ 为阳极氧化还原电位。

然而，式（11-7）只是理想状态下的电池电势公式，并没有考虑测量电极表面发生的氧化还原反应，而这些反应会导致电势的损耗，未能真实反映泥土自身天然固有的电势。因此，Stoll 等（1995）及 Bigalke 和 Grabner（1997）基于 Butler-Volmer 方程提出了计算电池电势的非线性数学方程：

$$E_H(z) = \frac{1}{j_r}\left[\eta_A j_0^A \times E_A(z) + \eta_K j_0^K \times E_K(z)\right] \quad (11\text{-}8)$$

式中，$E_H(z)$ 为 H 深度下的平均电势（以地面为参考点）；$E_A(z)$ 为阳极的平均电势；$E_K(z)$ 为阴极的平均电势；j_0 为平衡时的电流密度；j_0^A 为阳极的电流密度，j_0^K 为阴极的电流密度；η_A 为阳极的超电势；η_K 为阴极的超电势；j_r 为距离矿体为 r 处的电流密度。

Geobattery 模型的提出，为理解大地不同地方、不同深度的电位异常提供了理论依据，推动了地球物理化学学科的发展。当然，这个模型也有其不足之处（Revil et al., 2012），最大的局限是该模型只能对电位异常小于 1 V 的地区作出正确的解析，对电位异常大于 1 V 的区域却无法作出正确的解析（如法国 Entressen 垃圾填埋场监测到 4~5 V 的电位异常）。为此，Arora 等（2007）根据在垃圾填埋场等富含有机物污染地区出现的氧化还原反应和微生物纳米导线，提出 Biogeobattery 效应模型，如图11-13 所示。有机

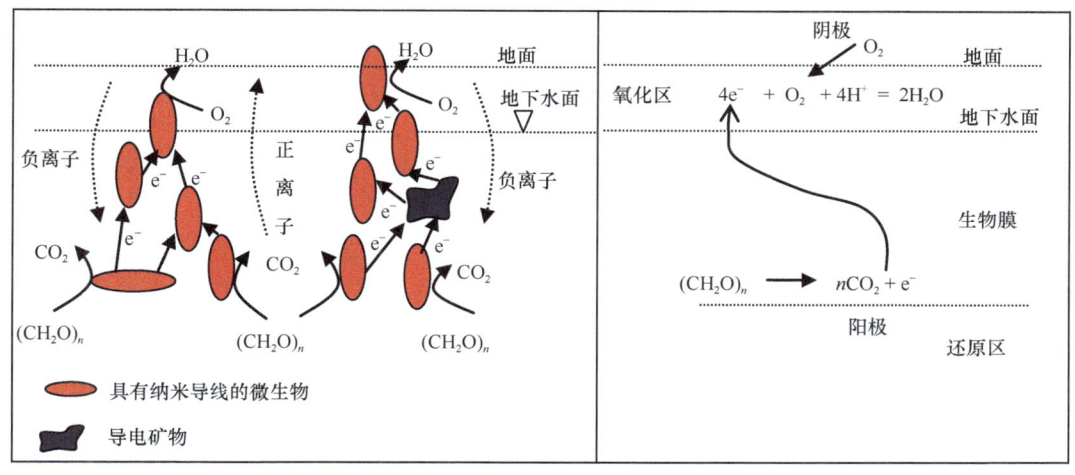

图 11-13　Biogeobattery 效应模型（Arora et al., 2007）
Fig. 11-13　The model of biogeobattery (Arora et al., 2007)

物污染的地区（如垃圾填埋场）可看作一个 Biogeobattery，下层厌氧区的微生物降解有机物，同时释放电子，这些电子在微生物之间或微生物与矿体之间通过纳米导线进行传递，然后与表层的氧气发生还原反应。在该模型中，微生物纳米导线作为电子传递的主要载体，生物膜在电子供体和电子受体之间起到了催化的作用，因而没有电势损耗（Revil and Florsch, 2010）。

2007 年，Linde 和 Revil 根据 Biogeobattery 效应模型推导出电池电势与氧化还原电位及地下水压力水头之间的关系：

$$\psi(P) \approx c_H(E_H - E_H^0) + c'(h - h_0) \tag{11-9}$$

式中，$\psi(P)$ 为电池的电势（相对于参考点）；h_0 为参考点处地下水压力水头（m）；E_H^0 为参考点的氧化还原电位（V）；E_H 为测量点的氧化还原电位（V）；H 为测量点的地下水压力水头（m）；c' 为电势相关系数（V/m）；c_H 为压力水头相关系数（无量纲）。

2010 年，Revil 和 Florsch 根据在垃圾填埋场区域出现的生物地球电池效应，提出计算有机物污染地区电池电势的理想线性模型：

$$\psi \approx \frac{1}{2}(E_H - E_H^{ref}) \tag{11-10}$$

式中，ψ 为电池的电势差（相对于参考点）；E_H^{ref} 为参考点的氧化还原电位（V）；E_H 为测量点的氧化还原电位（V）。

2012 年，Fachin 等根据生物地球电池效应模型原理，在实验室构建了一个类似的 Biogeobattery 模型：下层填埋污水处理厂的污泥，上层为沙和黄土。结果发现，一旦接上导线即可监测到电流的产生，进一步的研究发现，这电流的产生由上层可获取的溶解氧所控制，而不是由氧化有机物控制。氧气作为电子的最终受体，由氧气的供应量控制电流的大小，进一步证实了天然电流的流动。

虽然这些模型在实验室和实际现场都能得到很好的验证（Arora et al., 2007；Castermant et al., 2008；Naudet and Revil，2005；Naudet et al., 2004）。但是，直至目前为止，所有这些证据都是间接的，是基于实测的结果进行推测和假设而得出的结论，还没有直接的手段或工具能检测到泥土中由于微生物作用产生的电流，未能找到直接的证据证实生物地球电池这个效应模型是正确的（Hubbard et al., 2011）。学界对这个效应模型观点还一直争论不断，主要原因有三点：①土地电流流动理论的缺乏；②空间隔离区域发生电化学反应相互联系理论的缺乏；③缺乏直接监测或观测泥土中电流流动的工具和手段。

第五节　天然生物地球电池效应生态学意义

Biogeobattery 的实质是微生物将有机物氧化，产生的电子传输到好氧区域，与氧气等发生还原反应。依靠微生物的驱动，使得空间隔离的氧化还原反应可即时、快速地发生。因此，在有机碳矿化、温室气体排放、元素地球化学循环、生态自然恢复等方面具有重要的意义。

一、有机碳矿化

有机碳矿化在本质上是电子供体与电子受体间的电子转移过程。有机碳的分解矿化存在好氧和厌氧两种方式。由于 O_2 的溶解度低、扩散难的特点,长期以来普遍的观点是:自然条件下有机碳的好氧矿化作用一般只发生于地表几厘米的好氧区域,即电子供体(有机碳)与电子受体(O_2)的电子转移必须以直接接触为前提。这种"孤立"的观点将有机碳矿化严格分为:表层的快速好氧分解和深层的产甲烷作用(Clymo, 1992)。但是,近年来越来越多的证据表明事实并非完全如此。大量的实验室培育实验与野外实验发现,某些环境中有机碳的矿化速率在淹水条件下显著高于好气条件,有的实验即使进行的时间长达一年,仍然保持这种趋势(Devevre and Horwath, 2000;Thomsen et al., 1999;Wang et al., 1999;黄东迈等,1998;李忠佩等,2004)。迄今为止,对这种现象出现的原因,在微观机制上尚无令人信服的解释。Biogeobattery 理论上摆脱了过去孤立考虑单一过程的局面,通过偶联厌氧区有机碳的氧化与好氧区的氧气还原反应,使得原以为在厌氧区有机碳好氧矿化不可能发生的生物地球化学过程成为可能(Bigalke and Grabner, 1997;Roden and Wetzel, 1996)。Biogeobattery 不但解释了自然环境中空间隔离状态的电子供体与受体发生长距离电子转移现象,也为理解有机碳矿化机制及其能量代谢网络提供了一个全新的视角。

二、温室气体排放

土壤有机碳矿化导致 CO_2 或 CH_4 排放是影响温室效应的主要因子(Liesack et al., 2000)。长期以来,对土壤有机碳与温室气体关系的研究集中于宏观层面,如从水分、温度、pH、溶解性有机碳等因素对温室气体排放影响进行研究(黄泽春等,2002),并且将有机碳好氧矿化与厌氧矿化严格区分,认为有机碳厌氧矿化的产物只有 CH_4,忽略了有机碳厌氧区发生好氧矿化的可能。Biogeobattery 电流的偶联,改变了厌氧区的微生物群落结构,使得有机碳在厌氧区发生好氧矿化成为事实;因而从根源上改变了厌氧区产生温室气体的微生物种类,从而改变温室气体的产生,由原来的只产 CH_4 转变为 CH_4 与 CO_2 共存。因此,Biogeobattery 的出现必将有利于重新认识、理解土壤有机碳厌氧环境下的矿化机制、过程及产物,为土壤有机碳库管理及温室气体减排提供技术支持。

三、元素地球化学循环

微生物是驱动地球上重要元素(C、N、S等)地球生物化学循环的引擎。Biogeobattery 电流的偶联,其作用结果等效于将好氧区下移,这将强烈影响厌氧环境中微生物种群结构与功能,从而加速土壤有机碳或氮素转化。Biogeobattery 电流是由水面表层中的 O_2 与沉积物中电子供体(有机碳、硫化物等)间的电势梯度所驱动,因此在这两个区域之间形成了电场。在电场力、自然扩散等综合作用下,原有的离子及微生物作用产生的 Mn^{2+}、Fe^{2+}、S^{2-} 等可向阴/阳极扩散,由此,导致离子的重新分布、矿物的形成或分解。Risgaard-Petersen 等对海底沉积物 Biogeobattery 的研究发现:Fe^{2+} 向厌氧区扩散,可与

H₂S 发生反应，产生 FeS/FeS₂ 沉淀；当 Fe^{2+} 向好氧区扩散时，与 O_2 发生反应，产生 $Fe(OH)_3$ 沉淀。而厌氧区产生的 H_2S 在向上层扩散过程中，可转变为 SO_4^{2-}，接着 SO_4^{2-} 又可被微生物继续利用。微生物胞外呼吸作用产生的 H^+，可将 $CaCO_3$ 溶解，而产生的 Ca^{2+} 在扩散过程中可与有机物矿化产生的 HCO_3^- 作用，重新形成沉淀，如图 11-14 所示（Risgaard-Petersen et al., 2012）。

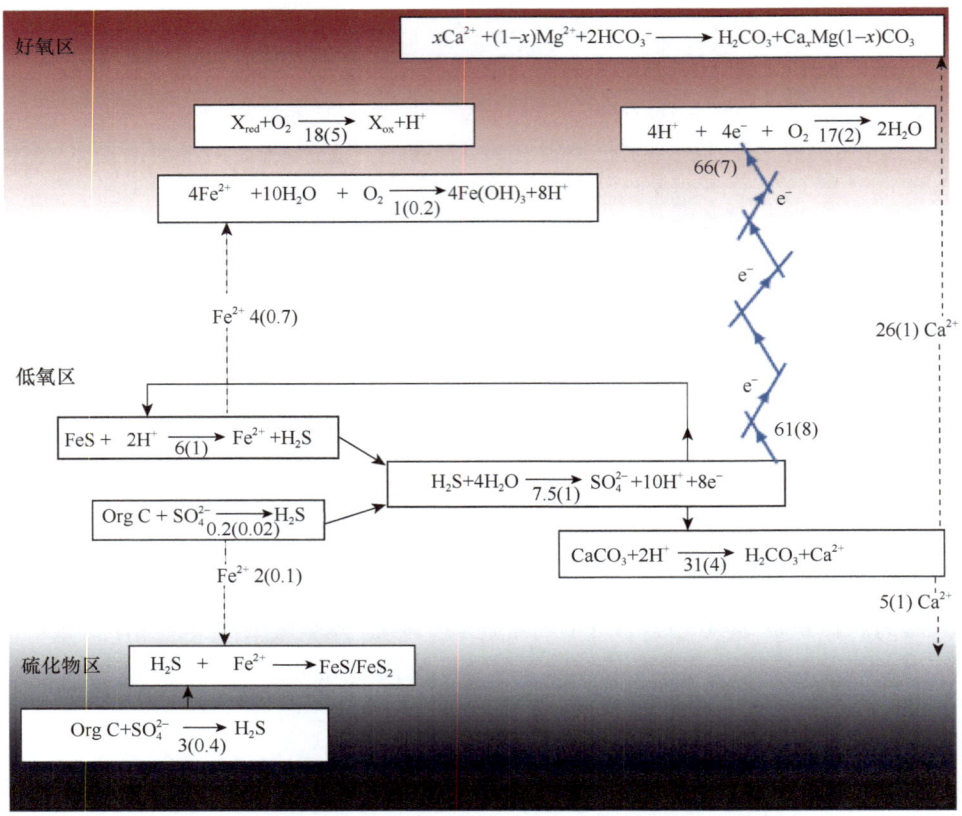

图 11-14　Biogeobattery 效应驱动的离子氧化、还原及迁移规律（Risgaard-Petersen et al., 2012）
Fig. 11-14　Oxidation/reduction and dissolution processes in marine sediment with electrically coupled redox zones (Risgaard-Petersen et al., 2012)

四、污染土壤生物自净

土壤中存在大量依靠有机物生存的微生物，它们具有氧化分解有机物的巨大能力，是土壤环境自净作用中最重要的净化途径之一。微生物对污染物的净化通过好氧呼吸、厌氧呼吸和发酵作用进行。好氧呼吸时，有机物氧化为二氧化碳、水；厌氧呼吸时，有机物转化为甲烷、硫酸盐还原为硫化物、硝酸盐还原为 N_2 或氨盐；发酵过程是依赖有机物作为电子受体，最终产物为二氧化碳、乙酸、乙醇、丙酸盐等。因此，相对于厌氧呼吸和发酵作用而言，好氧呼吸对污染土壤的自净作用在净化速率与效果等方面更具优势。在 Biogeobattery 中，由于天然电流的偶联，"扩大"了好氧区域，刺激了好氧、兼氧微生物的增长，从而使得污染物的降解更加彻底、更加快捷，同时还可减轻 H_2S 等恶臭的产生。另外，在好氧区，一些有机污染物，如高氯酸、氯代有机物等可代替氧气作为电子受体接受电子，从而得到降解和还原（Chen et al., 2010）。这为污染土壤生物自净提供了新途径。事实上，Hong 等（2008）对现场污染场地的原位修复研究结果表明，利用"人工"Biogeobattery 装置，可使得沉积物中易氧化有机物、难降解有机物（如芳烃类化合物、酚类化合物）的含量均得到不同程度的降解。因此，Biogeobattery 具有潜在的污染物原位生物自然修复作用，有望发展成低成本的污染场地原位生物修复技术。

第六节 展 望

Biogeobattery 效应是重要的生物地球化学过程，未来的研究应重点关注：

1）形成驱动力。开展驱动 Biogeobattery 形成的功能微生物及其群落结构研究，特别应关注新的功能微生物类群（如胞外呼吸菌），分析其时空分布特征，研究其与产甲烷菌的种间电子转移作用。

2）电子传导机制。迄今为止，我们对 Biogeobattery 的认识才刚起步，对于它的电子传递机制认识还有很多疑问。尤其是长丝状导电细菌传递机制，虽然我们已经通过实验证实这种长丝状导电细菌能"长距离"传导电子，但是其内在结构是如何传递电子？目前还是一个谜。因此，需在微生物呼吸的基础上，结合现代地球物理与电化学分析技术等多学科的交叉，阐明 Biogeobattery 的电子传递机制。

3）研究手段。现有的研究手段主要是微电极，其种类也只有 pH、O_2、H_2S、Redox 等电极，缺乏有机物（如乙酸）检测微电极。因此，研制检测微尺度有机物的专用设备，应该成为今后研究的重点，以期探求厌氧区/好氧区物质产生/消耗的快速响应关系。

4）生态效应。Biogeobattery 影响元素（如 C、N、S、Fe 等）的地球化学循环、污染物的自然降解。如何从微观尺度出发，开展 Biogeobattery 效应在元素生物地球化学循环中的作用、污染场地的物质循环、原位修复等研究，需要地球物理、地球化学、微生物学等多学科的交叉综合。

参 考 文 献

黄东迈, 朱培立, 王志明, 等. 1998. 旱地和水田有机碳分解速率的探讨与质疑. 土壤学报, **35**: 482-492.
黄泽春, 陈同斌, 雷梅. 2002. 陆地生态系统中水溶性有机质的环境效应. 生态学报, **22**: 259-269.
李忠佩, 张桃林, 陈碧云. 2004. 可溶性有机碳的含量动态及其与土壤有机碳矿化的关系. 土壤学报, **41**: 544-552.
鲁安怀, 李艳, 王鑫, 等. 2013. 半导体矿物介导非光合微生物利用光电子新途径. 微生物学通报, **40**: 190-202.
陆阳泉, 梁子斌, 刘建毅. 1999. 固体不极化电极的研制及其应用效果. 物探与化探, **23**: 65-71.
唐家桓, 周顺桂, 袁勇. 2015. 天然生物地球电池效应:形成机制与生态学意义. 生态学报, **35**: 3180-3189.
Aal G Z A, Atekwana E A. 2010. Effect of bioclogging in porous media on complex conductivity signatures. J Geophys Res, **115**: G00G07.
Aal G Z A, Atekwana E A, Slater L D, et al. 2004. Effects of microbial processes on electrolytic and interfacial electrical properties of unconsolidated sediments. Geophys Res Lett, **31**: L12505.
Aal G Z A, Slater L D, Atekwana E A. 2006. Induced-polarization measurements on unconsolidated

sediments from a site of active hydrocarbon biodegradation. Geophysics, **71**: H13-H24.
Antelman M S, Franklin J, Harris Jr. 1982. The Encyclopedia of Chemical Electrode Potentials. London: Springer US.
Arora T, Revil A, Linde N, et al. 2007. Non-intrusive determination of the redox potential of contaminant plumes using the self-potential method. J Contaminant Hydrol, **92**: 274-292.
Atekwana E A, Atekwana E, Legall F D, et al. 2005. Biodegradation and mineral weathering controls on bulk electrical conductivity in a shallow hydrocarbon contaminated aquifer. J Contam Hydrol, **80**: 149-167.
Atekwana E A, Sauck W A, Werkema D D. 2000. Investigations of geoelectrical signatures at a hydrocarbon contaminated site. J Appl Geophy, **44**: 167-180.
Ball P. 2007. Bacteria may be wiring up the soil. Nature, **449**: 388-388.
Bigalke J, Grabner E W. 1997. The Geobattery model: A contribution to large scale electrochemistry. Electrochim Acta, **42**: 3443-3452.
Bond D R, Holmes D E, Tender L M, et al. 2002. Electrode-reducing microorganisms that harvest energy from marine sediments. Sci Rep, **295**: 483-485.
Castermant J, Mendonça C, Revil A, et al. 2008. Redox potential distribution inferred from self-potential measurements associated with the corrosion of a burden metallic body. Geophys Prospect, **56**: 269-282.
Chen J L, Chou G C, Wu C C. 2010. Electrochemical oxidation of 4-chlorophenol with granular graphite electrodes. Desalination, **264**: 92-96.
Chidthaisong A, Conrad R. 2000. Turnover of glucose and acetate coupled to reduction of nitrate, ferric iron and sulfate and to methanogenesis in anoxic rice field soil. FEMS Microbiol Ecol, **31**: 73-86.
Clymo R. 1992. Models of peat growth. Suo, **43**: 127-136.
Corwin R F. 1990. The self-potential method for environmental and engineering applications. *In*: Ward S H. Geotechn Environ Geophys, 1, Review and Tutorial. Tulsa, OK, USA: Society of Exploration Geophysics: 127-145.
Damgaard L R, Risgaard-Petersen N, Nielsen L P. 2014. Electric potential microelectrode for studies of electrobiogeophysics. J Geophys Res: Biogeosci, **119**: 1906-1917.
Davis C A, Atekwana E, Slater L D, et al. 2006. Microbial growth and biofilm formation in geologic media is detected with complex conductivity measurements. Geophys Res Lett, 33 : L18403.
Davis C A, Pyrak-Nolte L J, Atekwana E A, et al. 2010. Acoustic and electrical property changes due to microbial growth and biofilm formation in porous media. J Geophys Res: Biogeosci, **115**: G00G06.
DeJong J T, Fritzges M B, Nüsslein K. 2006. Microbially induced cementation to control sand response to undrained shear. J Geotech Geoenviron Eng, **132**: 1381-1392.
DeJong J T, Mortensen B M, Martinez B C, et al. 2010. Bio-mediated soil improvement. Ecol Eng, **36**: 197-210.
Devevre O C, Horwath W R. 2000. Decomposition of rice straw and microbial carbon use efficiency under different soil temperatures and moistures. Soil Biol Biochem, **32**: 1773-1785.
Doherty R, Kulessa B, Ferguson A S, et al. 2010. A microbial fuel cell in contaminated ground delineated by electrical self-potential and normalized induced polarization data. J Geophys Res: Biogeosci, **115**: G00-G08.
Fachin S J, Abreu E L, Mendonça C A, et al. 2012. Self-potential signals from an analog biogeobattery model. Geophysics, **77**: EN29.
Gorby Y A, Yanina S, McLean J S, et al. 2006. Electrically conductive bacterial nanowires produced by *Shewanella oneidensis* strain MR-1 and other microorganisms. Proc Natl Acad Sci USA, **103**: 11358-11363.
Hong S W, Kim H J, Choi Y S, et al. 2008. Field experiments on bioelectricity production from lake sediment using microbial fuel cell technology. Bull Korean Chem Soc, **29**: 2189.
Hubbard C G, West L J, Morris K, et al. 2011. In search of experimental evidence for the biogeobattery. J Geophys Res, **116**: G04018.
Leitch A, Boone C. 2007. A study of the SP geophysical technique in a campus setting. Atlantic Geology, **43**: 91-111.
Lesmes D P, Frye K M. 2001. Influence of pore fluid chemistry on the complex conductivity and induced

polarization responses of Berea Sandstone. J Geophys Res, **106**: 4079-4090.

Li X, Pyrak-Nolte L J. 1998. Acoustic monitoring of sediment-pore fluid interaction. Geophys Res Lett, **25**: 3899-3902.

Liesack W, Schnell S, Revsbech N P. 2000. Microbiology of flooded rice paddies. FEMS Microbiol Rev, **24**: 625-645.

Linde N, Revil A. 2007. Inverting self-potential data for redox potentials of contaminant plumes. Geophys Res Lett, **34**: 14.

Lovley D R. 2011. Live wires: direct extracellular electron exchange for bioenergy and the bioremediation of energy-related contamination. Energy Environ Sci, **4**: 4896-4906.

Lovley D R, Holmes D E, Nevin K P. 2004, Dissimilatory Fe(III) and Mn(IV) reduction. Adv Microb Physiol, **49**: 219-286.

Ma S, Luther G W, Keller J, et al. 2008. Solid-state Au/Hg microelectrode for the investigation of Fe and Mn cycling in a freshwater wetland: Implications for methane production. Electroanalysis, **20**: 233-239.

Mai-Prochnow A, Evans F, Dalisay-Saludes D, et al. 2004. Biofilm development and cell death in the marine bacterium *Pseudoalteromonas tunicate*. Appl Environ Microbiol, **70**: 3232-3238.

Malvankar N S, King G M, Lovley D R. 2015. Centimeter-long electron transport in marine sediments via conductive minerals. ISME J, **9**: 527-531.

Minsley B J, Sogade J, Morgan F D. 2007. Three-dimensional self-potential inversion for subsurface DNAPL contaminant detection at the Savannah River Site, South Carolina. Water Resour Res, **43**: W04429.

Naudet V, Revil A. 2005. A sandbox experiment to investigate bacteria-mediated redox processes on self-potential signals. Geophys Res Lett, **32**: L11405.

Naudet V, Revil A, Bottero J Y, et al. 2003. Relationship between self-potential(SP)signals and redox conditions in contaminated groundwater. Geophys Res Lett, **30**: 2091.

Naudet V, Revil A, Rizzo E, et al. 2004. Groundwater redox conditions and conductivity in a contaminant plume from geoelectrical investigations. Hydrol Earth Syst Sci, **8**: 8-22.

Nielsen L P, Risgaard-Petersen N, Fossing H, et al. 2010. Electric currents couple spatially separated biogeochemical processes in marine sediment. Nature, **463**: 1071-1074.

Ntarlagiannis D, Atekwana E A, Hill E A, et al. 2007. Microbial nanowires: Is the subsurface "hardwired"? Geophys Res Lett, **34**: L17305.

Nyquist J E, Corry C E. 2002. Self-potential The ugly duckling of environmental geophysics. The Leading Edge, **21**: 446-451.

Panthulu T, Krishnaiah C, Shirke J. 2001. Detection of seepage paths in earth dams using self-potential and electrical resistivity methods. Engin Geol, **59**: 281-295.

Petiau G. 2000. Second generation of lead-lead chloride electrodes for geophysical applications. Pure Appl Geophys, **157**: 357-382.

Pfeffer C, Larsen S, Song J, et al. 2012. Filamentous bacteria transport electrons over centimetre distances. Nature, **491**: 218-221.

Pyrak-Nolte L J, Mullenbach B L, Li X, et al. 1999. Detecting sub-wavelength layers and interfaces in synthetic sediments using seismic wave transmission. Geophys Res Lett, **26**: 127-130.

Rabaey K, Rodriguez J, Blackall L L, et al. 2007. Microbial ecology meets electrochemistry: electricity-driven and driving communities. ISME J, **1**: 9-18.

Reguera G, Nevin K P, Nicoll J S, et al. 2006. Biofilm and nanowire production leads to increased current in *Geobacter sulfurreducens* fuel cells. Appl Environ Microbiol, **72**: 7345-7348.

Revil A, Florsch N. 2010. Determination of permeability from spectral induced polarization in granular media. Geophys J Int, **181**: 1480-1498.

Revil A, Karaoulis M, Johnson T, et al. 2012. Review: Some low-frequency electrical methods for subsurface characterization and monitoring in hydrogeology. Hydrogeol J, **20**: 617-658.

Revil A, Mendonça C, Atekwana E, et al. 2010. Understanding biogeobatteries: Where geophysics meets microbiology. J Geophys Res, **115**: G00-G02.

Risgaard-Petersen N, Revil A, Meister P, et al. 2012. Sulfur, iron, and calcium cycling associated with natural electric currents running through marine sediment. Geochi Cosmochim Acta, **92**: 1-13.

Roden E E, Wetzel R G. 1996. Organic carbon oxidation and suppression of methane production by microbial Fe(III) oxide reduction in vegetated and unvegetated freshwater wetland sediments. Limnol Oceanogr, 41: 1733-1748.

Sato M, Mooney H M. 1960. The electrochemical mechanism of sulfide self-potentials. Geophysics, 25: 226-249.

Sill W R. 1983. Self-potential modeling from primary flows. Geophysics, 48: 76-86.

Slater L D, Lesmes D. 2002. IP interpretation in environmental investigations. Geophysics, 67: 77-88.

Slater L, Ntarlagiannis D, Yee N, et al. 2008. Electrodic voltages in the presence of dissolved sulfide: Implications for monitoring natural microbial activity. Geophysics, 73: F65-F70.

Stoll J, Bigalke J, Grabner E. 1995. Electrochemical modelling of self-potential anomalies. Surv Geophys, 16: 107-120.

Telford W M, Geldart L P, Sheriff R E. 1990. Applied Geophysics. Cambridge: Cambridge University Press.

Thomsen I K, Schjønning P, Jensen B, et al. 1999. Turnover of organic matter in differently textured soils: II. Microbial activity as influenced by soil water regimes. Geoderma, 89: 199-218.

Vanhala H, Soininen H. 1995. Laboratory technique for measurement of spectral induced polarization response of soil sampies1. Geophys Prospect, 43: 655-676.

Wang Z M, Zhu P L, Huang D M. 1999. Straw ^{14}C decomposition and distribution in humus fractions as influenced by soil moisture regimes. Pedosphere, 9: 275-280.

Watnick P, Kolter R. 2000. Biofilm. city of microbes. J Bacteriol, 182: 2675-2679.

Williams K H. 2002. Monitoring Microbe-Induced Physical Property Changes Using High-Frequency Acoustic Waveform Data: Toward the Development of a Microbial Megascope. California: California University Press.

Williams K H, Ntarlagiannis D, Slater L D, et al. 2005. Geophysical imaging of stimulated microbial biomineralization. Environ Sci Technol, 39: 7592-7600.

Yang C, Yang L, Ouyang Z. 2005. Organic carbon and its fractions in paddy soil as affected by different nutrient and water regimes. Geoderma, 124: 133-142.

Yuan Y, Zhou S, Zhuang L. 2010. A new approach to *in situ* sediment remediation based on air-cathode microbial fuel cells. J Soils Sediments, 10: 1427-1433.

索 引

B

半醌（semiquinone），124
胞外电子传递，1
胞外呼吸（extracellular respiration），52
胞外聚合物（extracellular polymer substances, EPS），146
变性梯度凝胶电泳（denaturing gradient gel electrophoresis, DGGE），157
表面增强拉曼光谱，163

C

插入式微生物燃料电池，233
产电呼吸，10
产电微生物，10
产甲烷菌，201
产乙酸菌，201
超级电容器，252
超声波，273
"沉积物微生物燃料电池"（sediment microbial fuel cell），262
赤铁矿，86
磁赤铁矿，86
磁铁矿（Fe_3O_4），105

D

大地电磁测量，264
单电子传递，68
单室 MFC，180
导电聚合物，184
底泥微生物燃料电池（benthic unattended generator 或 sediment microbial fuel cell），189
地杆菌属（Geobacter），9
电化学生物商品（electrobiocommodities），200
电化学阻抗谱（electrochemical impedance spectroscopy，EIS），150
电活性生物膜（electroactive biofilm, EAB），145
电缆，266
电探针原子力显微镜（conducting probe atomic force microscopy），58

电子穿梭体（electron shuttle），64
电子传递链（electron transport chain, ETC），52
电子供给能力（electron donating capacity, EDC），126
电子供体，17，226
电子接受能力（electron accepting capacity, EAC），126
电子受体，17
电子转移容量（electron transfer capacity, ETC），126
毒性传感器，246
多卤代污染物，133

F

发酵，7
芳香环（aromaticity），71
非生物型阴极（abiotic cathode），184
分泌系统（secretion system），63
吩嗪，65
腐殖化反应（humification），119
腐殖酸（HA），71
腐殖质（HS），71
腐殖质呼吸，10
腐殖质结构模型，121
复电阻，270
富里酸（FA），71

G

革兰氏阳性铁还原菌，100
革兰氏阴性菌（G^-），14
革兰氏阴性铁还原菌，98
共代谢（co-metabolism），223
固态腐殖质，127
光合细菌（photosynthetic bacteria, PSB），213

H

呼吸链（respiration chain, RC），52
呼吸作用，3
胡敏素（humin），71
互营（syntrophy），73

化学活性栅修复法（chemical activated bar），222
还原势，2
黄素，65
混合电位，123
活性官能团，120

J

基因敲除，30
激光共聚焦荧光显微镜，147
计时电流法（chronoamperometry），127
甲基叔丁基醚（methyl tert-butyl ether, MTBE），134
间接电子传递（indirect electron transfer, IET），143
金属脱毒，133

K

颗粒活性炭（granular activated carbon），76
克雷伯氏菌L17（*Klebsiella pneumoniae* L17），228
矿化（mineralization），223
醌，68

L

兰氏阳性菌（G^+），14
蓝藻-MFC（algae-based MFC），211
菱铁矿（$FeCO_3$），105
流式细胞术（flow cytometry, FCM），157
硫还原细菌（sulfate reducing bacteria, SRB），79
绿锈，105
氯代化合物，132

M

末端限制性片段长度多态性（terminal-restriction fragment length polymorphism, T-RFLP），157

N

内源中介体，65
"能量趋向性"（energy taxis），67
纳米导电网络，262
纳米导线（nanowire），54

Q

氢醌（hydroquinone），124

R

人工光合作用，201

S

扫描电镜，146
上流式MFC（upflow microbial fuel cell，UMFC），179
生化需氧量（biochemical oxygen demand，BOD），243
生物成矿，105
生物电芬顿系统，207
生物计算机（biological computer），249
生物膜（biofilm），144
生物型阴极（biocathode），184
生物修复，222
石墨纤维，183
嗜热厌氧甲烷氧化（thermophilic anaerobic oxidation of methane，TAOM），80
输出功率，186
双室MFC，179
水溶性腐殖质，127
酸性好氧Fe(II)氧化，89
隧道光谱（tunneling spectroscopy），59
隧道扫描电镜（scanning tunneling microscopy），59

T

塔菲尔曲线，153
碳布，183
"天然生物地球电池"（biogeobattery），262
铁/锰呼吸，9
铁呼吸，1，86
铁呼吸菌［Fe(III)-respiring microorganisms, FRM］，98
脱氯呼吸（dechlororespiration），103
脱色，103
脱盐效率，204

W

外膜Cyt c，54
外源表达，31
外源中介体，68
微电极，156，272
微生物胞外呼吸，1
微生物产氢，214
微生物电合成（microbial electrosynthesis, MES），200
微生物电化学系统（bioelectrochemical system, BES），163

微生物电解池（microbial electrolysis cell, MEC）, 183, 196

"微生物纳米导线"（microbial nanowire）, 58, 262

微生物燃料电池（microbial fuel cell, MFC）, 170

微生物太阳能电池（microbial solar cell, MSC）, 209

微生物脱盐燃料电池（microbial desalination cell, MDC）, 203

无氧呼吸, 3

五氯苯酚（pentachlorophenol, PCP）, 135

X

希瓦氏菌属（Shewanella）, 9

细胞色素 c（Cyt c）, 55

纤铁矿, 86

线性扫描伏安法（linear sweep cycle voltammetry）, 72

硝基化合物, 132

循环伏安法（cyclic voltammetry, CV）, 59, 148

Y

厌氧 Fe(Ⅱ)氧化, 90

厌氧甲烷氧化（anaerobic oxidation of methane, AOM）, 79

厌氧甲烷氧化古菌（anaerobic methanotrophic archaea, ANME）, 79

异化铁还原［dissimilatory Fe(Ⅲ) reduction］, 86

异化铁还原菌［dissimilatory iron (Ⅲ) reduction bacteria, DIRB］, 98

阴离子交换膜, 182

应电运动（electrokinesis）, 54

有机氯化合物, 232

有机污染物, 132

有氧呼吸, 3

Z

针铁矿, 86

直接电子传递（direct electron transfer, DET）, 143

直接种间电子传递（direct interspecies electron transfer, DIET）, 74

植入式医用电池, 254

中性好氧 Fe(Ⅱ)氧化, 90

种间电子传递（interspecies electron transfer, IET）, 74

重金属, 231

自然电位（self-potential, SP）, 267

其他

Ⅱ型分泌系统, 61

Ⅳ型菌毛, 61

AQDS, 71

E. coli, 31

Fe(Ⅲ)还原, 92

Geobacter, 76

Geobacter metallireducens, 74

Geobacter sulfurreducens, 74

Methanosaeta, 76

Methanosarcina barkeri, 77

Methanothermobacter thermoautotrophicus, 60

Ochrobactrum anthropi YZ-1, 38

Pelotomaculum thermopropionicum, 60

Thauera humireducens sp. nov., 45

Thermincola ferriacetica sp. nov., 42

Thiobacillus denitrificans, 78

XRD, 86

后 记

2005 年，我从北京大学博士后出站进入广东省生态环境与土壤研究所工作，开始研究微生物胞外呼吸的电子转移机制及其环境效应。最初的工作起点是微生物燃料电池（microbial fuel cell，MFC），当时 MFC 是一个非常前沿的研究方向，国内的研究同行并不多。虽然这个领域涉及微生物学、化学、电化学、材料学和环境工程等多学科的交叉，研究难度较大，但是这项技术的独特优势和应用潜力深深吸引我一直坚持到今天。

研究初期，我上瘾似的日日夜夜泡在实验室里，几年里研制出了"第一代"无膜单室 MFC 电池堆、"第二代"空气阴极单室 MFC 电池堆、"第三代"管式 MFC 电池堆、"第四代"盘管式废水微生物发电新装置。从唱响音乐卡到点亮 LED 灯牌，废水处理体积从几毫升到 10 L、100 L，MFC 带给我很多的惊喜和成就感。其中盘管式微生物燃料电池堆、插入式土壤微生物燃料电池修复装置还获得了美国发明专利的授权。MFC 技术规模放大的瓶颈之一是其高成本，我们研制了一种低成本的布阴极组，价格是传统膜电极组材料的 1%，这也坚定了我对 MFC 未来发展的希望。

MFC 及胞外呼吸的相关文章从 2008 年开始陆续发表，课题组的工作也开始逐渐得到同行的认可。2010 年 12 月，本人作为执行主席，在广州举办了主题为"微生物燃料电池"的第 227 次中国青年科学家论坛，该论坛由中国科学技术协会主办，广东省生态环境与土壤研究所承办。2013 年 12 月，本人作为共同执行主席，在深圳又举办了第 276 次中国青年科学家论坛"生物电化学系统前沿与应用"。两次会议的举办，让我结识许多朝气蓬勃、富有创新的青年同行。随着微生物胞外呼吸研究工作的开展，我们团队取得了一些较好的研究进展，也积累了一定的工作基础，使得该工作相继得到了一系列国家级、省部级项目的资助。其中对我最具意义的是"863"探索项目（2009AA05Z115），是微生物胞外呼吸研究中的"第一桶金"。后来在国家自然科学基金与广东省科技项目的资助下，我们开展了"土壤微生物胞外呼吸菌种资源库建设及应用研究"，建立了我国首个胞外呼吸菌菌种资源库，现保藏胞外呼吸菌近 1000 株，已免费为美国、德国、西班牙等十多个国家的数十位同行提供菌种资源。我们发现并命名中国红细菌属（*Sinorhodobacter ferrireducens* gen. nov.）、中国芽胞杆菌属（*Sinobacillus soli* gen. nov.）等 2 个新属；发现并命名 *Corynebacterium humireducens*、*Thauera humireducens*、*Azospirillum humicireducens*、*Geobacter soli*、*Fontibacter ferrireducens* 等 30 个新种，连续在 IJSEM、Antonie van Leeuwenhoek 等国际微生物权威分类学期刊上发表论文 20 余篇，成为国际上发现报道胞外呼吸菌数量最多的研究团队。我们也将胞外呼吸的应用拓展至污染场地原位修复、畜禽废水处理、底泥原位脱臭等多个领域，也取得了较好的研究进展。微生物胞外呼吸衍生出的魅力让我着迷，将它与更多人分享的愿望也日益强烈。

衷心感谢国家科学技术学术著作出版基金、广州市合力科普基金给我提供了这样一个契机实现这个愿望。这本书历时 3 年的撰写、修改和补充终于成稿，期间由于工作繁忙曾一度搁浅，其中的工作难度和时间成本远超过我的预期，但我很庆幸最终没有放弃。在此要特别感谢我的同事和学生付出了极大的努力和辛勤的劳动，他们是广东省生态环境与土壤研究所的庄莉博士、袁勇博士、汤佳博士、陆琴博士，以及我的博士生杨贵芹、温俊林、马晨，还有福建农林大学的同事符力博士、陈姗姗博士、唐家桓博士、石振华博士、游乐星博士。没有他们的无私付出，难以成就我人生的第一本科研学术著作，在这里对他们表示诚挚的感谢！本书中也包含了我们团队这近十年来的研究成果，所做工作难免存在一些不足，我将在以后的研究中逐步修正和改进。

微生物胞外呼吸作为我研究工作的起点我深感庆幸。胞外呼吸理论的出现，改变了对于微生物转移电子及与外界环境相互作用的传统认识，为理解土壤碳循环、温室气体排放、有机污染物厌氧降解等关键生物地球化学过程提供了全新的科学视角。我在胞外呼吸研究工作中找到了自己热爱的方向并乐享其中。科研的道路向来不是一帆风顺，既然选择了远方，便只顾风雨兼程！

周顺桂
2016年4月